高职高专"十三五"规划教材

机 械 基 础

第 三 版

曾宗福　主　编
陆文灿　副主编

化学工业出版社
·北京·

根据教育部制定的《高职高专教育基础课程教学基本要求》和《高职高专教育专业人才培养目标及规格》，当前教学改革发展的要求和高职院校学生的实际，以及我国新材料、新技术的不断出现，国家标准的进一步完善和修订工作的提速，本书重新做了较大幅度的修订。为了便于学生熟悉专业英语词汇，在本书第一次出现专有名词时，力求注出相应的英语词汇。全书主要内容包括：绪论，静力学基础知识，力矩和力偶，力系基础知识，平面力系；材料力学概论，构件的内力分析，构件的应力和强度，构件的变形和刚度；钢和铸铁，非铁金属材料，非金属材料，新型工程材料；平面机构的自由度，平面四连杆机构，凸轮机构，间歇运动机构，齿轮机构，齿轮系；联接，挠性件传动，轴、轴承、联轴器和离合器；支承和导轨，弹性元件，示数装置。每章后面均附有本章小结、思考题和习题。

本书可作为高职高专院校三年制、二年制及（初中后）五年制化工类、电气电子类、工业自动化类、热能类、精密机械及仪器类、经济管理类等各专业及其他非机械类各专业的教学用书，也可供成人高校、业余大学、夜大学相应专业选用，还可供有关工程技术人员和管理人员参考。

图书在版编目（CIP）数据

机械基础/曾宗福主编. —3 版. —北京：化学工业出版社，2016.7（2021.2 重印）
高职高专"十三五"规划教材
ISBN 978-7-122-27236-2

Ⅰ.①机… Ⅱ.①曾… Ⅲ.①机械学-高等职业教育-教材 Ⅳ.①TH11

中国版本图书馆 CIP 数据核字（2016）第 123991 号

责任编辑：高　钰　　　　　　　　　　　　装帧设计：刘丽华
责任校对：宋　玮

出版发行：化学工业出版社（北京市东城区青年湖南街 13 号　邮政编码 100011）
印　　装：北京盛通商印快线网络科技有限公司
787mm×1092mm　1/16　印张 21　字数 628 千字　2021 年 2 月北京第 3 版第 3 次印刷

购书咨询：010-64518888　　　　　　　　　售后服务：010-64518899
网　　址：http://www.cip.com.cn
凡购买本书，如有缺损质量问题，本社销售中心负责调换。

定　价：58.00 元　　　　　　　　　　　　　　　　　　版权所有　违者必究

前 言

本书第一版作为教育部规划教材，自2003年2月出版以来，受到了广大用书学校和读者的普遍欢迎，多次重印。第二版出版（2007年5月）后，更是受到广大任课教师和读者的抬爱，被中国化工教育协会评为"优秀教材"一等奖。本书第三版是在总结第一版和第二版使用经验的基础上修订的。根据几年来各院校的使用情况，特别是近几年来高职院校学生基础知识的实际情况，以及我国近年来新材料、新技术的不断出现和国家标准的进一步完善和修订工作的提速，对原书的内容做了相应的更新，删去了一些过时的内容和国家标准，补充介绍了新的国家标准、新材料和新技术。

本书第三版是以继承为主，既保持原版本的特色和风格，又考虑"拓宽基础，增强实用性，加强素质教育和能力培养"等新的教改精神，对全书内容进行整体优化与整合，对于比较成熟的部分予以保留，适当拓宽基础内容的宽度（不增加难度、不提高要求），总体上适当降低难度，使本书更加适用于用书群体。凡本书所涉及的材料的标准和标准机械零件的标准，一律采用当前最新的国家标准，以此提高本书在工程应用上的实用性（特别是对自学者及工程技术人员而言将更加便于应用）。

本次修订主要进行了以下几项工作：

1. 使全书整体风格和体例进一步完善、统一；对原书中叙述详略不当之处进行必要的删减或补充；进一步推敲和润色文字，表达更加通俗易懂；合理处理传统教学内容与现代教学内容的关系，淡化公式的演绎与推导，尽量避免重复；各章后面的"本章小结"更加精准、简练，习题更具针对性，其中包括旨在培养学生论文写作能力的写小论文的习题。

2. 本书内容的编写，以培养学生学习能力、思维能力为主线；内容上，进一步突出应用性，精选"三基"[即基本概念、基本公式（定理）、基本方法]内容，使内容深入浅出，更加符合学生对新知识新概念的认识规律，更加有利于学生对概念的理解和对知识的掌握，也有利于培养学生的科学思维能力。

3. 在不增加学习难度的前提下，适当增加了反映当代科学和技术成果的内容，读者既可扩大知识面，还可了解行业动态，同时也增强了本书的实用性。例如，工程材料部分，增加了高速工具钢、耐磨钢、蠕墨铸铁、非铁金属分类、特种合成橡胶；工具陶瓷材料、粉末冶金材料的牌号和分类、碳纤维增强树脂基复合材料、铝基复合材料、金属基纳米复合材料，高强度高模量耐高温合成纤维、阻燃纤维、生物医学高分子材料、轻合金泡沫金属三明治结构、高温半导体材料、钕铁硼永磁材料、稀土发热材料、无机非金属功能材料。常用机械零部件部分，新增了在自动机械中应用较多的不完全齿轮机构等。

4. 本书所引用的材料的标准和标准机械零件的标准，一律采用当前最新的国家标准，包括2015年实施的（如GB 3531—2014《低温压力容器用钢板》于2015年4月1日实施，GB/T 5613—2014《铸钢牌号表示方法》于2015年6月1日实施，等）及已经颁布但尚未实施的标准（如GB/T 1299—2014《工模具钢》将于2015年9月1日实施，等）。仅有极少数标准虽是早年颁布的，但多方查询目前尚未发现有新的标准代替。

5. 鉴于国家新标准的颁布和实施，有的国家标准新旧差异很大，本书与之相关的内容都按照新标准进行了重新编写，如第七章第四节材料在拉伸与压缩时的力学性能尤为明显；而第三篇工程材料最为突出，大部分内容都重新进行了编写。凡是已有国家标准而第二版中未引进的，本书都按现行标准编写，如第九章第三节钢的分类、第十一章第五节粉末冶金材料。

6. 这次修订，本书还将与机械行业密切相关的、也值得我们关注的机械行业最新动态，也做了扼要介绍，以飨读者。如世界钢铁产业技术发展的新趋势和我国未来 10 年（2015～2025）钢铁产业技术的发展趋势（本书第九章第四节），以及 2015 年 5 月 8 日国务院发布的我国实施制造强国战略第一个十年的行动纲领——《中国制造 2025》（本书绪论）；此外，我国新近（包括 2015 年）公布的最新成果，都尽量在相应的章节适当述及。

7. 在第二版已经降低学习难度的基础上，略有降低。例如，材料学部分，将"圆轴扭转时的变形和刚度条件"作为选学内容或延伸内容。降低各章习题的难度或要求。

8. 本书的内容已制作成用于多媒体教学的 PPT 课件，并将免费提供给采用本书作为教材的院校使用。如有需要，请发电子邮件至 cipedu@163.com 获取，或登录 www.cipedu.com.cn 免费下载。

本书带"*"的章节为选学内容或延伸内容，使用时可酌情取舍。

参加本书编写工作的有：曾宗福、陆文灿、朱红雨、邹茜茜、涂杰、杨印安、孙笠忠。全书由曾宗福担任主编，陆文灿担任副主编。

本书虽经修订，但由于编者水平有限，加之时间所限，误漏之处在所难免，殷切希望广大师生和读者对本书提出批评指正和改进意见。

编 者

2016 年 5 月

第二版前言

本书是在总结第一版使用经验的基础上修订的，根据几年来各院校的使用情况，特别是近几年来高职院校学生基础知识的实际，对原书的内容做了进一步的精选和更新，删去了一些偏难而对非机械类专业人员在实际工作中又很少用到的内容。第二版修订的原则是：以继承为主，既保持原版本的特色和风格，又考虑"拓宽基础，加强素质教育和能力培养"等新的教改精神，对全书内容进行整体优化与整合，总体上降低了难度，以增强教材的适应性。

这次修订，主要进行了以下几项工作：

1. 使全书整体风格进一步统一，进一步突出应用性；原书中叙述详略不当之处进行必要的删减或补充；文字进一步推敲和润色；精选"三基"内容，合理处理传统教学内容与现代教学内容的关系，淡化公式的演绎与推导，尽量避免重复；各章后面全部补齐了习题，其中包括培养学生论文写作能力的写小论文的习题。

2. 改革教材内容，以培养学生学习能力、思维能力为主线。例如第一篇静力学和第二篇材料力学，在内容编排上，打破了传统的编写顺序，重新有机组合，使力学概念由易到难，逐步深入，更加符合学生对新知识、新概念（如力学概念）的认识规律，更加有利于学生对力学概念的理解和对力学知识的掌握，也有利于培养学生的科学思维能力。

3. 适当扩大知识面，增加了反映当代科学和技术成果的内容。例如工程材料部分，增加表面强化新技术、工业陶瓷、新型工程材料等新内容；常用机械零部件部分，增加直齿齿条和直齿圆柱内齿轮概念，新增在自动机械中应用更多的凸轮式间歇运动机构；精密机械及仪器常用零部件部分，增加标准直线轴承和导轨等。

4. 适当降低学习难度。例如，静力学部分删除了公理五；材料力学部分弯矩图中删除了有二次曲线的例题和习题；常用机构部分，不再要求"机构运动简图绘制"，仅要求看懂简图，删除不完全齿轮机构、渐开线齿轮的加工原理及变位齿轮的概念、普通减速器、混合齿轮系传动比计算等节，删除从动杆"余弦加速度运动规律"、移动凸轮轮廓曲线设计及设计凸轮轮廓曲线时应注意的问题，删除各章难度较大的例题和习题，另补充难度适宜的例题和习题。

5. 删繁就简。例如，常用机械零部件部分，轴、滚动轴承做较大调整，各编成一节。

6. 材料的标准和标准机械零件的标准，一律采用当前最新的国家标准。

7. 更正了第一版中文字、图、表及计算中的疏漏和印刷错误。

本书带"*"的章节为选学内容或延伸内容，使用时可酌情取舍。

参加本次修订工作的有：曾宗福（绪论，第十一章第六节，第十七、十九、二十章，第六篇），朱红雨（第一、二篇），邹茜茜（第九、十章，第十一章第一、二、三、四、五、七节），陆文灿（第十二、十五、十六章），涂杰（第十三、十四章），杨印安（第十八章），孙笪忠（第二十一章）。全书由曾宗福担任主编，邹茜茜、杨印安担任副主编。

本书虽经修订，但由于编者水平有限，加之时间所限，不妥之处殷切希望广大师生和读者对本书提出批评指正和改进意见。

编　者
2007 年 1 月

第一版前言

高等职业技术教育在我国兴起于20世纪80年代初，现在已如雨后春笋，在全国各地蓬勃发展起来。高等职业技术教育是我国高等教育改革和发展的新生事物，是我国高等教育不可缺少的重要组成部分。为了适应21世纪高等职业技术教育的发展需要，特别是适应我国加入WTO后的新形势，更好地满足当前高职高专教学工作的需要，在有关部门的大力支持下，由部分职业技术学院的教师编写了这本高职高专非机械类专业的《机械基础》教材。

本教材适用于高职高专教育非机械类各专业，如高分子材料加工成型工艺、工业企业电气化、制冷与空调、电子技术应用、工业自动化及仪表、精密机械及仪器等专业及其他非机械类专业。本教材也可作为职工大学、夜大学、函授大学等专科层次的非机械类各专业的教学用书。

高等职业技术教育是与经济建设和社会发展关系最为密切的高等教育，也是与传统的学科型的高等教育不同的另一种类型的新型高等教育。高等职业技术教育的目标是"培养拥护党的基本路线，适应生产、建设、管理、服务第一线需要的，德、智、体、美等方面全面发展的高等技术应用性专门人才。"因此，本教材内容的编写，以应用为目的，以"必须、够用"为度，体现高等职业技术教育的特色，注意与生产实践相结合；同时要适当扩大学生的知识面，注意与人文素质教育相结合，并为学生的继续教育和终身教育打下一定的基础。此外，为了便于学生熟悉专业英语词汇，在本书第一次出现专有名词时，力求注出相应的英文词汇。

本书编写人员及分工如下：绪论，第五、六、七、十、十一章，第十二章第三节，第十七章，第十九章第二、四、五节，第二十二、二十三章由曾宗福副教授、高级工程师编写；第一、二、二十一章由孙成通副教授编写；第三、四、十六、二十四章由于宗保副教授编写；第八、九、十四章由张云新副教授、高级工程师编写；第十二章第一、二、四节，第十九章第一、三节，第二十章由蔡书成讲师编写；第十三章由贲可存硕士编写；第十五、十八章由杨印安讲师、工程师编写。全书由曾宗福担任主编并最后定稿，于宗保、张云新担任副主编。

本书由尹洪福副教授、高级工程师担任主审，参加审稿工作的还有陈志良副教授、陆本权副教授以及谷京云同志。他们认真仔细地审阅了全部书稿，并提出了许多宝贵的意见和好的建议。对此，我们表示衷心感谢。

本书的编写工作，始终得到了各有关院校的大力支持，在此谨向他们致以诚挚的谢意。

由于编者水平所限，加之时间仓促，书中难免有不妥之处，诚望专家、同仁和广大读者批评指正。

编　者

目　录

绪论 …………………………………………… 1
　第一节　引言 ……………………………… 1
　第二节　学习《机械基础》课程的目的和方法 ……………………………………… 2

第一篇　静　力　学

第一章　静力学基础知识 ………………… 4
　第一节　力的概念 ………………………… 4
　第二节　静力学公理 ……………………… 5
第二章　力矩和力偶 ……………………… 9
　第一节　力对点之矩 ……………………… 9
　第二节　力偶及其性质 …………………… 11
第三章　力系基础知识 …………………… 13
　第一节　力的平移定理 …………………… 13
　第二节　约束和约束反力 ………………… 13
　第三节　研究对象及其受力图 …………… 16
第四章　平面力系 ………………………… 19
　第一节　平面汇交力系 …………………… 19
　第二节　平面力偶系 ……………………… 23
　第三节　平面一般力系 …………………… 24
　第四节　考虑摩擦时平面力系的平衡问题 …… 28

第二篇　材料力学

第五章　材料力学概论 …………………… 35
　第一节　概述 ……………………………… 35
　第二节　杆件变形的基本型式 …………… 37
第六章　构件的内力分析 ………………… 40
　第一节　构件的内力和截面法 …………… 40
　第二节　杆件的内力和内力图 …………… 41
第七章　构件的应力和强度 ……………… 51
　第一节　应力的概念 ……………………… 51
　第二节　杆件横截面上的正应力 ………… 51
　第三节　杆件横截面上的切应力 ………… 55
　第四节　材料在拉伸与压缩时的力学性能 …… 57
　第五节　构件的强度计算 ………………… 62
第八章　构件的变形和刚度 ……………… 77
　第一节　杆件拉伸与压缩时的轴向变形 … 77
　第二节　杆件剪切时的变形 ……………… 80
*第三节　圆轴扭转时的变形和刚度条件 … 80
*第四节　梁弯曲时的变形和刚度条件 …… 82

第三篇　工程材料

第九章　钢和铸铁 ………………………… 85
　第一节　金属材料的工程性能 …………… 85
　第二节　钢和铸铁的热处理 ……………… 87
　第三节　钢的分类 ………………………… 90
*第四节　钢铁产业技术的发展趋势 ……… 93
　第五节　结构钢 …………………………… 95
　第六节　工模具钢和高速工具钢 ………… 98
　第七节　特殊性能钢 ……………………… 100
　第八节　铸铁 ……………………………… 104
第十章　非铁金属材料 …………………… 108
　第一节　非铁金属的分类和用途 ………… 108
　第二节　铝及铝合金 ……………………… 113
　第三节　铜及铜合金 ……………………… 114
　第四节　轴承合金 ………………………… 117
　第五节　金属零件的表面精饰 …………… 119
第十一章　非金属材料 …………………… 124
　第一节　高分子材料 ……………………… 124
　第二节　常用塑料 ………………………… 126
　第三节　橡胶材料 ………………………… 130
　第四节　陶瓷材料 ………………………… 133
　第五节　粉末冶金材料 …………………… 134
　第六节　矿物材料 ………………………… 136
　第七节　复合材料 ………………………… 138
第十二章　新型工程材料 ………………… 143
　第一节　新型结构材料 …………………… 143
　第二节　金属功能材料 …………………… 146
　第三节　无机非金属功能材料 …………… 152
　第四节　高分子功能材料 ………………… 156
　第五节　纳米材料 ………………………… 159

第四篇　常用机构

第十三章　平面机构的自由度 ……… 164
第一节　平面机构的组成 ……… 164
第二节　平面机构运动简图 ……… 165
第三节　平面机构的自由度 ……… 167
第四节　计算平面机构自由度时的注意事项 ……… 169

第十四章　平面四连杆机构 ……… 175
第一节　平面四连杆机构的类型及其应用 … 175
第二节　铰链四杆机构的基本性质 ……… 180

第十五章　凸轮机构 ……… 185
第一节　概述 ……… 185
第二节　常用的从动杆运动规律 ……… 186
第三节　移动从动杆盘形凸轮轮廓曲线的图解法设计 ……… 188

第十六章　间歇运动机构 ……… 191
第一节　棘轮机构 ……… 191
第二节　槽轮机构 ……… 194
第三节　不完全齿轮机构 ……… 195

第十七章　齿轮机构 ……… 198
第一节　概述 ……… 198
第二节　渐开线及渐开线齿轮 ……… 200
第三节　渐开线齿轮的各部分名称及标准直齿圆柱齿轮的几何尺寸计算 …… 202
第四节　一对渐开线直齿圆柱齿轮的啮合传动 ……… 208
第五节　齿轮机构的回差 ……… 209
第六节　斜齿圆柱齿轮机构 ……… 211
第七节　直齿圆锥齿轮机构 ……… 215
第八节　蜗杆蜗轮机构 ……… 217

第十八章　齿轮系 ……… 222
第一节　概述 ……… 222
第二节　定轴齿轮系的传动比 ……… 223
第三节　行星齿轮系的传动比 ……… 225
第四节　混合齿轮系的传动比 ……… 227
第五节　齿轮系的功用 ……… 228

第五篇　常用机械零部件

第十九章　联接 ……… 232
第一节　键联接 ……… 233
第二节　销联接 ……… 236
第三节　螺纹联接 ……… 237
第四节　螺栓联接的强度计算 ……… 243
第五节　仪器仪表零件的联接 ……… 246

第二十章　挠性件传动 ……… 253
第一节　带传动的理论基础 ……… 253
第二节　普通V带标准和普通V带轮 ……… 256
第三节　带传动的张紧、安装和维护 ……… 258
第四节　套筒滚子链传动 ……… 259
第五节　链传动的失效形式、布置和润滑 … 261

第二十一章　轴、轴承、联轴器和离合器 … 264
第一节　轴 ……… 264
第二节　滑动轴承 ……… 268
第三节　滚动轴承 ……… 271
第四节　联轴器和离合器 ……… 278

第六篇　精密机械和仪器中常用零部件

第二十二章　支承和导轨 ……… 285
第一节　概述 ……… 285
第二节　圆柱支承 ……… 287
第三节　圆锥支承 ……… 289
第四节　轴尖支承 ……… 290
第五节　顶针支承和球支承 ……… 292
第六节　滚动摩擦支承 ……… 293
第七节　导轨 ……… 297

第二十三章　弹性元件 ……… 300
第一节　概述 ……… 300
第二节　弹性元件常用材料 ……… 302
第三节　圆柱螺旋弹簧 ……… 304
第四节　片簧和热双金属片簧 ……… 305
第五节　游丝和张丝 ……… 307
第六节　膜片和膜盒 ……… 309
第七节　波纹管和弹簧管 ……… 311

第二十四章　示数装置 ……… 314
第一节　概述 ……… 314
第二节　标尺指针示数装置 ……… 315
第三节　示数装置的误差和精读 ……… 319
第四节　数字显示装置 ……… 322

参考文献 ……… 325

绪 论

第一节 引 言

马克思主义认为，物质资料的生产，是人类赖以生存和发展的基础。在古代，人类通过长期的生产实践活动，创造了各种劳动工具和机械，增强了同大自然斗争的本领，发展了生产，推动了社会进步。自18世纪60年代英国工业革命以来，世界各国先后大量采用机器生产，生产力得到了迅速发展。现代化的机器生产，是生产高度发展的重要标志。

一、机器在社会主义现代化建设中的作用

制造业是国民经济的支柱产业，是工业化和现代化的主导力量，是国家安全和人民幸福的物质保障，是衡量一个国家或地区综合经济实力和国际竞争力的重要标志。历史证明，每一次制造技术与装备的重大突破，都深刻影响了世界强国的竞争格局，制造业的兴衰印证着世界强国的兴衰。实践也证明，制造业是创新的主战场，是保持国家竞争实力和创新活力的重要源泉。

1964年12月21日，在第三届全国人民代表大会第一次会议上，时任国务院总理的周恩来根据毛泽东的建议，在《政府工作报告》中提出，"在不太长的历史时期内，把我国建设成为一个具有现代农业、现代工业、现代国防和现代科学技术的社会主义强国"。党的十一届三中全会以来，我党"把全党工作的着重点和全国人民的注意力转移到社会主义现代化建设上来"，提出了实现社会主义现代化建设分三步走的战略目标：第一步是在20世纪90年代，解决人民的温饱问题；第二步是到20世纪末，使人民生活达到小康水平；第三步是到21世纪中叶使我国达到中等发达国家的水平，基本实现现代化。

实现四个现代化，"关键在于科学技术现代化"，也就是要大量采用先进技术，广泛使用高效能的现代化机器和设备、智能机器人，实现生产过程的机械化、自动化和智能化，大大地提高劳动生产率和产品质量，大大地促进国民经济发展。在党的领导下，全国人民艰苦奋斗，到2000年我国已经圆满地实现了前两个战略目标。2010年我国国内生产总值达397983亿元❶，超过日本，成为世界第二大经济体，2015年达到676708亿元❷，为"四个现代化"建设奠定了坚实的经济基础和物质基础。我国不仅能制造满足人们日益增长的物质生活的需要的各种电器和机器，而且能制造工业、农业以及国防和尖端科学研究所需要的各种机械装备。如果没有我国机械工业的雄厚实力和材料工业的坚实基础，这些成就是不可能取得的。

广泛使用机器进行大批量生产，并对生产进行严格的分工与科学管理，有利于实现产品的标准化、系列化和通用化，有利于实现生产的高度机械化、电气化、自动化和智能化；有利于进一步促进国民经济可持续稳定地增长和繁荣，并进一步增强综合国力；有利于逐步消灭脑力劳动和体力劳动之间的差别、城市和乡村之间的差别；有利于进一步满足人们日益提高的物质、文化生活的需求。

现代化生产和科学技术的日益发展，无论在产品的品种上、数量上和质量上，都对机器提

---

❶ 摘自中华人民共和国国家统计局：《2010年国民经济和社会发展公报》。
❷ 摘自中华人民共和国国家统计局：《2015年国民经济和社会发展公报》。

出了更新更高的要求，同时也为机械工业的发展创造了更好的条件，开辟了更广阔的途径。简而言之，只有机械工业才能够起到为国民经济各部门、为国防和科学研究提供技术装备和促进技术改造，从而为实现我国农业、工业、国防和科学技术现代化提供重要的保障。因此，从某种意义上说，机械工业是促进国民经济发展和全面建设小康社会的重要基础，是实现四个现代化的重要基础，是我们伟大祖国走上复兴之路、实现"中国梦"的重要保障。

二、《机械基础》课程研究的内容

《机械基础》课程研究的内容包括六大部分。

第一篇静力学：静力学研究物体在力作用下处于平衡的问题，即根据力系平衡条件分析平衡物体的受力情况，确定各力的大小和方向，是构件的强度、刚度、稳定性计算的基础。

第二篇材料力学：材料力学为机械的零件、部件，选定合理的材料、截面形状和尺寸，以达到既安全又经济的目的，提供理论基础。

第三篇工程材料：工程材料主要介绍常用的钢和铸铁材料、非铁金属材料和非金属材料的性能，它将有助于我们正确、合理地选用工程材料。

第四篇常用机构：了解机器中常用的机构，是认识和设计机器和机构的第一步。

第五篇常用机械零部件：学习机械零部件是我们正确设计零（部）件、改进零部件、选用标准零部件的基础。

第六篇精密机械和仪器中常用零部件：本篇介绍在精密机械和仪器仪表中常用的专用零（部）件的结构特点、常用材料等基础知识。

工程上，要设计出一台机器，一般程序大致如下：第一，将构件按照机构的组成原理组成（设计成）机构（可以是一个或多个）；第二，分析各构件的运动情况及构件在外力作用下的平衡问题；第三，分析构件在外力作用下的内力及变形问题；第四，确定构件（零件）的形状、具体结构及几何尺寸，与此同时合理地选择构件（零件）的材料、热处理及制造工艺；最后绘制零件工作图，待加工。由此可以看出，本课程所研究的基本内容，都是机械工程方面的基础知识，在工程技术中，它们是一个不可分割的整体。

第二节 学习《机械基础》课程的目的和方法

《机械基础》是非机械类专业的一门重要的专业基础课，与已经学习过的《高等数学》《大学物理》等基础课程有一定的联系，是应用已学过的知识、方法，去研究新的问题，特别是工程实际问题。但这不是简单的套搬或引伸，而是有自己的基本理论和体系。《机械制图》是本课程的先修课，读者应具有相应的读图能力和绘制简单机械图样的能力。此外，《金工实习》课也为本课程的学习创造了一定的条件，使读者对机械有了必要的感性认识。

一、学习《机械基础》课程的目的

对于非机械类专业的学生来说，学习《机械基础》课程非常必要，有三个方面的目的。

一是为学习专业课奠定基础，为从事专业工作创造必要的条件。众所周知，各行各业都离不开机器。例如，制冷与空调设备中有压缩机和其他机构，电气设备、精密机械、工业自动化装置和仪器仪表都是由不同的机构组成的。具有必要的机械基础知识，将有助于学生更好地学习和掌握专业课中的相关内容，有助于学好专业课。

二是学习《机械基础》课程，有助于培养学生的科学思维方法，提高分析问题和解决问题的能力，也就是提高学生的综合素质。例如，在研究力学问题时，是将实践中得到的力学数据，利用抽象化的方法进行分析、归纳、综合，得到最普遍的公理或定理，再通过严格的数学演绎和推理，得到工程上需要的力学公式。在解决一般静力学和材料力学问题时的思路，都是先把所研究的问题抽象为力学模型，再根据力学量的数量关系建立方程，然后求解。因此，在学习静力学和材料力学的过程中，学生在学习力学知识的同时，还可以学到解决各种问题时所需要的逻辑思维方法，这往往比学到的力学知识本身更加重要，对人的一生将产生更加重要的意义。本课程后三部分内容的特点是实践性很强，非常贴近生产实际。在应用所学习的理论知识去解决生产中的实际问题时，不能照搬照套，而必须具体情况具体分析，这就是理论联系实际。其中需要严密的逻辑思维、推理和判断。这个过程就是培养学生分析问题和解决问题能力的过程，也是培养学生严谨的工作作风的过程，是素质教育的根本所在。

三是掌握必要的机械方面的基础知识，是在生产第一线工作的优秀技术人员和管理人员所必须具备的条件。在科学技术高速发展的今天，促使各工业部门之间的技术交融，促进技术人员和生产管理人员知识结构的交融，已刻不容缓，各专业之间知识的联系也越来越密切。因此，对于生产和管理第一线的高素质的非机械类专业的实用性技术人员和管理人员来说，具备一定的机械方面的知识，将有助于技术人员更好地使用、维护生产设备，提高产品的质量和产量，也有助于生产管理人员更有效地实施生产管理，只有这样，他们才有可能成为优秀的工程技术人员和管理人员，也才有可能在所从事的工作中大有作为。

二、学习《机械基础》课程的方法

鉴于《机械基础》课程的特点，我们在学习本课程时，关键是要在学习的过程中抓好三个"环节"和在学习的内容上抓住三个"基本"。

在学习过程中要抓好的三个"环节"是：预复习、听讲、总结。预习就是上课前要先将上课时的内容有大致了解，复习就是对涉及先修课程的相关内容和本课程已学过的相关内容进行复习，使整个学习内容前后融会贯通。听讲就是上课时要认真听教师对内容的讲述，特别是对重点内容要认真理解，要注意处理好听讲与记笔记的关系。总结就是要善于做好学习内容的阶段总结，对学习内容总结的过程，就是将厚书变成薄书的过程，更是复习、归纳、提高的过程。建议读者以章为单位进行总结，要用具有自我特点的语言进行总结，虽本书各章后均附有"本章小结"，但限于篇幅，过于简单，仅作抛砖引玉之用。

在学习的内容上要抓住的三个"基本"是：基本概念、基本公式（定理）、基本方法。首先，要用辩证唯物主义的观点和方法认真理解课程的基本概念，讲的是什么问题，有无适应条件等。其次是对于基本公式要充分掌握它们的意义、适用条件、参数的意义和单位；对于基本定理（定律）要充分理解它们的结论及成立的相应条件。基本方法是指要很好地掌握一类问题的解题方法和步骤以及已经成熟的作图的方法和步骤，这将大大提高做习题的效率。

只要我们在学习《机械基础》的过程中，在抓好了上述三个"环节"的基础上，抓住这三个"基本"，并通过例题、思考题和习题予以巩固，掌握基本的分析问题和解决问题的方法，就能提高分析问题和解决问题的能力及基本运算的能力，就能学得愉快，并且有较大收获。

第一篇 静 力 学

静力学是研究刚体在力系（system force）作用下平衡规律的科学。

所谓刚体，就是在任何外力的作用下，其大小和形状始终保持不变的物体。事实上，绝对的刚体是不存在的，它是一种抽象的力学模型。任何物体在外力的作用下，都会或多或少地发生变形，但对大多数固态物体而言，只要受到的外力不是特别大，都可以近似地认为是刚体，这就使得对力学问题的研究变得非常简便，静力学的研究对象就是刚体。

所谓力系是指作用于物体上的一群力。平衡（balance），是指物体相对于惯性参考系保持静止或做匀速直线运动的状态。"平衡"和"运动"都是物体的运动状态，是相对的。若物体处于平衡状态，则作用于物体上的力系必须满足一定的条件，这些条件称为力系的平衡条件。在研究一个复杂的力系对物体的作用效应时，常需将一个复杂的力系简化为一个简单的力系，而作用效应不变，称为力系的简化。若两个力系对物体的作用效应相同，则称此两力系为等效力系。

由上所述可知，静力学研究的主要问题是：受力分析；简化力系；建立物体在各种力系作用下的平衡条件等内容。

第一章 静力学基础知识

静力学的基本概念是从长期的生产实践和科学实验中总结概括而得来的，它们是研究力系简化和平衡问题的基础，也是工程力学的基础部分。本章主要研究力的基本概念和静力学公理。

第一节 力 的 概 念

力（force）的概念是人们在生产和生活实践中，通过反复的实践、观察和分析逐渐形成的。例如，用手推小车，小车就由静止开始运动；受到地球引力作用自高空落下的物体，速度越来越大；锻压加工时，工件受到锻锤的打击而产生变形；挑担时肩膀感觉受到压力的作用，同时扁担发生弯曲变形等，这些都是力作用的结果。刚体和力是静力学中最重要、最基本的两个概念。

一、力的定义

力是物体间的相互机械作用。这种作用的结果使物体的机械运动状态发生改变，或使物体的形状发生改变，即物体受力后可以产生两种效应。

（一）力的外效应

力的外效应即力改变物体的机械运动状态，又称运动效应。如机床的启动；行驶的汽车刹车时，摩擦力使它停止下来等。力的外效应属于静力学研究的范畴。

（二）力的内效应

力的内效应即力使物体产生变形，又称变形效应。如弹簧受力会伸长或缩短；起重机在起吊重物时，横梁会产生弯曲变形，等等。力的内效应属于材料力学研究的范畴。

应当指出，既然力是物体间的相互机械作用，因此力不能脱离物体而存在。力虽然看不见，但它的作用效应完全可以通过直接观察或感受到，也可用仪器测量出来。

二、力的表示方法

实践证明，力对物体的效应取决于力的大小、方向和作用点，简称为力的三要素。力的三要素表明：力是一个矢量（vector），它用一条具有方向的线段来表示，如图 1-1 所示。有向线段的起点（或终点）表示力的作用点，即力作用在物体上的部位；有向线段的方位和箭头指向表示力的方向，它包括力的作用线在空间的方位和力沿作用线的指向；有向线段的长度（按一定的比例尺）

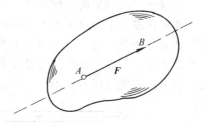

图 1-1 力的表示

表示力的大小。在国际单位制中，力的单位是牛顿（N）或千牛顿（kN）。在静力学中，用黑体字母 **F** 表示力的矢量，而用普通字母 F 表示力的大小。

三、力的类型

作用在物体上的力按其作用方式可分为两大类：体积力和表面力。连续分布在物体内部各点的力，称为体积力，如重力、磁力等；作用在物体边界上的力，称为表面力，如齿轮的啮合力、水闸受到的压力等。

当力的作用面积很小时，可以简化为作用在一点上的一个力，称为集中力，如图 1-2（a）所示，其表示和单位如前所述。当力的作用面积比较大时，称为分布力，体积力和表面力都可以简化为分布力。均质长杆的自重可以简化为作用在轴线上的分布力，称为线分布力，其大小用分布力集度 $q(x)$ 来表示，即单位长度的力，如图 1-2（b）所示，单位为千牛/米（kN/m）。$q(x)$ 是常数时，称为均布力或均布载荷（homogenous distribution load），如图 1-2（c）所示。显然，沿长度分布的均布载荷可以用作用于分布范围中点的合力 $Q(=ql)$ 来代替。图 1-2（d）所示的是水闸受到静水压力作用时线分布力的示意图。容器受内压力作用，内压力可以简化为面分布力，用 p 表示，如图 1-2（e）所示，单位为牛顿/米² （N/m²）。

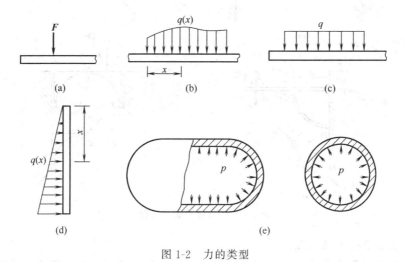

图 1-2 力的类型

第二节 静力学公理

公理（generally acknowledged truth），就是符合客观现实的真理，公理的正确性不需要用逻辑推理来证明，它是建立科学的基础。静力学公理是人类从反复实践中总结出来的，正确性已被人们所公认，它是静力学的基础。

公理一（二力平衡公理）

作用在刚体上的两个力，大小相等，方向相反，且作用在同一直线上，是刚体保持平衡的必要和充分条件。这一性质揭示了作用于刚体上最简单的力系平衡时所必需满足的条件。对于变形体来说，公理一给的只是必要条件，而不是充分条件。如图 1-3 (c)、(d) 所示，软绳只能受拉力，不能受压力作用。

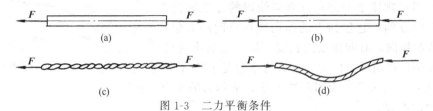

图 1-3 二力平衡条件

以后经常遇到只在两点各受一个集中力作用而处于平衡的刚体，这种刚体称为二力体，在构造物中称为二力构件，当二力构件的长度远大于横截面的尺寸时，称为二力杆件，简称为二力杆。二力构件所受到的二力，必然沿此二力的作用点的连线，而且是大小相等、方向相反，简言之共线、等值、反向，如图 1-3 (a)、(b) 所示。

需要指出的是，二力杆件的形状不一定是直杆，可以是各种形状的构件，如图 1-4 所示就是几种不同形状的二力杆。

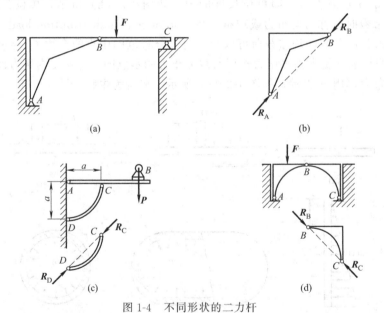

图 1-4 不同形状的二力杆

公理二（加减平衡力系公理）

在已知力系上加上或者减去任意一个平衡力系，不会改变原力系对刚体的效应。

推论一（力的可传性质原理）

作用在刚体上某点的力，可以沿其作用线移向刚体内任一点，不会改变它对刚体的作用效应，如图 1-5 所示。

应当指出，加上或者减去一个平衡力系，或使力沿着作用线移动，不会改变力对物体的外

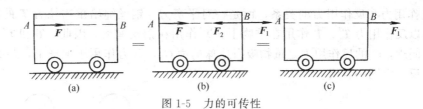

图 1-5　力的可传性

效应，但会改变力对物体的内效应。对于变形杆件，沿杆的轴线受到两个大小相等、方向相反的力的作用，会伸长或缩短，这说明虽然变形体外效应未改变，但内效应却改变了。所以，公理二及推论一都只适用于刚体而不适用于变形体。

公理三（力的平行四边形法则）

作用于物体上某一点的两个力的合力（composite force），作用点也在该点，大小和方向由以这两个力为邻边所作的平行四边形的对角线来确定。

如图 1-6 所示，力 F_1、F_2 汇交于 A 点，以 F_1 和 F_2 两力的力矢为平行四边形的两个边，作出平行四边形 $ABCD$，则对角线 AC 即表示合力 R 的大小和方向。用矢量式表示为

$$R = F_1 + F_2 \tag{1-1}$$

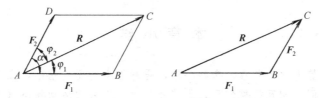

图 1-6　力的合成

已知 F_1 和 F_2 及其夹角 α，可以利用几何关系求出合力 R 的大小和方向。合力的大小为

$$R = \sqrt{F_1^2 + F_2^2 + 2F_1 F_2 \cos\alpha} \tag{1-2}$$

合力的方向可由下列二式之一确定

$$\sin\varphi_1 = \frac{F_2 \sin\alpha}{R}, \quad \sin\varphi_2 = \frac{F_1 \sin\alpha}{R} \tag{1-3}$$

应当注意，式（1-1）是矢量等式，它与代数等式 $R = F_1 + F_2$ 的意义完全不同。

推论二（三力平衡汇交定理）

当刚体受同一平面内互不平行的三个力作用而平衡时，此三力的作用线必汇交于一点。

证明　如图 1-7 所示，处于平衡状态的刚体上 A、B、C 三点处，分别作用着三个力 F_1、F_2、F_3，它们的作用线都在平面 ABC 内，但不平行。F_1 与 F_2 的作用线交于 O 点，根据力的可传性原理，可将此二力分别移至 O 点，则此二力的合力 R 必定在此平面内且通过 O 点，而 R 必须与 F_3 平衡，由公理一知 F_3 与 R 必共线，所以，F_3 的作用线亦必通过力 F_1、F_2 的交点 O，即三个力的作用线汇交于一点。

公理四（作用与反作用公理）

两个相互作用的物体上的力，总是同时存在，这两个力大小相等、方向相反，沿同一直线分别作用在这两个物体上。这个公理概括了自然界中物体间相互作用的关系，说明力永远是成对出现的，有作用力就有反作用力。

必须注意，作用力与反作用力是作用在两个物体上的，而一对平衡力则是作用在同一物体上的，不要把公理四与公理一混同起来。例如，在图 1-8（a）中用钢丝绳悬挂一重物，G 为重物所受的重力，T 为钢丝绳对重物的拉力，它们都作用在重物上，如图 1-8（b）所示。所以，

G 和 T 不是作用力和反作用力的关系,而是一对平衡力。钢丝绳给重物拉力 T 的同时,重物必给钢丝绳以反作用力 T',T 作用在重物上,T' 作用在钢丝绳上,因此,T 和 T' 是作用力和反作用力。同理,G 的反作用力是重物吸引地球的力 G',该力作用于地球上,与力 G 大小相等、方向相反、沿同一直线。

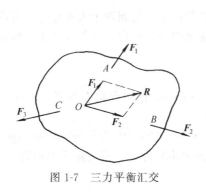

图 1-7 三力平衡汇交

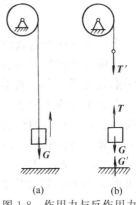

图 1-8 作用力与反作用力

本 章 小 结

本章主要介绍了静力学的基本概念和公理,是静力学的理论基础,应当认真理解和掌握。

(1) 力是物体之间的相互机械作用,力使物体改变原来的运动状态(外效应)或形状(内效应)。静力学只研究力的外效应。力的三要素是:力的大小、方向及作用点。力分为集中力和分布力,分布力又可分为线分布力和面分布力。

(2) 静力学公理揭示了力的基本性质,是静力学的理论基础。二力平衡公理同作用与反作用公理中力的要素相同,但力的作用对象不同。加减平衡力系公理是力系等效代换和简化的理论基础。三力平衡汇交定理是:如果刚体受同一平面的三个相互不平行的力作用而处于平衡时,则这三个力的作用线必定汇交于一点。力是矢量,它的合成和分解遵循平行四边形法则。

思 考 题

1-1 两个力相等的条件是什么?说明下列式子的区别:① $F_1 = F_2$;② $F_1 = F_2$。
1-2 二力平衡公理和作用与反作用公理都说二力是等值、反向、共线,这两者有何区别?
1-3 试区别 $R = F_1 + F_2$ 和 $R = F_1 + F_2$ 两个等式代表的意义。

习 题

1-1 合力一定比分力大吗?试举例说明。

第二章 力矩和力偶

刚体受力的作用后将产生内效应和外效应。实践经验表明,力对刚体作用的外效应,不仅可以使刚体产生移动,还会使刚体产生转动,这种转动效应可以用力对点之矩和力偶来度量。

第一节 力对点之矩

人们在生产劳动中利用各种简单机械(如杠杆和滑车等)来获得机械效益。这些机械的工作原理中包含着十分生动的力矩的概念。力对点之矩就是力对刚体转动效应的度量。

一、力对点之矩的概念

力使物体产生转动效应,与哪些因素有关呢?现以扳手拧螺母为例,如图2-1所示。用扳手拧螺母时,力 F 使螺母绕 O 点转动的效应不仅与力 F 的大小有关,而且还与转动中心 O 到 F 的垂直距离 d 有关,因此,可用 F 与 d 的乘积来度量。另外,转动方向不同,转动效应也不同。

在研究力使物体转动的问题时,常把物体的转动中心 O 点称为矩心,把矩心到力作用线的垂直距离 d 称为力臂,将力 F 的大小与力臂 d 的乘积 Fd 称为力对点之矩,简称**力矩**(moment of force),记作 $m_O(F)$,即

$$m_O(F) = \pm Fd \tag{2-1}$$

在平面问题中,力矩是一个代数量,其正负号的规定为:力使物体绕矩心逆时针转动,取正号;反之,取负号。其单位为牛顿米(N·m)或千牛顿米(kN·m)。

由力矩的定义式(2-1)可知,力矩具有以下性质:

(1) 力矩不仅与力的大小、转向和力臂有关,还与矩心位置有关,同一力对不同的矩心其力矩也不同。

(2) 力沿其作用线滑移时,力矩不变,因为此时力的大小、方向未变,力臂也未变。

(3) 当力的作用线通过矩心时,力臂为零,力矩也为零。

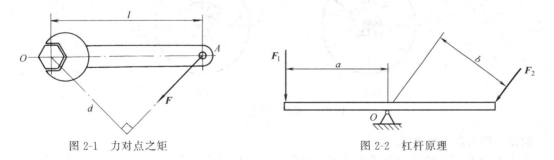

图 2-1 力对点之矩   图 2-2 杠杆原理

二、杠杆原理

典型的应用力矩的例子,就是杠杆平衡问题。设有一杠杆,受力情况如图2-2所示,作用在杆上有两个主动力 F_1 和 F_2,O 点为杠杆的支点,a 和 b 分别为自 O 点到 F_1 和 F_2 作用线的垂直距离。实践证明,杠杆处于平衡状态的条件为

$$F_1 a = F_2 b \tag{2-2}$$

式（2-2）表明：力 F_1 对 O 点之矩，与力 F_2 对 O 点之矩，大小相等而方向相反。这就是大家熟悉的杠杆原理。

式（2-2）可改写成 $F_1 a - F_2 b = 0$，再按式（2-1）改写成一般形式

$$m_O(F_1) + m_O(F_2) = 0 \tag{2-3}$$

应当注意，在式（2-3）中的各项必须取代数值。式（2-3）即为杠杆原理用力矩的表达式，它表明：如果作用在杠杆上的两力对其支点 O 之矩的代数和等于零，杠杆即处于平衡状态。如果作用在杠杆上的力超过两个，则式（2-3）可扩大为

$$m_O(F_1) + m_O(F_2) + \cdots + m_O(F_n) = 0$$

或

$$\sum m_O(F) = 0 \tag{2-4}$$

也就是说，如果作用在杠杆上的各力对其支点 O 之矩的代数和等于零，杠杆即处于平衡状态。

三、合力矩定理

如前所述，力矩是度量力对物体的转动效应的物理量，而合力与分力是等效的。故可以证明：合力对平面内任意一点之矩，等于其所有分力对同一点之矩的代数和。即若

$$\boldsymbol{R} = \boldsymbol{F}_1 + \boldsymbol{F}_2 + \cdots + \boldsymbol{F}_n$$

则

$$m_O(\boldsymbol{R}) = m_O(\boldsymbol{F}_1) + m_O(\boldsymbol{F}_2) + \cdots + m_O(\boldsymbol{F}_n) \tag{2-5}$$

式（2-5）的关系称为合力矩定理。当力矩的力臂不易确定时，常将力分解为若干个分力（通常是正交分解），然后应用合力矩定理来计算力矩。

可见，可直接根据定义来求力矩（这种方法的关键是求力臂 d），也可以应用合力矩定理来求力矩。

【例2-1】 如图 2-3 所示，圆柱齿轮的压力角 $\alpha = 20°$，法向压力 $F = 1\mathrm{kN}$，齿轮分度圆直径 $D = 60\mathrm{mm}$，试求力 F 对轴心 O 之矩。

解一 根据定义求力矩

如图 2-3（a）所示，根据力对点之矩的定义式得

$$m_O(\boldsymbol{F}) = Fd = F\frac{D}{2}\cos\alpha = 1000 \times \frac{60}{2}\cos 20° = 28.2 \ (\mathrm{N \cdot m})$$

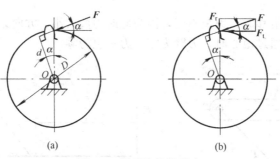

图 2-3 圆柱齿轮的受力

解二 根据合力矩定理求力矩

将力 F 沿分度圆的周向和径向分解，如图 2-3（b）所示，则

$$F_t = F\cos\alpha, \quad F_r = F\sin\alpha$$

显然，$m_O(\boldsymbol{F}_r) = 0$（$\boldsymbol{F}_r$ 通过 O 点，力臂为零）。

因此

$$m_O(\boldsymbol{F}) = m_O(\boldsymbol{F}_t) + m_O(\boldsymbol{F}_r) = m_O(\boldsymbol{F}_t) = F\cos\alpha \times \frac{D}{2} = 1000 \times \cos 20° \times \frac{60}{2} = 28.2 \ (\mathrm{N \cdot m})$$

第二节 力偶及其性质

除了前述的力矩对物体可以产生转动效应外,力偶也可以使物体产生转动效应。研究力偶的性质不但在实践上有重要意义,而且在理论上是研究一般力系的基础。

一、力偶及力偶矩

力学中,把作用在同一物体上大小相等、方向相反但作用线平行的一对力称为**力偶**(couple),记作 $m(F_1、F_2)$,力偶中两个力的作用线间的距离 d 称为力偶臂,两个力所在的平面称为力偶的作用面。

在工程实践和日常生活中,物体受力偶作用而转动的例子十分常见,例如,司机两手转动方向盘[见图 2-4(a)],工人双手用丝锥攻螺纹[见图 2-4(b)],用两个手指拧动水龙头[见图 2-4(c)]等,施加的都是力偶。

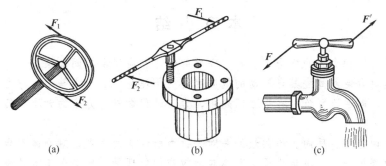

图 2-4 力偶作用实例

由实践经验可知,力偶对物体只能产生转动效应。力学中,用力 F 的大小和力偶臂 d 的乘积 Fd 并冠以适当的正负号所得的物理量来度量力偶对物体的转动效应,称为**力偶矩**,记作 $m(F_1、F_2)$ 或 m,即

$$m(F_1、F_2) = \pm Fd \tag{2-6}$$

在平面内,力偶矩与力矩一样,也是代数量,正负号表示力偶的转向,其规定与力矩相同,即:使物体产生逆时针转动效应的力偶矩为正,反之为负。力偶矩的单位也与力矩相同,常用 N·m 或 kN·m。

力偶对物体的转动效应取决于力偶矩的大小、转向和力偶作用面的方位,这三者称为**力偶的三要素**。

二、力偶的性质

组成力偶的两个力虽然大小相等、方向相反但作用线并不重合,所以力偶并不是平衡力系。根据力偶的概念,可以证明力偶具有以下性质:

(1) 力偶在任意轴上的投影恒等于零,即力偶无合力。力偶不能与一个力等效,也不能用一个力来平衡。因此,力偶只能用力偶来平衡。可见,力偶和力是组成力系的两个基本物理量。

(2) 力偶对其作用面内任意一点之矩恒等于其力偶矩,而与矩心的位置无关。

(3) 在同一平面内的力偶,只要两个力偶的代数值相等,则这两个力偶相等,此即力偶的等效性。

根据力偶的等效性,可得出以下两个推论:

推论一 力偶对物体的转动效应与它在作用面内的位置无关。

推论二 在保持力偶矩的大小和转向不变的情况下，可同时改变力偶中力的大小和力偶臂的长短，而不改变它对刚体的作用效应。

应当注意，力偶的等效性及其推论，只适用于刚体，不适用于变形体。在平面力系中，由于力偶对物体的转动效应完全取决于力偶矩的大小和方向（转向），因此，力偶可以用一带箭头的弧线来表示，如图 2-5 所示，其中箭头表示力偶的方向（转向），m 表示力偶矩的大小。

图 2-5 力偶的方向

本 章 小 结

本章讲述了力矩和力偶的概念，需要在今后的学习和应用中巩固加深。

（1）力矩是对力使刚体绕某点转动的效应度量的物理量，其大小等于力与力臂的乘积，转向用正负号表示，即逆正顺负。在平面问题中，力矩是代数量。力矩的大小和转向一般与矩心的位置有关。

（2）力偶是由等值、反向、不共线的一对平行力所组成的力系，对刚体产生转动效应。在平面问题中，力偶矩是唯一决定力偶对刚体转动效应的物理量。转向用正负号表示，也是逆正顺负。

思 考 题

2-1 力矩和力偶矩有何异同？

2-2 什么是力偶的三要素？力偶可以用力来平衡吗？

2-3 钳工用丝锥攻螺纹，若单手加力，为什么丝锥容易折断？

习 题

2-1 图示皮带轮的半径 $r=300\text{mm}$，胶带拉力的大小 $F_1=3000\text{N}$，$F_2=1500\text{N}$，试分别计算两拉力对轮心 O 的矩。（物体自重不计，接触处都不考虑摩擦）

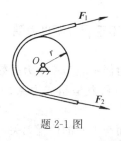

题 2-1 图

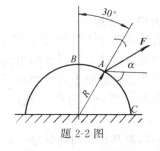

题 2-2 图

2-2 有一半圆板受力 F 作用，F 的大小为 100N，与水平线的夹角为 $\alpha=20°$，圆板半径为 $R=100\text{mm}$，求力 F 对点 B 和点 C 的矩。（物体自重不计，接触处都不考虑摩擦）

第三章　力系基础知识

力系是指作用在刚体上的一组力或一群力。本章讲述的是力系理论的基础知识，以及物体的受力分析，它是工程中进行构件和机器零件的结构设计和强度设计计算的基础。本章只介绍平面力系的基础知识。

第一节　力的平移定理

由静力学公理可知，在刚体内，力可以沿其作用线移动，而不改变它对物体的作用效应。如果将力的作用线平行移动（translation）到另一位置，其作用效应是否改变呢？

设有一作用于 A 点的力 F，如图 3-1（a）所示，要把它平移到平面内任意一点 O，可假想在 O 点施加一对与力 F 平行且等值的平衡力 F_1 和 F_2，如图 3-1（b）所示，由加减平衡力系公理可知，力系 F、F_1、F_2 与 F 等效，而其中 F 与 F_1 又组成了一个力偶，其力偶矩 m 的数值等于 F 对 O 点之矩，于是，作用于 O 点的平移力 F_2 与附加力偶 m 的联合作用就等效于原力 F 的作用。可见，力可以平移，但平移后必须附加一个力偶，附加力偶的力偶矩等于原力对新的力作用点之矩，此即为力的平移定理。

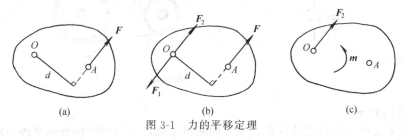

图 3-1　力的平移定理

力的平移定理不仅是力系简化的依据，而且也是分析力对物体作用效应的一个重要方法，能解释许多工程上和生活中的现象。例如，打乒乓球时，当用球拍击球的作用力 F 没有通过球心时，按照力的平移定理，将力平移至球心，平移力 F' 使球产生移动，附加力偶 m 使球产生绕球心的转动，于是形成旋转球，如图 3-2 所示。

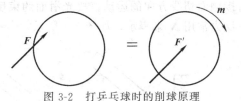

图 3-2　打乒乓球时的削球原理

第二节　约束和约束反力

自然界中，运动的物体可以分为两类：自由体和非自由体。例如飞行的飞机、炮弹等，它们在空间的位移不受任何限制，这样的物体叫自由体；而机车受铁轨的限制，只能在轨道上运动；电机转子受轴承的限制，只能绕其轴线转动等，这种位移受到限制的物体称为非自由体。工程中所遇到的物体，大部分是非自由体。

对于非自由体来说，限制其运动和位置的物体，称为非自由体的约束（constraint），例如，图 3-3（a）中所示的电线就是电灯的约束。

约束对物体的作用，实际上是力的作用，它阻碍物体的运动。这种阻碍物体运动的力称为约束反力,简称反力。因此,约束反力的方向必定与该约束所能够阻碍的运动方向相反。

物体在空间受到的力,不外乎两种:

(1) 主动力 工程上,通常把能使物体主动产生运动或运动趋势的力称为主动力。如重力、风力、水压力、油压力、弹簧力和电磁力等外力。主动力一般都是已知的。

(2) 约束反力 在一般情况下,约束反力是由主动力的作用而引起的,故它是一种被动力。它不仅与主动力的情况有关,同时也与约束类型有关。

在工程上,主动力通常是给定的或可测定的,而约束反力是未知的。确定未知的约束反力,是静力学的重要任务之一。下面介绍工程实际中常见的几种约束类型及其约束反力的特性。

一、柔性体约束

由绳索或链条等非刚性体所形成的约束,称为柔性体约束。柔性体只能受拉而不能受压,只能限制物体(非自由体)沿柔性体约束的中心线离开约束的运动,而不能限制其他方向的运动。因此柔性体约束对物体产生的约束反力的方向,只能是沿着约束的中心线背离被约束物体的方向,如图 3-3 所示。柔性体的约束反力常用 T 来表示。

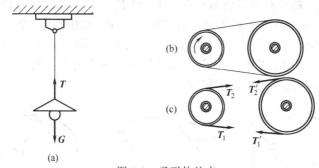

图 3-3 柔形体约束

二、光滑面约束

光滑面约束是由与非自由体成点、线、面光滑接触,并忽略接触处的摩擦力的物体所形成的约束。约束只能限制物体在接触点沿接触面的公法线指向约束物体的运动,而不能限制物体沿接触面切线方向的运动,故光滑面约束反力的方向沿接触面法线方向指向被约束物体,其约束反力常用 N 来表示,如图 3-4 所示。

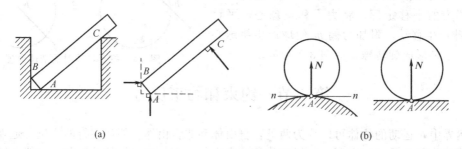

图 3-4 光滑面约束

三、光滑铰链约束

光滑铰链(smooth hinge)是力学中的一个抽象化的模型。用圆柱形销钉连接的两个构件,称为铰链。如果铰链接触处的摩擦忽略不计,只能限制两个非自由体的相对径向移动,而不能限制它们的相对转动,这种约束称为光滑铰链约束。圆柱形销钉连接就是光滑铰链约束的实例，如图 3-5（a）所示。根据被连接物体的形状、位置和作用，光滑铰链约束常分为下面几种型式。

（一）中间铰链约束

如图 3-5（a）、(b) 所示，由于圆柱形销钉常常用来联接两个构件而处在结构的内部，所以也把它称为中间铰链。这种约束常用图 3-5（c）所示的简图来表示。

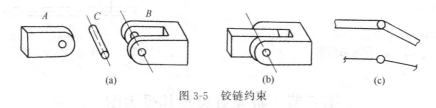

图 3-5　铰链约束

如图 3-6 所示，如果略去微小摩擦，销钉与物体实际上是以两个光滑圆柱面相接触的。若把 K 视为接触点，根据光滑面约束反力的特点，可知销钉对物体的约束反力应沿接触点 K 处的公法线，并通过铰链中心（销钉中心），但由于接触点不能确定，则中间铰链对物体的约束反力特点为：作用线通过铰链中心，但方向不定，常以两个正交分力 N_x 和 N_y 表示。

图 3-6　铰链约束力的表示

（二）固定铰链支座

若圆柱形销钉 B 点同机架相联接，就是固定铰链支座。它的约束反力与中间铰链约束反力有相同的特征，所以也可用两个通过铰链中心的大小未知的正交分力来表示。

如图 3-7（a）所示，钢桥架 A 端就是固定铰链支座支承，其结构如图 3-7（b）所示，它用铰链把钢桥架同固定支承面联接起来，其简图如图 3-7（c）所示。

（三）活动铰链支座

如果在支座和支承面之间有辊轴，就成为活动铰链支座，又称辊轴支座，图 3-7（a）所示的钢桥架的 B 端支座即是活动铰链支座，其结构如图 3-7（c）所示。活动铰链支座的反力 N 的方向垂直于支承面，其简图如图 3-7（e）所示。

四、固定端约束

物体的一部分固嵌于另一物体的内部所构成的约束，称为固定端约束。例如，建筑物中的阳台 [见图 3-8（a）]、车床上车刀的固定 [见图 3-8（b）] 等，这些工程实例都可抽象为固定端约束。

固定端约束所产生的约束反力比较复杂，物体插入部分各点所受的约束反力的大小、方向均不同，如图 3-9（a）所示，可利用力的平移原理，将这些反力平移到 A 点并合成，如图 3-9（b）所示，可得到作用于 A 点的一个力 R_A 和一个力偶 m_A，一般情况下，R_A 的方向未知，常用两个正交分力 R_{Ax} 和 R_{Ay} 来表示。因此，固定端约束有两个约束反力和一个约束反力偶，如图 3-9（c）所示，其中两个约束反力 R_{Ax}、R_{Ay} 限制物体的移动，约束反力偶 m_A 限制物体的转动。

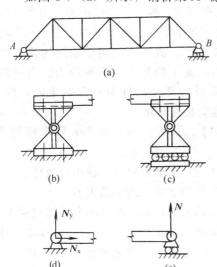

图 3-7　桥梁的铰链支座

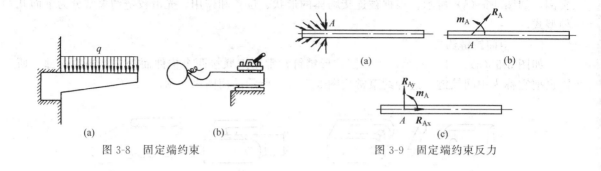

图 3-8　固定端约束　　　　图 3-9　固定端约束反力

第三节　研究对象及其受力图

静力学问题大多是受一定约束的非自由刚体的平衡问题。在研究非自由体的平衡问题时，通常是把所研究的非自由体解除全部约束，从周围的物体中分离出来进行研究，成为人为的"自由体"，这个被分离出来的物体称为分离体或研究对象，它是解除全部约束的自由体。将分离体所受到的全部主动力和约束反力以力矢量的形式表示在其上，这样所得到的图形，称为受力图。画受力图是分析物体受力的第一步工作，非常重要。

画受力图的基本步骤如下：

（1）选取研究对象，画出分离体。

（2）在分离体上画出全部主动力。

（3）画出分离体上的全部约束反力。

当研究对象为几个物体组成的系统时，还必须区分外力和内力。系统以外的周围物体对系统的作用力称为系统的外力。系统内部各物体之间的相互作用力，称为系统的内力。由力的性质可知，系统的内力总是成对出现，且等值、反向、共线，在系统内自成为平衡力系，不影响系统的整体平衡。故在选取整个系统为研究对象时，只画系统上的外力，不画内力。当选取系统中的部分或某个构件为研究对象时，内、外力之间也会相互转化。

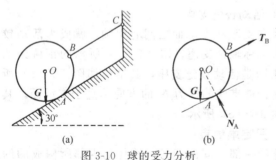

图 3-10　球的受力分析

【例 3-1】　试画出图 3-10（a）所示球的受力图。

解　1. 选球为研究对象，画出分离体。

2. 画出作用在球上的主动力 G。

3. 根据约束的特征，画出球上的约束反力。

球受到斜面的约束，如不计摩擦，则在接触点 A 受斜面的光滑面约束反力 N_A，并指向球心；球在连接点 B 受到绳索 BC 的柔性约束反力 T_B，沿绳索背离球。球的受力图如图 3-10（b）所示。

【例 3-2】　简支梁 AB 如图 3-11（a）所示。梁在 AC 段受到垂直于梁的均匀分布载荷的作用，单位长度上承受的力为 $q(\text{N/m})$；梁在 D 点又受到与梁成 β 倾角的集中载荷 Q 作用。梁的自重不计。试画出梁的受力图。

解　1. 选梁为研究对象，画分离体图。

2. 画出作用在梁上的主动力：均布载荷 q 和集中载荷 Q。

3. 画出梁的约束反力。梁在 A 端为固定铰链支座，约束反力可以用两个正交分力来表示；B 端为辊轴支座，其约束反力通过铰链中心而垂直于斜支承面。梁的受力图如图 3-11（b）所示。

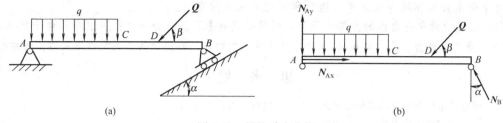

图 3-11　梁的受力分析

【例 3-3】 三铰拱桥由左右两拱铰接而成，如图 3-12（a）所示。设各拱自重不计，在拱 AC 上作用载荷 F。试分别画出拱 AC 和 CB 的受力图。

解 1. 画半拱 BC 的受力图

选取半拱 BC 为研究对象并画出分离体。由于拱桥的自重不计，因此半拱 BC 只在 B、C 处受到铰链的约束力的作用，由二力平衡公理可知，这两个力必定沿同一直线，且等值、反向，方向如图 3-12（b）所示。

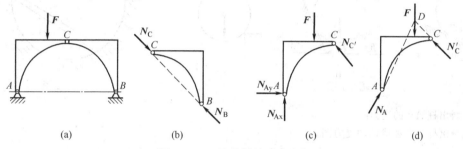

图 3-12　三铰拱桥的受力分析

需注意，凡是两端用铰链与其他物体联接，而且只在两端铰链处受力，中间不再受力（当然不计自重）的构件，即为二力构件，或称二力杆。二力杆所受的力的作用线沿着两个铰链的连线，如果是直杆，则力沿着杆的轴线。二力杆所受的力是拉力还是压力要由实际的情况来判断。

2. 画半拱 AC 的受力

选取拱 AC 连同销钉 C 为研究对象。由于不计自重，先画主动力载荷 F；点 C 受拱 CB 施加的约束力 N_C'，且 N_C' 和 N_C 等值、反向、共线；点 A 处的约束反力可分解为 N_{Ax} 和 N_{Ay}。拱 AC 的受力图如图 3-12（c）所示。

又半拱 AC 在 F、N_C' 和 N_A 三力作用下平衡，根据三力平衡汇交定理，可确定出铰链 A 处约束反力 N_A 的方向。点 D 为力 F 与 N_C' 的交点，当半拱 AC 平衡时，N_A 的作用线必通过点 D，如图 3-12（d）所示，N_A 的指向可先作假设，以后由平衡条件确定。

本 章 小 结

本章讲述的知识是力学的基础理论，应认真理解，并在应用中巩固加深。

（1）力的平移原理表明，一个力平行移动时，必须附加一个力偶，其力偶矩等于原力对平移点的力矩，否则就不可能平衡。

（2）约束是对物体运动（或运动趋势）的限制，约束反力是这种限制作用的度量。约束反力的方向总是与约束所阻碍的非自由体的运动或运动趋势方向相反。要熟练掌握常见约束的性质以及相应的约束反力的特点。约束反力的方向必须根据各类约束的性质来确定，有时还要根据二力平衡条件和作用与反作用公理来判断约束反力的方向。

（3）画研究对象受力图的主要步骤为：明确研究对象，画出分离体；画出分离体上的主动力（已知力、重力、外力、均布载荷）；分析物体所受到的约束，画出分离体上的约束反力；最后检查。

思 考 题

3-1 确定约束反力方向的原则是什么？光滑铰链约束有什么特点？
3-2 固定端约束的约束反力有几个？
3-3 分析二力构件受力时与构件的形状有无关系？

习 题

下列习题中，凡未标出自重的物体，自重不计。接触处都不考虑摩擦。

3-1 画出图示圆球的受力图。

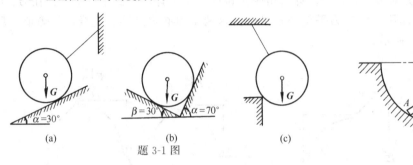

题 3-1 图　　　　　　　　题 3-2 图

3-2 画出杆 AB 的受力图。
3-3 画出杆 AB 和球 C 的受力图。

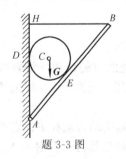 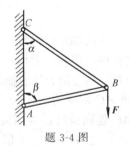

题 3-3 图　　　　　　　　题 3-4 图

3-4 力 F 作用在销钉上，试画出杆 AB、BC 及销钉 B 的受力图。
3-5 试画出整个物系和物系中每个物体的受力图。
3-6 画出杆 ACD 和杆 BC 的受力图。
3-7 画出杆 AC 和杆 BC 的受力图。

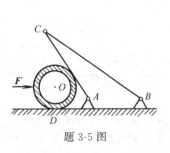 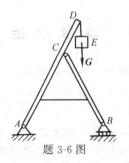 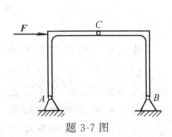

题 3-5 图　　　　　题 3-6 图　　　　　题 3-7 图

第四章 平面力系

作用于物体上的力系,其各力的作用线都在同一平面内的称为平面力系(level system force);各力的作用线不在同一平面内的,称为空间力系。平面力系是平面中刚体受力最普遍的情形,力系中各力的作用线可能任意分布,也可能汇交于一点,或者相互平行(即平面内各种特殊力系)。平面力系也是研究空间力系的基础。所以,研究平面力系不仅在理论上,而且在实际应用上都有重要意义。本章主要研究平面力系的简化和平衡问题。

第一节 平面汇交力系

在平面力系中,作用线交于一点的称为**平面汇交力系**。图 4-1 所示的起重机的起重吊钩,图 4-2 所示的砖墩上的锅炉等,都是平面汇交力系的实例。

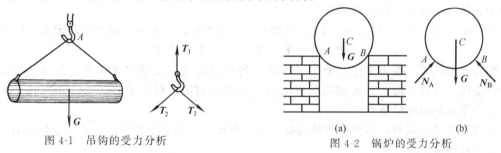

图 4-1 吊钩的受力分析　　图 4-2 锅炉的受力分析

平面汇交力系是力系中最简单的一种力系,研究它,可以解决一些简单的工程问题,也可以为研究更复杂的力系打下基础。本节研究的两个重点问题,就是平面汇交力系的合成(即简化)和平面汇交力系的平衡。研究的方法有几何法和解析法。

一、平面汇交力系合成与平衡的几何法

平面汇交力系的合成的几何法,就是连续应用力三角形法则,将力系中的各力依次合成,也就是用几何作图求出平面汇交力系的合力的方法。据此,还可以得出平面汇交力系平衡的几何条件。

(一) 平面汇交力系的合成

根据力的平行四边形法则,作用在物体上同一点的两个力,可以合成为一个合力,如图 4-3(a)所示。

由图 4-3(b)可以看出,在求两个汇交力的合力 R 时,实际上不必作出整个平行四边形,只要在力矢 F_1(或 F_2)的末端画出力矢 F_2(或 F_1),再自力矢 F_1(或 F_2)的始端向力矢 F_2(或 F_1)的末端作一力矢,此力矢即为合力 R。这样求两个汇交力合力的方法,称为力的三角形法。

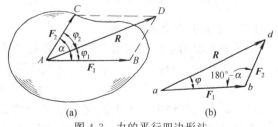

图 4-3 力的平行四边形法

如果刚体上作用有由力 F_1、F_2、F_3、…、F_n 等多个力组成的平面汇交力系,如图 4-4 (a)所示,使用力三角形法,先求力 F_1 和 F_2 的合力 R_1,再求力 R_1 和 F_3 的合力 R_2……最

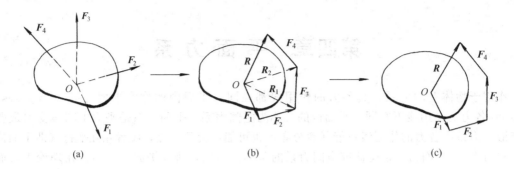

图 4-4 平面汇交力系的合力

后可以求出整个力系的合力,如图 4-4(b)所示。

显然,图中力 R_1、R_2、…、R_{n-2} 等中间合力可省略,而直接将力矢 F_1、F_2、F_3、…、F_n 环绕同一方向首尾相接,最后连其封闭边,自第一个力的始端 O 指向最后一个力的末端的力矢即为合力 R,如图 4-4(c)所示。这种求平面汇交力系合力的方法,称为力多边形法则。这种力系简化的方法,称为**几何法**。

设有由力 F_1、F_2、F_3、…、F_n 组成的平面汇交力系,若采用矢量加法的定义,则可写为

$$R=F_1+F_2+F_3+\cdots+F_n=\sum F \tag{4-1}$$

值得注意的是,在力多边形中,合力 R 与各分力排列的先后次序无关。各分力矢首尾相接,环绕同一方向,而合力矢则沿反方向将力多边形封闭,可形象表述为:分力的箭头接箭尾,合力是由起点指向终点。

应用几何法解题时,必须恰当地选择力的比例尺,即取单位长度代表若干牛顿的力,并把比例尺注在图旁。

【例 4-1】 在螺栓的环眼上套有三根软绳,它们的位置和受力情况如图 4-5(a)所示,试用几何法求三根软绳作用在螺栓上的合力的大小和方向。

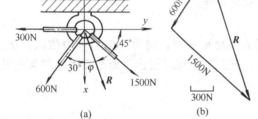

图 4-5 几何法求合力

解 取单位长度代表 300N,按比例尺画出力多边形,如图 4-5(b)所示。由图量得合力 R 的长度为 5.5 单位,即得

$$R=5.5\times300=1650\text{(N)}=1.65\text{(kN)}$$

设以合力作用线与 x 轴的夹角 φ 表示合力的方向,如图 4-5(b)所示,可用量角器量得

$$\varphi=16°10'$$

(二) **平面汇交力系的平衡**

由平面汇交力系简化的结果可知,力系可简化为一个合力 R,如果合力 R 为零,表示刚体处于平衡状态。由此可知,平面汇交力系平衡的必要与充分条件是合力为零,即

$$R=\sum F=0 \tag{4-2}$$

可见,在几何法中,平面汇交力系平衡的必要与充分条件是:该力系的力多边形自行封闭。上述条件也被称为平面汇交力系平衡的几何条件。

【例 4-2】 如图 4-6(a)所示,压路机的碾辊重 $P=20\text{kN}$,半径 $r=60\text{cm}$。欲使此碾辊越过高 $h=8\text{cm}$ 的障碍物,在其中心作用一水平拉力 F,求此拉力的大小和碾辊对障碍物的压力。

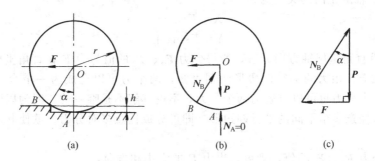

图 4-6 压路机碾辊受力分析

解 选碾辊为研究对象。碾辊在重力 P、地面支承力 N_A、水平拉力 F 和障碍物的约束反力 N_B 的作用下处于平衡状态，如图 4-6（b）所示。上述各力汇交于 O 点，是一个平面汇交力系。欲将碾辊越过障碍物，则表示碾辊将离开地面，这时地面对碾辊的支承力 $N_A=0$，同时拉力 F 为最大值，这是碾辊越过障碍物的力学条件。

根据平面汇交力系平衡的几何条件，P、N_B 和 F 三个力应组成一个封闭的力三角形，如图 4-6（c）所示。由图可求得

$$F = P\tan\alpha, \quad N_B = \frac{P}{\cos\alpha}$$

将 $\tan\alpha = \dfrac{\sqrt{r^2-(r-h)^2}}{r-h} = 0.57564$ 代入上式可得 $F = 11.5\text{kN}$，$N_B = 23.1\text{kN}$。

由作用力和反作用力的关系可知，碾辊对障碍物的压力也应等于 23.1kN。

二、平面汇交力系合成与平衡的解析法

几何法是直接用矢量加法来求合力与各分力之间的关系的，但是，几何法求解静力学平衡问题有一定的局限性，有时还很烦琐。因此，在工程上广泛应用计算的方法——解析法来求解静力学平衡问题。解析法的基础主要是力在坐标轴上的投影。

（一）力在直角坐标轴上的投影

过力 F 的两端分别向坐标轴引垂线，如图 4-7 所示，得垂足 a、b 和 a'、b'，线段 ab 和 $a'b'$ 分别为力 F 在 x 轴和 y 轴上的投影。投影的正负规定为：从 a 到 b（或从 a' 到 b'）的指向与坐标轴的正向相同为正值〔如图 4-7（a）所示〕；反之为负值〔如图 4-7（b）中的 x〕。力 F 在直角坐标轴 x 和 y 上投影分别记作 X 和 Y。

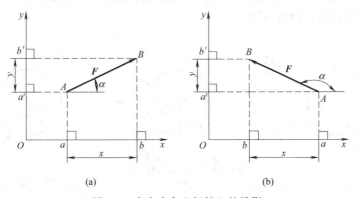

图 4-7 力在直角坐标轴上的投影

若力 F 与 x 轴的正向的夹角为 α，则有

$$\left.\begin{array}{l}X=F\cos\alpha\\Y=F\sin\alpha\end{array}\right\} \tag{4-3}$$

如将力 F 沿直角坐标轴方向分解，所得分力 F_x、F_y 的值与力 F 在直角坐标轴上的投影 X 和 Y 的绝对值相等。由力的平行四边形法则可知，两个力可以合成为一个合力，其解是唯一的。反过来，一个合力也可以分解为两个分力，不过其解不是唯一的。因为以同一个合力为对角线，可以作出任意多个不同的平行四边形，即可分成任意多对分力。欲使其解为唯一，必须附加补充条件。

如果已知分力 F_x、F_y 的值，则可求出力 F 的大小和方向：

$$\left.\begin{array}{l}F=\sqrt{F_x^2+F_y^2}\\ \tan\alpha=|F_y/F_x|\end{array}\right\} \tag{4-4}$$

由图 4-8 还可以看出，当力 F 沿两个正交的轴 Ox 和 Oy 分解成 F_x、F_y 两个分力时，这两个分力的大小正好分别等于力 F 在两轴上的投影的绝对值。应注意，投影是代数量，分力是矢量，两者不可混淆。

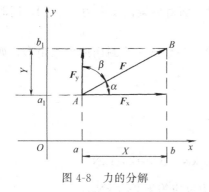

图 4-8 力的分解

（二）平面汇交力系的合成（合力投影定理）

若平面汇交力系中有任意个力 F_1、F_2、F_3 … F_n，应用力在坐标轴上的投影很容易推导出合力投影定理：合力在任一坐标轴上的投影，等于各分力在同一坐标轴上投影的代数和，即

$$\left.\begin{array}{l}R_x=X_1+X_2+X_3+\cdots+X_n=\sum X\\ R_y=Y_1+Y_2+Y_3+\cdots+Y_n=\sum Y\end{array}\right\} \tag{4-5}$$

（三）平面汇交力系平衡的解析条件

将式（4-2）分别向 x 轴和 y 轴上投影，则有

$$\left.\begin{array}{l}\sum F_x=0\\ \sum F_y=0\end{array}\right\} \tag{4-6}$$

式（4-6）称为平面汇交力系的平衡方程。它表明平面汇交力系平衡的解析条件：力系中所有各力在两个坐标轴上投影的代数和分别等于零。利用平衡方程，可以解出平衡的平面汇交力系中的两个未知量。

【例 4-3】 重 $G=100\text{N}$ 的球放在与水平面成 $30°$ 角的光滑斜面上，并用与斜面平行的绳 AB 系住，如图 4-9（a）所示。试求绳 AB 受到的拉力及球对斜面的压力。

解 1. 取研究对象，画受力图

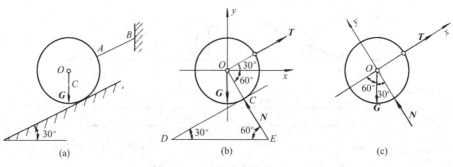

图 4-9 斜面上的钢球

选球为研究对象，画受力图，如图 4-9（b）所示。
2. 建立坐标轴，列平衡方程
建立坐标轴，如图 4-9（b）所示。列平衡方程

$$\sum F_x = 0 \quad T\cos30° - N\cos60° = 0$$
$$\sum F_y = 0 \quad T\sin30° + N\sin60° - G = 0$$

3. 解方程得

$$N = 0.866G = 0.866 \times 100 = 86.6 \text{ (N)}$$
$$T = 0.574N = 0.574 \times 86.6 = 50 \text{ (N)}$$

本题若选取与斜面平行的方向为 x 坐标轴，如图 4-8（c）所示，则解题比较简便。列平衡方程

$$\sum F_x = 0 \quad T - G\cos60° = 0$$
$$\sum F_y = 0 \quad N - G\sin60° = 0$$

故
$$T = G\cos60° = 100 \times 0.5 = 50 \text{ (N)}$$
$$N = G\sin60° = 100\sin60° = 86.6 \text{ (N)}$$

从这个例题可知，选择坐标轴的原则是：坐标轴方向与未知力方向垂直或平行时，平衡方程容易求解。此题利用平面汇交力系的几何法求解也很方便，请同学们自行完成。

第二节 平面力偶系

作用于同一物体上的若干个力偶组成一个力偶系，若力偶系中各力偶均作用在同一平面，则称为平面力偶系。

一、平面力偶系的合成

既然力偶对物体只有转动效应，而且转动效应由力偶矩来度量，那么，平面内有若干个力偶同时作用时，也只能产生转动效应，显然其转动效应的大小也等于各力偶转动效应的总和。可以证明：平面力偶系合成的结果为一合力偶，其合力偶矩 M 等于各分力偶矩的代数和，即

$$M = m_1 + m_2 + \cdots + m_n \tag{4-7}$$

【例 4-4】 如图 4-10 所示，某物体受三个共面力偶的作用，已知 $F_1 = 9\text{kN}$，$d_1 = 1\text{m}$，$F_2 = 6\text{kN}$，$d_2 = 0.5\text{m}$，$m_3 = -12\text{kN}\cdot\text{m}$，试求其合力偶。

解 由式（2-6）得
$$m_1 = -F_1 d_1 = -9 \times 1 = -9 \text{ (kN}\cdot\text{m)}$$
$$m_2 = F_2 d_2 = 6 \times 0.5 = 3 \text{ (kN}\cdot\text{m)}$$

故，合力偶矩为
$$M = m_1 + m_2 + m_3 = -9 + 3 - 12 = -18 \text{ (kN}\cdot\text{m)}$$

因此，此力偶系的合力偶的转向是顺时针，力偶矩大小为 18kN·m。

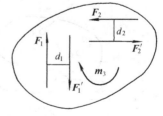

图 4-10 力偶系的合成

二、平面力偶系的平衡

由式（4-7）可知，平面力偶系的平衡条件是合力偶矩等于零。因此，平面力偶系平衡的必要和充分条件是：所有各力偶矩的代数和等于零，即

$$M = \sum m = 0 \tag{4-8}$$

平面力偶系只有一个独立的平衡方程，至多可以解一个未知量。

【例 4-5】 如图 4-11（a）所示，梁 AB 受力偶 m 的作用，求 A、B 两处的约束反力。

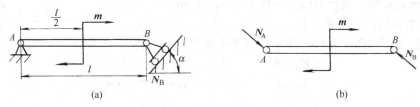

图 4-11 受力偶作用的梁

解 1. 取梁 AB 为研究对象,画受力图

画受力图如图 4-11(b)所示。因力偶只能用力偶来平衡,故 N_A 与 N_B 必定组成一对力偶,又因 N_A 的方向可定,于是 N_B 的方向随之而定,且 $N_A = N_B$。

2. 列平衡方程求解

$$\sum m = 0 \quad N_A l\cos\alpha - m = 0$$

解之得

$$N_A = N_B = \frac{m}{l\cos\alpha}$$

第三节 平面一般力系

力系中各力的作用线都处于同一平面内,既不全部汇交于一点,相互之间也不全部平行,这样的力系称为平面一般力系,它是工程上最常见的一种力系。有些问题虽不属于平面一般力系,但经过适当简化,仍可归结为平面一般力系来处理。因此,研究平面一般力系问题具有重要意义。本节主要研究平面一般力系的简化和平衡问题,重点在平衡问题。

一、平面一般力系向作用平面内任意一点的简化

平面一般力系的简化,以力的平移定理为依据。设刚体上作用着平面一般力系 F_1、F_2、$\cdots$、F_n,如图 4-12(a)所示。在力系所在平面内任选一点 O 作为简化中心,并根据力的平移定理将各力平移到 O 点,同时附加相应的力偶,如图 4-12(b)所示。于是原力系等效地简化为两个力系:作用于 O 点的平面汇交力系 F_1'、$F_2' \cdots F_n'$ 和力偶矩分别为 m_1、$m_2 \cdots m_n$ 的附加平面力偶系。其中,$F_1' = F_1$,$F_2' = F_2 \cdots F_n' = F_n$;$m_1 = m_O(F_1)$、$m_2 = m_O(F_2) \cdots m_n = m_O(F_n)$。下面分别将这两个力系合成。

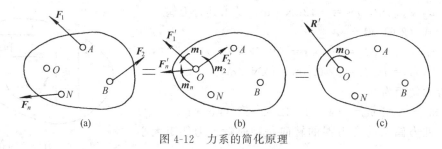

图 4-12 力系的简化原理

对平面汇交力系 F_1'、$F_2' \cdots F_n'$ 可合成为一个作用于 O 点的力 R':

$$R' = F_1' + F_2' + \cdots + F_n' = \sum F' = \sum F \tag{4-9}$$

对于附加力偶系,可进一步合成为一个合力偶 M_O,其力偶矩为

$$M_O = m_1 + m_2 + \cdots + m_n = \sum m_O(F) \tag{4-10}$$

原力系与 R' 和 M_O 的联合作用等效,R' 称为原力系的主矢量,简称主矢,作用点在简化中心上,其大小、方向与简化中心无关;M_O 称为原力系的主矩,其值与简化中心的位置

有关。

主矢 R' 的大小、方向可用解析法计算：

$$\left.\begin{array}{r}R'_x=F_{1x}+F_{2x}+\cdots+F_{nx}=\sum F_x=\sum X\\ R'_y=F_{1y}+F_{2y}+\cdots+F_{ny}=\sum F_y=\sum Y\\ R=\sqrt{R'^2_x+R'^2_y}=\sqrt{(\sum X)^2+(\sum Y)^2}\\ \tan\theta=\left|\dfrac{R'_y}{R'_x}\right|=\left|\dfrac{\sum Y}{\sum X}\right|\end{array}\right\} \quad (4\text{-}11)$$

式中，θ 是 R' 与 x 轴所夹的锐角，R' 的指向可由 $\sum X$ 和 $\sum Y$ 的正负确定。

综上所述，平面一般力系向平面内任一点简化，其一般结果为作用在简化中心的一个主矢与一个在作用平面上的主矩。

【例 4-6】 如图 4-13（a）所示，物体受 F_1、F_2、F_3、F_4、F_5 五个力的作用，已知各力的大小均为 10N，试将该力系分别向 A 点和 D 点简化。

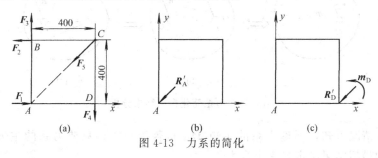

图 4-13 力系的简化

解 1. 向 A 点简化

由式（4-11）得

$$R'_{Ax}=\sum X=F_1-F_2-F_5\cos45°=10-10-10\cos45°=-7.07 \text{ (N)}$$
$$R'_{Ay}=\sum Y=F_3-F_4-F_5\sin45°=10-10-10\sin45°=-7.07 \text{ (N)}$$
$$R_A=\sqrt{R'^2_{Ax}+R'^2_{Ay}}=\sqrt{(-7.07)^2+(-7.07)^2}=10 \text{ (N)}$$
$$M_A=\sum m_A(\boldsymbol{F})=0.4F_2-0.4F_4=0.4\times10-0.4\times10=0 \text{ (N·m)}$$

向 A 点简化的结果如图 4-13（b）所示。

2. 向 D 点简化

同理有

$$R'_{Dx}=\sum X=F_1-F_2-F_5\cos45°=10-10-10\cos45°=-7.07 \text{ (N)}$$
$$R'_{Dy}=\sum Y=F_3-F_4-F_5\sin45°=10-10-10\sin45°=-7.07 \text{ (N)}$$
$$R_D=\sqrt{R'^2_{Dx}+R'^2_{Dy}}=\sqrt{(-7.07)^2+(-7.07)^2}=10 \text{ (N)}$$
$$M_D=\sum m_D(\boldsymbol{F})=0.4F_2-0.4F_3+0.4F_5\sin45°=0.4\times10-0.4\times10\sin45°=2.83 \text{ (N·m)}$$

向 D 点简化的结果如图 4-13（c）所示。

需要提醒的是，也可将向 A 点简化的结果向 D 点平移后再得到向 D 点简化的结果。

二、平面一般力系向作用平面内任一点简化结果的讨论

如上所述，平面一般力系向平面内任一点简化后一般得到主矢和主矩，进一步讨论力系简化的结果，可以有以下四种情况：

（1）主矢 $R'=0$，主矩 $M_O\neq0$ 即原力系简化为一力偶，该力偶就是原力系的合力偶，其合力偶矩等于力系的主矩。只有在这种情况下，力系的主矩才与简化中心的位置无关。

（2）主矢 $R'\neq0$，主矩 $M_O=0$ 即原力系简化为一合力，其大小和方向等于力系的主矢，

作用线通过简化中心 O。

(3) 主矢 $R' \neq 0$，主矩 $M_O \neq 0$ 这时平面任意力系还可以根据力的平移定理进一步简化：根据力偶的等效条件，将力偶矩 m_O 变换成力偶（R，R''），令 $R = R'' = R'$，且 R' 与 R'' 共线，如图 4-14（b）所示。因 R' 与 R'' 构成一对平衡力，可抵消，故可将平面任意力系简化为一合力 R，如图 4-14（c）所示。合力 R 大小和方向仍与力系的主矢 R' 相同，其作用线距 O 点的距离由下式确定：

$$d = \frac{|m|}{R'} = \frac{|M_O|}{R'} \tag{4-12}$$

d 是简化中心 O 到合力 R 作用线的垂直距离，如图 4-14（c）所示，即力偶（R，R''）的力偶臂。

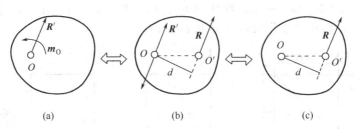

图 4-14　力系简化最后结果分析

由以上两种情况可知，不论力系的主矩 M_O 是否等于零，只要力系的主矢 R' 不等于零，则原力系简化的最后结果必定是一个合力。

(4) 主矢 $R' = 0$，主矩 $M_O = 0$ 物体在此力系作用下处于平衡状态。

三、平面一般力系的平衡

由前所述，平面一般力系向一点简化可得主矢 R' 和主矩 M_O，主矢表示了原力系对物体的移动效应，主矩表示了原力系对物体的转动效应。当主矢和主矩均为零时，则力系对物体既无移动效应也无转动效应，即物体平衡。

（一）平面一般力系的平衡

通过上面的讨论，可知平面一般力系的平衡方程基本形式为：

$$\left.\begin{array}{l} \sum F_x = 0 \\ \sum F_y = 0 \\ \sum m_O(F) = 0 \end{array}\right\} \tag{4-13}$$

式 (4-13) 表明，平面一般力系的平衡条件为：力系中各力在任意直角坐标系的两坐标轴上投影的代数和等于零，各力对平面内任意一点之矩等于零。因有三个平衡方程，可解三个未知量。它还有两种形式：

$$\left.\begin{array}{l} \sum F_x = 0 \\ \sum m_A(F) = 0 \\ \sum m_B(F) = 0 \end{array}\right\} (x \text{ 轴不垂直 } AB \text{ 连线}) \tag{4-14}$$

$$\left.\begin{array}{l} \sum m_A(F) = 0 \\ \sum m_B(F) = 0 \\ \sum m_C(F) = 0 \end{array}\right\} (A、B、C \text{ 不共线}) \tag{4-15}$$

（二）平面一般力系平衡的解题步骤

(1) 选取研究对象，画出其受力图。正确地画出受力图是求解平衡问题的基础。

（2）建立直角坐标系，选取矩心。应尽可能使坐标轴与未知力平行（重合）或垂直，尽可能将矩心选在两个未知力的交点，这样可使解题过程简化。

（3）列平衡方程，求解未知量。

【例 4-7】 图 4-15（a）所示为一悬臂吊车示意图，已知横梁 AB 的自重 $G=4$kN，小车及其载荷共重 $Q=10$kN，梁的尺寸如图所示。试求杆 BC 的拉力及 A 处的约束反力。

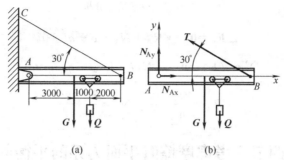

图 4-15 悬臂吊车

解 1. 取 AB 梁为研究对象，画其受力图

画梁的受力图如图 4-14（b）所示。

2. 建立直角坐标系，列平衡方程

建立直角坐标系 Axy，如图 4-15（b）所示。

$$\sum m_A(\boldsymbol{F})=0$$
$$T\times 6\sin 30°-G\times 3-Q\times 4=0$$

解之得
$$T=17.33 \text{（kN）}$$

又
$$\sum \boldsymbol{F}_x=0 \qquad N_{Ax}-T\cos 30°=0$$
$$\sum \boldsymbol{F}_y=0 \qquad N_{Ay}+T\sin 30°-G-Q=0$$

解之得 $N_{Ax}=15$kN，$N_{Ay}=5.33$kN。

（三）平面平行力系的平衡条件

作用线分布在同一平面内，且互相平行的力系，称为平面平行力系。它是平面一般力系的特殊情形。取 x 轴与力系中各力的作用线垂直，则这些力在 x 轴上的投影都等于零，如图 4-16 所示，因此平衡方程式（4-13）中的第一式成为恒等式。因此，平面平行力系独立的平衡方程只有两个：

$$\left.\begin{array}{r}\sum \boldsymbol{F}_y=0 \\ \sum \boldsymbol{m}_O(\boldsymbol{F})=0\end{array}\right\} \qquad (4-16)$$

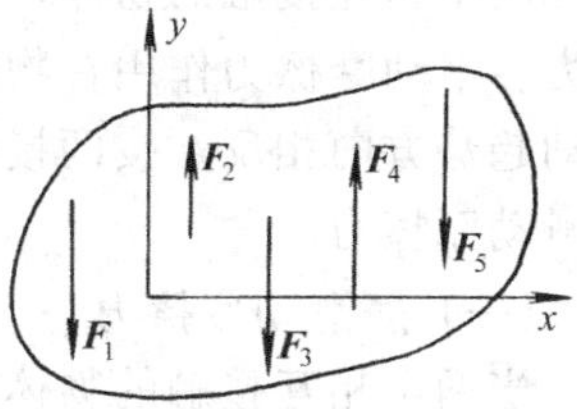

图 4-16 平行力系

或二力矩式

$$\left.\begin{array}{r}\sum m_A(\boldsymbol{F})=0 \\ \sum m_B(\boldsymbol{F})=0\end{array}\right\} （A、B 连线不与各力作用线平行） \qquad (4-17)$$

【例 4-8】 如图 4-17（a）所示为一桥梁 AB，A 端为固定铰支座，B 端为辊轴支座，桥身长为 l，单位长重量为 q(N/m)，C 点有集中载荷 F。试求支座 A、B 的反力。

解 以桥身 AB 为研究对象，其受力图如图 4-17（b）所示。桥上作用有集中力 $\boldsymbol{F}$，均布载荷可合成为一合力 ql 作用于梁的中点，辊轴支座反力 $\boldsymbol{N}_B$ 铅垂向上，由于作用在桥上的 4 个力互相平衡，其中 3 个力的作用线彼此平行，所以固定铰支座的约束反力 $\boldsymbol{R}_A$ 也与它们平行。因此，这 4 个力组成一个平衡的平面平行力系。写出其平衡方程

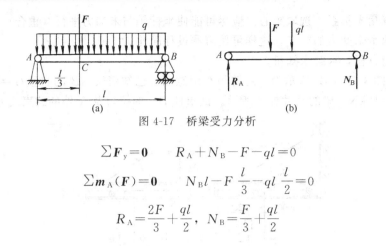

图 4-17 桥梁受力分析

$$\sum F_y = 0 \qquad R_A + N_B - F - ql = 0$$

$$\sum m_A(F) = 0 \qquad N_B l - F\frac{l}{3} - ql\frac{l}{2} = 0$$

解之得

$$R_A = \frac{2F}{3} + \frac{ql}{2}, \quad N_B = \frac{F}{3} + \frac{ql}{2}$$

第四节　考虑摩擦时平面力系的平衡问题

摩擦（friction）是自然界中重要而普遍存在的物理现象。前面在分析物体受力时，总是把物体的接触面视为绝对光滑的，忽略了物体间的摩擦（friction），使问题简化，这是允许的。然而，在大多数工程实际问题中，摩擦力是一个不容忽视的因素。它既有有利的一面，也有有害的一面。例如，摩擦离合器和带传动要靠摩擦力才能工作；车辆靠驱动轮与地面间的摩擦力来启动；制动器靠摩擦力来刹车等，这是有利的一面。使机器磨损而降低精度和使用寿命等，这是有害的一面。学习摩擦问题的目的，在于掌握摩擦现象的客观规律，利用其有利的一面，克服其不利的一面。

按照产生摩擦的相互接触的两部分可能存在的相对运动形式，摩擦分为滑动摩擦和滚动摩擦；按照两接触物体之间是否发生相对运动，可分为静摩擦和动摩擦；按照接触面之间是否有润滑，又可分为干摩擦和湿摩擦。本节重点讨论干摩擦条件下的滑动摩擦及考虑摩擦时平面力系的平衡问题。

一、滑动摩擦

两个相互接触的物体，发生相对滑动或相对滑动趋势时，彼此间就会有阻碍滑动的**滑动摩擦力**。滑动摩擦力作用在物体的接触面处，其方向沿接触面的切线方向与物体相对滑动或相对滑动趋势方向相反。按两接触物体间是否存在相对滑动，滑动摩擦力又可分为静滑动摩擦力和动滑动摩擦力。

（一）静滑动摩擦力

当两个相互接触的物体间只有相对滑动趋势时，接触面间所产生的摩擦力称为静滑动摩擦力，简称静摩擦力，其方向与物体相对滑动趋势方向相反。

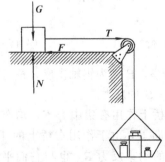

图 4-18 滑动摩擦

为了说明静摩擦力的性质，通过图 4-18 所示的简单实验，来分析静滑动摩擦力的特征。在水平桌面上放一重 G 的物块，用一根绕过滑轮的绳子系住，绳子的另一端挂一砝码盘。若不计绳重和滑轮的摩擦，物块平衡时，绳对物块的拉力 T 的大小就等于砝码及砝码盘重力的总和。拉力 T 使物块产生向右的滑动趋势，而桌面对物块的静摩擦力 F 阻碍物块向右滑动。当拉力 T 不超过某一限度时，物块静止。由物体的平衡条件可知，摩擦力与拉力大小相等，即 $F = T$；若拉力 T 逐渐增大，物块的滑动趋势随之逐渐增强，静摩擦力 F 也相应增大。当拉力 T 增大到某一值时，物块处于将动未动的状态（称临界平衡状态），静摩擦力也达到了极限值，该值称为最大静滑动摩擦力，简称最大静摩擦力，记作 F_{max}，此时，只要主动力 T 增加，物块即开始滑动。这说明，静摩擦力是一种有限的约束反力。

由以上实验可见，静摩擦力的大小由平衡条件（$\sum F_x = 0$）确定，其数值决定于使物体产生滑动趋势的外力，但不超过某一限度。当物体处于临界平衡状态时，摩擦力达到最大值 F_{max}，即 $0 \leq F \leq F_{max}$。

大量实验证明，最大静摩擦力 F_{max} 的大小与两物体间的正压力成正比，即

$$F_{max} = fN \tag{4-18}$$

式（4-18）就是静滑动摩擦定律，式中无量纲比例常数 f 称为静滑动摩擦因数，简称静摩擦因数，其大小主要取决于接触面的材料及表面状况（表面粗糙度、温度、湿度等），与接触面积无关。

（二）动滑动摩擦力

在上述实验中，当 T 的值超过 F_{max} 物体就开始滑动了。当两个相互接触的物体发生相对滑动时，接触面间的摩擦力称为动滑动摩擦力，简称动摩擦力，用 F' 表示。显然，动摩擦力的方向与物体相对滑动的方向相反。大量实验证明，动滑动摩擦力的大小也与物体间的正压力成正比，即

$$F' = f'N \tag{4-19}$$

式（4-19）即动滑动摩擦定律，比例系数 f' 称为动摩擦因数。它也是无量纲量，其值除与接触面材料及表面状况有关外，还与物体间相对滑动速度的大小有关，在一般相对速度的条件下，物体间的动摩擦力会迅速趋向于某一定值，在精度要求不高时，可近似地认为动摩擦因数 f' 和静摩擦因数 f 相等，即

$$f' \approx f$$

二、摩擦角与自锁

如图 4-19（a）所示，当考虑摩擦时，接触面对物体的约束反力由两部分组成，即法向反力 N 和摩擦力 F，两者的合力 R 代表了接触面对物体的全部作用，称为全反力。显然，全反力 R 与法向反力 N 之间的夹角 φ 随摩擦力 F 的增大而增大，当物体处于临界平衡状态时，摩擦力 F 达到最大值 F_{max}，夹角 φ 也达到最大值 φ_m，如图 4-19（b）所示，φ_m 称为临界（或极限）摩擦角，简称摩擦角（angle of friction）。由图 4-19 可知

$$\tan \varphi_m = f \tag{4-20}$$

即摩擦角的正切等于静摩擦因数。给出摩擦角 φ_m 就相当于给出了静摩擦因数 f。

摩擦角表示了全反力能够存在的范围，即全反力 R 的作用线必定在摩擦角内，物体处于临界平衡状态时，全反力的作用线在摩擦角的边缘。

若物体所受全部主动力的作用线位于摩擦角之内，即

$$\alpha \leq \varphi_m \tag{4-21}$$

则无论主动力 Q 多大，该物体总是保持静止。这是因为，当主动力增大时，正压力 N 随之增大，最大静摩擦力 F_{max} 也随之增大，接触面处总能产生一个全反力 R 与之平衡，这种现象称为自锁（self-locking），式（4-21）即为自锁条件，如图 4-20（a）所示。反之，若全部主动力 Q 的作用线在摩擦角之外，即 $\alpha > \varphi_m$，则接触面不可能产生一个作用线在摩擦角之外的全反力与之平衡，无论主动力多么小，物体都一定滑动，即不自锁，如图 4-20（b）所示。自锁在工程实际中应用十分广泛，如螺旋千斤顶、压榨机、圆锥销钉、螺纹等均是借助自锁来工作的。

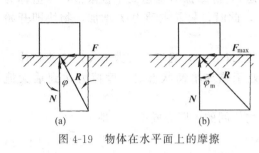
图 4-19 物体在水平面上的摩擦

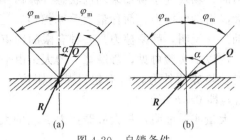
图 4-20 自锁条件

三、考虑摩擦时平面力系的平衡问题

在考虑摩擦的平衡问题时，首先要分清物体情况，然后选用相应的方法计算。其一般步骤是：

（1）假定物体静止，画出受力图。
（2）列平衡方程，求摩擦力 F 和正压力 N。
（3）列补充方程，求最大静摩擦力 F_{max}。
（4）将按平衡方程求出的摩擦力 F 与最大静摩擦力 F_{max} 比较。若 $|F|<F_{max}$，则物体静止，摩擦力为 F；若 $|F|=F_{max}$，则物体处于临界平衡状态，摩擦力为 F_{max}；若 $|F|>F_{max}$，则物体滑动，摩擦力为 $F \approx F_{max}$。

【例 4-9】 如图 4-21（a）所示，重 $G=980N$ 的物体放在倾角为 30°斜面上，已知接触面间的静摩擦因数 f 为 0.2，现用一个 $Q=588N$ 的力沿斜面向上推物体，问物体处于何种运动状态？摩擦力等于多少？

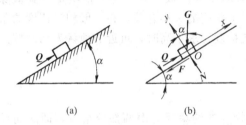
图 4-21 物体在斜面上的摩擦

解 1. 选研究对象

选物体为研究对象，假定其静止且具有向下的运动趋势，画其受力图并建立坐标系，如图 4-21（b）所示。

2. 列平衡方程

按平衡条件列方程求 F、N。

$$\sum F_x=0 \quad Q+F-G\sin\alpha=0$$
$$\sum F_y=0 \quad N-G\cos\alpha=0$$

代入数据解得

$$F=-98\ (N),\ N=848.7\ (N)$$

3. 列补充方程

$$F_{max}=fN=0.2\times 848.7=169.74\ (N)$$

4. 确定运动状态及摩擦力的大小和方向

因为 $|F|=98\ (N)<F_{max}=169.74\ (N)$，所以物体静止，因此摩擦力为 $F=-98\ (N)$，负号表示 F 的实际方向与图示方向相反，即 F 的实际方向向下。可见，物体在此斜面上有向上的运动趋势。

【例 4-10】 图 4-22（a）所示为一种刹车装置的示意图。若鼓轮与刹车片间的静摩擦因数为 f，鼓轮上作用着力偶矩为 m 的力偶，几何尺寸如图。试求刹车所需的力 P 的最小值。

解 1. 选鼓轮为研究对象

画受力图，如图 4-22（b）所示，列平衡方程

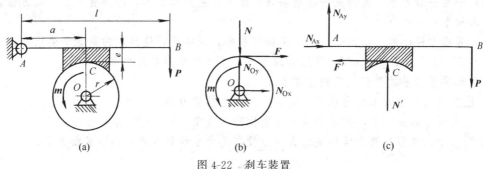

图 4-22 刹车装置

$$\sum m_O(F)=0 \qquad m-Fr=0$$

当鼓轮处于临界平衡状态时，所需 P 的值最小，列补充方程

$$F=F_{max}=fN$$

联立上两式，解得

$$F=\frac{m}{r},\ N=\frac{m}{fr}$$

2. 以制动杆为研究对象

画其受力图，如图 4-22（c）所示，其中

$$N'=N=\frac{m}{fr},\ F'=F=\frac{m}{r}$$

列平衡方程

$$\sum m_O(F)=0 \qquad N'a-F'e-P_{min}l=0$$

解之得

$$P_{min}=\frac{m(a-fe)}{frl}$$

本 章 小 结

本章主要介绍了平面力系的简化和平衡条件。

（1）平面汇交力系的平衡条件

平衡的几何条件：平面汇交力系的力多边形自行封闭。

平衡的解析条件：平面汇交力系的各分力在直角坐标轴上投影的代数和分别等于零，即 $\sum F_x=0$ 及 $\sum F_y=0$。

（2）平面力偶系合成与平衡

平面力偶系合成的结果是一合力偶，合力偶矩等于力偶系中各力偶的代数和。平面力偶系平衡的必要和充分条件是：力偶系中各力偶矩的代数和等于零。

（3）平面一般力系的简化

① 平面一般力系向作用平面内任一点简化的结果，一般得到一个主矢和一个主矩。

② 具体地，平面一般力系向一点简化（即合成）的最后结果：

力系的主矢 $R'=0$，主矩 $M_O \neq 0$，力系的简化结果为一力偶。

力系的主矢 $R' \neq 0$，主矩 $M_O=0$，力系的简化结果为一合力。

力系的主矢 $R' \neq 0$，主矩 $M_O \neq 0$，力系简化结果为一合力。

力系的主矢 $R'=0$，主矩 $M_O=0$，力系平衡情形。

（4）平面一般力系平衡的充分必要条件是主矢和主矩都为零，因此有三个平衡方程，可以解三个未知量。

（5）考虑摩擦时的平衡问题，除列平衡方程外，通常要讨论滑动的临界平衡状态，还要列补充方程 $F \leqslant fN$ 或 $F_{max} = fN$；摩擦力的方向与滑动趋势的方向相反。

（6）解平面力系的平衡问题的主要步骤

① 根据题意和已知条件选取研究对象，并画出其受力图。

② 建立适当的坐标系，并表明各力与坐标轴的夹角。

③ 列出平衡方程，要正确确定力在轴上投影的大小和正负号，然后求解方程。

思 考 题

4-1 两个力在同一轴上的投影相等，此两力是否相等？

4-2 用解析法求平面汇交力系问题时，若选取不同的直角坐标系，所求得的结果是否相同？为什么？

4-3 平面力偶系平衡的必要和充分条件是什么？

4-4 力系的主矢是否就是该力系的合力？

4-5 设作用在刚体上的平面一般力系 F_1、F_2、$\cdots$、F_n，可以满足投影方程，而不满足力矩方程，即 $\Sigma F_x = 0$，$\Sigma F_y = 0$，$\Sigma M_O \neq 0$，试问：这个力系的简化结果是什么？该简化结果与简化中心的位置是否有关？

习 题

4-1 试用图解法求解图示力系的合力。

4-2 三条小拖船拖着一条大船，如图所示。若每根拖缆的拉力为 5kN。

① 试求作用于大船上的合力的大小和方向；

② 当 A 船与大船轴线 x 的夹角为何值时，合力沿 x 轴线方向？

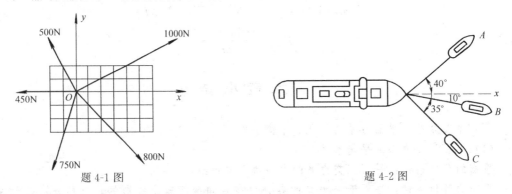

题 4-1 图　　　　　　　　　　　题 4-2 图

4-3 化工厂起吊反应器时，为了不致破坏栏杆，施加一水平力 F，使反应器离开栏杆。已知此时牵引绳与铅垂线的夹角 30°，反应器的重量 G 为 30kN。试求水平力 F 的大小和绳子的拉力 T。

*4-4 图示起重机架可借绕过滑轮的 B 的绳索将重 $G = 20$kN 的物体吊起，滑轮 B 用不计自重的杆 AB、BC 支承，不计滑轮的尺寸及其中的摩擦。试求当物体处于平衡状态时，拉杆 AB 和支杆 CB 所受的力。

4-5 平面四连杆机构 $ABCD$，在图示位置平衡，已知 $AB = 400$mm，$CD = 600$mm。曲柄 AB 上作用一力偶，其力偶矩大小 $m_1 = 1$N·m。不计杆重，求力偶矩 m_2 及连杆 BC 所受的力。

4-6 梁 AB 长度 $l = 5000$mm。在梁的 A 端和 B 端各作用一力偶，力偶矩 $m_1 = 20$kN·m，$m_2 = 30$kN·m，两力偶转向如图所示，不考虑梁自重，试求两支座 A 和 B 的反力。

4-7 如图所示结构件中，不考虑各构件的重量，构件 BC 上作用一力偶，其力偶矩 $m = 1.5$kN·m，已知 $a = 300$mm，试求支座 A 和 C 的反力。

4-8 图示悬臂梁，在梁右端施压一力和一力偶，试将此力和力偶向 A 点简化，并求简化后的最后结果。

*4-9 图示均布载荷沿梁 AB 分布，求载荷对梁 A 端的力矩。已知均布载荷的密集度 $q = 600$N/m。

4-10 悬臂梁所受载荷如图所示，求固定端 A 处的约束反力。

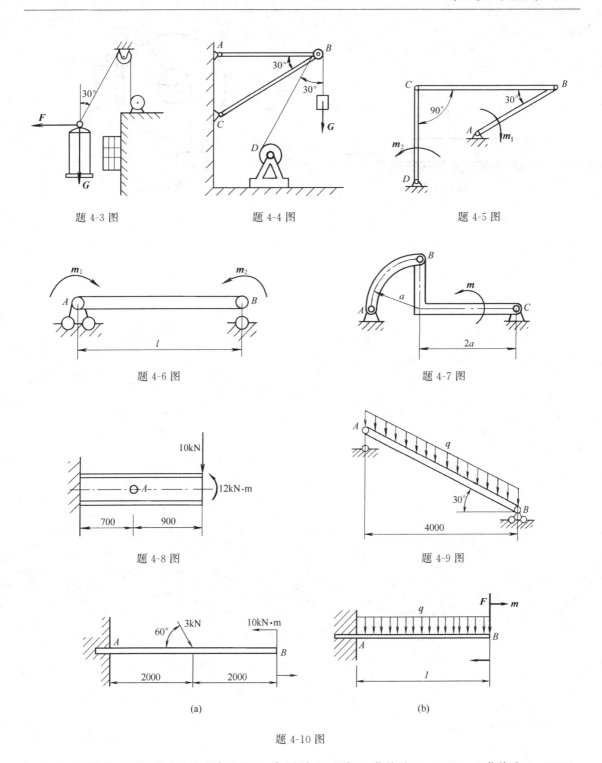

题 4-3 图 题 4-4 图 题 4-5 图

题 4-6 图 题 4-7 图

题 4-8 图 题 4-9 图

题 4-10 图

4-11 两物块 A 和 B 重叠地放在水平面上，如图所示。已知 A 物块重 $W=500N$，B 物块重 $Q=200N$；A、B 间的静摩擦因数 $f_1=0.25$，B 物块与水平固定面间的静摩擦因数 $f_2=0.020$。求拉动 B 物块的最小力 F 的大小。

4-12 如图所示用制动块刹住绞车鼓轮。已知 $Q=2kN$，$r=10cm$，$R=20cm$，制动块作用于鼓轮的正压力 $N=1.5kN$。则制动块与鼓轮间的静摩擦因数至少应为多大？

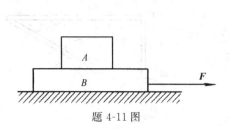

题 4-11 图

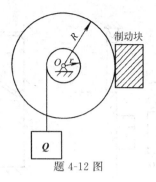

题 4-12 图

第二篇　材料力学

在生产实践中，各种机械和工程结构得以广泛应用，如桥梁、房屋、电机、机床等。机械和工程结构的每一组成部分称为构件。任何构件都由某种材料制成，并受到某些载荷的作用。实际的构件并非是静力学所理想化的那种刚体，任何构件在外力作用下都将不同程度地发生形状和尺寸的改变，即变形，这就是力的内效应。随着载荷的不断增加，构件的变形和内力也在逐渐增加，但这种增加是有一定限度的。如果构件的结构形状、尺寸设计不合理，或选用材料不当，则构件在一定载荷的作用下，内力过大，会发生过度的变形，此时大多数构件将不能正常工作；构件的内力如果超过（或达到）了某个极限，就会被破坏。因此，为了保证机械和工程结构的正常工作，在被"要求"的载荷作用下，绝大多数的构件都应该具有足够的承受载荷的能力，简称承载能力，也即构件必须具有足够的强度、刚度和稳定性（只有某些作为安全元件使用的构件，则要求在"极限"工作载荷的作用下被破坏）。这些基本要求，不仅与构件的截面形状和尺寸有关，而且还与材料的力学性能有关，而这些又都关系到制造成本。因此，如何合理地选择构件的材料，正确地确定构件的截面形状，使构件既满足使用要求，又降低制造成本，成为构件设计中的一个十分重要的问题。

第五章　材料力学概论

材料力学是研究构件的强度、刚度和稳定性，即承载能力的科学。材料力学的主要任务，是研究构件在外力作用下的受力、变形和破坏的规律，为构件的合理设计提供必要的理论基础和计算方法。我国历史上在材料力学方面的成就是有目共睹的，早在 3000 年前，我们的祖先们就有了受压的柱以圆截面为宜，而梁以矩形截面为好，砖石的抗压能力好，而竹材的抗拉能力好等实践经验。再如，古代修建的赵州桥为南京长江大桥的引桥提供了很好的借鉴，其双曲拱减轻了地面的负荷，又增加了泄洪能力。

本章将研究工程上对构件的基本要求、基本假说，以及构件变形的基本形式等材料力学中最基础的知识。

第一节　概　　述

前已述及，各种机械和工程结构中的每个构件（member）都要受到一定的外力作用，因而构件总是要产生不同程度的变形（deformation），这就是力的内效应，材料力学所研究的正是力的内效应。

一、材料力学的研究对象

工程实际中的构件种类繁多，根据其几何形状，可以简化分类为杆、板、壳、块。通常把长度比横向尺寸大很多的构件，称为杆件。杆件中各横截面形心的连线，称为杆件的轴线，若直杆的横截面形状和大小都不变，则称为等截面直杆，简称等直杆。材料力学的主要研究对象就是等直杆。工程上的很多构件都可以简化为杆件，如连杆、传动轴、吊钩等。某些构件（如齿轮的轮齿等）并不是典型的杆件，但在近似计算或定性分析中，也可简化为杆件。所以杆件是工程上最基本的构件。

二、工程上对构件的基本要求

为了保证构件在外力作用下能正常工作，工程上对构件的承载能力提出了强度、刚度和稳定性三个方面的基本要求。

（一）具有足够的强度

构件的强度（strength）是指构件在载荷作用下抵抗破坏的能力。足够的强度，就是要求构件在工作寿命期限以内，能够在一定大小的外力作用下而不致破坏。

（二）具有足够的刚度

构件的刚度（toughness）是指构件在外力作用下抵抗弹性变形的能力。构件的形状和尺寸因受载荷的作用而发生改变，即发生变形。但是构件的变形量不应超过正常工作所允许的限度，否则，就要影响正常工作。足够的刚度，就是要求构件寿命期限以内，能够在一定大小的外力作用下而不致产生影响正常工作的过大变形。

（三）具有足够的稳定性

对于工作时受轴向压力的细长直杆（称为压杆），当压力超过某一数值时，可能由直线的平衡状态突然变弯，这种现象称为丧失稳定，简称失稳。构件在外力作用下保持原有（直线）平衡状态的能力，称为构件的稳定性（stability）。例如顶起汽车的千斤顶螺杆、长活塞杆等细长压杆都要求具有足够的稳定性，否则工作时可能突然变弯，甚至折断，将由此酿成严重的事故。

综上所述，材料力学是研究构件的强度、刚度和稳定性，即承载能力的科学。材料力学的主要任务，是研究构件在外力作用下的受力、变形和破坏的规律，为构件的合理设计提供必要的理论基础和计算方法。

构件的强度、刚度和稳定性，与所用材料的力学性能有关，而材料的力学性能必须通过实验来测定；此外，也有一些实际问题仅靠现有理论分析的结果，还不完全可靠，有待实验结果的检验；还有些问题现在没有理论结果，必须用实验的方法来测定。因此，实验研究和理论分析都是材料力学用来解决实际问题必不可少的重要手段。

三、变形固体及其基本假设

在静力学的学习中，强调刚体，即略去小变形，使问题的研究大大简化。但事实上，任何构件在外力作用下都将不同程度地发生形状和尺寸的改变，因此把它们统称为变形固体，简称变形体（deformable body）。为了便于材料力学问题的理论分析和实际计算，对变形固体做出某些假设，将它们抽象为一种理想模型。

（一）连续均匀性假设

连续均匀性假设认为，组成物体的物质毫无空隙地充满了整个物体的几何容积，并且各处的力学性能完全相同。按此假设，物体内的一些物理量（例如各点的位移等）为连续的，就可用坐标的连续函数来表示它们的变化规律，并可用无限小的分析方法，取出该物体的任意方向的一微小单元体来分析和进行材料实验，其结果可以适用于物体内的其他任何部分。

（二）各向同性假设

各向同性假设认为，物体在各个方向上具有相同的力学性能，即物体的力学性能不随方向的改变而变化。具备这种属性的材料称为各向同性材料。金属材料内所包含着的晶粒数量极多，而且各晶粒的方位排列又是杂乱无章的。按统计学的观点，宏观上其在各个方向上的力学性能接近相同，即可看作是各向同性的材料。材料力学所讨论的变形固体，都是假设为各向同性的。

（三）弹性小变形假设

工程上常用的各种构件在外力作用下将产生变形。当外力不超过一定限度时，绝大多数材料在解除外力后能够恢复原有的形状和尺寸，这种变形称为弹性变形。但如果外力超过一定的限度,则外力解除后只能部分地复原,而残留下一部分不能恢复的变形,称为塑性变形。材料力学所研究的问题,仅限于变形固体弹性小变形的问题。因此,在研究构件的平衡和运动时可以忽略其变形,而按变形前的原始尺寸进行分析和计算,使问题得到某些简化,这就是弹性小变形假设。一般情况下,工程上要求构件和工程结构只产生弹性变形,而不允许发生塑性变形。

上述假设往往也是其他力学,如弹性力学、塑性力学、连续介质力学等的共同假设。

第二节 杆件变形的基本型式

前已述及,本篇以等直杆为研究对象,讨论它由于受力不同,而产生的不同型式的变形及其强度等问题。杆件变形的基本型式有五种:拉伸、压缩、剪切、扭转及弯曲。

一、轴向拉伸与压缩

轴向拉伸(tension)与压缩(compression)是杆件变形中最简单的一种型式。在机械和仪器中,承受拉伸和压缩作用的杆件最多。如在机械和仪器中常用到的联接用螺栓,被拧紧后,螺栓就承受拉力。分析受轴向拉伸或轴向压缩(简称拉伸或压缩)作用的杆件的受力情况可知,杆件拉伸和压缩的受力特点是:作用在杆件两端的两力大小相等、方向相反,且作用线与杆件的轴线相重合。其变形特点是:杆件沿轴向伸长或缩短,其横截面变细或变粗,如图 5-1 所示。

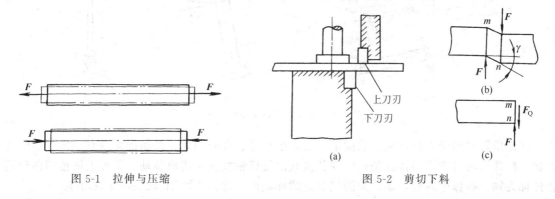

图 5-1 拉伸与压缩　　　　图 5-2 剪切下料

二、剪切

生活中人们常用剪刀剪下布或纸,工程上常用冲床或剪床对钢板下料,如图 5-2(a)所示,这些都是剪切(shear)作用的结果。构件在剪切变形的同时,还经常伴随挤压变形。

剪切作用的特点是:在被剪物体的两个侧面,各受到合力为 F 的分布力的作用,而这两个合力 F 的大小相等、方向相反,其作用线之间的距离很小,如图 5-2(b)所示。剪切作用的变形特点是:物体受到上述两力作用后,两力之间的截面 m-n 产生相对滑移。当作用在剪刀刃上的外力 F 增大到一定数值时,钢板就被剪断。这种截面间发生相对滑移的变形称为剪切变形;发生相对滑移的面称为受剪面或剪切面;倾斜的角度 γ 称为剪应变。物体的剪切破坏正是这种相对滑移过大的结果。

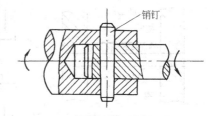

图 5-3 销联接

工程上,受剪切作用的实例很多,如销连接中的销,如图 5-3 所示;铰制孔用螺栓连接(也称配合螺栓连接)中的螺栓光杆部分,如图 5-4 所示;轴毂之间普通平键连接中的键,如图 5-5 所示,都是典型的受剪切零件。

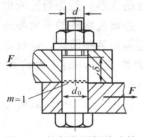

图 5-4　铰制孔用螺栓连接

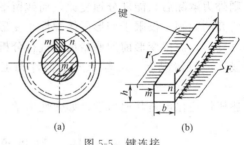

图 5-5　键连接

三、扭转

日常生活中，拧干衣服时或用钥匙开门时，衣服、钥匙都产生了扭转变形。在工程上，受扭转（torsion deformation）作用的杆件也是常见的。图 5-6（a）所示的汽车主传动轴，图 5-6（b）所示的汽车方向盘和轴，图 5-6（c）所示的拧紧螺钉时的螺丝刀，都受到了一对力偶的作用。

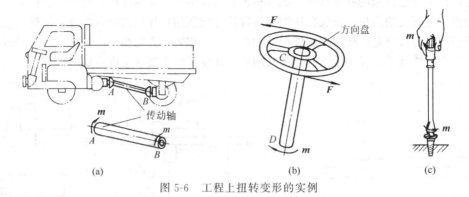

图 5-6　工程上扭转变形的实例

杆件扭转时的受力特点是：载荷是一对大小相等、方向相反、作用面均垂直于杆件轴线的力偶。杆件扭转时的变形特点是：杆件各横截面绕杆轴线发生相对转动。工程上把传递转动的杆件称为轴。机械中的轴，多数是圆截面或圆环截面，常称为圆轴（circular shaft）。

四、平面弯曲

在日常生活和工程实践中，弯曲也是常见的一种变形。例如，用扁担挑东西，扁担变弯了；房屋建筑的楼面梁，如图 5-7（a）所示，在楼面载荷的作用下，其轴线由直线变成了曲线；机车轮轴，如图 5-7（b）所示，在载荷的作用下，轮轴的轴线也由直线变成了曲线；跳水运动员站在跳板上，如图 5-7（c）所示，跳板在运动员（载荷）作用下，轴线也由直线变成

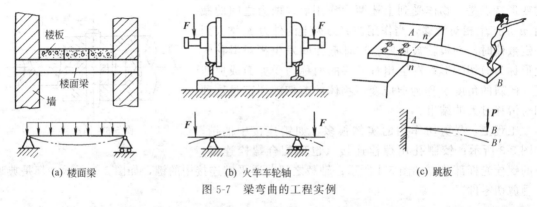

图 5-7　梁弯曲的工程实例

了曲线。以上各例具有相同的受力特点：外力垂直于构件的轴线。其变形特点是：构件的轴线由直线变成了曲线，这种变形型式称为弯曲（bending moment）。凡以弯曲为主要变形的构件称为梁。在工程中的大多数梁的横截面都具有对称轴，梁的轴线和横截面的纵向对称轴构成的平面称为纵向对称面，如图 5-8 所示。若梁的外力都作用在纵向对称面上，梁的轴线在纵向对称平面内弯曲成一条平面曲线，即为平面弯曲。平面弯曲是最简单的弯曲变形。

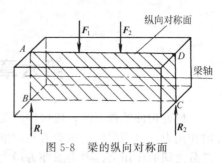

图 5-8 梁的纵向对称面

梁的结构型式很多，按支座情况可分为三种基本类型：一端为固定铰链支座，另一端为活动铰链支座的为简支梁，如图 5-7（a）所示；其支座形式同简支梁，但一端或两端伸出支座之外的为外伸梁，如图 5-7（b）所示；一端为固定，另一端自由的为悬臂梁，如图 5-7（c）所示。

如上所述，等直杆受外力作用时产生的变形有五种基本型式，其受力特点和变形特点列于表 5-1。

表 5-1 等直杆变形的基本型式及其受力特点和变形特点

变　形	受　力　特　点	变　形　特　点
拉伸和压缩	作用在杆件两端的力大小相等、方向相反，且作用线与杆件的轴线重合	杆件沿轴向伸长或缩短，其横截面变细或变粗
剪切	在被剪物体的两个侧面，各受到两个大小相等、方向相反、其作用线之间的距离很小的合力 F 的作用	两力之间的横截面上产生相对滑移
扭转	在轴上受到一对大小相等、方向相反、作用面均垂直于轴线的力偶	杆件各横截面绕杆轴线发生相对转动
平面弯曲	梁的外力都作用在纵向对称面上	梁的轴线在纵向对称面内弯曲成一条平面曲线

本 章 小 结

材料力学主要是研究构件的强度、刚度及稳定性的问题，是构件安全可靠工作的保证。静力学假设物体是刚体，而材料力学认为物体是变形体，并假设它们是均匀连续的、各向同性、弹性小变形的。材料力学主要研究对象是等直杆，其变形的基本型式有轴向拉伸与压缩、剪切、扭转及弯曲。

思 考 题

5-1 工程上对构件有哪些基本要求？
5-2 材料力学研究哪些问题？它的任务是什么？
5-3 为什么在材料力学的研究中，将物体看作是变形体？对变形体提出了哪些假设？

习 题

5-1 试以杆件变形的基本型式及其受力特点和变形特点为内容，写一篇不少于 600 字的小论文，题目自拟。

第六章 构件的内力分析

研究构件的强度时，把构件所受的作用力分为外力与内力。外力是指其他构件对研究对象的作用力，包括载荷、主动力和约束反力；内力是指构件为抵抗外力作用，在其内部产生的各部分之间的作用力。内力随外力增大而增大，但内力的增大是有限度的，当达到一定限度时，构件就要破坏。因此，在计算构件的强度时，首先应求出在外力作用下构件产生的内力。本章主要研究构件所受到的内力的计算问题。

第一节 构件的内力和截面法

物体在受到外力作用而产生变形时，其内部各质点之间的相对位置也将发生变化。与此同时，各质点之间相互作用的力也发生了改变。上述相互作用是由于物体受到外力作用而引起的，这就是材料力学中研究的内力。严格地说，它是由于外力作用所引起的"附加内力"，而且由于假设了物体是均匀连续的，因此在物体内部相邻部分之间相互作用的内力，实际上是一个连续分布的内力系，而将分布内力系之合成（力或力偶），简称为内力。也就是说，内力是指由外力的作用所引起的、物体内部相邻部分之间分布内力系之合成。

内力计算是分析构件强度、刚度和稳定性等问题的基础。确定构件的任意截面上内力值，采用的基本方法是截面法。即欲求横截面（cross-section）上的内力，就用一假想的面沿该截面将构件截开，然后在截面上标示出内力，再应用静力平衡方程式求出内力。如图 6-1（a）所示，杆件受拉 F 作用，假想沿截面 m-m 将杆件截为两段，任取其中一段作为研究对象，例如取左段，如图 6-1（b）所示，由于各段仍保持平衡状态，所以在横截面上有力 F_N 作用，它代表着杆件右段对左段的作用，这个力就是截面 m-m 上的内力。由于内力是分布在整个横截面上的，所以应把集中力 F_N 理解为作用于该横截面上的这些分力的合力（有时是合力偶），其大小可由静力平衡方程求得。如取右段作为研究对象，如图 6-1（c）所示，则可求出右段上的内力 F_N'。根据作用与反作用公理可知，内力 F_N 和 F_N' 是一对作用力和反作用力，它们分别作用于对方截面，而且大小相等、方向相反、作用线相同。

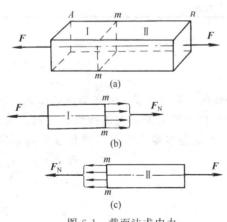

图 6-1 截面法求内力

我们也可以从"构件的一部分"的平衡来理解内力。我们已经在静力学中知道了物体（刚体）要处于平衡状态，作用其上的平面力系之合力必为零。以最简单的二力杆为例，它在等值、共线、反向的两个"外力"的作用下处于平衡状态。如果用一个假想平面垂直于其轴线将其截成两部分，则该二力杆的每"一部分"都应该平衡，即每"一部分"都受到一对等值、共线反向的力的作用。而每"一部分"受到的一对力中，其中一个是"外力"，另一个力就必然是构件受到的"内力"了，它与对应的"外力"等值、共线、反向。这个"内力"就是在本章第二节即将学习的"轴力"。对于其它的"内力"也就容易理解了。这种研究内力问题的方法，称为

"截面法"。

截面法是材料力学中的一种基本方法,它可以用1个、2个或多个的假想面来截取研究对象。截面法所截取出来的研究对象,可以有各种形状和尺寸。通过上述分析,可以概括出用截面法求内力的一般步骤:

(1) 截——用假想面将构件截成两段(应当注意,截面不能选在外力作用点处)。

(2) 取——选取被截分后的任意一段构件(左段或右段)为研究对象。

(3) 代——画出作用在研究对象上的外力,并用作用于截面上的内力代替舍去部分对研究对象的作用。

(4) 平——对研究对象建立平衡方程式,求解该截面上内力的大小和方向。

在静力学中,分析物体的平衡时,可用力的可传性原理(力可以沿着作用线滑移),但在材料力学中,分析物体的变形时,一般不能再用力的可传性原理。

第二节 杆件的内力和内力图

如果杆件所受到的外力的性质不同,所产生的内力也各不相同,从而其产生的变形也就各不相同。本节将讨论杆件在几种基本变形时杆件横截面上的内力计算以及内力图的画法,从内力图上可以方便地找出杆件内力值最大的地方,即危险截面。

一、直杆受拉伸与压缩时横截面上的内力——轴力

图 6-2 (a) 所示为一受拉杆件的力学模型,拉杆两端各作用有一轴向外力 F,为了显示其内力,在该杆的任一横截面 $m\text{-}m$ 处将其假想地截开。如前所述,内力是作用于横截面 $m\text{-}m$ 上的连续分布力系,如图 6-2 (b) 所示,该分布内力系的合力为 F_N。现选左段为研究对象,由平衡条件得

$$\sum X = 0 \qquad F_N - F = 0$$

所以
$$F_N = F$$

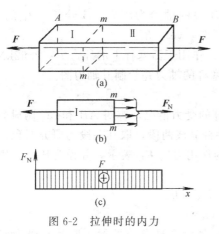

图 6-2 拉伸时的内力

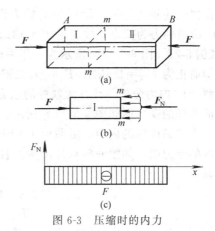

图 6-3 压缩时的内力

显然,内力的作用线必然沿着杆件的轴线。对于图 6-3 (a) 所示的压杆,同样可以求出其横截面上的内力 F_N 的大小为

$$F_N = F$$

该内力 F_N 的作用线也必然沿着杆件的轴线。

由上可知,不论是受拉伸,还是受压缩,杆件横截面上的内力均沿着杆件的轴线,这种内力称为轴力。轴力可以是拉力,如图 6-2 所示,也可以是压力,如图 6-3 所示,为了区别起

见，一般把受拉伸时的轴力 F_N 规定为正，而把受压缩时的轴力 F_N 规定为负。

在受多个力作用的杆件的不同段内，轴力是不相同的。为了形象地表示出轴力沿杆件轴线的变化情况，常用图线来表示，此图线称为轴力图。作图时，沿杆件轴向取坐标（通常为横坐标）表示杆件上横截面的位置，以垂直于杆件轴线的另一坐标轴（通常为纵坐标）表示轴力 F_N，并且将正的轴力画在横坐标的上方，如图 6-2（c）所示，负的轴力画在横坐标的下方，如图 6-3（c）所示。这样，轴力沿杆件轴线的变化情况即可清楚地表示出来，下面举例说明。

【例 6-1】 如图 6-4（a）所示为一多力杆，已知 $F_1 = 30\text{kN}$，$F_2 = 20\text{kN}$，试求该杆件各段的轴力，并绘其轴力图。

解 1. 外力分析并计算约束反力

设杆件的约束反力为 F_R，画出杆件受力图，如图 6-4（b）所示。列平衡方程

$$\sum X = 0 \qquad F_R - F_1 + F_2 = 0$$

解得

$$F_R = F_1 - F_2 = 30 - 20 = 10 \text{ (kN)}$$

2. 内力分析并计算各段的轴力

由于截面 B 处作用有外力 F_1，故应将杆件分为 AB 和 BC 两段，逐段计算轴力。在 AB 段，用截面 1-1 将杆件截分为两段，取左段为研究对象，并画左段受力图，如图 6-4（c）所示。右段对截面的作用力用 F_{N1} 表示，并设为拉力，则由平衡方程

$$\sum X = 0 \qquad F_{N1} + F_R = 0$$

所以

$$F_{N1} = -F_R = -10 \text{ (kN)}$$

求得 AB 段轴力 F_{N1} 为负值，说明 F_{N1} 的实际方向与图示所设方向相反，即应为压力。

在 BC 段，用截面 2-2 将杆件截分为两段，取左段为研究对象，并画左段受力图，如图 6-4（d）所示。右段对截面的作用力用 F_{N2} 表示，也设为拉力，则由平衡方程

$$\sum X = 0 \qquad F_{N2} + F_R - F_1 = 0$$

解得

$$F_{N2} = -F_R + F_1 = -10 + 30 = 20 \text{ (kN)}$$

3. 绘杆件的轴力图

根据上述轴力的值，绘杆件的轴力图，其中 AB 段的轴力为压力，应绘于 x 轴的下方，而 BC 段的轴力为拉力，故应绘于 x 轴的上方，如图 6-4（e）所示。

【例 6-2】 图 6-5（a）所示为一压手铆机活塞杆。作用于活塞杆上的外力 $F = 2.62\text{kN}$，压力分别简化为 $F_{p1} = 1.3\text{kN}$，$F_{p2} = 1.32\text{kN}$。试求活塞杆的轴力并绘制其轴力图。

解 1. 内力分析并计算活塞杆的轴力

活塞杆的受力图如图 6-5（b）所示。根据活塞杆的受力情况，应对 AB 和 BC 两段分别求内力。为求 AB 段的内力，沿截面 1-1 假想地将活塞杆分成两段，取其左段为研究对象，并画出左段的受力图，如图 6-5（c）所示。右段对截面的作用力用 F_{N1} 表示，并设为压力，则由平衡方程

$$\sum X = 0 \qquad F - F_{N1} = 0$$

解得

$$F_{N1} = F = 2.62 \text{ (kN)}$$

同理，为了求 BC 段的内力，沿截面 2-2 假想地将活塞杆分成两段，取其左段为研究对象，并画出左段的受力图，如图 6-5（d）所示。右段对截面的作用力用 F_{N2} 表示，并设为压力，则由平衡方程

$$\sum X = 0 \qquad F - F_{p1} - F_{N2} = 0$$

解得

$$F_{N2} = F - F_{p1} = 2.62 - 1.3 = 1.32 \text{ (kN)}$$

如果选取 BC 段的右段为研究对象，并画出右段的受力图，如图 6-5（e）所示。左段对截面的作用力用 F'_{N2} 表示，并设为压力，则由平衡方程

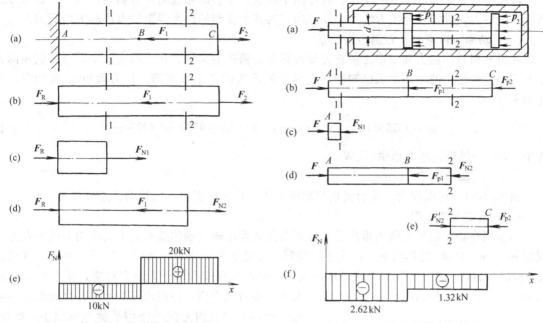

图 6-4 等截面杆件的轴力和轴力图

图 6-5 活塞杆的轴力和轴力图

解得
$$\sum X = 0 \qquad F'_{N2} - F_{p2} = 0$$
$$F'_{N2} = F_{p2} = 1.32 \text{（kN）}$$

所得结果与前面相同，而计算却简便得多。所以计算时应选取受力简单的一段作为研究对象。

2．绘制活塞杆的轴力图

根据上述轴力的值，绘活塞杆的轴力图，AB 段和 BC 段的轴力均为压力，故应绘于 x 轴的下方，如图 6-5（f）所示。

二、杆件受剪切时的内力——剪力

以铆钉连接［见图 6-6（a）］为例分析剪切时的内力。铆钉受力如图 6-6（b）所示，图中两个力 F 分别代表两个被连接件传递给铆钉的均布的合力。两个力 F 试图在两个被连接件相贴合的平面上切断铆钉。

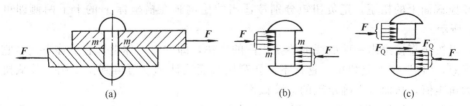

图 6-6 铆钉连接

用截面法求剪切面上的内力——剪力 F_Q。在 $m\text{-}m$ 截面将铆钉截分为二，取下半段为研究对象，如图 6-6（c）所示。根据静力平衡条件可知 $F_Q = F$，方向平行于截面。

三、轴扭转时的内力——扭矩

工程上，通常把以扭转变形为主的杆件称为轴。在机械中，由于传动的需要和机械加工的方便，绝大多数的轴都是圆形截面的。本章主要研究等直圆轴扭转时的强度和刚度问题，对于除扭转之外还伴有其他型式的变形（即复合变形）的轴，将在第七章第五节研究。

轴在一对大小相等、方向相反、且作用平面垂直于轴的轴线的外力偶的作用下，各部分之间将产生内力。轴扭转时内力的大小和方向，与其所受到的外力偶矩的大小和方向有关。

（一）功率、转速与外力偶矩的关系

在研究扭转的应力和变形之前首先要计算外力偶矩的大小。在工程实际中，外力偶矩的大小并不是直接给出的，而是从已知轴的转速和所传递的功率来求得。外力偶矩 m 与功率、转速的关系为

$$m = 9.55 \times 10^6 \frac{P}{n} \text{（N·mm）} \quad \text{或} \quad m = 9550 \frac{P}{n} \text{（N·m）} \qquad (6-1)$$

式中　P——轴所传递的功率，kW；
　　　n——轴的转速，r/min。

由式（6-1）可以看出，外力偶矩与轴所传递的功率成正比，与轴的转速成反比。

（二）扭矩及扭矩图

当作用在轴上的外力偶矩求出后，就可以用截面法研究轴的横截面上的内力。设轴在外力偶矩 m_1、m_2 和 m_3 的作用下，产生扭转变形，并处于平衡状态，如图 6-7（a）所示。现研究 AB 段的内力，用任一截面 1-1 将 AB 段截开，取左部分或右部分为研究对象，图 6-7（b）所示为左部分，由力偶系的平衡条件可知，为了与外力偶平衡，在截面 1-1 上内力合成的结果应是一个内力偶且内力偶的作用平面与截面 1-1 重合，这种内力偶的力偶矩称为扭矩（torque），常用符号 T 表示，其单位显然为 N·mm 或 N·m。由力偶系的平衡条件可求得轴受到的扭矩的大小：作用在横截面内的扭矩等于该横截面一侧（左侧或右侧）所有外力偶矩的代数和。因此，只要规定了外力偶矩的正负方向（参见第二章第二节），扭矩的方向也就不难确定了。显而易见，扭矩的方向总是与横截面同一侧的外力偶矩的代数和的方向相反。

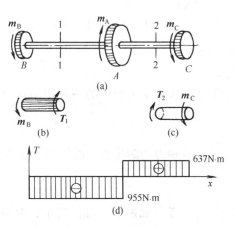

图 6-7　传动轴扭转时的内力

为了清楚地表示轴上各横截面上扭矩的变化情况，以便确定轴的危险截面，通常把扭矩随截面位置的变化情况绘成线图，称为扭矩图。扭矩图的绘制是以横坐标 x 表示圆轴上的截面位置，以纵坐标 T 表示相应截面上的扭矩，正负扭矩分别按适当的比例画在横坐标 x 的上下两侧即可，如图 6-7（d）所示。

也可以按照直接给出一种简便的绘扭矩图的方法，即"它上你上，它下你下"。"它"指的是外力偶矩，"你"指的是扭矩。这样不需要利用截面法计算就可得到扭矩图，并从扭矩图上得到最大扭矩值，从而可以确定轴的危险截面。

【例 6-3】　传动轴如图 6-7（a）所示，主动轮 A 输入功率 $P_A = 50\text{kW}$，从动轮 B、C 输出功率 $P_B = 30\text{kW}$，$P_C = 20\text{kW}$，轴的转速为 $n = 300\text{r/min}$，试计算轴受到的扭矩并画出扭矩图。

解　1. 轴的外力分析

按式（6-1）求出作用于各轮上的外力偶矩：

$$m_A = 9550 \frac{P_A}{n} = 9550 \times \frac{50}{300} = 1592 \text{（N·m）}$$

$$m_B = 9550 \frac{P_B}{n} = 9550 \times \frac{30}{300} = 955 \text{（N·m）}$$

$$m_C = 9550 \frac{P_C}{n} = 9550 \times \frac{20}{300} = 637 \text{ (N·m)}$$

2. 轴的内力分析

该轴需分成 BA、AC 两段分别用截面法来求其扭矩。

(1) 求 BA 段扭矩 在该段轴的任意位置用截面 1-1 将轴截分开，取左部分为研究对象，如图 6-7 (b) 所示。其中外力偶矩 m_B 是逆时针的，应为正，显然该横截面上扭矩 T_1 必是顺时针的，即应为负，其大小则由平衡方程式求得

$$\sum m = 0 \qquad m_B - T_1 = 0$$

所以
$$T_1 = m_B = 955 \text{ (N·m)}$$

(2) 求 AC 段扭矩 同样，在该段的任意位置用截面 2-2 将轴截分开，取右部分为研究对象，如图 6-7 (c) 所示，其中外力偶矩 m_C 是逆时针的，应为正，显然该横截面上的扭矩 T_2 必是顺时针的，即应为负，其大小则由平衡方程式求得

$$\sum m = 0 \qquad m_C - T_2 = 0$$

所以
$$T_2 = m_C = 637 \text{ (N·m)}$$

3. 绘轴的扭矩图

根据计算结果，绘制扭矩图，如图 6-7 (d) 所示。由轴的扭矩图可知，BA 段扭矩 $T_1 = m_B = 955$ N·m；AC 段扭矩 $T_2 = m_C = 637$ N·m。从扭矩图上可以明显看出，危险截面在轴的 AB 段，最大扭矩为 $|T_{max}| = |T_1| = 955$ N·m。

对于同一根轴，若把主动轮 A 布置在轴的一端，如右端，则轴的扭矩图如图 6-8 所示，其最大扭矩为 $|T_{max}| = |T_1| = 1592$ N·m，这是很不合理的。由此可见，传动轴上主动轮和从动轮布置的位置不同，轴所承受的最大扭矩也就不同。两者比较，显然图 6-7 所示布局比较合理。

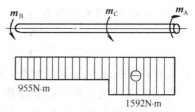

图 6-8 传动轴主从动轮的不合理布置

四、梁弯曲变形时的内力——剪力和弯矩

凡是在外力作用下产生弯曲变形的，或以弯曲变形为主的杆件，习惯上都称为梁。在工程实际中，梁产生弯曲变形的例子除图 5-7 所示的之外，还有很多，如金加工车间行车大梁受到自重和被吊物体的重力作用，如图 6-9 所示；建筑工地上塔吊的悬臂受到自重和被吊物体的重力作用，如图 6-10 所示；高大的塔器受到水平方向的风载荷的作用，如图 6-11 所示；摇臂钻床的摇臂受到杆件法向反力的作用，如图 6-12 所示，都要发生弯曲变形。

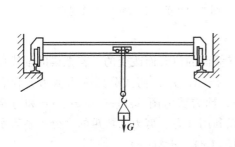

图 6-9 行车大梁

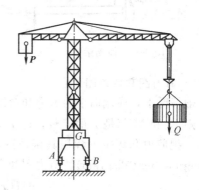

图 6-10 塔吊

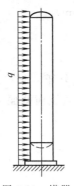
图 6-11 塔器

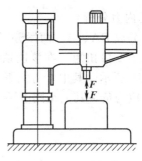
图 6-12 摇臂钻床

梁在弯曲过程中所产生的内力包括剪力和弯矩,同样可以用截面法求得。

(一) 剪力和弯矩

图 6-13 (a) 所示为一受集中力 F_1、F_2、F_3 作用的简支梁,用截面法求距 A 端 x 处的横截面 m-m 上的内力。取左段为研究对象,如图 6-13 (b) 所示,在横截面 m-m 上内力有两种,一是与横截面相切的内力 F_Q,称为剪力;二是内力偶矩 M,称为弯矩。由静力学不难求出剪力 F_Q 和弯矩 M 的大小和方向。

$$\sum m_A = 0 \qquad M = R_A x - F_1(x-a)$$
$$\sum Y = 0 \qquad F_Q = R_A - F_1$$

如果取梁的右段为研究对象,所求得的 F_Q 和 M 的数值与上面相等,只是方向相反。

为了使同一截面两侧的剪力和弯矩正负号相同,通常对外力、剪力及外力矩、弯矩作如下规定:外力或剪力绕所取研究对象顺时针转动时为正,反之为负,如图 6-14 (a) 所示。外力矩和弯矩使梁向上弯为正,反之为负,如图 6-14 (b) 所示。

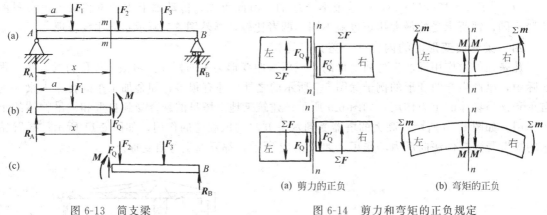

图 6-13 简支梁   图 6-14 剪力和弯矩的正负规定

(二) 剪力图和弯矩图

一般情况下,横截面上的剪力和弯矩都是随着横截面的位置而改变的。若把梁的轴线作为 x 轴,则 F_Q 和 M 都是 x 的函数,即 $F_Q = F_Q(x)$,$M = M(x)$。两式分别称为剪力方程和弯矩方程。把剪力和弯矩方程用其函数图线表示出来,称为剪力图 (shear diagram) 和弯矩图 (bending moment diagram)。剪力图和弯矩图也可以利用外力、剪力与弯矩的微分关系表示:

$$F_Q(x) = \frac{dM(x)}{dx}; \quad q(x) = \frac{dF_Q(x)}{dx} = \frac{d^2 M(x)}{dx^2}$$

剪力图和弯矩图的形状，可以归纳成表 6-1。

表 6-1　根据外力判断剪力图、弯矩图的形状

外　　力		剪力(F_Q)图	弯矩(M)图
均布载荷	向上 ↑	斜向上转折 ↗	开口向上的抛物线 ⌣
	向下 ↓	斜向下转折 ↘	开口向下的抛物线 ⌢
集中载荷	向上 ↑	向上突变 ↑	斜向上转折 ↗
	向下 ↓	向下突变 ↓	斜向下转折 ↘
集中力偶	顺时针	不变	向上突变 ↑
	逆时针		向下突变 ↓

画剪力图和弯矩图一般步骤是：
① 利用平衡方程求出梁上的全部约束反力。
② 根据表 6-1 判断梁上各段剪力图、弯矩图的形状。
③ 确定梁上关键点的剪力和弯矩值，并作梁的剪力图和弯矩图。
下面通过例题说明剪力图和弯矩图的画法。

【例 6-4】　某简支梁长为 l，在 C 点受集中力 F 的作用，如图 6-15（a）所示。试绘出此梁的剪力图和弯矩图，并指出剪力、弯矩的最大值。

解　1. 计算梁的支座约束力
以整个梁为研究对象，由平衡方程求得

$$R_A = \frac{Fb}{l}, \qquad R_B = \frac{Fa}{l}$$

2. 绘制梁的剪力图和弯矩图

根据表 6-1，A 点有向上的集中载荷 R_A 作用，对应的剪力图向上突变，突变值的大小等于集中载荷 R_A 的值，弯矩图斜向上转折，转折点的极值是剪力图在 AC 段的面积 Fab/l；C 点有向下的集中载荷，剪力图向下突变 F 的值，弯矩图斜下折，回到 x 轴；B 点有向上的集中载荷，剪力图向上突变，回到 x 轴。由此绘制出梁的剪力图和弯矩图如图 6-15（b）、（c）所示。

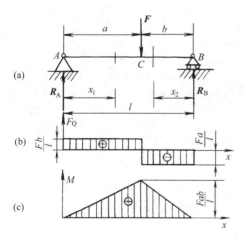

图 6-15　简支梁受集中力作用

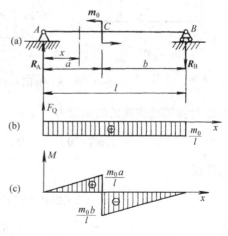

图 6-16　简支梁受力偶作用

3. 确定梁的剪力、弯矩的最大值

由梁的剪力图和弯矩图可知，当 $a > b$ 时，CB 段剪力的绝对值最大，其值为 $|F_Q|_{max} = \frac{Fa}{l}$；而集中力作用处的横截面上弯矩最大，其值为 $M_{max} = \frac{Fab}{l}$。若集中力 F 作用于梁的中点

时，即 $a=b=\dfrac{l}{2}$ 时，则 $F_{Qmax}=\dfrac{F}{2}$，$M_{max}=\dfrac{Fl}{4}$。

【例 6-5】 如图 6-16（a）所示简支梁长为 l，在 C 点受集中力偶 m_0 的作用。试绘出此梁的剪力图和弯矩图，并指出剪力、弯矩的最大值。

解 1. 计算支座约束力

以整个梁为研究对象，由平衡方程求得

$$R_A = R_B = \dfrac{m_0}{l}$$

2. 绘制剪力图和弯矩图

根据表 6-1，绘制出梁的剪力图和弯矩图如图 6-16（b）、（c）所示。

3. 确定剪力、弯矩的最大值

由剪力图和弯矩图可知，整个梁各横截面上的剪力均为 $\dfrac{m_0}{l}$；当 $a<b$ 时，C 点剪力的绝对值最大，其值为 $|M|_{max} = \dfrac{m_0 b}{l}$。

【例 6-6】 已知轴 AC 上齿轮 C 受到的径向力 $F_{r1}=200$N，齿轮 D 受到的径向力 $F_{r2}=500$N，轴向力 $F_{a2}=400$N。齿轮 D 的分度圆半径 $r=50$mm，尺寸 $a=200$mm。试绘制轴 AC 在图示平面内的弯矩图。

解 1. 绘制轴 AC 的受力简图

轴 AC 的受力简图如图 6-17（b）所示。

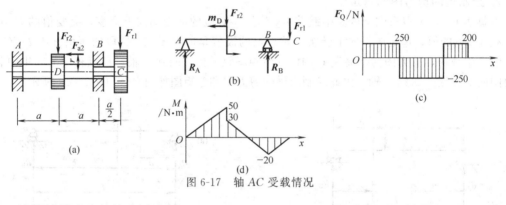

图 6-17 轴 AC 受载情况

2. 计算轴的支座的约束反力

由 $\sum m_B = 0$　　$R_A \times 2a - F_{r2}a + F_{r1} \times \dfrac{a}{2} - F_{a2}r = 0$

代入数据

$$R_A \times 2 \times 200 - 500 \times 200 + 200 \times \dfrac{200}{2} - 400 \times 50 = 0$$

解得　　　　　　　　　　$R_A = 250$（N）

由 $\sum m_A = 0$　　$F_{r1} \times 2.5a + F_{r2}a - F_{a2}r - R_B \times 2a = 0$

代入数据

$$200 \times 2.5 \times 200 + 500 \times 200 - 400 \times 50 - R_B \times 2 \times 200 = 0$$

解得　　　　　　　　　　$R_B = 450$（N）

校核：$R_A + R_B = 250 + 450 = 700 = F_{r2} + F_{r1}$，无误。

3. 绘制轴 AC 的弯矩图

轴分为三段：AD、DB、BC。先根据表 6-1 画出剪力图，如图 6-17（c）所示。再画弯矩图，因 $q=0$，故各段弯矩图均为直线。计算各段起始点和终点的 M 值。绘制轴 AC 的弯矩图如图 6-17（d）所示。

段　名	AD 段		DB 段		BC 段	
截　面	A_+	D_-	D_+	B_-	B_+	C_-
M /N·mm	0	$R_A a$ $=50000$	$R_A a - F_{a2} r$ $=30000$	$F_{r1} \times \dfrac{a}{2}$ $=-20000$	$F_{r1} \times \dfrac{a}{2}$ $=-20000$	0

注：截面一行中，下角"+"为该点右侧，下角"−"为该点左侧。

本 章 小 结

杆件受外力作用发生变形时，杆件内部产生抵抗外力的内力，用截面法求内力的方法有：截、取、代、平。

（1）受拉伸和压缩变形的杆件，其横截面上的内力均沿着杆件的轴线，称为轴力。一般规定受拉的轴力为正，受压的为负；轴力沿杆件轴线的变化情况，用轴力图来表示。

（2）圆轴扭转时横截面上的内力是扭矩，扭矩的大小根据外力偶矩 m 的值来确定，外力偶矩 m 与功率、转速的关系为：$m = 9.55 \times 10^6 \dfrac{P}{n}$（N·mm）。扭矩的方向总是与圆轴横截面同一侧的外力偶矩的代数和的方向相反。

口诀"它上你上，它下你下"（"它"指的是外力偶矩，"你"指的是扭矩）可以绘出表示各截面上扭矩变化情况的扭矩图。

（3）梁弯曲时在横截面 m-m 上内力有两种，一是与横截面相切的内力 F_Q，称为剪力；二是内力偶矩 M，称为弯矩。梁的剪力图和弯矩图可以由剪力方程和弯矩方程用其函数图线表示出来，也可以利用外力、剪力与弯矩的微分关系表示。剪力图和弯矩图的形状见表 6-1。

思 考 题

6-1　什么是内力？什么是截面法？如何用截面法求内力？
6-2　怎样区分材料力学中的外力和内力？
6-3　功率、转速与力偶矩之间有什么关系？扭转时的内力有哪些？
6-4　怎样根据截面一侧的外力来计算截面上的剪力和弯矩？剪力和弯矩的符号是怎样规定的？
6-5　怎样绘制轴力图、剪力图、扭矩图和弯矩图？

习 题

6-1　杆件所受作用力 $F=20\text{kN}$，试求 AB 段和 CD 段上的轴力，并画出其轴力图。

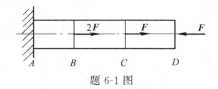

题 6-1 图

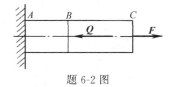

题 6-2 图

6-2　杆件受力如图所示。已知 $F=20\text{kN}$，$Q=60\text{kN}$，杆件横截面面积 $A=300\text{mm}^2$。求 AB 段和 BC 段上轴力和应力。

6-3 画出下列圆轴的扭矩图，并求出最大扭矩值。

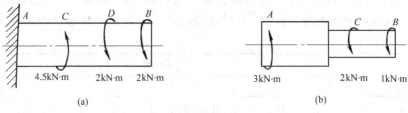

题 6-3 图

6-4 传动轴转速 $n=250\text{r/min}$，主动轮 B 输入功率 $P_B=7\text{kW}$，从动轮 A、C、D 分别输出功率 $P_A=3\text{kW}$，$P_C=2.5\text{kW}$，$P_D=1.5\text{kW}$。试画出扭矩图，并指出最大扭矩。

6-5 如图所示齿轮轴 AB，齿轮 C 上受力为 $F=3\text{kN}$，齿轮 D 上受力为 $P=6\text{kN}$，已知 $l=450\text{mm}$。试绘制梁的剪力图和弯矩图。

题 6-4 图　　　　　　　　题 6-5 图

6-6 外伸梁如图所示，已知梁上 C 点受力为 $F=5\text{kN}$，D 点受力为 $Q=9\text{kN}$，试绘制梁的剪力图和弯矩图。

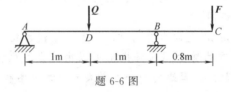

题 6-6 图

第七章 构件的应力和强度

构件的内力是在其横截面上分布的内力系的合力（或合力偶），可以说明杆件横截面上的内力与外力的平衡关系，但还不能判断构件的强度是否足够。经验告诉人们，材料相同而直径不等的两根直杆，在相同的拉力 F 作用下，内力相等，当拉力 F 增大时，直径小的杆件必先断。这是由于内力仅代表内力系的总和，而并不表明杆件横截面上各点受力的大小程度，即不能说明分布内力系在杆件横截面内的密集程度。直径小的杆件因截面积小，其横截面上各点受力大，因而必先断。因此，还必须引入表示截面上某点受力大小程度的量——应力，作为判断杆件强度是否足够的量。因为杆件的强度不是以杆件的内力大小为标志，而是取决于内力在杆件横截面上分布的密集程度（简称集度）。

第一节 应力的概念

应力（stress）就是作用在杆件横截面上的内力的集度，应力是判断杆件强度是否足够的指标。应当指出，材料力学中所研究的杆件，其横截面上各点的内力集度一般是不相同的。如在横截面上的微小面积 ΔA 上作用的内力之合力为 ΔF_N，则比值 $\dfrac{\Delta F_N}{\Delta A}$ 称为内力 ΔF_N 在 ΔA 面积上的平均集度，并用 p 表示，即 $p=\dfrac{\Delta F_N}{\Delta A}$。

一般情况下，杆件 m-m 截面上的内力并不是均匀分布的，因此平均应力 p 随所取 ΔA 的大小而不同，当 $\Delta A \to 0$ 时，上式的极限值为

$$p=\lim_{\Delta A \to 0}\frac{\Delta F_N}{\Delta A}=\frac{\mathrm{d}F}{\mathrm{d}A} \tag{7-1}$$

式（7-1）即为杆件横截面上 M 点的内力集度，称为 M 点处的总应力。p 是一矢量，通常把应力 p 分解成垂直于截面的分量 σ 和相切与截面的分量 τ，如图 7-1 所示。

$$\sigma = p\sin\alpha, \quad \tau = p\cos\alpha \tag{7-2}$$

σ 称为正应力，τ 称为切应力。在国际单位制中，应力的基本单位为 Pa（帕斯卡，简称帕），$1\mathrm{Pa}=1\mathrm{N/m^2}$。但这一单位在工程上太小，常常用 MPa（兆帕）为应力单位。显然，$1\mathrm{MPa}=10^6\mathrm{Pa}=1\mathrm{N/mm^2}$。在运算中可以采用 N、mm、MPa 等单位，使运算简便。

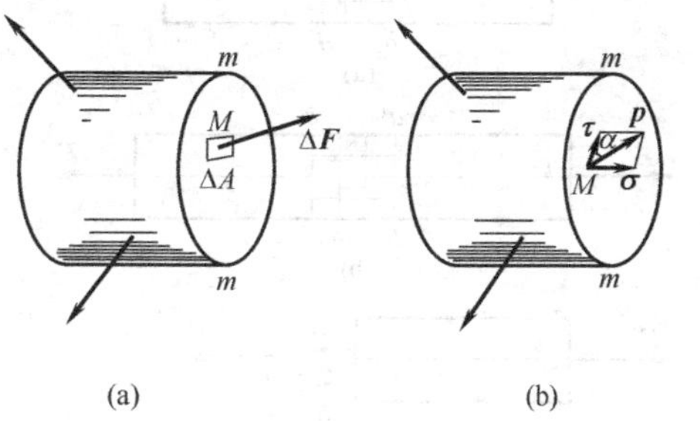

图 7-1 应力的概念

应力的概念是材料力学中的一个极为重要的基本概念，杆件的强度与杆件各横截面的应力有着极为密切的关系。

第二节 杆件横截面上的正应力

杆件在受外力作用下，产生相应的内力和变形，将在其横截面上产生相应的应力。在杆件

变形的基本型式中,横截面上受正应力的变形形式有两种:一种是拉(压)变形,另一种是弯曲变形。

一、拉(压)杆件横截面上的正应力

为研究受拉(压)杆件横截面上的各点处的应力分布规律,人们通过以下试验来观察杆件受拉伸(或压缩)的变形情况,并了解其截面上应力的分布及大小。取一等截面直杆,试验前,在杆件表面等间距画上与杆件轴线平行的纵向线及与之垂直的横向线 ab 和 cd,形成一系列大小相同的正方形网格,如图 7-2 (a) 所示。然后,在杆件的两端施加轴向外力 F,使杆件产生变形。试验中发现,各纵向线和横向线仍为直线,并仍然分别平行和垂直于杆件轴线,只是横向线间距增大(ab 和 cd 分别平移到 $a'b'$ 和 $c'd'$ 位置),而纵向线的间距减小,所有的正方形网格均变成了大小相等的长方形网格,如图 7-2 (b) 所示。

根据上述试验所观察到的现象,对杆件内部的变形,可假设如下:变形前为平面的杆件横截面,在变形后仍保持为平面,并且仍垂直于杆件轴线,只是各横截面沿杆件轴线产生了相对平移,这个假设就是著名的平面假设。

还可以进一步设想:杆件是由无数根纵向纤维所组成,根据平面假设可以推论,当杆件受到轴向拉伸或压缩时,自杆件表面到内部所有纵向纤维的伸长或缩短都相同,因为杆件的材料是均匀的,故各纤维受到的内力必是完全相同。由此可知,应力在横截面上是均匀分布的,即截面上各点处的应力大小相等,其方向则均与轴力 F_N 方向一致(即均垂直于横截面),为正应力,如图 7-2 (c) 所示。这个结论已经用光学方法在试验中被证实了。

因此,杆件受轴向拉伸或轴向压缩时,横截面上正应力 σ 的计算公式为

$$\sigma = \frac{F_N}{A} \tag{7-3}$$

式中 F_N——横截面上的轴力,N;
        A——横截面面积,mm²。

式(7-3)表明,受轴向拉伸或轴向压缩的杆件,其横截面上的正应力 σ 与轴力 F_N 成正比,与横截面面积 A 成反比,拉应力为正,压应力为负。

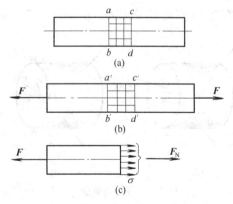

图 7-2 受拉杆件横截面上的应力

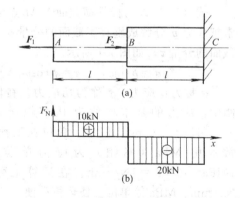

图 7-3 阶梯轴的受力

【例 7-1】 图 7-3 (a) 所示的杆件,已知 AB 段和 BC 段的面积 $A_1 = 200 \text{mm}^2$,$A_2 = 500 \text{mm}^2$;作用的轴向力 $F_1 = 10 \text{kN}$,$F_2 = 30 \text{kN}$;$l = 100 \text{mm}$。试计算各段横截面上的应力。

解   1. 计算杆件的轴力并画轴力图

AB 段 $F_{N1} = F_1 = 10$ (kN)

BC 段 $F_{N2} = F_1 - F_2 = 10 - 30 = -20$ (kN)

2. 计算各段的应力

AB 段 $\quad\sigma_1 = \dfrac{F_{N1}}{A_1} = \dfrac{10 \times 1000}{200} = 50$ （MPa）

BC 段 $\quad\sigma_2 = \dfrac{F_{N2}}{A_2} = \dfrac{-20 \times 1000}{500} = -40$ （MPa）

计算结果表明，杆件在 AB 段受到的是拉应力，在 BC 段受到的是压应力。轴受力图如图 7-3（b）所示。

二、弯曲时横截面上的正应力

一般情况下，梁的横截面上既有弯矩又有剪力，即在其横截面上某点，既有正应力又有切应力，梁的强度主要决定于横截面上的正应力。这里只研究梁在纯弯曲时其横截面上的正应力。

（一）梁纯弯曲概念

同样，为了观察梁弯曲时的变形，我们做如下试验。在梁的外表面画上两条横向线 m-m 和 n-n，再画两条纵向线 a-a 和 b-b，如图 7-4（a）所示。横向线是截面的外廓线，纵向线与梁的轴线平行。在梁的纵向对称平面内，两端施加等值、反向的一对力偶，如图 7-4（b）所示。显然，在梁的横截面上只有弯矩而没有剪力，且弯矩为一常数，这种弯曲为纯弯曲。

观察梁此时的弯曲变形，其纵向线变成了曲线，靠近凹边的线条 a-a 缩短了，而靠近凸边的线条 b-b 伸长了，这说明在梁的横截面上既有压应力又有拉应力（上半部分是压应力，使梁变短，下半部分是拉应力，使梁变长）；横向线 m-m 和 n-n 则仍是直线，且与梁的轴线垂直，但倾斜了一个角度，这说明横截面仍保持为平面。由此做出纯弯曲变形的平面假设：梁变形后其横截面仍保持为平面，且仍与变形后的梁轴线垂直。

如果设想梁是由无数层纵向纤维组成的，由于梁的横截面保持平面，说明轴向纤维从缩短到伸长是逐渐连续变化的，其中必定有一个既不受压又不受拉（不缩短也不伸长）的中性层。中性层是梁上拉伸区与压缩区的分界面。中性层与横截面的交线，称为中性轴，如图 7-4（c）所示。变形时梁的横截面是绕中性轴旋转的。中性轴是梁的横截面上各点正应力为零的直线，其下侧是拉应力，上侧是压应力；中性轴必然通过梁的横截面的形心。

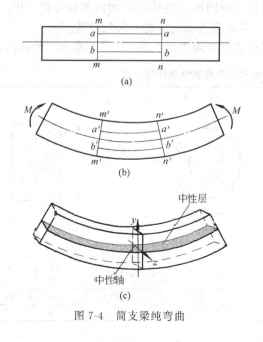

图 7-4 简支梁纯弯曲

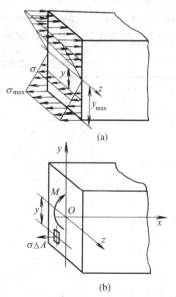

图 7-5 梁的纯弯曲变形

（二）梁纯弯曲时的正应力

一般情况下，梁的横截面上既有弯矩又有剪力，梁的强度主要决定于横截面上的正应力。这里只研究梁在纯弯曲时横截面上的正应力。由于梁的横截面保持平面，沿着横截面高度的不同位置上，纵向纤维从缩短到伸长是线性变化的，因此横截面上的正应力也是线性分布的，在离中性轴距离为 y 的各点处，它们的正应力 σ 是相等的。根据弹性定律，横截面上正应力的分布规律如图 7-5 所示。

可以推导，梁在纯弯曲时横截面上任意一点正应力为

$$\sigma = \frac{My}{I_z} \tag{7-4}$$

式中　y——计算点到中性轴的距离，mm；

　　　I_z——截面对中性轴 z 的惯性矩，mm^4。

由式（7-4）可以看出，在梁的中性轴上 $y=0$，所以 $\sigma=0$；当 $y=y_{max}$ 时，$\sigma=\sigma_{max}$。显然，最大正应力产生在离中性轴最远的边缘处，即

$$\sigma_{max} = \frac{My_{max}}{I_z} \tag{7-5}$$

式（7-5）是梁在纯弯曲的情况下导出的，而一般梁的横截面上虽然既有弯矩又有剪力，但仍运用式（7-5）进行运算。对于等截面梁，弯曲时的最大正应力必定在弯矩最大的横截面上的上、下边缘。弯矩最大的横截面称为危险截面，其上、下边缘的点称为危险点。令 $\frac{I_z}{y_{max}} = W_z$，则

$$\sigma_{max} = \frac{M}{W_z} \tag{7-6}$$

式中　W_z——抗弯截面模量，mm^3。

其余参数意义和单位同前。

（三）惯性矩和抗弯截面模量

梁的截面对中性轴的惯性矩（moment of inertia）I_z，表示截面的几何性质，是一个仅与截面形状和尺寸有关的几何量，不同的截面相对于不同的中性轴有不同的惯性矩值。W_z 为抗弯截面模量（bending cross-section modulus），是衡量截面抗弯能力的几何量。

各种截面的惯性矩和抗弯截面模量的计算公式可查阅设计手册，表 7-1 给出三种常用简单

表 7-1　简单截面的惯性矩和抗弯截面模量计算公式

截面形状	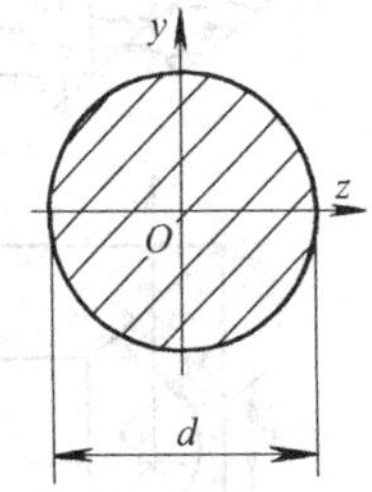 圆形	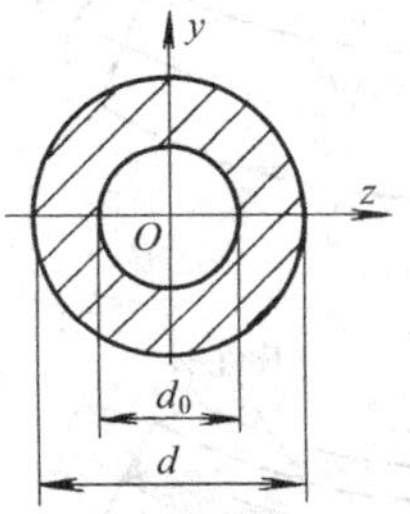 圆环	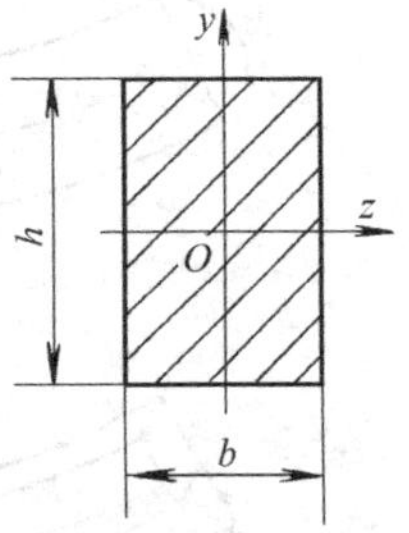 矩形
惯性矩	$I_z = I_y = \frac{\pi d^4}{64}$	$I_z = I_y = \frac{\pi}{64}(d^4 - d_0^4) = \frac{\pi d^4}{64}(1-\alpha^4)$	$I_z = \frac{bh^3}{12}$，$I_y = \frac{hb^3}{12}$
抗弯截面模量	$W_z = W_y = \frac{\pi d^3}{32}$	$W_z = W_y = \frac{\pi d^3}{32}(1-\alpha^4)$	$W_z = \frac{bh^2}{6}$，$W_y = \frac{hb^2}{6}$

截面的惯性矩计算公式，表中 d、d_0 分别为梁的外径和内径，mm；b 为梁的宽度，mm；h 为梁的高度，mm；系数 $\alpha=\dfrac{d_0}{d}$；z 为横轴；y 为纵轴。

第三节　杆件横截面上的切应力

前已述及，杆件在外力作用下，将产生相应的内力和变形，并在其横截面上产生相应的应力，除了正应力外，还有切应力。杆件基本变形中，其横截面上受切应力的变形型式为：剪切变形和圆轴扭转变形。

一、杆件受剪切时的应力

受剪切作用的构件的实际变形情况比较复杂，从理论分析或试验来确定杆件所受到的剪力 F_Q 在横截面上的真实分布是很困难的。工程上常采用以试验和经验为基础的"实用计算法"，即假设切应力是均匀分布在剪切面上的，它与该截面上各点的实际切应力是有出入的，故称名义切应力。因此，这里所指的切应力（平行于截面的应力，以 τ 表示）相当于剪切面上单位面积所受的剪力，也就是横截面上的平均切应力，即

$$\tau=\dfrac{F_Q}{A} \tag{7-7}$$

式中　A——受剪面的面积，mm^2。

在某些机器和仪器中，有时为了避免其中重要零部件的损坏，常设置一些起安全保护作用的零件，使它们在机器和仪器受到过大的载荷时破坏，以对整个机器和仪器起安全保护作用，例如安全销、保险块等。而对钢板的冲孔、落料、冲裁等加工，则要求这些工件承受的切应力 τ 达到材料的极限剪切应力 τ_b，即

$$\tau=\dfrac{F_Q}{A}=\tau_b \tag{7-8}$$

从而实现保护作用和剪切加工。

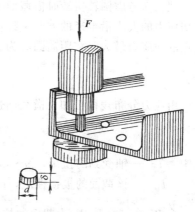

图 7-6　冲剪时的冲力计算

【例 7-2】　如图 7-6 所示，在槽钢的一端冲制 $d=14mm$ 的孔，设冲孔部分钢板厚 $\delta=7.5mm$，槽钢材料的极限剪切应力 $\tau_b=300MPa$。试求冲孔力的大小。

解　冲孔时冲头向下的压力和冲模向上的支承力，使槽钢受剪切作用。剪切面是以直径为 d、厚度为 δ 的圆柱侧面，所以剪切面面积为

$$A=\pi d\delta=\pi\times 14\times 7.5=330\ (mm^2)$$

冲断时，剪切面上的切应力必须达到极限剪切应力 τ_b，此时的剪力为

$$F_Q=\tau_b A=300\times 330=99000\ (N)=99\ (kN)$$

所以所需的冲力为

$$F=F_Q=99\ (kN)$$

二、圆轴扭转时的应力

首先做以下试验，观察扭转变形。取一等截面的圆轴，在其表面上画一组平行于轴线的纵向线和代表横截面边缘的圆周线，形成了许多矩形。然后在垂直于轴线的平面内，施加力偶矩 m，使轴产生扭转变形，如图 7-7（a）所示，在变形微小的情况下，可以观察到以下现象：

① 各圆周线绕轴线发生了相对转动，但其形状、大小及相互之间的距离均无变化。

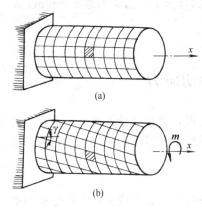

图 7-7 圆轴扭转试验

② 所有纵向线倾斜了同一微小角度 γ，如图 7-7（b）所示，原来的矩形均变为平行四边形，但纵向线仍近似为直线。

（一）圆轴扭转时的平面假设

上述现象表明，圆轴扭转变形时，其横截面的边缘像刚性圆圈一样只是绕轴线发生了相对转动。如果推想，圆轴横截面上各点的变形与其边缘相似，则可以假设：圆轴的横截面变形后仍为平面，且形状和大小不变，仅绕轴线发生相对转动。这种假设称为圆轴的平面假设。根据平面假设可得到以下推论：

(1) 圆轴横截面上无正应力

由于圆周线的间距不变，且其形状和大小也不变，这说明圆轴纵向截面和横向截面均无变形，正应力均为零。

(2) 圆轴截面上有切应力，其方向与半径垂直

圆轴扭转变形时，相邻横截面间相对转动，截面各点相对错动，发生了剪切变形，因此圆轴横截面上必有切应力。由于圆轴各纵向线倾斜角都等于 γ，所以圆周线上各点处的切应力相等，切应力的方向与半径垂直（若不垂直，横截面的形状就要发生变化）。倾斜角 γ 称为剪应变，以弧度（rad）度量。

（二）圆轴扭转时横截面上的切应力

现在来考虑圆轴扭转时横截面上切应力的大小。由上述分析可知，如图 7-8 所示，横截面上切应力的大小沿半径的方向呈线性变化，圆心处为零，同一圆周上各点的切应力相等，边缘各点的切应力最大，在距离圆心为 ρ 的圆周上其切应力为

$$\tau_\rho = \frac{\rho}{R}\tau_{max}$$

由应力分布规律可知，横截面边缘处的切应力最大，其值为

$$\tau_{max} = \frac{TR}{I_p} \tag{7-9}$$

式中　T——轴受到的扭矩，N·mm；

　　　I_p——该截面的极惯性矩，mm^4。

令 $W_n = \dfrac{I_p}{R}$，称 W_n 为截面的抗扭截面模量，则有

$$\tau_{max} = \frac{T}{W_n} \tag{7-10}$$

（三）切应力的分布规律

根据定律 $\tau = G\gamma$ 可知，切应力 τ 与切应变 γ 成正比。所以切应力的大小也沿半径的方向呈线性变化，圆心处为零，同一圆周上各点的切应力相等，边缘各点的切应力最大，如图 7-8 所示。

（四）圆轴的极惯性矩和抗扭截面模量

极惯性矩（polar moment of inertia）I_p 也叫截面二次极矩，它表示截面的一种几何性质，与截面几何形状和尺寸有关，如图 7-9 所示。

实心轴　　　　　　　　$I_p = \dfrac{\pi d^4}{32} \approx 0.1 d^4$（$mm^4$）　　　　(7-11)

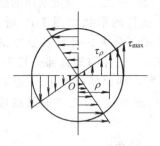

图 7-8 圆轴扭转时的应力分布

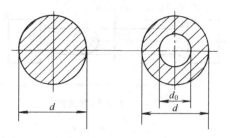

图 7-9 圆轴横截面的几何尺寸

空心轴
$$I_\mathrm{p}=\frac{\pi d^4}{32}(1-\alpha^4)\approx 0.1d^4(1-\alpha^4)\ (\mathrm{mm}^4) \tag{7-12}$$

式中，$\alpha=\dfrac{d_0}{d}$，其中 d_0、d 分别为轴的内径和外径。

抗扭截面模量（torsional cross-section odulus）W_n，也称抗扭截面系数，定义为极惯性矩与轴半径之比，即

$$W_\mathrm{n}=\frac{I_\mathrm{p}}{R} \tag{7-13}$$

实心轴
$$W_\mathrm{n}=\frac{I_\mathrm{p}}{R}=\frac{I_\mathrm{p}}{d/2}=\frac{\pi d^3}{16}\approx 0.2d^3\ (\mathrm{mm}^3) \tag{7-14}$$

空心轴
$$W_\mathrm{n}=\frac{I_\mathrm{p}}{R}=\frac{I_\mathrm{p}}{d/2}=\frac{\pi d^3}{16}(1-\alpha^4)\approx 0.2d^3(1-\alpha^4)\ (\mathrm{mm}^3) \tag{7-15}$$

第四节 材料在拉伸与压缩时的力学性能

前已述及，构件的强度和变形不仅与构件的尺寸和所承受的载荷有关，而且还与构件材料的力学性能有关。所以，在研究构件的强度时，除了分析构件的应力，还应该了解材料受力时的力学性能（mechanical properties）。材料的力学性能，是指材料在外力的作用下变形与所受外力之间的关系，也即此时材料所表现出来的机械特性，所以也称为材料的机械性能。材料的力学性能是材料固有的特性，主要取决于材料的化学成分，以及冶炼、加工和热处理方法等，也与载荷的性质、变形的型式和环境温度等因素有关。认识材料的力学性能主要是依靠在材料试验机上进行试验。本节介绍材料在常温、静载下的拉伸和压缩试验。

一、低碳非合金钢的拉伸试验

在室温下，按一般变形速度平稳加载的拉伸试验称为常温静载拉伸试验，是确定材料性能的基本试验。国家标准 GB/T 228.1—2010《金属材料 拉伸试验 第 1 部分：室温试验方法》规定，试样的形状与尺寸取决于要被试验的金属产品的形状与尺寸。通常从产品、压制坯或铸件选取样坯经机加工制成试样。但具有恒定截面的产品（型材、棒材、线材等）和铸造试样（铸铁和铸造非铁合金）可以不经机加工而进行试验。试样横截面可以为圆形、矩形、多边形，特殊情况下可以为某些其他形状。原始标距与横截面积有 $L_0=k\sqrt{S_0}$ 关系的试样称为比例试样。国际上使用的比例系数 k 值为 5.65。原始标距应不小于 15mm。当试样横截面积太小，以致采用比例系数 k 为 5.65 的值不能符合这一最小标距要求时，可以采用较高的值（优先采用 11.3 的值）或采用非比例试样（试样原始标距 L_0 与原始横截面积 S_0 无关）。还需指出，选用小于 20mm 标距的试样测量不确定度可能增加。

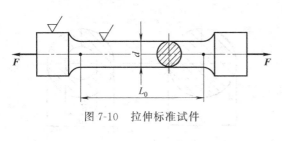

图7-10 拉伸标准试件

按照 GB/T 228.1—2010 规定制作的圆形横截面标准拉伸试件的形状如图 7-10 所示。两端加粗是为了便于装夹,且可避免在试件装夹部分发生破坏。试件的等直部分长为 L_0 的一段,称为标距,即原始标距 L_0。原始标距 L_0 与原始横截面面积 S_0 之间的关系规定如下

$$L_0 = 5.65\sqrt{S_0}\ (一般) \quad 或 \quad L_0 = 11.3\sqrt{S_0}\ (特殊)。$$

在 GB/T 228.1—2010 中,对室温下试验的加载速度、试件表面粗糙度、标距部分的尺寸允许偏差、两端和过渡部分的尺寸,都做了具体规定。

以低碳非合金钢(含碳量低于 0.25% 的结构钢)为例,来说明金属材料在拉伸时的力学性能。因为低碳非合金钢应用较为广泛,而且在拉伸试验中表现出来的力学性能也最典型。

在试验机上安装好试件后,缓慢加载,试验机的示力盘上指示出一系列的拉力 F 的数值,同时可测出其所对应的试件在标距内的伸长量 ΔL。根据测得的一系列数据,以纵坐标表示拉力 F,横坐标表示伸长量 ΔL,作线图表示 F 和 ΔL 的关系,如图 7-11(a)所示,称为拉伸图或 F-ΔL 曲线(load-deformation curve),试验机上的自动绘图装置一般可以自动绘制出来。

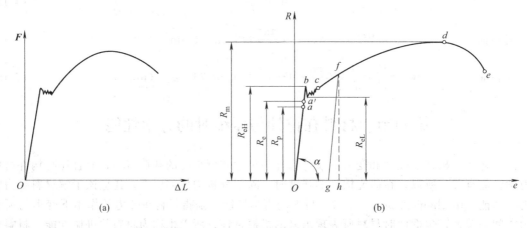

图7-11 拉伸试验的拉伸图与应变图

F-ΔL 曲线反映了拉力 F 与变形 ΔL 之间的关系。它的纵、横坐标都与试件的尺寸有关。为了消除试件尺寸的影响,描述材料本身的性质,用试件单位横截面面积所承受的拉力,即正应力 $R = \dfrac{F}{S_0}$ 来表示横坐标;以试件标距的延伸率 $e = \dfrac{\Delta L}{L_0}$ 来表示纵坐标。这样就可以把拉伸图的载荷 F 与伸长量 ΔL 之间的关系曲线改为应力 R 与延伸率(旧标准称"应变") e 之间的关系曲线,即 R-e 曲线,又称为应力-延伸率图,如图 7-11(b)所示。还必须指出,前述应力计算中的 S_0 指试件横截面的原始面积,而 L_0 指试件标距的原始长度。

根据试验结果,低碳非合金钢(以 Q235 为例)的 R-e 曲线大致分为四个阶段。

(一)弹性阶段

拉伸的初始阶段,R 与 e 的关系为直线 oa,直线 oa 的顶点 a 所对应的应力 R_E[1] 称为比例

---

[1] 比例极限应力和弹性极限应力的概念,在标准 GB/T 228.1—2010 中尚未定义,但在实际上依然存在,故本书在这里仍然提及。这里的比例极限应力符号 R_E 和弹性极限应力符号 R_e 也非标准所有。

极限应力。这表明，当应力不超过比例极限应力时，应力与延伸率成正比。

由 R-e 曲线可以看出，直线 oa 的斜率 $\tan R = E$，即材料的弹性模量。显然，比例极限应力是材料的应力与延伸率成正比的应力极限值。在此范围之内，材料是弹性的。低碳非合金钢的比例极限一般在 $R_E = 190 \sim 200$ MPa。

当试样的应力超过比例极限应力 R_E 后，从 a 点到 a' 点，应力 R 与延伸率 e 的关系不再为直线，稍有弯曲，说明应力与延伸率的关系不符合弹性定律，但变形仍是弹性的。a' 点所对应的应力 R_e 是材料只出现弹性变形（elastic deformation）的极限值，称为弹性极限（elastic limit）应力。这就是说，R-e 曲线的 oa' 段为材料的弹性阶段。需要指出，比例极限和弹性极限是两个不同的概念，但是在 R-e 曲线上，a、a' 两点非常接近。所以工程上对弹性极限应力和比例极限应力并不严格区分，因而也可以认为，应力低于弹性极限应力时，应力与延伸率成正比，材料服从弹性定律。

（二）屈服阶段

当试样的应力超过 a' 点后，应变增加很快，而应力则在很小范围内波动。在 R-e 曲线上出现一段接近水平线的小锯齿形线段。这种应力变化不大而应变显著增加的现象称为屈服或流动，bc 段称为屈服阶段。在屈服阶段，试样发生屈服而力首次下降前的最大应力，也即 R-e 曲线上 b 点对应的应力 R_{eH}，称为上屈服强度（Upper yield strength）；在屈服期间，不计初始瞬时效应时的最小应力，也即屈服阶段的最低应力 R_{eL} 称为下屈服强度（Lower yield strength）。应力达到下屈服强度 R_{eL} 时，材料出现显著的塑性变形。所以，下屈服强度是衡量材料强度的重要指标，Q235 的 $R_{eL} = 235$ MPa。经过抛光的试件，在屈服阶段可以在试件表面上看到大约与试件轴线成 $45°$ 的条纹线，这是因为试样的材料内部的晶格之间产生相对滑移而形成的滑移线。

（三）强化阶段

试样的应力超过了屈服阶段后，材料又恢复了抵抗变形的能力，要使它继续变形必须增加拉力，这种现象称为材料的强化。在强化阶段中，当应力 R 达到最高点 d 时，对试样施加的力 F 也必然达到最大值 F_m，称为最大力（Maximun force），所对应的应力 R_m 是材料所能承受的最大应力，称为抗拉强度（Tensile strength）。在强化阶段，试件的截面尺寸有明显缩小。

（四）局部颈缩阶段及塑性指标

试样的应力过 d 点后，在试件某一局部范围内，横向尺寸急剧缩小，形成颈缩现象，如图 7-12（a）所示。由于颈缩部分的横截面面积减小，试件继续伸长所需要的拉力也相应减小，用原始横截面面积 S_0 算出的应力 $R = \dfrac{F_m}{S_0}$ 也随之下降，降到 e 点时，试件被拉断（Fracture），如图 7-12（b）所示。因为试件断裂时应力达到抗拉强度，所以抗拉强度 R_m 是衡量材料强度的又一重要指标。试件被拉断后，弹性变形消失，而塑性变形（Plastic deformation）保留下来。试件的标距由原来的 L_0 变为 L_u，用百分比表示比值，有

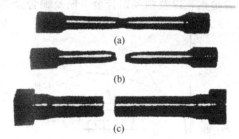

图 7-12 颈缩与断裂后的试件

$$A = \frac{L_u - L_0}{L_0} \times 100\% \tag{7-16}$$

A 称为材料的断后伸长率（Percentage elongation after fracture）。A 值越大，则试件材料的塑性变形也越大，因此，断后伸长率 A 是衡量材料塑性（Plasticity）的指标。低碳非合金

钢的 A 很大，平均为 $A=20\%\sim30\%$，说明它的塑性很好。

工程上常按延伸率的大小将材料分为两大类：$A>5\%$ 的材料称为塑性材料，如钢、铅、铜、铝等；而把 $A<5\%$ 的材料称为脆性材料，如铸铁、玻璃、陶瓷、宝石等。

试件被拉断后，若颈缩出的最小横截面面积为 S_u，用百分比表示比值，有

$$Z=\frac{S_0-S_u}{S_0}\times100\% \tag{7-17}$$

Z 称为材料的断面收缩率（percentage reduction of area）。它也是衡量材料塑性的指标。需要指出的是，GB/T 228.1—2010 规定，断后最小横截面面积的测定应准确到 $\pm2\%$。但是，对于小直径的圆截面试样或其他横截面形状的试样，断后横截面面积的测量准确度达到 $\pm2\%$ 很困难。

二、低碳非合金钢的压缩试验

金属材料室温下的压缩试验，按照 GB/T 7314—2005《金属材料 压缩试验 室温压缩试验方法》进行，标准规定了试样的形状和尺寸、试验方法。金属材料压缩试验的原理是，试样受轴向递增的单向压缩力，且力和变形可连续地或按有限增量进行测定。即试样受单向压缩（Single compression），试样受轴向压缩时，弯曲的影响可以忽略不计，标距内应力分布均匀，且在试验过程中不发生屈曲❶（Buckling）。

低碳非合金钢压缩时的 R-ε 曲线如图 7-13 所示，图中的虚线表示受拉伸时的 R-ε 曲线。可以看出，金属材料在压缩过程中也有屈服现象，当金属材料呈现屈服现象时，试样在试验过程中达到力不再增加而仍然继续变形所对应的压缩应力，即压缩屈服强度（Compresstve yield strength）。同样，压缩屈服强度也应区分上压缩屈服强度和下屈服强度。上压缩屈服强度（Upper compressive yield strength）R_{eHc} 指试样发生屈服而力首次下降前的最高压缩应力；下屈服强度（Lower compressive yield strength）R_{eLc} 是指屈服期间不计初始瞬时效应时的最低压缩应力。在下屈服极限强度以下，压缩时的曲线与拉伸时的曲线相同，二者重合。但是随着压力继续增大，材料屈服以后，试件越压越"扁"，可以产生很大的塑性变形而不破裂。因此，塑性材料压缩时没有抗压强度（Compressive strength）的极限值。对于在压缩过程中不以粉碎性破裂而失效的塑性材料，抗压强度取决于规定的应变和试样的几何形状。

三、其他塑性材料的拉伸试验

工程上常用的塑性材料（plastic materials），除了低碳非合金钢外，还有中碳非合金钢、高碳非合金钢，以及铝及铝合金、铜及铜合金等。如图 7-14 所示的是几种常用塑性材料的 R-ε 曲线。

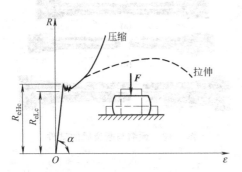

图 7-13 低碳非合金钢压缩时的 R-ε 曲线

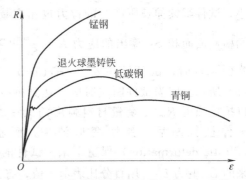

图 7-14 其他塑性材料拉伸时的 R-ε 曲线

---

❶ 除通过材料的压溃方式引起压缩失效外，以下几种方式也可能发生压缩失效：由于非轴向加力而引起柱体试样在其全长度上的弹性失稳；柱体试样在其全长度上的非弹性失稳；板材试样标距内小区域上的弹性或非弹性局部失稳；试样横截面绕其纵轴转动而发生的扭曲或扭转失效。这几种失效类型统称为屈曲。

由图可知，这些材料的 R-ε 曲线与低碳非合金钢 R-ε 曲线大体相似。其中有些材料，如 Q345 与低碳非合金钢相似，有明显的弹性阶段、屈服阶段、强化阶段和局部颈缩阶段，拉伸时有明显的塑性变形。然而，有的材料则没有明显的屈服阶段，但其他三个阶段却很明显，如黄铜等；而有的材料则只有弹性阶段和强化阶段，如 35CrMnSi 等。

对于没有明显屈服阶段的塑性材料，通常以产生 0.2% 的塑性延伸率时所对应的应力作为该材料的屈服强度，称为"规定塑性延伸强度"（旧标准称为名义屈服极限），来衡量材料的强度，并用"$R_{p0.2}$"表示。也就是说，$R_{p0.2}$ 表示材料的规定塑性延伸率为 0.2% 时的应力。

四、铸铁的拉伸与压缩试验

灰铸铁的拉伸试样按照国家标准 GB/T 9439—2010《灰铸铁件》的规定制作，试样分为 A 型和 B 型两种，标准还规定了试样的形状和尺寸。球墨铸铁的拉伸试样按照国家标准 GB/T 1348—2009《球墨铸铁件》的规定制作，标准规定试样标距部分为圆形截面，其直径 d 有 5 ± 0.1、7 ± 0.1、10 ± 0.1、14 ± 0.1、20 ± 0.1 共 5 种，标准还规定了试样其他部分的尺寸。

典型的脆性材料（brittle materials）灰铸铁（grey cast iron）的拉伸试验所得到的 R-ε 曲线如图 7-15（a）所示，曲线上没有真正的直线部分，但在应力较小的范围内接近于直线，表明在应力不大时可以近似地认为符合弹性定律。铸铁在拉伸时的力学性能明显不同于低非合金钢，从受拉伸到断裂，其变形始终很小，既无屈服阶段，也无颈缩现象，断裂时的应变只不过 0.4%~0.5%，断口则垂直于试样的轴线，这说明引起试样破坏的原因是最大拉应力，属于拉伸破坏，是试样受到的拉应力大于铸铁的拉伸许用应力。

脆性材料拉断时的最大应力，即为其抗拉强度，而抗拉强度 R_m 是衡量脆性材料强度的唯一指标。灰铸铁的抗拉强度极限较低，通常最小抗拉强度为 $R_m = 100$（HT100）~350（HT350）MPa（各牌号灰铸铁在拉伸时的最小抗拉强度、屈服强度可查阅 GB/T 9439—2010《灰铸铁件》），所以不宜制造受拉构件。球墨铸铁的一些主要力学性能与钢接近，不但有较高的强度，而且还有较好的塑性，通常最小抗拉强度为 $R_m = 350$（QT350-22）~900（QT900-2）MPa（各牌号球墨铸铁在拉伸时的最小抗拉强度、屈服强度可查阅 GB/T 1348—2009《球墨铸铁件》）。

灰铸铁压缩时的 R-ε 曲线[见图 7-15（b）]与其拉伸时相似，整个曲线没有直线段，也无屈服极限，只有强度极限，其近似正比段也较短。不同的是灰铸铁的抗压强度远高于其抗拉强度（约 3~4 倍）。所以，脆性材料宜用于制造受压构件。铸铁试件压缩时的破裂断口与轴线大致呈 45°，如图 7-15（b）所示。铸铁压缩后沿斜面断裂，这说明其破坏主要是由剪切应力引起的。如果测量铸铁的压缩试验试样倾斜端口的倾角，则可以发现它略大于 45°（约为 55°~60°），而不是在最大剪切应力所在的截面，这是由于试样的两端存在摩擦力的缘故。

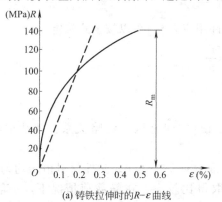

(a) 铸铁拉伸时的 R-ε 曲线

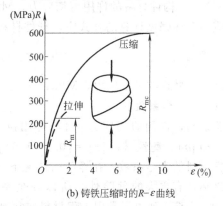

(b) 铸铁压缩时的 R-ε 曲线

图 7-15　灰铸铁拉伸与压缩时的 R-ε 曲线

灰铸铁和球墨铸铁的抗压屈服强度、抗压屈服强度可分别查阅 GB/T 9439—2010《灰铸铁件》和 GB/T 1348—2009《球墨铸铁件》。

现将几种常用的金属材料在常温静载荷下的主要力学性能列于表 7-2。

表 7-2 几种常用的金属材料在常温静载荷下的主要力学性能

牌号	R_{eL}/MPa	R_m/MPa	A/%	牌号	R_{eL}/MPa	R_m/MPa	A/%
Q215	215	335～410	31	ZG200-400	200	400	25
Q235	235	375～460	26	ZG230-450	230	450	22
Q255	255	410～510	24	QT400-18	250	400	18
15	225	375	27	QT450-10	310	450	10
45	355	600	16	HT200		200	
15MnVB	635	885	10	HT250		250	
40Cr(调质)	540	735	15	HT300		300	

注：本表摘自 GB/T 700—2006《碳素结构钢》、GB/T 699—1999《优质碳素结构钢》、GB/T 3077—2012《合金结构钢》、GB/T 11352—2009《一般工程用铸造碳钢件》、GB/T 1348—2009《球墨铸铁件》、GB/T 9439—2010《灰铸铁件》。

第五节 构件的强度计算

由内力图可以直观地判断出等直杆内力最大值所发生的截面，这个截面称为危险截面，危险截面上应力值最大的点称为危险点。为了保证构件有足够的强度，其危险点的有关应力需要满足对应的强度条件。

一、构件的强度条件

对于塑性材料，当应力达到屈服点时，构件发生明显的塑性变形，影响其正常工作，对于脆性材料，直到破坏为止并不产生明显的塑性变形，只有在断裂后才丧失工作能力。使材料丧失工作能力的应力称为极限应力，用 σ^0 表示。

因此，塑性及脆性材料的极限应力 σ^0 分别为屈服点 σ_s（或 $\sigma_{0.2}$）和强度极限 σ_b。在设计构件时，有许多情况难以准确估计，另外，还要考虑到留有适当的强度储备。因此，为了保证构件的安全性，必须使构件内的最大工作应力不超过材料的许用应力，即构件在拉（压）应力下的强度条件为

$$\sigma \leqslant [\sigma] \tag{7-18}$$

式中　$[\sigma]$——构件材料的许用拉（压）应力，MPa。

同理可得，构件在纯剪切时的应力状态下的强度条件为

$$\tau \leqslant [\tau] \tag{7-19}$$

式中　$[\tau]$——构件材料的许用剪切应力，MPa。

在应用上述强度计算的公式中，杆件材料的许用应力 $[\sigma]$ 可以按下式确定

$$[\sigma] = \frac{\sigma^0}{n} \tag{7-20}$$

式中　σ^0——材料的极限应力，MPa；
　　　n——安全系数。

试验证明，许用剪切应力 $[\tau]$ 与许用拉应力 $[\sigma]$ 之间有以下约略关系：塑性材料 $[\tau] = (0.6～0.8)[\sigma]$；脆性材料 $[\tau] = (0.8～1.0)[\sigma]$。

塑性材料的安全系数，在静载荷情况下一般取 $n = 1.5～2.0$。脆性材料由于均匀性较差，且突然破坏，有更大的危险性，所以安全系数取得比较大，在静载荷情况下，一般取 $n = 2.0～5.0$。表 7-3 列出了常用工程材料在常温静载荷下的拉伸与压缩时的许用应力值。

表 7-3 常用材料的许用应力值　　　　　　　　　　　　　　　MPa

塑性材料	许用应力 [σ]	脆性材料	许用拉应力 [σ]₁	许用压应力 [σ]ᵧ
Q215	140	灰铸铁	35～55	160～200
Q235	160	松木顺纹	7～10	10～12
45 钢调质	240	混凝土	0.1～0.7	1～9
合金钢	100～400	砖砌物	<0.2	0.6～2.5
铜	30～120			
铝	30～80			

二、正应力状态下的强度计算

由式（7-3）和式（7-18）得，拉（压）杆在正应力状态下的强度条件为

$$\sigma_{max}=\frac{F_{Nmax}}{A}\leqslant [\sigma] \tag{7-21}$$

由式（7-6）和式（7-18）得，梁弯曲时在正应力状态下的强度条件为

$$\sigma_{max}=\frac{M_{max}}{W_z}\leqslant [\sigma] \tag{7-22}$$

应用强度条件可进行构件的强度校核、设计构件的截面、确定构件的许可载荷等三方面的强度计算。

【例 7-3】 图 7-16 所示的起重机的起重链条是由圆钢制成，受到的最大拉力为 $F=25\text{kN}$，已知圆钢材料为 Q215-A，其许用应力 $[\sigma]=140\text{MPa}$。若只考虑链环两边所受的拉力，试确定圆钢的直径 d。（注：标准链环圆钢的直径系列为 5、7、8、9、11、13、16、18、20、23⋯）

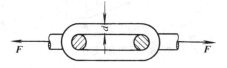

图 7-16 起重链链环的受力

解 根据式（7-21）可得到所需的钢环横截面面积（链环的横截面有 2 个圆面积）

$$2A\geqslant \frac{F_N}{[\sigma]}=\frac{F}{[\sigma]}$$

而 $A=\frac{\pi d^2}{4}$，故链环圆钢直径为

$$d\geqslant \sqrt{\frac{2F}{\pi [\sigma]}}=\sqrt{\frac{2\times 25000}{\pi \times 140}}=10.662 \text{（mm）}$$

因此，应选用 $d=11\text{mm}$ 的圆钢（从安全考虑最好选用 $d=13\text{mm}$ 的圆钢）。

【例 7-4】 图 7-17（a）所示的三角吊环由斜杆 AB、AC 与横杆 BC 组成，$\alpha=30°$。斜杆许用应力 $[\sigma]=140\text{MPa}$，若杆 AB、AC 的横截面直径 $d=30\text{mm}$。试设计吊环的最大起重量 G。

解 1. 计算吊环的总拉力

对于吊环整体，由二力平衡条件可知：$F_T=G$。

2. 计算斜杆 AB、AC 的最大轴力

在临近 A 点处用截面法截开杆 AB、AC，并选 A 点为研究对象，画出受力图，如图 7-17（b）所示。列平衡方程

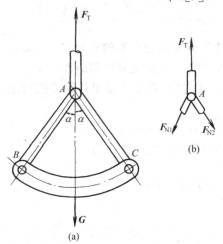

图 7-17 三角吊环

$$\Sigma \boldsymbol{X}=0 \quad -F_{N1}\sin\alpha+F_{N2}\sin\alpha=0$$

解得

$$F_{N1}=F_{N2}$$

又

$$\Sigma \boldsymbol{Y}=0 \quad F_T-F_{N1}\cos\alpha-F_{N2}\cos\alpha=0$$

解得

$$F_{N1}=F_{N2}=\frac{G}{2\cos\alpha}$$

3. 求吊环的最大起重量

设杆 AB、AC 的轴力分别为 F_{N1} 和 F_{N2}。由强度条件式（7-21）可知

$$F_{N1max}=F_{N2max}=A\,[\sigma]=\frac{\pi d^2}{4}\,[\sigma]=\frac{\pi\times 30^2}{4}\times 140=98960\ (\text{N})$$

所以，吊环的最大起重量 G 为

$$G=2\cos\alpha\times F_{N1max}=2\cos\alpha\times F_{N2max}=2\cos 30°\times 98960=171403\ (\text{N})$$

从安全考虑，取 $G=171\text{kN}$。

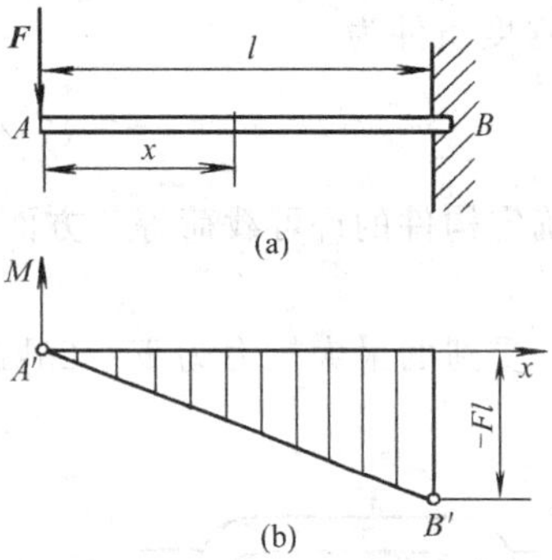

图 7-18 悬臂梁受力

【例 7-5】 如图 7-18 所示，悬臂梁长 $l=1\text{m}$，梁端受到 $F=20\text{kN}$ 的力作用，若选用高 h 和宽 b 的比值等于 2 的矩形截面的钢，$[\sigma]=60\text{MPa}$，试确定梁的截面尺寸。

解 1. 绘制弯矩图，确定最大弯矩

绘制弯矩图如图 7-18（b）所示，由图可知最大弯矩在固定端 B。其最大弯矩为

$$M_{max}=Fl=20\times 10^3\times 1\times 10^3=2.0\times 10^7\ (\text{N}\cdot\text{mm})$$

2. 计算抗弯截面模量

$$W_z=\frac{bh^2}{6}$$

3. 计算最小截面尺寸

$$\sigma_{max}=\frac{M_{max}}{W_z}=\frac{M_{max}}{\frac{bh^2}{6}}=\frac{M_{max}}{\frac{b(2b)^2}{6}}\leqslant[\sigma]$$

解得

$$b\geqslant\sqrt[3]{\frac{6M_{max}}{4\,[\sigma]}}=\sqrt[3]{\frac{6\times 2.0\times 10^7}{4\times 60}}=79.4\ (\text{mm})$$

4. 确定梁截面尺寸

宽度 $b=80\text{mm}$；高度 $h=2b=2\times 80=160$（mm）。

【例 7-6】 火车车轮轴受力如图 7-19（a）所示，两外伸端承受车厢的载荷 $F=50\text{kN}$，尺寸 $a=250\text{mm}$，$l=1\text{m}$，车轮轴材料的许用应力 $[\sigma]=50\text{MPa}$，试确定轴中部的直径 d。

解 车轮轴可简化为外伸梁受载荷 F 作用，如图 7-19（b）所示。绘出外伸梁的弯矩图，如图 7-19（c）所示。求出最大弯矩为

$$M_{max}=Fa=50\times 1000\times 250=1.25\times 10^7\ (\text{N}\cdot\text{mm})$$

由于圆形截面抗弯截面模量 $W_z=0.1d^3$，所以轴的中部截面的直径 d 为

$$d\geqslant\sqrt[3]{\frac{M_{max}}{0.1\,[\sigma]}}=\sqrt[3]{\frac{1.25\times 10^7}{0.1\times 50}}=136\ (\text{mm})$$

考虑安全，并圆整后取中部截面直径 $d=140\text{mm}$。

三、切应力状态下的强度计算

前已述及，由于受剪切的构件的实际变形情况比较复杂，工程上通常假设剪力 $\boldsymbol{F}_Q$ 在剪切

面内是均匀分布的。因此,"实用计算法"所建立的强度条件,是直接根据同类构件的试验结果建立的,其计算结果也是比较符合实际情况的。

(一)纯剪切应力状态下的强度条件

为了保证构件安全可靠,应限制构件的工作切应力 τ 不超过材料的许用剪切应力 $[\tau]$。即剪切变形时的强度条件为

$$\tau = \frac{F_Q}{A} \leqslant [\tau] \quad (7\text{-}23)$$

式中 A——受剪面面积,mm^2。

同样,式(7-23)可进行构件的强度校核、设计构件的截面、确定构件的许可载荷三方面的强度计算。

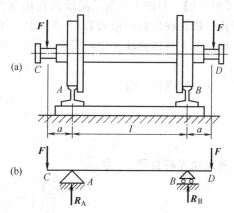

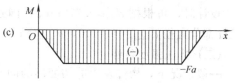

图 7-19 火车车轮轴受力

【例 7-7】 图 7-20(a)所示为两块钢板用两条边焊缝搭接而联接在一起,钢板的厚度 δ = 10mm,载荷 F = 150kN,焊缝许用剪切应力 $[\tau]$ = 100MPa。试计算焊缝的长度 L。

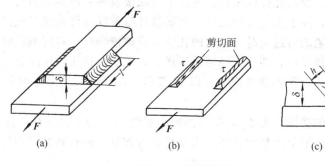

图 7-20 搭焊联接

解 由实践经验证明,边焊缝是沿着最弱的截面,即沿 45°的斜面剪切破坏的,如图 7-20(c)所示的 m—n 截面。由于焊缝的横截面可以认为是等腰直角三角形,故所需焊缝总长度为 L,则沿 45°斜面(即剪切面)的面积为

$$A = hL = L\delta \sin 45°$$

由式(7-23)可得边焊缝的强度条件为

$$\tau = \frac{F_Q}{A} = \frac{F}{\delta L \sin 45°} \leqslant [\tau]$$

解得所需焊缝总长度 L 为

$$L \geqslant \frac{F}{\delta [\tau] \sin 45°} = \frac{150 \times 1000}{10 \times 100 \sin 45°} = 212 \text{ (mm)}$$

所以,每条边焊缝的长度应为

$$l = \frac{L}{2} = \frac{212}{2} = 106 \text{ (mm)}$$

在焊接实践中,因每条焊缝在其两端的强度较差,通常需加长 10mm,所以每条边焊缝的实际长度应为 l = 116mm。

【例 7-8】 在图 5-4 所示的铰制孔用螺栓联接中，结构承受的横向载荷为 $F=4500\text{N}$，已知螺栓材料的许用剪切应力 $[\tau]=60\text{MPa}$。试按剪切强度选择螺栓直径 d。

解 由于该螺栓联接中，只有一个剪切面，故剪力为

$$F_Q = F$$

根据剪切强度条件

$$\tau = \frac{F_Q}{A} = \frac{F}{\dfrac{\pi d_s^2}{4}} \leqslant [\tau]$$

故螺栓光杆直径 d_s 为

$$d_s \geqslant \sqrt{\frac{4F}{\pi [\tau]}} = \sqrt{\frac{4 \times 4500}{\pi \times 60}} = 9.772 \text{ (mm)}$$

设计时，可根据 $d_s \geqslant 9.772\text{mm}$ 在国家标准 GB/T 27—2013 中选取铰制孔用螺栓为 M10（光杆部分直径 $d_{s\text{max}}=11.000$，$d_{s\text{min}}=10.957 \text{ mm}$）即安全。

（二）挤压强度条件

一般情况下，构件发生剪切变形的同时，还常常伴随着挤压（extrution）变形。挤压变形是两个构件在传力的接触面上，由于局部承受较大的压力，而出现塑性变形的现象——压陷、起皱，如图 7-21（b）所示，这种塑性变形称为挤压，相互接触并产生挤压的侧面，称为挤压面。前述列举的销联接、铰制孔螺栓联接、普通平键联接及铆钉联接中的销、螺栓光杆、键及铆钉等联接件都是如此，除了承受剪切之外，在联接件与被联接件孔壁（或键槽侧壁）的接触面上，相互压紧，当压紧的力过大时，较软的孔壁（或键槽侧壁）将起皱，而联接件则局部区域发生塑性变形，甚至被压溃，即挤压破坏。工程上，把引起挤压作用的力，称为挤压力，由于挤压作用而引起的应力，称为挤压应力，以 σ_{jy} 表示。在设计联接结构的尺寸时，还必须考虑挤压强度的问题。

设作用在挤压面上的挤压力为 F_{jy}，挤压面的面积为 A。为了保证被联接件孔壁不致发生挤压破坏，必须限制挤压面上的最大挤压应力不得超过被联接件材料的许用挤压应力，由此可以得出挤压强度条件为

$$\sigma_{jy} = \frac{F_{jy}}{A} \leqslant [\sigma]_{jy} \tag{7-24}$$

式中挤压面面积 A 的计算，通常取挤压面的正投影面面积作为挤压面的面积。

对于普通平键联接，普通平键的工作面为两侧面，其挤压面的面积应是键与轮毂的接触配合高度，一般近似取为 $A=\dfrac{h}{2}l$（mm^2）（l 为键的工作长度），如图 7-21（a）所示。对于销联接、铆钉联接和铰制孔螺栓联接等，孔壁与圆柱钉杆在接触面上的应力分布情况如图 7-21（b）所示。如果被联接件孔（即销钉、铆钉、螺栓光杆）的直径为 d，联接件与被联接件之一配合的高度为 h，则挤压面面积 $A=hd$（mm^2），如图 7-21（c）所示。而在铰制孔用螺栓联接中，螺栓光杆与各被联接件的配合高度不一定相等，此时挤压面的面积应按 $A=h_{\min}d$（mm^2）计算才安全。

试验表明，对于一般塑性材料，其许用挤压应力与许用正应力的关系为

$$[\sigma]_{jy} = (1.7 \sim 2.0)[\sigma]$$

【例 7-9】 如图 7-22（a）所示，电瓶车挂钩用插销联接，已知挂钩部分的钢板厚度 $t=8\text{mm}$。销钉的材料为 20 钢，其许用剪切应力 $[\tau]=30\text{MPa}$，许用挤压应力 $[\sigma]_{jy}=100\text{MPa}$，又知电瓶车的牵引力 $F=15\text{kN}$，试设计插销的直径 d。

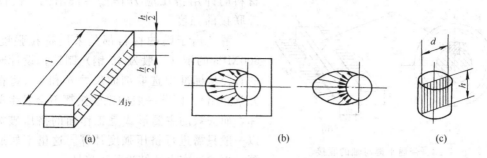

图 7-21 挤压的实用计算

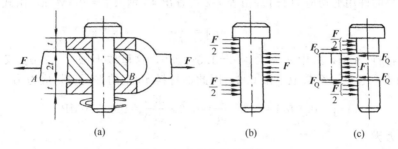

图 7-22 电瓶车的销联接

解 1. 插销剪切强度计算

插销的受力情况如图 7-22 (b) 所示。由图可知，销钉有两个剪切面，运用截面法插销沿剪切面截开如图 7-22 (c) 所示。根据静力平衡条件可求得剪切面上的剪力为

$$F_Q = \frac{F}{2} = \frac{15000}{2} = 7500 \text{ (N)}$$

按剪切强度条件设计插销直径 d

$$\tau = \frac{F_Q}{A} = \frac{F_Q}{\frac{\pi d^2}{4}} \leqslant [\tau]$$

所以

$$d \geqslant \sqrt{\frac{4F_Q}{\pi [\tau]}} = \sqrt{\frac{4 \times 7500}{\pi \times 30}} = 17.84 \text{ (mm)}$$

2. 插销的挤压强度计算

根据挤压时的强度条件

$$\sigma_{jy} = \frac{F_{jy}}{A} = \frac{F_{jy}}{2td} \leqslant [\sigma]_{jy}$$

插销直径 d 为

$$d \geqslant \frac{F_{jy}}{2t [\sigma]_{jy}} = \frac{15000}{2 \times 8 \times 100} = 9.375 \text{ (mm)}$$

因此，该电瓶车插销的直径应选为不小于 18mm。

【例 7-10】 一铸铁制的带轮，通过普通平键与轴联接，如图 7-23 所示。已知带轮传递的力偶矩 $m = 350$ N·m，轴的直径为 $d = 40$mm。根据国家标准 GB/T 1096—2003 选择键的尺寸为 $b = 12$mm，$h = 8$mm，B 型，初步确定键长 $L = 63$mm。若键的材料为 45 钢，铸铁

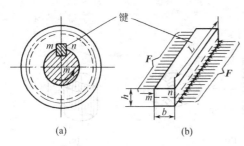

图 7-23 普通平键与轴的联接

材料的许用挤压应力 $[\sigma]_{jy}=75\text{MPa}$。试校核该键联接的强度。

解 由于键的材料都是采用抗拉强度 $\sigma_b \geqslant 600\text{MPa}$ 的钢（一般为 45 钢）制造，设计时按轴的直径从标准中选取剖面尺寸 b 和 h（将在第十九章介绍）。因此一般的键联接都不会发生剪切破坏，而失效的主要形式是工作面的挤压破坏，所以一般只需进行挤压强度计算。这里不妨通过计算，再次证实上述结论的正确性。

1. 校核键联接的剪切强度

先计算材料的许用剪切应力 $[\tau]$。由表 7-2 可查出 45 钢 $R_{eL}=355\text{MPa}$，由式（7-20）得

$$[\sigma]=\frac{\sigma^0}{n}$$

对于塑性材料 45 钢，式中 $\sigma^0=\sigma_s$，$n=1.5\sim 2.0$，这里取上限 $n=2.0$。又 $[\tau]=(0.6\sim 0.8)[\sigma]$，为安全起见，系数取下限 0.6，因此键材料 45 钢的许用剪切应力为

$$[\tau]=0.6[\sigma]=0.6\times\frac{\sigma^0}{n}=0.6\times\frac{355}{2.0}=106.5\text{（MPa）}$$

键所受剪力为

$$F_Q=F_T=\frac{2M}{d}$$

键的剪切面面积（B 型键）为

$$A=bl=bL$$

将剪力 F_Q 及剪切面面积 A 代入式（7-23），则

$$\tau=\frac{F_Q}{A}=\frac{2M}{dbL}=\frac{2\times 350\times 1000}{40\times 12\times 63}=23.2\text{（MPa）}$$

由此可见，$\tau \ll [\tau]$。这说明普通平键联接的剪切强度的确是足够的，一般完全不必校核。

2. 校核键联接的挤压强度

挤压作用发生在键与轴及带轮轮毂的键槽的工作面之间。由于键和轴的强度明显高于铸铁，因此键联接中抗挤压能力最差的就是铸铁制造的带轮，故应校核带轮的挤压强度。

键联接的挤压力 $F_{jy}=F_T=\dfrac{2M}{d}$；而挤压面面积 $A=\dfrac{hL}{2}$。代入式（7-24），则

$$\sigma_{jy}=\frac{F_{jy}}{A}=\frac{2M/d}{hL/2}=\frac{4M}{dhL}=\frac{4\times 350\times 1000}{40\times 8\times 63}=69.5\text{（MPa）}<[\sigma]_{jy}$$

因此，带轮轮毂的挤压强度是足够的。

（三）圆轴扭转时的强度条件

由式（7-9）和式（7-19）得，圆轴扭转时切应力强度条件为

$$\tau_{\max}=\frac{T}{W_n}\leqslant [\tau] \tag{7-25}$$

【例 7-11】 汽车主传动轴由 45 钢管制成，外径 $d=90\text{mm}$，内径 $d_0=85\text{mm}$，许用剪切应力 $[\tau]=60\text{MPa}$，传递的最大力偶矩 $m=1500\text{N·m}$，试校核其强度。

解 显然传动轴 AB 各截面的扭矩均为 $T=m=1500\text{N·m}$，抗扭截面模量为

$$W_n=\frac{\pi d^3}{16}(1-\alpha^4)=\frac{\pi 90^3}{16}\times\left[1-\left(\frac{85}{90}\right)^4\right]=29255\text{（mm}^3)$$

将以上数据代入强度公式

$$\tau_{max} = \frac{T}{W_n} = \frac{1500000}{29255} = 51.3 \text{ (MPa)} < [\tau] = 60 \text{ (MPa)}$$

所以，传动轴强度足够。

【例 7-12】 在例 6-3 中，若已知实心轴材料的许用剪切应力 $[\tau]=40$MPa，试设计该轴的直径。

解 在例 6-3 中，已经计算出轴的扭矩并绘制出扭矩图，由扭矩图可知 BA 段扭矩最大，也最危险，其扭矩为 $T_1=955\text{N}\cdot\text{m}=955000\text{N}\cdot\text{mm}$。

由强度条件

$$\tau_{max} = \frac{T}{W_n} = \frac{T_1}{\pi d^3/16} \leqslant [\tau]$$

得轴直径

$$d \geqslant \sqrt[3]{\frac{16T_1}{[\tau]\pi}} = \sqrt[3]{\frac{16 \times 955000}{40\pi}} = 49.54 \text{ (mm)}$$

圆整后得轴径为 50mm。

为了便于读者对各种变形中的应力及强度条件进行比较，现将相关公式列于表 7-4 中。

表 7-4 杆件各种变形的横截面应力及强度条件

变形形式	应 力 计 算	强 度 条 件
拉伸、压缩	$\sigma = \frac{F_N}{A}$	$\sigma_{max} = \frac{F_{Nmax}}{A} \leqslant [\sigma]$
剪切和挤压	$\tau = \frac{F_Q}{A}, \sigma_{jy} = \frac{F_{jy}}{A}$	$\tau = \frac{F_Q}{A} \leqslant [\tau], \sigma_{jy} = \frac{F_{jy}}{A} \leqslant [\sigma]$
扭转	$\tau_{max} = \frac{TR}{I_p} = \frac{T}{W_n}$	$\tau_{max} = \frac{T}{W_n} \leqslant [\tau]$
纯弯曲	$\sigma = \frac{My}{I_z}$	$\sigma_{max} = \frac{M}{W_z} \leqslant [\sigma]$
拉(压)弯组合变形	$\sigma_{max} = -\frac{F_N}{A} + \frac{M}{W_z}$ 和 $\sigma_{min} = -\frac{F_N}{A} - \frac{M}{W_z}$	$\sigma_{max} = \left\| \pm \frac{F_N}{A} \pm \frac{M}{W_z} \right\| \leqslant [\sigma]$
弯扭组合变形	$\sigma_v = \frac{\sqrt{M^2+T^2}}{W_z}$	$\sigma_v = \frac{\sqrt{M^2+T^2}}{W_z} \leqslant [\sigma]$

*四、构件的复合强度计算

在工程实际中，许多构件往往产生两种或两种以上的基本变形，称为组合变形（build-up deformation）。这里只介绍工程上最常见的构件同时受拉伸（压缩）与弯曲、弯曲和扭转复合变形时的强度计算。

（一）构件同时受拉伸（压缩）与弯曲时的复合强度计算

如图 7-24（a）所示，悬臂梁 AB 受到力 **F** 的作用，**F** 可分解成轴向力 $\boldsymbol{F}_x$ 和径向力 $\boldsymbol{F}_y$，轴向力 $\boldsymbol{F}_x$ 使梁 AB 产生了拉伸变形，径向力 $\boldsymbol{F}_y$ 使梁 AB 产生了弯曲变形，如图 7-24(b)～(d) 所示，其轴力图和弯矩图如图 7-24（e）、(f) 所示。

由轴力图和弯矩图可知，在梁 AB 的任意截面上，由于所产生的正应力在截面上是均匀分布的，如图 7-24（g）所示，$\sigma_1=\frac{F_N}{A}$。梁 A 截面的弯矩最大，在 A 截面上产生的最大弯矩如

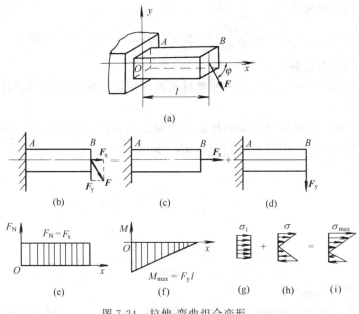

图 7-24 拉伸-弯曲组合变形

图 7-24（h）所示，$\sigma = \dfrac{M}{W_z}$。两个基本变形所引起的应力叠加为组合变形的应力，如图 7-24（i）所示。在上、下边缘处，正应力分别为

$$\sigma_{max} = \frac{F_N}{A} + \frac{M}{W_z}, \quad \sigma_{min} = \frac{F_N}{A} - \frac{M}{W_z}$$

危险截面上边缘各点拉应力最大，是危险点，所以强度条件为

$$\sigma_{max} = \frac{F_N}{A} + \frac{M}{W_z} \leqslant [\sigma] \tag{7-26}$$

若 F_x 为压力，危险截面上、下边缘处的正应力分别为

$$\sigma_{max} = -\frac{F_N}{A} + \frac{M}{W_z}, \quad \sigma_{min} = -\frac{F_N}{A} - \frac{M}{W_z}$$

强度条件为

$$|\sigma_{min}| = \left| -\frac{F_N}{A} - \frac{M}{W_z} \right| \leqslant [\sigma] \tag{7-27}$$

拉伸（压缩）与弯曲的复合强度计算时，要注意两点：

（1）对于拉、压许用应力相同的塑性材料，可只计算构件危险截面上最大拉应力或最大压应力处的强度。

（2）对于拉、压许用应力不同的脆性材料，应分别计算构件危险截面上最大拉应力和最大压应力处的强度。

【例 7-13】 图 7-25（a）所示为一起重支架，已知 $a=3\text{m}$，$b=1\text{m}$，$Q=36\text{kN}$，AB 梁材料的许用应力 $[\sigma]=140\text{MPa}$，试确定 AB 梁槽钢横截面的尺寸。

解 作 AB 梁的受力图，如图 7-25（b）所示。由平衡方程

$$\sum m_A = 0 \qquad R\sin 30° \times a - Q(a+b) = 0$$
$$\sum m_C = 0 \qquad V_A a - Qb = 0$$
$$\sum X = 0 \qquad R\cos 30° - H_A = 0$$

解得

$$R = \frac{2\times(a+b)}{a}Q = \frac{2\times(3+1)}{3}\times 36 = 96 \text{ (kN)}$$

$$V_A = \frac{b}{a}Q = \frac{1}{3}\times 36 = 12 \text{ (kN)}$$

$$H_A = R\cos 30° = 96\cos 30° = 83.1 \text{ (kN)}$$

由受力图可知，梁的 AC 段为弯-拉组合变形，而 BC 段为弯曲变形。作出轴力图，如图 7-25（c）所示，作出弯矩图，如图 7-25（d）所示，故危险截面是截面 C，其上的内力为

$$F_N = H_A = 83.1 \text{kN}$$
$$|M| = Qb = 36\times 1 = 36 \text{ (kN·m)}$$

危险点在该截面的上侧边缘，其强度条件为

$$\sigma = \frac{F_N}{A} + \frac{M}{W} = \frac{83.1\times 10^3}{A} + \frac{36\times 10^6}{W} \leqslant [\sigma] = 140 \text{ (MPa)}$$

因上式中有两个未知量 A 和 W，故需用试凑法求解。计算时可先只考虑弯曲，求得 W 后再按上式进行校核。由

$$\frac{M}{W} = \frac{36\times 10^6}{W} \leqslant [\sigma] = 140 \text{ (MPa)}$$

得

$$W \geqslant \frac{36\times 10^6}{140} = 257\times 10^3 \text{ (mm}^3\text{)} = 257 \text{ (cm}^3\text{)}$$

查型钢表，选两根 18a 槽钢，$W = 141.4\times 2 = 282.8 \text{cm}^3$，其相应的横截面面积 $A = 25.69\times 2 = 51.38 \text{cm}^2$。故求得

$$\sigma_{\max} = \frac{83.1\times 10^3}{51.38\times 10^2} + \frac{36\times 10^6}{282.8\times 10^3} = 143 \text{ (MPa)} > [\sigma] = 140 \text{ (MPa)}$$

最大应力没有超过许用应力的 5%，这在工程上是许可的。若 $\sigma_{\max}$ 与 $[\sigma]$ 相差较大（一般大于 5%）时，则应重新选择型钢，进行强度校核。

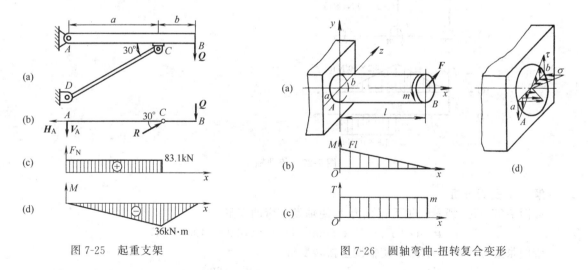

图 7-25 起重支架 　　　　图 7-26 圆轴弯曲-扭转复合变形

（二）构件同时受弯曲和扭转时的复合强度计算

机器中的轴大多都同时受到弯曲和扭转作用产生复合变形，这种轴称为转轴。如图 7-26（a）所示，某一圆轴左端 A 固定，自由端 B 受力 F 和力偶矩 m 的作用，F 与轴线相交，使轴产生弯曲变形，m 使轴产生扭转变形。

在力 F 的作用下，圆轴内力为弯矩 M；在力偶矩 m 的作用下，圆轴内力为扭矩 T。弯矩

M 在截面 A 上最大，扭矩 T 在任一截面上相等。弯矩图和扭矩图如图 7-26 (b)、(c) 所示。A 为危险截面，弯矩和扭矩分别为 $M=Fl$ 和 $T=m$。截面 A 上，同时有弯矩和扭矩作用，相应地有弯曲应力和扭转应力，分布如图 7-26 (d) 所示。该截面上水平直径的两个端点 a、b 为危险点，同时存有最大弯曲应力和最大扭转应力，其值分别为 $\sigma=\dfrac{M}{W_z}$ 和 $\tau=\dfrac{T}{W}$。

按第三强度理论，弯-扭复合的当量应力 σ_v 为

$$\sigma_v = \frac{\sqrt{M^2+T^2}}{W_z}$$

故其弯-扭复合强度条件为

$$\sigma_v = \frac{\sqrt{M^2+T^2}}{W_z} \leqslant [\sigma] \tag{7-28}$$

式 (7-28) 中，M、T、W_z 分别为危险截面的弯矩、扭矩和抗弯截面模量。需要注意的是，式 (7-28) 只适用于塑性材料制成的圆轴的弯曲-扭转复合强度计算。

【例 7-14】 电动机带动一圆轴 AB，中点处装有一个重物 $G=5000\mathrm{N}$，直径为 $D=1.2\mathrm{m}$ 的带轮如图 7-27 (a) 所示，带紧边的拉力 $F_1=6000\mathrm{N}$，松边的拉力 $F_2=3000\mathrm{N}$，如轴材料的许用应力 $[\sigma]=50\mathrm{MPa}$，设计轴的直径 d。

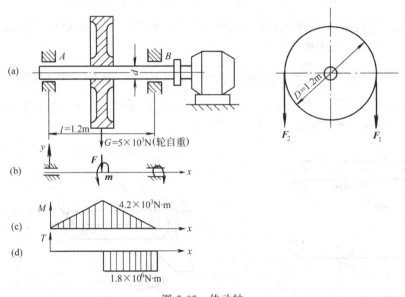

图 7-27 传动轴

解 1. 受力分析
如图 7-27 (b) 所示，轴受铅垂力 F 使轴发生弯曲变形
$$F = G + F_1 + F_2 = 5000 + 6000 + 3000 = 14000 \text{ (N)}$$
带的张紧力产生外力矩 m 使轴发生扭转变形
$$m = F_1\frac{D}{2} - F_2\frac{D}{2} = (F_1 - F_2)\frac{D}{2} = (6000-3000)\times\frac{1200}{2} = 1.8\times 10^6 \text{ (N·mm)}$$

2. 绘制弯矩图和扭矩图
如图 7-27 (c)、(d) 所示，最大弯矩在轴的中点截面处
$$M = \frac{Fl}{4} = \frac{14000\times 1200}{4} = 4.2\times 10^6 \text{ (N·mm)}$$

由平衡方程可知，扭矩等于外力矩，即
$$T = -m = -1.8 \times 10^6 \ (\text{N} \cdot \text{mm})$$

3. 设计轴的直径 d

由强度条件
$$\sigma_v = \frac{\sqrt{M^2 + T^2}}{W_z} \approx \frac{\sqrt{M^2 + T^2}}{0.1 d^3} \leqslant [\sigma]$$

解得
$$d \geqslant \sqrt[3]{\frac{\sqrt{M^2 + T^2}}{0.1 [\sigma]}} = \sqrt[3]{\frac{\sqrt{(4.2 \times 10^6)^2 + (-1.8 \times 10^6)^2}}{0.1 \times 50}} = 97 \ (\text{mm})$$

因此，轴的直径应为 $d = 100$ mm（标准直径）。

本 章 小 结

本章主要介绍了杆件变形时的应力和强度的简化计算，在生产实践中具有非常重要的作用。

（1）杆件内力的密度即单位截面面积上的内力集度称为应力。应力又有正应力（其方向垂直于横截面）和切应力（其方向平行于横截面）之分。

（2）受拉（压）杆件横截面上只有正应力，$\sigma = \frac{F_N}{A}$；而受纯弯曲的杆件横截面上，主要是正应力，其危险截面上最大正应力为 $\sigma_{\max} = \frac{M}{W_z}$，抗弯截面模量 W_z 按表 7-1 的公式计算。

（3）杆件受剪切时横截面上只有切应力，$\tau = \frac{F_Q}{A}$，其方向与截面平行；圆轴受扭转时，根据平面假设，其横截面上无正应力，有切应力，其方向与半径垂直，大小沿半径的方向呈线性变化，圆心处为零，同一圆周上各点的切应力相等，边缘各点的切应力最大，$\tau_{\max} = \frac{T}{W_n}$，实心轴和空心轴的抗扭截面模量 W_n 分别按式（7-14）和式（7-15）计算。

（4）材料卸载后能消失的变形称为弹性变形；（当外载荷超过某极限值时）而卸载后不能消失的变形称为塑性变形。屈服点是塑性材料在屈服阶段的最低应力值，强度极限是材料在强化阶段最高点（被拉断）所对应的应力，当应力达到材料的屈服点时，就已丧失正常的工作能力，屈服点和强度极限分别作为塑性材料和脆性材料的极限应力 σ^0，是材料最重要的两个强度指标。断后伸长率和断面收缩率是表征材料塑性的指标。

（5）强度是指材料抵抗破坏的能力，为了保证构件的安全性，必须使构件内的最大工作应力不超过材料的许用应力，即 $\sigma \leqslant [\sigma]$，$\tau \leqslant [\tau]$，$\sigma_{jy} = \frac{F_{jy}}{A} \leqslant [\sigma]_{jy}$。许用应力 $[\sigma] = \frac{\sigma^0}{n}$，塑性材料 $[\tau] = (0.6 \sim 0.8)[\sigma]$；脆性材料 $[\tau] = (0.8 \sim 1.0)[\sigma]$。强度条件公式是本章最重要的公式，每一公式都有三种应用的形式。

*（6）构件同时受拉伸（或压缩）与弯曲时的复合强度计算时，对于塑性材料，可只计算危险截面上的最大拉（或压）应力处的强度；对于脆性材料，则应分别计算危险截面上的最大拉应力和最大压应力处的强度。构件同时承受弯曲和扭转作用的复合强度计算时，要正确确定危险截面，按照第三强度理论进行弯-扭复合强度计算。但需提醒的是，式（7-28）只适用塑性材料的圆轴。

思 考 题

7-1　什么是应力、正应力、切应力？内力与应力有何关系与区别？

7-2　杆件受拉伸（压缩）和梁平面纯弯曲时横截面上的正应力如何计算？

7-3　圆形截面、圆环形截面和矩形截面的极惯性矩和抗扭截面模量如何计算？

7-4　杆件受纯剪切时、圆轴受扭转时横截面上的切应力如何计算？

7-5　圆轴扭转时的平面假设是什么？扭转时的变形与应力如何分布？如何计算圆轴的抗扭截面模量？空心圆截面轴为什么比实心圆截面轴合理？

7-6　什么是弹性极限、比例极限、屈服点、强度极限？什么是极限应力？

7-7　工程上如何区分塑性材料和脆性材料？

7-8　杆件在拉伸（压缩）、切应力状态下的强度如何计算？许用应力如何确定？

7-9　圆轴扭转和梁纯弯曲时的强度条件是什么？

7-10　什么是挤压？挤压面面积如何计算？挤压时的强度条件是什么？

*7-11　简述拉伸（压缩）与弯曲、弯曲与扭转两种复合强度如何计算。

7-12　如何判断构件的危险截面？其危险点如何确定？

习 题

7-1　起重机滑轮的上端用螺母固定，已知滑轮上端螺栓为 M56（大径 $d=56$ mm，中径 $d_2=52.428$ mm，小径 $d_1=50.046$ mm），若最大起重量 $Q=200$ kN，螺栓材料的许用应力 $[\sigma]=90$ MPa，试校核该滑轮上端联接螺栓的强度。

7-2　如图所示为钢木支架，联接点 B 处受垂直载荷 G 作用，已知杆 AB 是木杆，横截面面积为 $A_1=1000$ mm^2，其许用应力 $[\sigma]_1=7$ MPa；BC 为钢杆，横截面面积为 $A_2=600$ mm^2，其许用应力 $[\sigma]_2=160$ MPa。试计算支架允许的最大载荷 G。

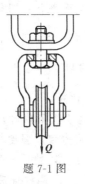

题 7-1 图

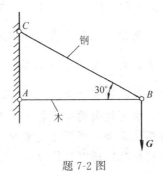

题 7-2 图

7-3　如图所示，某精密机械的轴上装有销定式安全联轴器，当达到一定载荷时，安全销被剪断。已知轴的直径 $D=20$ mm，销的直径 $d=5$ mm，材料的极限剪切应力 $\tau_b=360$ MPa。试求此联轴器所能承受的最大力偶矩。

7-4　两块钢板厚均为 6mm，用 3 个铆钉联接，如图所示。已知 $F=50$ kN，铆钉的许用剪切应力 $[\tau]=100$ MPa，钢板的许用挤压应力 $[\sigma]_{jy}=200$ MPa。试求铆钉的直径 d。若现用直径 $d=12$ mm 的铆钉，则其数目 n 应该是多少个？

7-5　手柄与轴用普通平键联接，已知键为 A 型，键的长度 $l=36$ mm，$b=6$ mm，$h=6$ mm，轴直径 $d=20$ mm。材料的许用剪切应力 $[\tau]=100$ MPa，许用挤压应力 $[\sigma]_{jy}=220$ MPa。试求手柄上端距离轴心 600mm 处的力 F 的最大值可为多少？

7-6　在如图所示的圆轴中，已知力偶矩 $m=300$ N·m，尺寸如图所示。若圆轴材料为 45 钢，$[\tau]=60$ MPa，试校核该轴的扭转强度。

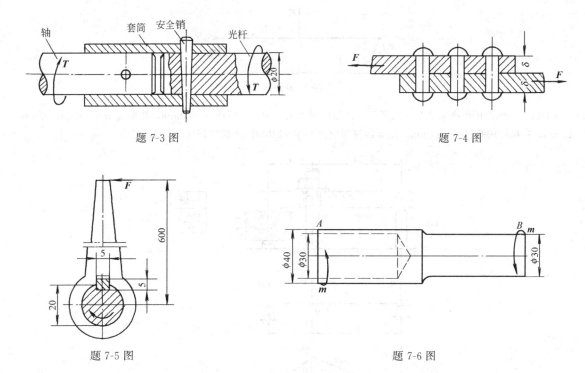

题 7-3 图　　　　　　　　　题 7-4 图

题 7-5 图　　　　　　　　　题 7-6 图

7-7　转轴的功率由带轮 B 输入，带轮 A、C 输出。已知 $P_A=60\text{kW}$，$P_C=20\text{kW}$，轴的许用剪切应力 $[\tau]=37\text{MPa}$，转速 $n=630\text{r/min}$。试设计转轴的直径 d。

7-8　圆轴材料的许用应力 $[\sigma]=120\text{MPa}$，承载情况如图，试校核其强度。

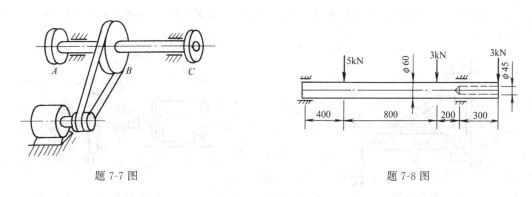

题 7-7 图　　　　　　　　　题 7-8 图

7-9　简支梁受均布载荷作用，其许用应力 $[\sigma]=120\text{MPa}$。若采用截面面积相等（或近似相等）的圆形、环形和矩形等不同截面，试求其能承受的均布载荷集度 q，并加以比较。

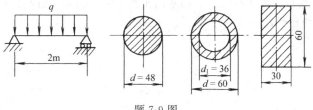

题 7-9 图

7-10　水平简支梁 $l=1200\text{mm}$，矩形截面的尺寸 $b\times h=50\text{mm}\times150\text{mm}$，力 $F=16\text{kN}$ 作用在梁的中点。若截面呈立状使用，试求梁的最大正应力。若将梁的截面转 90°，则最大正应力是原来最大正应力的几倍？

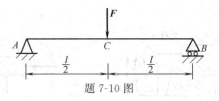

题 7-10 图

*7-11 一螺旋压板夹紧装置如图所示,已知压紧力 $Q=3\text{kN}$,距离 $a=50\text{mm}$,压板宽 $b=30\text{mm}$,厚 $h=20\text{mm}$,穿螺栓的孔径 $d=14\text{mm}$,压板的许用应力 $[\sigma]=140\text{MPa}$。试校核压板的强度。

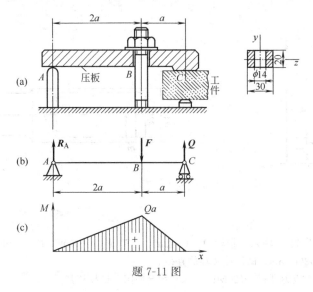

题 7-11 图

*7-12 如图所示,悬臂吊车的最大吊重 $Q=10\text{kN}$,横梁 AB 为工字钢,许用应力 $[\sigma]=140\text{MPa}$。试选定工字钢的型号。

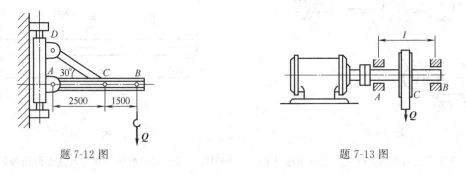

题 7-12 图　　　　　　　　　题 7-13 图

*7-13 转轴 AB 由电动机带动,如图所示,在轴的中点 C 处装一带轮。已知带轮计算直径 $d_d=400\text{mm}$,带紧边拉力 $F_1=6\text{kN}$,松边拉力 $F_2=3\text{kN}$,轴承间距离 $l=200\text{mm}$,轴的材料为钢,许用应力 $[\sigma]=120\text{MPa}$。试确定轴 AB 的直径 d。

第八章 构件的变形和刚度

在实际工作中,构件不仅要满足强度条件,还要满足刚度条件,否则,也将导致其不能正常工作。例如,机床主轴 AB,如图 8-1(a)所示,若变形过大,如图 8-1(b)所示,则破坏了齿轮的啮合,引起机器的振动,使得轴承不均匀磨损,造成机器不能正常工作,从而影响机器的加工精度,同时,还将影响机床的使用寿命。因此,对于这类构件,除了保证其强度条件外,还必须解决其刚度问题,即如何使其具有足够的刚度,以保证其在工作载荷作用下,变形量不超过正常工作所允许的限度。

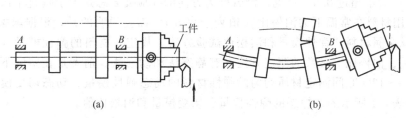

图 8-1 机床主轴的刚度

第一节 杆件拉伸与压缩时的轴向变形

杆件受拉伸或压缩载荷作用时,杆件的轴向尺寸和横向尺寸都将发生变化,轴向尺寸伸长时横向尺寸缩小,轴向尺寸缩短时横向尺寸增大,这就是说,杆件的轴向和横向都发生了变形,如图 8-2 所示。本节主要研究杆件受拉伸或压缩时的轴向变形。

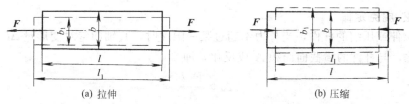

(a) 拉伸　　　　　　　　(b) 压缩

图 8-2 受轴向拉伸和压缩杆件的变形

一、杆件拉伸与压缩时的变形和应变

如图 8-2 所示,设杆件原长为 l,横向尺寸为 b。受拉伸(或压缩)作用后的长度为 l_1,则杆件的轴向绝对变形(伸长或缩短)量 Δl 和横向绝对变形(缩短或伸长)量 Δb 分别为

$$\Delta l = l_1 - l$$
$$\Delta b = b_1 - b$$

拉伸时 $\Delta l > 0$,$\Delta b < 0$,表明杆件被拉长变细;压缩时 $\Delta l < 0$,$\Delta b > 0$,表明杆件缩短变粗。杆件的变形程度不仅与绝对变形量有关,还与杆件的原长有关。原长不等的杆件,其变形量 Δl 或 Δb 相等时,变形程度并不相同。为此,用单位长度的变形量来表示,即

$$\varepsilon = \frac{\Delta l}{l} = \frac{l_1 - l}{l} \tag{8-1}$$

$$\varepsilon' = \frac{\Delta b}{b} = \frac{b_1 - b}{b} \tag{8-2}$$

上述两式中 ε 称为轴向相对变形或轴向线应变（strain）；ε' 称为横向线应变。应变是单位长度的变形量，所以是无量纲的物理量，拉伸时 $\varepsilon > 0$，$\varepsilon' < 0$；压缩时则相反，$\varepsilon < 0$，$\varepsilon' > 0$。

二、泊松比

试验指出，在弹性范围内，横向应变 ε' 与轴向应变 ε 的比值 μ 为常数，称为泊松比或泊松系数，也称横向变形系数。显然，横向应变 ε' 与轴向应变 ε 的符号相反。因此 ε 和 ε' 的关系可以写成

$$\varepsilon' = -\mu \varepsilon \tag{8-3}$$

式（8-3）中的负号，表示 ε 和 ε' 的符号总是相反。泊松比 μ 是无因次量，它是表示材料力学性能的一个弹性常数，由试验确定。一般钢材的 μ 值在 0.25~0.33 之间，其他常用材料的 μ 值最大不超过 0.5。可见，沿着外力方向的线应变 ε 总是大于垂直于该外力方向的线应变 ε'。常用材料在常温下的泊松比 μ 值列于表 8-1。需要说明的是，根据国家标准 GB/T 22315—2008《金属材料 弹性模量和泊松比试验方法》规定，材料的弹性模量（也称杨氏模量）、切变模量、泊松比等参数的测定方法，有静态法和动态法。前者是在室温下测定，而后者适用于 $-196 \sim 1200$℃间测定材质均匀的弹性材料的动态弹性模量、动态切变模量和动态泊松比。显然，表 8-1 所示的是静态的弹性模量、切变模量和泊松比值。

表 8-1 常用材料在常温下的 E 值、G 值和 μ 值

材料名称	弹性模量 E /10^3 MPa	切变模量 G /10^3 MPa	泊松比 μ	材料名称	弹性模量 E /10^3 MPa	切变模量 G /10^3 MPa	泊松比 μ
合金钢	206	79.38	0.25~0.30	硬铝合金	70	26	0.33
非合金钢	196~206	79	0.24~0.28	轧制铝	68	25~26	0.32~0.36
铸钢	172~202		0.3	轧制磷青铜	113	41	0.32~0.35
球墨铸铁	140~154	73~76	0.25~0.29	轧制锰青铜	108	39	0.35
灰铸铁	113~157	44	0.23~0.27	冷拔黄铜	89~97	34~36	0.32~0.34
尼龙	28.3	10.1	0.4	轧制纯铜	108	39	0.31~0.34

三、郑玄-虎克定律

受轴向拉伸或压缩的杆件，当外力不超过某一限度时，其轴向绝对变形量 Δl 与轴力 F_N 及杆长 l 成正比，与杆件的横截面面积 A 成反比，即

$$\Delta l \propto \frac{F_N l}{A}$$

若引进比例常数 E，则可得

$$\Delta l = \frac{F_N l}{EA} \tag{8-4}$$

式（8-4）所表达的关系就是弹性定律（springy law）。弹性定律最早是由我国东汉时期经济学家郑玄（公元 127~200 年）发现[❶]的。英国人虎克（R·Hooke，公元 1635~1703 年）于 1678 年通过对弹簧、金属丝的研究才得出这个结论。因此，弹性定律又称为郑玄-虎克定律。

[❶] 郑玄在为《考工记·弓人》一文中"量其力，有三钧"一句作的注解中写到"假令弓力胜三石，引之中三尺，驰其弦，以绳缓擿之，每加物一石，则张一尺"。这就正确地揭示了弹性定律中"力与变形成正比的线性关系"。这是国防科技大学副教授老亮的研究成果，引起了国内外关注，已被载入中国大百科全书出版社出版的《力学词典》，并被一些专家学者在学术专著中引用。中国科学院院士钱临照、钱令希、王仁、胡海昌等认为这一成果极具价值，应写入现行课本有关虎克定律的介绍，王仁院士等认为，可将虎克定律称为郑玄-虎克定律。编者认为将弹性定律称为郑玄-虎克定律是科学的，也是公正的，故本书采用。

将式 (8-4) 两边同除以 l，并将式 (6-1) 代入并经整理可得

$$\sigma = \varepsilon E \tag{8-5}$$

式 (8-5) 是郑玄-虎克定律的另一种表达形式。郑玄-虎克定律也可叙述为：在弹性范围内，杆件的轴向应变与应力成正比。弹性定律只适用于应力不超过比例极限 σ_p 的范围。

式 (8-4) 和式 (8-5) 中的比例常数 E 称为拉伸（或压缩）时材料的弹性模量（modulus of elasticity），表明在拉伸（或压缩）时材料抵抗弹性变形的能力，若其他条件相同，E 值越大，则杆件的轴向变形量 Δl 就越小，所以 EA 称为杆件的截面抗拉（或压）刚度。拉伸（或压缩）弹性模量 E 随材料而不同，对于某种材料，在一定的温度下，E 为一确定的值。常用材料在常温下的弹性模量 E 值列于表 8-1。

【例 8-1】 非合金钢制螺栓长 $l = 75\text{mm}$，拧紧时伸长量为 $\Delta l = 0.03\text{mm}$。若应力未超过材料的比例极限，试求螺栓的应变与应力。

解 螺栓的应变为

$$\varepsilon = \frac{\Delta l}{l} = \frac{0.03}{75} = 0.0004$$

由表 8-1 查得非合金钢的弹性模量 $E = (1.96 \sim 2.06) \times 10^5 \text{MPa}$，取 $E = 2 \times 10^5 \text{MPa}$ 计算，由式 (8-5) 可求得应力为

$$\sigma = \varepsilon E = 0.0004 \times 2 \times 10^5 = 80 \text{ (MPa)}$$

【例 8-2】 图 8-3 (a) 所示为一钢制阶梯形杆件，杆件受力情况和尺寸如图所示。已知 $F_1 = 30\text{kN}$，$F_2 = 10\text{kN}$。杆件横截面面积：AB 段和 BC 段的横截面面积均为 $A_1 = 400\text{mm}^2$，CD 段的横截面面积为 $A_2 = 200\text{mm}^2$。弹性模量 $E = 2 \times 10^5 \text{MPa}$，试计算杆件的总变形量。

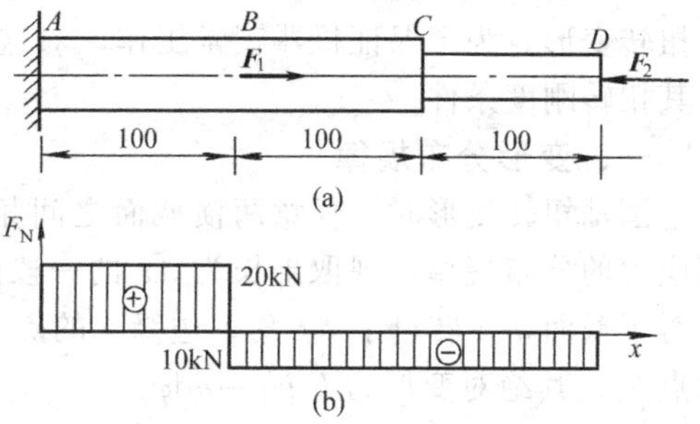

解 1. 首先求出各段的内力，并画轴力图

画出杆件的受力图（本题未画出），根据整个杆件的平衡条件列平衡方程

$$\sum X = 0 \quad F_1 - F_2 - R_A = 0$$

解得 A 端的支座反力

图 8-3 阶梯杆件的轴向受力

$$R_A = F_1 - F_2 = 30 - 10 = 20 \text{ (kN)}$$

所以，AB 段的轴力 $F_{N1} = R_A = 20\text{kN}$；$BC$ 段和 CD 段的轴力 $F_{N2} = F_{N3} = -F_2 = -10\text{kN}$。绘杆件的轴力图，如图 8-3 (b) 所示。

2. 计算杆件的总变形

应用郑玄-虎克定律式分别求出各段的变形

$$\Delta l_1 = \frac{F_{N1} l_1}{E A_1} = \frac{20 \times 1000 \times 100}{2 \times 10^5 \times 400} = 0.025 \text{ (mm)}$$

$$\Delta l_2 = \frac{F_{N2} l_2}{E A_2} = \frac{-10 \times 1000 \times 100}{2 \times 10^5 \times 400} = -0.0125 \text{ (mm)}$$

$$\Delta l_3 = \frac{F_{N3} l_3}{E A_3} = \frac{-10 \times 1000 \times 100}{2 \times 10^5 \times 200} = -0.025 \text{ (mm)}$$

杆件总的变形量等于各段变形量的代数和，因此

$$\Delta l = \Delta l_1 + \Delta l_2 + \Delta l_3 = 0.025 - 0.0125 - 0.025 = -0.0125 \text{ (mm)}$$

计算结果为负值，说明整个杆件的总变形是缩短了。

第二节 杆件剪切时的变形

构件承受剪切作用时，受剪部分的相邻截面相互滑移、错动，倾斜的角度 γ 即为剪应变，如图 8-4 所示。试验表明，弹性定律也同样适用于剪切变形的情况。当切应力 τ 不超过材料的剪切比例极限 τ_p 时，切应力 τ 与剪应变 γ 成正比，即

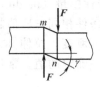

图 8-4 构件剪切时的变形

$$\tau = G\gamma \tag{8-6}$$

式 (8-6) 称为剪切时的郑玄-虎克定律，式中的比例常数 G 称为材料的切变模量（又叫剪切弹性模量），是表示材料抵抗剪切变形内力的物理量。同一材料的 E、G 与 μ 之间的关系为

$$G = \frac{E}{2(1+\mu)} \tag{8-7}$$

由式 (8-7) 可以看出，E、G 和 μ 是三个相互联系的弹性常数，若已知其中的任意两个，则可由上式求出第三个。常用材料的 G 值列于表 8-1。

*第三节 圆轴扭转时的变形和刚度条件

在等直圆轴（或轴类零件）的扭转问题中，除了研究圆轴的切应力之外，还要进一步研究其扭转变形。为了保证机器正常工作，对这类重要的轴，不仅需要满足强度条件，而且还要满足其扭转刚度条件。

一、变形分布规律

圆轴扭转变形时，任意两横截面之间相对转过的角度称为扭转角，用 φ 表示。为了研究切应力的分布规律，现取出长为 dx 的一段圆轴，如图 8-5 所示。在力偶的作用下，截面 m-m 相对于截面 n-n 转过了 $d\varphi$ 角，边缘上的点 a 的绝对变形为 $a_1 a_1' = R d\varphi$；离圆心距离为 ρ 的任意点 b_1，其绝对变形为 $b_1 b_1' = \rho d\varphi$。

由此可见，横截面上各点的绝对剪切变形与各点到圆心的距离成正比，也就是沿半径方向呈线性变化，圆心处为零，边缘处各点的变形最大，到圆心距离相同的各点其变形相等。由于剪应变 γ 等于绝对剪切变形与截面间距 dx 的比值，而 dx 为常量，所以横截面上的剪应变的变化规律与绝对剪切变形一样，也是沿半径方向呈线性变化的。

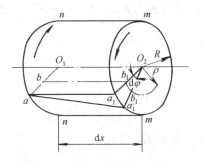

图 8-5 圆轴扭转时的变形

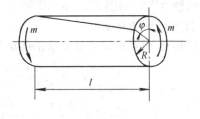

图 8-6 圆轴扭转角的计算

二、圆轴扭转时的变形计算

前已述及，圆轴扭转时的变形，用轴上两截面间的相对转角 φ（即扭转角）来描述，如图 8-6 所示。对于同一材料等截面圆轴，在相距 l 的两截面间的相对扭转角计算公式为

$$\varphi = \frac{Tl}{GI_p} \text{ (rad)} \tag{8-8}$$

式中 T——圆轴受到的扭矩，N·mm；

l——圆轴受到扭转作用的两截面之间的距离，mm；

G——圆轴材料的切变模量，MPa；

I_p——圆轴的极惯性矩，mm^4。

由式（8-8）可以看出，在扭矩一定的情况下，GI_p 越大，扭转角越小。GI_p 反映了圆轴抵抗扭转变形的能力，称为抗扭刚度（torsional stiffness）。工程上，圆轴扭转时的变形常用圆轴单位长度扭转角 θ 来度量，并以（°）/m 为单位，故

$$\theta = \frac{1000T}{GI_p} \times \frac{180}{\pi}$$

三、圆轴扭转时的刚度条件

圆轴扭转时，不仅要满足强度条件，而且还要满足刚度条件，否则，就会影响机械和仪器工作的精度。圆轴扭转时的刚度条件为：圆轴的最大单位长度扭转角 θ_{max} 不超过许用单位长度扭转角 $[\theta]$，即

$$\theta_{max} = \frac{T}{GI_p} \leqslant [\theta] \text{ (rad)} \quad 或 \quad \theta_{max} = \frac{1000T}{GI_p} \times \frac{180}{\pi} \leqslant [\theta] \text{ [(°)/m]} \tag{8-9}$$

式（8-9）有三种用途：校核圆轴的刚度，从刚度的角度确定圆轴危险截面的尺寸，计算圆轴的最大载荷。

【例 8-3】 已知例 7-11 中汽车主传动轴 AB 的许用单位长度扭转角 $[\theta] = 1°/m$，剪切弹性模量 $G = 8 \times 10^4$ MPa，试校核汽车主传动轴 AB 的刚度。

解 按式（8-9）对轴 AB 进行刚度校核。

$$\theta_{max} = \frac{1000T}{GI_p} \times \frac{180}{\pi} = \frac{1000 \times 1.5 \times 10^6}{8 \times 10^4 \times \frac{\pi}{32} \times 90^4 \times \left[1 - \left(\frac{85}{90}\right)^4\right]} \times \frac{180}{\pi} = 0.82°/m < [\theta] = 1°/m$$

所以，该轴刚度足够。

【例 8-4】 空心传动轴的外径 $d = 90$ mm，壁厚 $\delta = 5$ mm，轴的材料 45 钢，许用剪切应力 $[\tau] = 60$ MPa，许用单位扭转角 $[\theta] = 1°/m$，传递的最大力偶矩 $m = 1700$ N·m，材料的剪切弹性模量 $G = 8 \times 10^4$ MPa，试校核该轴的强度及刚度。若将空心轴变成实心轴，试按强度设计轴的直径并比较材料的消耗。

解 1. 校核该空心轴的强度

因该轴所受的外力偶矩 $m = 1700$ N·m $= 1.7 \times 10^6$ N·mm，所以各截面上的扭矩为 $T = 1.7 \times 10^6$ N·mm，最大的切应力为

$$\tau_{max} = \frac{T}{W_n} = \frac{T}{\frac{\pi d^3}{16}(1-\alpha^4)} = \frac{1.7 \times 10^6}{\frac{\pi}{16} \times 90^3 \times \left[1 - \left(\frac{90-2\times 5}{90}\right)^4\right]} = 31.6 \text{ (MPa)} < [\tau] = 60 \text{ (MPa)}$$

所以轴满足强度要求。

2. 校核该空心轴的刚度

$$\theta_{max} = \frac{1000T}{GI_p} \times \frac{180}{\pi} = \frac{1000T}{G \times \frac{\pi d^4}{32}(1-\alpha^4)} \times \frac{180}{\pi} = \frac{1000 \times 1.7 \times 10^6}{8 \times 10^4 \times \frac{\pi}{32} \times 90^4 \times \left[1 - \left(\frac{90-2\times 5}{90}\right)^4\right]} \times \frac{180}{\pi}$$

$$= 0.5°/m < [\theta] = 1°/m$$

所以，该空心轴满足刚度条件。

3. 若将该轴改为实心轴，按强度条件设计轴的直径 $d_{实}$

$$\tau_{max} = \frac{T}{W_n} = \frac{T}{\pi d_{实}^3/16} \leqslant [\tau]$$

则

$$d_{实} \geqslant \sqrt[3]{\frac{16T}{\pi[\tau]}} = \sqrt[3]{\frac{16 \times 1.7 \times 10^6}{\pi \times 60}} = 52.5 \text{ (mm)}$$

4. 空心轴与实心轴耗材比较

空心轴与实心轴材料消耗之比等于它们的横截面面积之比，即

$$\frac{A_{空}}{A_{实}} = \frac{\pi(d^2-d_0^2)/4}{\pi d_{实}^{'2}/4} = \frac{d^2-d_0^2}{d_{实}^{'2}} = \frac{90^2-(90-2\times5)^2}{52.5^2} \approx 0.62$$

由此可见，在相同材料（抗扭能力相同）的情况下，空心轴节约材料；或者说，相同材料的空心轴具有较大的抗扭能力。

*第四节　梁弯曲时的变形和刚度条件

梁受载后的弯曲变形不能过大，否则构件不能正常工作。如车床的主轴，如果变形过大，在加工工件的过程中，也会出现因其变形过大，引起工件制造误差过大而报废。再如图 6-9 所示的行车大梁，过大的变形产生爬坡现象，引起振动，不能平稳地起吊重物。因此，在梁的设计时，不仅要保证其强度足够，而且还必须满足其刚度条件。

一、梁弯曲时的变形

梁受载荷后，如果弯曲变形过大，将影响构件的正常工作。所以，梁弯曲时不仅要满足强度条件，还要将其变形控制在一定限度之内，即满足刚度条件。梁受到外力作用后，其轴线由原来的直线变成了一条连续而光滑的曲线，如图 8-7 所示，这条曲线称挠曲线。显然，挠曲线是 x 的函数，$y=f(x)$ 称为挠曲线的方程。梁的变形用挠度和转角来表示。

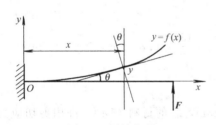

图 8-7　梁的变形

（一）挠度

梁弯曲时，轴线上的任一点在垂直于轴线方向的位移，称为该点的挠度（deflection）。如图 8-7 所示，到固定端的距离为 x 的点，其挠度为 y。一般规定向上的挠度为正，向下的挠度为负，挠度单位为 mm。

（二）转角

在弯曲变形中，梁的某一横截面相对原来的位置转过的角度称为该截面的转角（corner angular）。如图 8-7 所示，到固定端距离为 x 的截面，其转角为 θ，单位是弧度（rad）。一般规定，逆时针转动的转角为正，顺时针转动的转角为负。由图 8-7 可知，转角也等于挠曲线上该截面上的点的切线与梁的轴线之间的夹角。

求弯曲变形的基本方法是积分法，这里不介绍。工程上，各种类型的梁受不同载荷作用时的变形计算公式可从设计手册查出直接套用。对于同时受几种载荷作用的梁，其变形采用叠加法，即先算出载荷单独作用的变形，后取代数和。需要强调的是，梁的变形计算是在服从弹性定律的前提下才有意义的，工程上所允许的变形一般都较小。

二、梁弯曲时的刚度条件

梁弯曲时的刚度条件就是弯曲变形时，某指定截面的挠度和转角不允许超过许用值，即

$$y_{max} \leqslant [y] \tag{8-10}$$

$$\theta_{\max} \leqslant [\theta] \tag{8-11}$$

两式中，$[y]$、$[\theta]$ 分别为许用挠度和许用转角，两者都可在有关设计手册中查到。设计构件时，既要保证其强度，又要保证其刚度。一般情况，根据强度条件、结构要求，确定梁的截面尺寸，然后根据刚度条件进行校核。但对于刚度要求高的梁，就要按刚度条件设计，以强度条件校核。下面通过例题来说明弯曲梁的设计过程。

【例 8-5】 车削一工件，采取仅用三爪卡盘装夹和两端用顶尖装夹的方法，如图 8-8（a）、(b) 所示。设工件长 $l=100$mm，直径 $d=15$mm，材料为钢，弹性模量 $E=2.1\times10^5$MPa，切削力 $F=2$kN。试按两种方法求工件弯曲变形产生的误差。

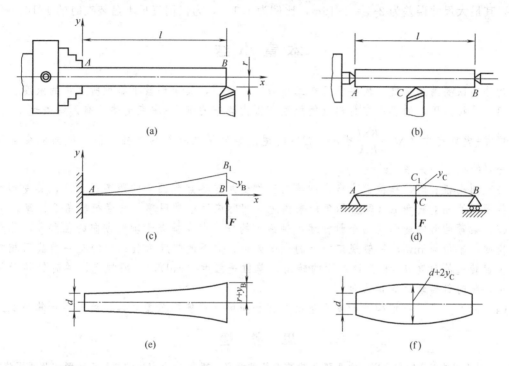

图 8-8 切削工件的变形

解 1. 绘出工件的受力图

工件的受力图如图 8-8（c）、(d) 所示。

2. 分别求出两种方法安装时工件的挠度

当工件仅用三爪卡盘装夹 [见图 8-8（a）] 时，工件简化为悬臂梁，如图 8-8（c）所示，车刀在工件 B 端切削时其变形最大，其最大挠度发生在 B 端。最大挠度为

$$y_{\max}=y_B=\frac{Fl^3}{3EI}=\frac{2\times10^3\times100^3}{3\times2.1\times10^5\times\frac{\pi\times15^4}{64}}=1.28 \text{（mm）}$$

当工件两端用顶尖装夹 [见图 8-8（b）] 时，工件简化为简支梁，如图 8-8（d）所示，车刀在工件中点 C 切削时其变形最大，其最大挠度发生在中点 C。最大挠度为

$$y_{\max}=y_C=\frac{Fl^3}{48EI}=\frac{2\times10^3\times100^3}{48\times2.1\times10^5\times\frac{\pi\times15^4}{64}}=0.08 \text{（mm）}$$

3. 弯曲变形产生的误差

由图 8-8 (a) 和 (b) 可见，若工件不变形，则刀刃离其轴线的距离始终为 $r=\dfrac{d}{2}$，工件加工成直径为 d 的圆柱体，无加工误差。实际上，工件在切削力的作用下必然发生弯曲变形，如图 8-8 (c)、(d) 所示，刀刃离其轴线的距离为 $r+y$，工件直径最大 $2y$。对于仅用三爪卡盘装夹 [见图 8-8 (a)] 的方法，随着车刀从 B 端向 A 端移动，切削力 F 至 A 端距离 l 减小，挠度 y 随之变小，刀刃位于 A 端时，$y=0$。所以，加工后的工件形状如图 8-8 (c) 所示，B 端产生的尺寸误差最大，为 $2y_B=2.56\text{mm}$（$2y_B/d=2.56/15=17\%$，误差太大）。

对于工件两端都采用顶尖装夹 [见图 8-8 (b)] 的方法，工件加工成鼓形，如图 8-8 (d) 所示，其最大尺寸误差为 $2y_C=0.16\text{m}$，比例为 1.1%，为仅用三爪卡盘装夹时的 $1/16$。

本 章 小 结

构件不仅要满足强度，还要保证在工作载荷作用下，其变形量不超过所允许的限度。

（1）受拉（压）的杆件在材料比例极限范围内遵守的郑玄-虎克定律，有两种表述形式。

郑玄-虎克定律（$\Delta l=\dfrac{F_N l}{EA}$ 或 $\sigma=\varepsilon E$）的适用条件是在材料的弹性阶段。纵向应变 ε 和横向应变 ε' 的概念和关系（$\varepsilon'=-\mu\varepsilon$）。

（2）圆周扭转时，横截面上各点的绝对剪切变形与各点到圆心的距离成正比，其变形用轴上两截面间的相对转角 φ（即扭转角）来描述，实际应用中常用单位长度扭转角 θ 计算。

*（3）梁弯曲时的变形用两个量描述：轴线上的任一点在垂直于轴线方向的位移 y，称为该点的挠度，单位为 mm，一般规定向上的挠度为正，向下的挠度为负；梁的某一横截面相对原来的位置转过的角度 θ，称为该截面的转角，单位是弧度（rad），一般规定，逆时针转动的转角为正，顺时针转动的转角为负。

*（4）刚度条件就是把构件的变形量限制在相应的许用值的范围之内，故可得计算公式。

思 考 题

8-1 什么是绝对变形和应变？说明郑玄-虎克定律的意义。郑玄-虎克定律的两种表述形式及适用范围是什么？

8-2 试说明式 (8-7) 中各个弹性常数的意义和单位。

8-3 圆轴扭转时的变形分布规律如何？其刚度条件是什么？它有哪些用途？

8-4 更换优质钢材是否是提高构件刚度的有效途径？

习 题

8-1 边长为 20mm 的正方形黄铜棒，长为 500mm，承受的拉力 $F=20\text{kN}$，已知黄铜的弹性模量 $E=1\times 10^5\text{MPa}$，试求该黄铜棒的绝对伸长。

8-2 如图所示钢质杆件的 AB 段直径 $d_1=40\text{mm}$，BC 段的直径 $d_2=20\text{mm}$；载荷 $F=30\text{kN}$；钢的弹性模量 $E=2\times 10^5\text{MPa}$。求截面 1-1 和 2-2 上的应力和杆的总伸长。

8-3 有一闸门启闭机的传动轴。已知材料为 45 钢，剪切弹性模量 $G=79\text{GPa}$，许用剪切应力 $[\tau]=88.2\text{MPa}$，许用单位扭转角 $[\theta]=0.5°/\text{m}$，使原轴转动的电动机功率为 16kW，转速为 3.86r/min，试根据强度条件和刚度条件选择圆轴的直径。

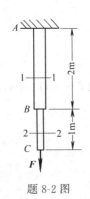

题 8-2 图

第三篇 工 程 材 料

工程材料是工程上使用的材料，它是人类生存和发展所必须的物质基础，标志着人类文明的进步和发展水平。历史学家把人类的古代历史，按所使用的材料划分为石器时代、青铜器时代、铁器时代等，材料的使用和发展，构筑成了人类文明史的里程碑。材料的发展从低级到高级，从简单到复杂，从天然到合成。材料与能源、信息技术并列为现代科学技术的三大支柱。20世纪中期是金属的黄金时代，21世纪将成为金属材料、高分子材料、陶瓷材料、复合材料及纳米材料共存的时代。本篇主要介绍常用的工程材料的主要性能。

第九章 钢 和 铸 铁

金属材料的使用同人类文明紧密联系在一起，金属工具的制造、使用和金属的冶炼，是人类从蒙昧到文明的转折点的重要标志。我国早在3000年前就开始使用铁器，春秋（公元前770～前476年）末叶，就已经开始广泛使用生铁。我国铁器时代就是从铸铁开始的，战国（前475～前221年）初期发明的铸铁柔化技术，使铸铁更加适合于制造工具和农具，对战国和秦汉的农业、水利、经济和军事的发展起了重要作用，成为中华民族统一和发展的重要因素之一。我国在西汉中期就出现了性能较好的灰口铸铁，汉代的炼铁高炉容积已达 $50m^3$，积铁块重在20吨以上。两汉时期还出现了铸铁脱碳钢、炒钢和百炼钢，南北朝又有了灌钢，这些标志着我国炼钢技术史上的一个繁荣时期。明代宋应星的《天工开物》记载了我国古代冶金技术的许多成就。我国用球墨铸铁制造工具也有悠久的历史，在河南巩县铁生沟西汉（公元前206～公元23年）中、晚期的冶铁遗址中出土的铁（jué，工具），经过金相检验，具有放射状的球状石墨，球化率相当于现代标准一级水平。1981年，我国球铁专家采用现代科学手段，对出土的513件汉（东汉25～220年）魏（220～265年）铁器进行研究，通过大量的数据断定，在汉代中国就出现了球状石墨铸铁，有关论文在第18届世界科技史大会上宣读，轰动了国际铸造界和科技史界。我国古代的铸铁，在一个相当长的时期里含硅量都偏低，也就是说，2000年前我国就已由低硅的生铁铸件经柔化退火的方法得到球状石墨铸铁，而现代的球墨铸铁则是迟至1947年才在国外研制成功的。这是我国古代铸铁技术的重大成就，也是世界冶金史上的奇迹。国际冶金史专家于1987年对此进行验证后认为：古代中国已经摸索到了用铸铁柔化技术制造球墨铸铁的规律，这对世界冶金史作重新分期划代具有重要意义。

习惯上，金属材料从大的方面可分为两大类：把钢（steel）和铸铁（cast iron）材料，即指所有的铁-碳合金，总称为钢铁材料，钢和铸铁是工程上最常用的金属材料；而把除钢和铸铁以外的其它金属材料，统称为非铁金属材料。本章主要介绍钢铁材料。

第一节 金属材料的工程性能

金属材料的工程性能包括使用性能和加工工艺性能，而使用性能又包括力学性能、物理性能、化学性能等。不论是在一般机器、装置、电气设备中，还是在精密机械及仪器中，选择材料都是以其性能为依据的。

一、金属材料的力学性能

金属材料在外力作用下的变形与所受外力之间的关系，即是此时材料所表现出来的力学性能，除第六章已经讲到的弹性、塑性、强度、刚度之外，还有硬度和冲击韧性。

（一）硬度

金属材料表面局部区域内抵抗弹性变形、塑性变形或破裂的能力，称为硬度（hardness）。硬度是表征金属材料性能的一个综合物理量，是反映金属材料软硬程度的性能指标。

金属材料常用的硬度有布氏硬度（Brinell hardness）和洛氏硬度（Rockwell hardness）。按照 GB/T 231.1—2009（《金属材料 布氏硬度试验 第1部分：试验方法》）规定，硬度计的压头为"对一定直径的硬质合金球施加试验力压入试样表面，经规定保持时间后，卸除试验力，测量试样表面压痕。"再对照 GB/T 231.4—2009（《金属材料 布氏硬度试验 第4部分：硬度值表》）查得试样的布氏硬度值。按照 GB 231.2—2002（《金属材料 布氏硬度试验 第2部分：硬度计的检验与校准》）规定，硬质合金球的"维氏硬度不应低于1500HV10""密度$(14.8\pm0.2)g/cm^3$"，所测得的硬度值以 HBW 表示，前面的数值代表硬度值。GB/T 230.1—2009（《金属材料 洛氏硬度试验 第1部分：试验方法》）规定，洛氏硬度可分为 A、B、C、D、E、F、G、H、K、N、K、15N、30N、45N、15T、30T、45T 等。按照 GB/T 230.2—2002（《金属材料 洛氏硬度试验 硬度计的检验与校准》）规定，压头有$(120\pm0.3)°$金刚石圆锥体压头（A、C、D、N 标尺）、钢球和硬质合金球（B、E、F、G、H、K、T 标尺），其"维氏硬度不应低于1500HV10""密度$(14.8\pm0.2)g/cm^3$"。如果洛氏硬度值为70，洛氏标尺为30T，压头为硬质合金球，其硬度标注为70HR30TW（如果是钢球则标注为70HR30TS）。

布氏法测定的结果较为准确，但压痕较大，不适于成品检验。洛氏法测定硬度操作便捷、压痕小，可对成品及薄壁零件表面或零件的表面硬化层进行检测，但精确度不及布氏硬度高。

（二）冲击韧性

零件在冲击载荷作用下所引起的变形和应力，比静载荷作用下要大得多，一些强度较高的金属，也往往发生脆断。金属材料在塑性变形和断裂过程中吸收能量的能力，称为冲击韧性（impact toughness），它是材料强度和塑性的综合物理量，通常用冲击韧度 α_k 表示。冲击韧度 α_k 越高，表明金属材料的冲击韧性越好。金属材料的冲击韧度值与很多因素有关，一般只作为选择材料时的参考，而不直接用于强度计算。金属材料的冲击韧性是在材料冲击试验机上进行测定的，GB/T 229—2007《金属材料夏比摆锤冲击试验方法》规定了测定金属材料在夏比冲击试验中吸收能量的方法，包括 V 形缺口和 U 形缺口。

二、金属材料的物理性能

在自然界，金属材料对于各种物理现象所引起的反应，叫作金属材料的物理性能，它是在地心引力、温度变化、电磁作用等物理条件下，由原子、离子、电子以及它们之间相互作用的结果。金属材料的物理性能主要是指密度、熔点、热膨胀性、导热性、导电性、磁性等。

在常温下，除汞外其余金属材料都为固体，有金属光泽。大多数金属都是电和热的导体，有延展性，与非金属材料相比，金属材料的密度较大。由于机器零件的用途不同，对其物理性能要求也有所不同。例如，飞机零件常选用密度小的铝、镁、钛合金来制造；设计电机、电器零件时，常要考虑金属材料的导电性等。

三、金属材料的化学性能

金属材料在室温或高温条件下抵抗其他物质的化学作用的能力，叫作金属材料的化学性能。它主要是指金属材料的化学稳定性，即抗氧化性和耐腐蚀性等。所谓抗氧化性，是指金属材料在高温时抵抗氧化性气氛腐蚀作用的能力。如锅炉的过热器、水冷壁管，汽轮机的汽缸、叶片等，长期在高温下工作，容易产生氧化腐蚀。金属材料抵抗各种介质（大气、酸、碱、盐）浸蚀的能力称为抗腐蚀性。化工厂中的一些部件，长期接触高温蒸汽或一些腐蚀介质（如酸、碱、盐等），使金属表面不断受到各种浸蚀，有时还会侵入金属内部，给安全运行带来不利影响，严重时甚至造成破裂损坏事故。因此，金属材料的抗腐蚀性是一种很重要的材料性能。

四、金属材料的加工工艺性能

金属材料经过一系列加工以后，才能制成符合要求的机械零件或结构件。所以金属材料还必须满足加工工艺方面的要求。金属材料的加工工艺性能，是指材料对各种加工方法的适应能力，是金属材料的物理性能、化学性能和力学性能在加工过程中的综合反映。从金属材料到零件的生产过程涉及多种加工方法，因而要求金属材料对各种加工方法具有相应的适应性，主要包括铸造性能、锻造性能、焊接性能、切削加工性能、热处理性能及化学热处理性能等。金属材料的加工工艺性能受材料的化学成分、组织、结构等材料内部因素的影响，同时也受各种加工工艺条件（如加工方法、设备、工具、温度等）的影响，在设计零件和选择工艺方法时，必须充分考虑金属材料的工艺性能。

第二节　钢和铸铁的热处理

通常把含碳量在 0.0218%～2.11% 之间的铁碳合金（iron-carbon alloy）称为钢。热处理（heat treting）是改善钢的使用性能和加工工艺性能的一种非常重要的加工工艺。选择正确的、先进的热处理工艺，对提高产品质量、延长机器和仪器的工作寿命等具有重要的意义。

钢的热处理，是将钢在固态范围内加热到给定的温度，经过保温，然后按照选定的速度冷却，以改变其内部组织，从而获得所要求的性能的工艺过程。热处理一般不改变零件的形状和尺寸，并且除表面化学热处理外，也不改变零件的化学成分，而主要是通过改变钢的内部组织，获得所需要的性能。各种热处理的工艺过程都是由加热、保温、冷却三个阶段组成的。热处理可分为三种类型：整体热处理、表面热处理和化学热处理。

一、钢的整体热处理

钢的整体热处理（The overall heat treatment），是指对零件进行穿透性加热以改善零件的整体组织和性能。整体热处理的特点是，由于工件的芯部和表层都同时被加热到某一温度，然后同时保温，再同时冷却，也即热处理工艺的三个要素相同，因此热处理后，工件芯部和表层的组织和性能也就基本相同。钢的整体热处理工艺包括退火、正火、淬火及回火。

（一）退火和正火

退火（aneeling）是将零件加热到适当的温度，经保温一段时间后，随炉缓慢冷却至室温的热处理工艺；而正火（noemaling）是将零件加热到适当的温度，经保温一段时间后，从炉内取出后在空气中冷却至室温的热处理工艺，又称作常化处理。退火处理和正火处理的主要目的在于：降低零件的硬度，消除零件在前一工序中产生的内应力，提高塑性和韧性等。由于正火处理是在空气中冷却，冷却速度比退火处理要快，因此同一零件经正火处理后，比退火处理后的晶粒要细，强度和硬度要高，而且钢的含碳量愈高差别愈大；低碳钢退火后硬度偏低，切削加工表面粗糙，而正火后可获得合适的硬度，改善了切削性能。正火处理冷却时不需占用设备，故生产率高，所以低碳钢多采用正火处理代替退火处理。钢件的正火与退火工艺可查阅 GB/T 16923—2008《钢件的正火与退火》。

（二）淬火与回火

淬火（hardening）是将零件加热到适当温度，保温一定时间，然后在介质（水、碱水、盐水、油等)中急速冷却,以获得马氏体或下贝氏体组织的热处理工艺。淬火的目的主要是提高零件的硬度。水的冷却能力较强,一般非合金钢多采用水淬火,称为水淬;油的冷却能力较低,合金钢多采用它来淬火,称为油淬。

回火(tempering)是将淬火后的零件重新加热到适当温度,保温一定时间后以适当的速度冷却到室温的热处理工艺。回火的目的是:消除淬火时产生的内应力,减小变形,降低零件的脆性,并使其具有一定的韧性,故回火处理总是伴随在淬火处理之后进行的。加热温度在250℃以下的回火称为低温回火,主要目的是部分消除零件淬火时产生的内应力,硬度稍有降低;加热温度为350~500℃的回火称为中温回火,可以大大降低钢质零件的内应力,并提高弹性,但硬度有所降低;加热温度为500~650℃的回火称为高温回火,可以完全消除钢质零件的内应力,获得较高的塑性和韧性,综合性力学性能优良,但硬度降低较多。淬火后再高温回火的热处理称为调质(hardening and tempering),广泛应用于各种重要零件的热处理。钢件的淬火与回火工艺可查阅 GB/T 16924—2008《钢件的淬火与回火》。

二、钢的表面热处理

承受交变载荷或冲击载荷作用的零件,要求表层具有高的强度和硬度,而芯部具有一定的韧性。钢的表面热处理(surface heat treatment)是对零件表面进行强化的热处理工艺,广泛用于既要求表层具有高的耐磨性、疲劳强度和抗冲击能力,又要求整体具有良好的塑性和韧性的零件,如曲轴、凸轮轴、传动齿轮等。表面热处理分为表面淬火和化学热处理两大类。

表面淬火是将零件的表层快速加热到一定的温度,待热量还没传导到零件芯部时,快速冷却到室温,而其芯部仍保持未淬火状态的热处理工艺。表面淬火的目的在于获得高硬度的表层,有利于残余应力的分布,以提高零件的耐磨性和疲劳强度。为了达到此目的,要求所用热源具有较高的能量密度。根据加热方法不同,表面淬火可分为感应加热(高频、中频、工频)表面淬火、火焰加热表面淬火、电接触加热表面淬火、电解液加热表面淬火、激光加热表面淬火、电子束表面淬火等。工业上应用最多的为感应加热和火焰加热表面淬火。

三、钢的化学热处理

钢的化学热处理(Chemical heat treatment)也属于钢的表面热处理的范畴,是指将零件放置在含有活性元素的介质中加热到在一定温度并保温,使介质分解出一种或几种元素的活性原子渗入零件的表层或形成某种化合物的覆盖层,以改变其表层的组织和化学成分,从而使零件的表面具有特殊的力学性能、物理性能或化学性能的热处理工艺。通常在进行化学渗入的前后均需采用其他合适的热处理,以达到工件芯部与表层在组织结构、性能等的最佳配合。

化学热处理的目的,一般都是使零件表层获得高的硬度和疲劳极限,提高耐磨性及防腐蚀性能等。零件渗入元素不同,可使其具有不同的性能。如渗碳可以提高零件表面的硬度、耐磨性及疲劳极限(适用于含碳量 0.10%~0.25%的非合金钢或合金钢零件);气体碳-氮共渗可使零件表面具有较高的耐磨性、一定的耐蚀性和较高的疲劳强度;渗氮、渗硼可使零件的表面硬度很高,显著提高零件的耐磨性和耐腐蚀性能;渗硫可提高减摩性;渗硅可以提高耐酸性等。此外,还可以硫氮共渗,也可以三元共渗,如碳、氮、硼共渗。

为使零件表层具有高性能,也可以向非合金钢或低合金钢零件的表层渗入金属元素(如 Al、Cr、Zn、Ti、V、W、Mn、Sb、Be、Ni 等)的活性原子(由含有渗入金属的介质分解产生),然后由扩散作用逐渐向零件的内部渗入,使其表面层合金化,从而具有特殊的高性能。

四、铸铁的热处理

由于铸件壁厚不均匀,在加热、冷却及相变过程中,会产生热应力、组织应力和机械应力,统称为内应力。内应力是铸铁件在生产、存放、加工以及使用过程中产生变形和裂纹的主要原因,致使铸铁件的使用性能降低;同时,产生变形的铸铁件需要加大加工余量,而挠曲变形还会降低铸件的尺寸精度。这些都对铸铁件质量的危害很大。

铸件热处理的目的在于，改善铸件基体的组织，消除铸件的内应力。值得注意的是，铸铁件的热处理不能改变原来的石墨形态和数量，同时其尺寸和分布状况也不会变化。

(一) 灰铸铁的热处理

由于灰铸铁的热处理仅能改变其基体组织，而不能改变其石墨的形态、数量、尺寸和分布，因此热处理不能明显改变灰铸铁的力学性能，并且灰铸铁的低塑性又使快速冷却的热处理方法难以实施，所以灰铸铁的热处理受到一定的局限性，主要用于消除内应力和改善切削加工性能等。灰铸铁件的热处理工艺主要有：

(1) 消除内应力退火（时效处理）　低温退火，消除铸造应力，防止铸件开裂和减少变形。

(2) 改善切削加工性能的退火　高温退火，消除铸件表面或薄壁处的白口组织，降低硬度，改善切削加工性能。

(3) 表面淬火　提高表面的硬度和耐磨性。

灰铸铁的热处理工艺可查阅 JB/T 7711—2007《灰铸铁件热处理》。

(二) 球墨铸铁的热处理

球状石墨对基体的割裂作用小，所以球墨铸铁的力学性能主要取决于基体组织，因此，通过热处理可显著改善球墨铸铁的力学性能。球墨铸铁件的热处理工艺主要有：

(1) 退火　退火的目的是获得塑性好的铁素体基体，消除铸造应力和改善切削加工性能。它可分为消除内应力退火和石墨化退火。

(2) 正火　正火的目的是增加基体组织中珠光体的数量，细化晶粒，提高球墨铸铁的强度、硬度和耐磨性。正火可分为高温和低温正火两种。由于球墨铸铁的导热性较差，正火后铸件内应力较大，因此正火后应进行一次消除内应力退火。

(3) 调质　调质处理可获得高的强度和韧性，适用于受力复杂、截面尺寸较大、综合力学性能要求高的铸件。

(4) 等温淬火　等温淬火可防止变形和开裂，提高铸件的强度、塑性、韧性和综合力学性能，适用于形状复杂容易变形、截面尺寸不大、受力复杂且要求综合力学性能好的球墨铸铁件。

球墨铸铁的热处理工艺可查阅 JB/T 6051—2007《球墨铸铁热处理工艺及质量检验》。

(三) 蠕墨铸铁的热处理

蠕墨铸铁在铸态时基体中具有大量的铁素体，通过正火可获得以珠光体为主的基体组织，在一定程度上提高其强度、耐磨性和综合力学性能；通过退火可以消除自由渗碳体，提高塑性，获得85%以上铁素体基体的蠕墨铸铁。蠕墨铸铁件的热处理工艺有：

(1) 预备热处理　为了获得铁素体基体或消除局部白口，可以按照球铁石墨化退火处理进行，消除自由渗碳体、提高塑性。对于需要进行避免热处理或整体热处理的工件需要进行预备热处理——正火处理，目的是增加基体中的珠光体数量，提高强度和耐磨性。

(2) 表面淬火处理　表面淬火处理的目的是提高铸件的硬度、耐磨性和综合力学性能。形状复杂和厚度较大的铸件采用油冷，形状简单的铸件可用水冷。淬火之后的硬度≥55HRC。

(3) 回火处理　回火处理是淬火处理的一种后处理工序，其目的是减小淬火中产生的应力。

(4) 等温淬火处理　蠕墨铸铁的抗拉强度和冲击韧度随着淬火温度的降低先增后减，当淬火温度为280℃时抗拉强度最大，当淬火温度为320℃时韧性韧度有最大值；在一定范围内，伸长率随淬火温度的升高而增大，硬度则随淬火温度降低而升高。因此，从提高蠕墨铸铁综合性能考虑，等温淬火温度控制在 290~310℃为宜。

(5) 硬环化处理　蠕墨铸铁零件经石墨化退火获得铁素体基体后，再经过硬环化处理，可在石墨周围形成环状硬质组织，使零件表面具有良好的耐磨性。

第三节 钢的分类

工业用钢的含碳量不超过 1.50%，工业纯铁的含碳量低于 0.0218%。钢中除了铁和碳之外，都或多或少地含有一些其他元素，如 Si、Mn、S、P、O、N、H 等，它们是在冶炼过程中残留的或是浇铸时带入的"杂质"，对钢的性能有一定影响。其中，Si 和 Mn 是有益元素，前者可提高钢的强度、硬度和弹性，但会使塑性和韧性降低，后者可降低钢的脆性，提高弹性；其余的 S、P、O、N、H 等元素是有害元素。国家标准 GB/T 13304.1—2008《钢分类 第 1 部分：按化学成分分类》对各类钢的化学成分都做了明确的规定。钢的种类繁多，根据 GB/T 13304.1—2008 规定，一般可按钢的化学成分、主要质量等级和主要性能或使用特性进行分类。

一、按钢的化学成分分类

按照国家标准 GB/T 13304.1—2008《钢分类 第 1 部分：按化学成分分类》的规定，依据钢中合金元素❶规定的含量，将钢分为三大类，即：非合金钢（noalloy-steel）、低合金钢（Low alloy steel）、合金钢（alloy steel）。标准规定了钢中合金元素 [Al、B、Bi、Cr、Co、Cu、Mn、Mo、Ni、Nb、Pb、Se、Si、Te、Ti、W、V、Zr、La 系（每一种元素）及其他规定元素（S、P、C、N 除外）] 含量的基本界限值（该标准"表 1"）。分类方法如下：

（1）按 GB/T 13304.1—2008"表 1"确定的每个元素规定含量的质量分数，处于"表 1"中所列非合金钢、低合金钢或合金钢效应元素的界限值范围内时，这些钢分别为非合金钢、低合金钢或合金钢。

（2）当 Cr、Cu、Mo、Ni 四种元素，有其中两种、三种或四种元素同时存在于钢中时，对于低合金钢，应同时考虑这些元素中每种元素的规定含量；所有这些元素的规定含量总和，应不大于标准"表 1"规定的两种、三种或四种元素中每种元素最高界限值总和的 70%。如果这些元素的规定含量总和大于"表 1"中规定的元素中每种元素最高界限值总和的 70%，即使这些元素每种元素的规定含量低于规定的最高界限值，也应划入合金钢。

钢是以 Fe 为基本元素，含碳量低于 1.5% 的 Fe-C 合金。习惯上，按照 Fe-C 合金中含碳量的多少又可分为低碳钢（含碳量不超过 0.25%）、中碳钢（含碳量在 0.30%～0.60% 之间）和高碳钢（含碳量大于 0.60%）。

二、按钢的主要质量等级分类

钢的质量等级是指在钢的生产过程中，需要控制的质量要求以及控制质量要求的严格程度。主要质量所要控制的是：有害杂质 S、P 的含量；残余元素的含量；力学性能、电磁性能、表面质量、非金属夹杂物、热处理等。依照主要质量等级不同，钢可分为普通质量钢、优质钢、特殊质量钢三类。

（一）普通质量钢

普通质量钢是指生产过程中不规定需要特别控制质量要求的一般用途的钢。它又分为普通质量非合金钢和普通质量低合金钢。

（1）普通质量非合金钢 国家标准 GB/T 13304.2—2008《钢分类 第 2 部分：按主要质量等级和主要性能或使用特性分类》规定，同时符合下列四种条件的钢为普通非合金钢：

①为非合金化的（符合 GB/T 13304.1—2008 对非合金钢的合金元素规定含量界限值的规定）。

---

❶ 合金元素是指在钢和铁中，为了改善钢铁材料的加工工艺性能和使用性能，人为加入的元素。

② 不规定热处理（退火、正火、消除内应力及软化处理不作为热处理对待）。

③ 碳含量≤0.10%，硫或磷含量最高值≤0.040%，氮含量最高值≤0.007%，抗拉强度最低值≥690MPa，屈服极限最低（$L_0=5.65\sqrt{S_0}$）≥360MPa，断后延伸率最低值≥33%，弯心直径最低值≥0.5×试件厚度，冲击吸收能量最低值（20℃，V型，纵向标准试样）≥27，洛氏硬度最高值（HRB）≤60。

④ 未规定其他质量要求。

(2) **普通质量低合金钢** 国家标准 GB/T 13304.2—2008 规定，同时满足下列条件的钢为普通质量低合金钢：

① 合金含量较低（符合 GB/T 13304.1—2008 对低合金钢的合金元素规定含量界限值规定）。

② 不规定热处理（退火、正火、消除内应力及软化处理不作为热处理对待）。

③ 如产品标准或技术条件有规定，其特性值还应符合下列条件：硫或磷含量最高值≤0.040%，抗拉强度最低值≥690MPa，屈服极限最低值≥360MPa 断后延伸率最低值≥26%，弯心直径最低值≥2×试件厚度，冲击吸收能量最低值（20℃，V型，纵向标准试样）≥27J。

④ 未规定其他质量要求。

(二) 优质钢

优质钢是指生产过程中需要特别控制质量（控制制品晶粒度，降低硫、磷含量，改善表面质量或增加工艺控制等，优质合金钢还要控制韧性等），以达到比普通质量钢特殊的质量要求（例如良好的抗脆断性能，良好的冷成型性能等），但这种钢的生产控制不如特殊质量钢严格（如不控制淬透性）。它又分为优质非合金钢、优质低合金钢和优质合金钢。

(1) **优质非合金钢** 普通质量非合金钢和特殊质量非合金钢以外的非合金钢为优质非合金钢。

(2) **优质低合金钢** 国家标准 GB/T 13304.2—2008 中定义的普通质量低合金钢和特殊质量低合金钢以外的低合金钢为优质低合金钢。

(3) **优质合金钢** 国家标准 GB/T 13304.2—2008 中定义下列钢为优质合金钢：

① 一般工程结构用合金钢，如钢板桩用合金钢（GB/T 20933—2007 中的 Q420Bz）、矿用合金钢（GB/T 10560—2008 中的牌号，20Mn2A、20MnV、25MnV 除外）等。

② 合金钢筋钢，如 GB/T 20065—2006《预应力混凝土用螺纹钢筋》中的合金钢等。

③ 电工用合金钢，主要含有硅和铝等合金元素，但无磁导率的要求。

④ 铁道用钢（GB/T 11264—2012《热轧轻轨》）。

⑤ 凿岩、钻探用钢，如 GB/T 1301—2008《凿岩钎杆用中空钢》中的合金钢。

⑥ 硫、磷含量大于 0.035% 的耐磨钢，如 GB/T 5680—2010《奥氏体锰钢铸件》规定的高锰铸钢。

(三) 特殊质量钢

特殊质量钢是指在生产过程中需要特别严格地控制化学成分和特定的制造及工艺条件（例如，特别是严格控制硫、磷含量和纯洁度、淬透性），以保证改善综合质量和性能的钢。特殊质量钢又可分为特殊质量非合金钢、特殊质量低合金钢和特殊质量合金钢。

(1) **特殊质量非合金钢** 国家标准钢 GB/T 13304.2—2008 规定，符合下列条件之一的钢为特殊质量非合金钢：

① 钢材要经热处理并至少具有下列一种特殊要求的非合金钢（包括易切削钢和工具钢）：要求淬火和回火或模拟表面硬化状态下的冲击性能；要求淬火或回火和淬火后的淬硬层深度或表面硬度；要求限制表面缺陷，比对冷镦和冷挤压用钢的规定更严格；要求限制非金属夹杂物

含量和（或）要求内部材质均匀性。

② 钢材不进行热处理并至少应具有下述一种特殊要求的非合金钢：要求限制非金属夹杂物含量和（或）内部材质均匀性，例如钢板抗层状撕裂性能；要求限制磷含量和（或）硫含量最高值，并符合如下规定：熔炼分析值≤0.020%，成品分析值≤0.025%；要求残余元素的含量（熔炼分析最高含量）同时作如下限制：Cu≤0.10%，Co≤0.05%，V≤0.05%；表面质量的要求比 GB/T 6478—2001《冷镦和挤压用钢》的规定更严格。

③ 具有规定的电导性能（不小于9s/m）或具有规定的磁性能（对于只规定最大比总损耗和最小磁极化强度而不规定磁导率的磁性薄板和带除外）的钢。

(2) 特殊质量低合金钢　国家标准 GB/T 13304.2—2008 规定，符合下列条件之一的钢为特殊质量低合金钢：

① 规定限制非金属夹杂物含量和（或）内部材质均匀性，例如钢板抗层状撕裂性能。

② 规定限制磷含量和（或）硫含量最高值，并符合如下规定：熔炼分析值≤0.020%，成品分析值≤0.025%。

③ 规定限制残余元素的含量（熔炼分析最高含量）同时作如下限制：Cu≤0.10%，Co≤0.05%，V≤0.05%。

④ 规定限制低温（低于$-40℃$，V 型）冲击性能。

⑤ 可焊接的高强度钢，规定的屈服强度最低值≥$420N/mm^2$。

⑥ 弥撒强化钢，其规定碳含量熔炼分析最小值不小于0.25%；并具有铁素体/珠光体或其他显微组织；含有 Nb、V、Ti 或等一种或多种微合金元素。一般在热成型温度过程中控制轧制温度和冷却速度完成弥撒强化。

⑦ 预应力钢。

(3) 特殊质量合金钢　除国家标准 GB/T 13304.2—2008 中定义的优质合金钢以外，所有其他合金钢都为特殊质量合金钢。

三、按钢的主要性能或使用特性分类

这种分类方法所指的主要性能或使用特性是在某些情况下，例如在编制体系或对钢进行分类时要优先考虑的特性。按钢的主要性能和使用特性，可分为结构钢、工具钢和特殊性能钢三类。结构钢（structural steel）主要用于制造各种工程构件（如桥梁及建筑用钢）和机器、仪器的零件（如齿轮、轴等），一般为低碳钢、中碳钢（包括非合金钢、低合金钢和合金钢）。工具钢（tool steel）包括刃具钢、量具钢、模具钢等，主要用于制造各种刃具、量具和模具。这类钢一般为高碳非合金钢、高碳低合金钢或高碳合金钢。特殊性能钢是指具有某种特殊性能的钢，如石油化工用的不锈耐蚀钢、核电站用的耐热钢、LNG（液化天然气）等冷冻设备与极地机械设备用的超低温用钢等。显然，特殊性能钢属于合金钢。

(一) 非合金钢的分类

① 以规定最高强度（或硬度）为主要特性的非合金钢，例如冷成型用薄钢板。

② 以规定最低强度为主要特性的非合金钢，例如造船、压力容器、管道等用的结构钢。

③ 以限制碳含量为主要特性的非合金钢（但下述 4、5 项包括的钢除外），例如线材、调质用钢等。

④ 非合金易切削钢，钢中硫含量最低值、熔炼分析值不小于0.070%，并（或）加入 Pb、Bi、Te、Se、Sn、Ca 或 P 等元素。

⑤ 非合金工具钢。

⑥ 具有专门规定磁性或电性能的非合金钢，例如电磁纯铁。

⑦ 其他非合金钢，例如原料纯铁等。

(二) 低合金钢的分类

低合金钢按其主要性能或使用特性可分为：可焊接的低合金高强度结构钢；低合金耐候钢；低合金混凝土用钢及预应力钢；矿用低合金钢；其他低合金钢，如焊接用钢。

(三) 合金钢的分类

合金钢按其主要性能或使用特性可分为：

(1) 工程结构用合金钢　包括一般工程结构用合金钢，供冷成型用的热轧或冷轧扁平产品用合金钢（压力容器用钢、汽车用钢和输送管线用钢），预应力用合金钢、矿用合金钢、高锰耐磨钢等。

(2) 机械结构合金钢　包括调质处理合金结构钢、表面硬化合金结构钢、冷塑性成型（冷顶锻、冷挤压）合金结构钢、合金弹簧钢等，但不锈、耐蚀和耐热钢，轴承钢除外。

(3) 不锈、耐蚀和耐热钢　包括不锈钢、耐酸钢、抗氧化钢和热强钢等，按其金相组织可分为马氏体型钢、铁素体型钢、奥氏体型钢、奥氏体-铁素体型钢、沉淀硬化型钢等。

(4) 工具钢　包括合金工具钢、高速工具钢。合金工具钢分为量具刃具用钢、耐冲击工具用钢、冷作模具钢、热作模具钢、无磁模具钢、塑料模具钢等；高速工具钢分为钨钼系高速工具钢、钨系高速工具钢和钴系高速工具钢等。

(5) 轴承钢　包括高碳铬轴承钢、渗碳轴承钢、不锈轴承钢、高温轴承钢等。

(6) 特殊物理性能钢　包括软磁钢、永磁钢、无磁钢及高电阻钢和合金等。

(7) 其他　如焊接用合金钢等。

*第四节　钢铁产业技术的发展趋势

进入21世纪以来，世界钢铁工业的发展环境发生了深刻变化，炼铁原料质量下降，资源、能源价格高涨，以及二氧化碳减排问题，都对钢铁制造的各个环节提出了更为苛刻的要求，世界钢铁产业技术的发展也呈现出新的趋势。新时期对钢铁业的期待就是以资源、能源和环境良好协调的物质循环型社会为核心，实现可持续发展。

一、世界钢铁产业技术发展的新趋势

世界钢铁产业技术发展，强调在满足下游行业用钢需求的基础上实现以资源、环境友好为导向的高效流程工艺与产品生产制造技术的研发。新趋势主要表现在以下三个方面。

(一) 钢铁制造流程高效、绿色、可循环

美、欧、日先后宣布，以后钢铁工业的技术发展目标为高效、环保的技术，研究和开发的重点应放在对流程的改进和开发上，从而能处理一些焦点问题，例如资源、能源、环保和回收，以及为满足客户的需要而进行的产品开发和应用技术研究。

(二) 钢铁材料高性能、低成本、高质量、近终型、易加工

为了适应工业和科学技术的发展对钢材提出的各种不同性能的要求，各国钢铁企业都在积极利用工艺技术的进步，开发研究高技术含量、高附加值和低成本的产品，不断地创造出新的具有某种特殊性能的钢种。如高强度钢（HSS）和超高强度钢（AHSS）品种，少镍少钼的高耐蚀新型不锈钢，长寿命、抗疲劳的轴承钢和工模具钢，具有耐腐蚀、耐火、耐热、耐低温、耐磨、抗震等功能的建筑用钢、装备制造用钢以及交通用钢，具有抗压、防爆功能的容器钢、装甲钢，具有止裂功能的特厚板以及适应不同应用要求的复合材料等。

(三) 两化融合驱动钢铁制造智能化、定制化

目前，世界先进国家强调人性化、安全化的管理模式，实现生产高度自动化，采用信息化管理系统对生产车间作业计划进行数字化、智能化管理，其最终目的是少人甚至"无人化"运

作。同时，利用无线传感器达到精准、快速化检测与控制，将生产线装备各类信息进行整合。物联网和云技术已经成为钢铁强国的"必争之地"。

二、我国未来10年钢铁产业工艺技术发展十大方向

由数十位专家参与编写、论证的《钢铁行业2015～2025年技术发展预测报告》，指明了未来5～10年我国钢铁产业技术发展的10个重点方向。

（一）绿色、可循环钢铁制造流程技术

以优质、高效、节能、环保、低成本为目标，通过钢铁流程结构优化和物质流、能量流、信息流网络集成构建，对涉及高炉-转炉长流程和废钢-电炉短流程的关键界面匹配、二次能源高效转化、低品质余热回收利用、低碳绿色制造工艺、钢铁流程3个功能的价值提升等关键技术进行深度开发。

（二）低碳钢铁制造技术

包括高效节能减排和清洁生产技术、全生命周期能耗和二氧化碳排放评价导向下的生态钢铁材料生产工艺技术、碳俘获与存储（CCS）技术、废钢回收工艺的精细化研究、替代能源（太阳能、生物能、原子能等）非碳冶金技术等。

（三）高效资源开发及综合利用技术

以节能降耗为原则，面向深部、复杂难采选资源，发展安全高强度采矿技术与特色选矿工艺；强化综合利用与资源循环等。

（四）高效、节能、长寿综合冶炼技术

包括高炉的高顶压、高风温、高富氧、高喷煤、高利用系数和长寿化技术，高炉专家系统应用技术，高效TRT技术［高炉炉顶煤气余压回收发电装置（Top Cas Pressure Recovery Turbine，简称TRT）］，开发实用高档耐火材料技术等。同时，积极探索非高炉炼铁技术。

（五）高效、低成本洁净钢生产系统技术

主要由铁水预处理技术、转炉（电炉）冶炼与高精度终点控制技术、快速协同的钢水精炼技术、高效恒速的全连铸技术这四项基础支撑型技术，以及优化简捷的流程网络和动态有序运行的物流技术这两项集成技术组成。

（六）高性能、低成本钢铁材料设计与制造技术

主要包括：低成本、高性能微合金化技术，组织和性能精确控制技术，表面质量控制技术，细晶化和均质化技术，特种成型技术，大型锻件生产技术，高等级特钢型材、不锈钢无缝管、高质量合金钢生产技术以及应用、成型、防腐等加工技术。

（七）高精度、高效轧制及热处理技术

主要包括以下共性技术：高精度轧制技术、高性能交直交轧机主传动技术、新一代控轧控冷技术、多功能柔性超高强钢冷轧板连续退火生产技术、在线热处理技术、特种钢板热处理技术、三辊轧机/高精度棒线材定减径机组技术、直接轧制技术、温度梯度轧制技术、变截面轧制技术、低温增塑轧制技术、无头与半无头轧制技术以及长材绿色制造技术。

（八）复合材料制造技术

进一步研究与开发高效率、高界面强度、特殊用途的复合材料产品，并得到工程应用。关键技术包括：材料设计及高效率组坯技术、复合界面相变与组织控制技术、界面扩散阻隔材料设计与性能控制技术、特殊用途金属间化合物轧制复合与热处理制备技术、全轧制过程协调变形与控制技术、粉末复合轧制技术以及复合材料的成型技术。

（九）面向全流程质量稳定控制的综合生产技术

包括钢水精炼的精准控制、连铸坯料质量控制技术、全流程板形及表面质量控制技术、精准热处理技术、基于智能建模及数据挖掘的产品质量优化及决策支持、微观组织性能在线闭环

控制、生产异常检测及故障诊断等。

（十）信息化、智能化的钢铁制造技术

主要包括：大型装备的智能化嵌入式软件开发与应用，关键检测、检验技术装备及数据采集分析系统，基于物联网和云技术的钢铁生产信息化技术，钢铁生产复杂流程智能化自动控制系统，基于大数据技术的钢铁行业大数据库平台系统。

第五节 结 构 钢

结构钢是品种最多、应用范围最广泛、使用量最大的钢种。适用于制造机器和机械零件或构件（如齿轮、轴、弹簧和弹性元件、滚动轴承等）的结构钢称为机械结构用钢。这类钢属于优质钢、高级优质钢管或特殊质量钢，一般要经过热处理后才能使用。

前已述及，GB/T 13304.1—2008 规定，按照钢的化学成分（主要是钢中合金元素规定的含量），可将钢分为非合金结构钢、低合金结构钢和合金结构钢。

一、非合金结构钢

非合金钢是基本工业用钢，约占钢铁总产量的 80%。非合金结构钢是指以铁为主要元素，碳的质量分数<2.11%，并含有少量硅、锰、磷、硫等杂质元素的铁-碳合金。非合金结构钢价格低廉，容易加工，而且能满足一般工程结构和机械零件的使用性能要求，故应用广泛。

（一）普通质量非合金结构钢

这种钢含 S、P 等有害杂质较多。这类钢应确保力学性能符合国家标准的规定，而化学成分也应符合一定的要求。一般在供应状态下使用，也可以在使用前进行热加工或热处理。

按照 GB/T 221—2008《钢铁产品牌号表示方法》规定，普通质量非合金结构钢和低合金结构钢的牌号通常由四部分组成：第 1 部分，前缀符号+强度值（以 N/mm² 或 MPa 为单位），其中通用结构钢前缀符号为屈服强度的拼音字母"Q"（其他专用结构钢的前缀符号可查阅该标准"表3"），后面数字表示钢的屈服极限值；第 2 部分（必要时），钢的质量等级，用英文字母 A、B、C、D、E、F……表示（钢中的 S、P 含量依次降低，质量依次提高）；第 3 部分，脱氧方式符号，即沸腾钢、半镇静钢、镇静钢、特殊镇静钢分别用 F、b、Z、TZ 表示，镇静钢、特殊镇静钢表示符号通常可以省略；第 4 部分（必要时），产品用途、特性和工艺方法表示符号（可查阅该标准"表4"）。

国家标准 GB/T 700—2006《碳素结构钢》列出的普通质量非合金结构钢有 4 个牌号：Q195、Q 215（A、B）、Q235（A、B、C、D）、Q275（A、B、C、D）。它们的化学成分及力学性能可查阅 GB/T 700—2006《碳素结构钢》表 1。

（二）优质非合金结构钢

优质非合金结构钢既保证化学成分，又保证力学性能，而且比普通非合金结构钢规定更严格，S、P 杂质含量和非金属夹杂物更少，质量级别较高，综合力学性能优于普通非合金结构钢，一般在热处理以后使用。

按 GB/T 221—2008 的规定，优质非合金结构钢的牌号通常由五部分组成：第 1 部分，以两位阿拉伯数字表示钢中平均碳含量的万分数；第 2 部分（必要时），较高含锰量的优质非合金钢加锰元素符号 Mn；第 3 部分（必要时），钢材冶金质量，即高级优质钢、特级优质钢分别以 A、E 表示，优质钢不用字母表示；第 4 部分（必要时），脱氧方式表示符号，即沸腾钢、半镇静钢、镇静钢分别以 F、b、Z，但镇静钢表示符号通常可以省略；第 5 部分（必要时），产品用途、特性或工艺方法表示符号（可查阅该标准"表4"）加在牌号尾。

国家标准 GB/T 699—2015《优质碳素结构钢》中共列出了 31 种优质非合金结构钢，其牌号为：08F、10F、15F、08、10、15、20、25、30、35、40、45、50、55、60、65、70、75、80、85；15Mn、20Mn、25Mn、30Mn、35Mn、40Mn、45Mn、50Mn、60Mn、65Mn、70Mn。

它们的化学成分及力学性能可查阅 GB/T 699—2015《优质碳素结构钢》。

二、低合金结构钢

低合金结构钢具有：较高的强度和屈强比[1]；足够的塑性和韧性；良好的焊接性能和冷塑性加工性能；在大气和海水中具有一定的耐腐蚀性能；较低的冷脆转化温度和较低的时效敏感性。低合金结构钢又分为低合金高强度结构钢和低合金耐候钢等。低合金高强度结构钢是在含碳量低于 0.2% 的低碳钢中，主要合金元素是 Mn。它的强度和耐大气腐蚀的能力较高，具有较好的塑性和韧性、焊接性和冷塑性，以及良好的加工工艺性能。按照 GB/T 221—2008《钢铁产品牌号表示方法》规定，低合金高强度结构钢的牌号，表示方法同普通质量非合金钢（字母从 A 到 E 表示钢的 S、P 含量依次降低，质量依次提高）。例如 Q345E，Q 表示屈服极限为 345 Mpa，E 表示质量等级为 E 级。

国家标准 GB/T 1591—2008《低合金高强度结构钢》列出的低合金高强度结构钢的牌号有 8 个：Q345（A～E）、Q390（A～E）、Q420（A～E）、Q460（C～E）、Q500（C～E）、Q550（C～E）、Q620（C～E）、Q690（C～E）。它们的化学成分及力学性能可查阅 GB/T 1591—2008。

由于低合金高强度结构钢的强度高，从而可以减轻构件的重量。例如，武汉长江大桥采用 Q235 制造，其主跨跨度为 128m；南京长江大桥采用 Q345 制造，其主跨跨度增加到 160m；而九江长江大桥采用 Q420 制造，其主跨跨度提高到 216m。Q500 高强度钢主要用于铁路桥梁建造，Q690 高强度钢板在煤矿巷道支护得到广泛应用，大大提高了其安全性。

低合金耐候钢是指海洋作业用钢。海洋运输船只和海上采油平台的服役环境非常恶劣，长期经受海水的浸蚀、风浪的袭击、浮水的碰撞等。因此，耐候钢具有高的强度、优异的韧性，特别是低温韧性和断裂韧度；较高的抗疲劳性；优良的焊接性、成型性和耐蚀性等。

三、合金结构钢

合金结构钢（structural alloy steel）主要用于制造较为重要的机器零件和工程构件，如轴类零件、齿轮、弹簧、轴承等，不但要求具有高的强度、塑性和韧性，而且要求具有良好的疲劳强度和耐磨性及良好的切削加工性能和热处理性能，一般都是经过热处理后才使用的特殊质量等级的合金钢。

国家标准 GB/T 3077—2015《合金结构钢》规定，按冶金质量不同，合金结构钢分为优质钢、高级优质钢（牌号后加"A"）、特级优质钢（牌号后加"E"）；按使用加工用途不同，可分为压力用钢（热压力加工、顶锻用钢、冷拔坯料）和切削加工用钢两大类。但在习惯上，合金结构钢按照其特性用途不同，将其分为表面硬化钢、调质钢、弹簧钢、轴承钢、耐磨钢等。

（一）表面硬化钢

表面硬化钢用于制造通过表面热处理工艺，使工作表面坚硬、耐磨，而其芯部则韧性适中的零件。它又分为渗碳钢、渗氮钢和表面淬火钢。

渗碳钢是指经渗碳（或碳氮共渗）淬火、低温回火处理后使用的钢，碳含量一般在 0.1%～0.25%，以确保零件芯部有足够的塑性和韧性，以抵抗冲击载荷，同时也是为了能够

---

[1] 屈强比是指材料的屈服极限与强度极限之比（σ_s/σ_b），它表征材料强度潜力的发挥利用程度和该材料制造的零件工作时的安全程度。

进行表层渗碳。除非合金钢 15、20 外，常用渗碳合金钢的牌号有 20Mn2、20Cr、20MnV、20CrMnTi、20CrMnMo、20Cr2Ni4A、18Cr2Ni4WA 等，其化学成分及力学性能可查阅GB/T 3077—2015。

渗氮钢多为含碳量偏下限的中碳铬钢，其表面有极高的硬度与耐磨性，抗疲劳性能大幅度提高，变形小，适合于尺寸精度要求较高的零件，典型的钢种有 38CrMoAlA。

（二）调质钢

调质钢一般是指经调质处理后使用的优质中碳非合金钢和优质中碳合金钢。调质钢中的含碳量在 0.30%～0.50%，多为 0.40% 左右，可保证钢的综合力学性能，含碳量过低影响钢的强度，过高则钢的韧性不足。除非合金钢 45 外，常用调质合金钢的牌号有 40Cr、42CrMo、40MnB、40CrMoA、38CrMoAl 等。它们的化学成分及力学性能可查阅 GB/T 3077—2015。

（三）弹簧钢

弹簧钢具有高的弹性极限和屈强比，以保证优良的弹性性能，即吸收大量的弹性能量而不产生变形；具有高的疲劳极限及足够的塑性和韧性，以防止疲劳破坏和冲击断裂；具有良好的热处理性能和塑性加工性能，在特殊条件下工作时则应具有耐热性或耐腐蚀性等。

弹簧合金钢的碳含量一般为 0.45%～0.70%。合金弹簧钢中加入的合金元素有 Mn、Si、Cr、V 和 W 等。一般用于截面尺寸较大的重要弹簧，其典型代表是 50CrVA。它们的化学成分及力学性能可查阅 GB/T 1222—2007《弹簧钢》。

四、铸钢

铸钢（cast steel）是冶炼后直接铸造成型而不需要锻轧方法成型的钢，用于制造一些形状复杂、综合力学性能要求较高的大型零件。铸钢又分为一般工程用非合金铸钢、焊接结构用非合金铸钢和低合金铸钢。

按照 GB/T 5613—2014《铸钢牌号表示方法》规定，铸钢牌号用汉语拼音"ZG"表示，当要表示铸钢的特殊性能时，可用代表特殊性能的相应汉语拼音字母加在"ZG"后面，如焊接用铸钢为 ZGH、耐热铸钢为 ZGR、耐蚀铸钢为 ZGS、耐磨铸钢为 ZGM。在牌号后面用两组数字表示力学性能，第 1 组数字表示该牌号铸钢的屈服强度最低值，第 2 组数字表示其抗拉强度最低值，单位均为 MPa。两组数字之间用短线"-"隔开。

标准 GB/T 5613—2014 还规定，铸钢牌号也可以用化学成分表示，即在铸钢代号之后以一组（2 位或 3 位）阿拉伯数字表示铸钢的名义碳含量（用平均碳含量表示，以万分之几计）；平均碳含量（用上限表示）<0.1% 的铸钢，其第 1 位数字为"0"。在名义碳含量后面排列各主要合金元素符号，在元素符号后用阿拉伯数字表示其名义含量（以百分之几计），合金元素平均含量<1.5% 时，牌号中只标注元素符号，一般不表明含量，合金元素平均含量为 1.5%～2.49%、2.50%～3.49%、3.50%～4.49%、4.50%～5.49%……时，在合金元素符号后面相应写成 2、3、4、5……。例如：碳含量 0.15%、含铬量 2%、含 Mo 及 V 均小于 1.50% 的铸钢牌号标记为 ZG15Cr2MoV；碳含量 0.06%、含铬量 19%、含 Ni10% 的耐蚀铸钢牌号标记为 ZGS06Cr19Ni10。

（一）非合金铸钢

在国家标准 GB/T 11352—2009《一般工程用铸造碳钢件》中列出了 5 个一般工程用非合金铸钢的牌号：ZG200-400、ZG230-450、ZG270-500、ZG310-570、ZG340-640；在国家标准 GB/T 7659—2010《焊接结构用铸钢件》中列出了 5 个焊接结构用非合金铸钢的牌号：ZGH200-400、ZGH230-450、ZGH270-480、ZGH300-500、ZGH340-550。它们的化学成分和力学性能可分别查阅 GB/T 11352—2009《一般工程用铸造碳钢件》和 GB/T 7659—2010《焊接结构用铸钢件》。

非合金铸钢中，低碳钢的熔点较高、铸造性能差，仅用于制造电机零件或渗碳零件；中碳钢具有高于各类铸铁的综合性能，即强度高、有优良的塑性和韧性，因此适于制造形状复杂、强度和韧性要求高的零件，如火车车轮、锻锤机架和砧座、轧辊和高压阀门等；高碳钢的熔点低，其铸造性能较中碳钢的好，但其塑性和韧性较差，仅用于制造少数的耐磨件。

（二）低合金铸钢

低合金铸钢是在非合金铸钢的基础上，适当提高 Mn、Si 的含量此外还可加入 Cr、Mo 等合金元素。GB/T 14408—2014《一般工程与结构用低合金钢铸件》列出的低合金铸钢牌号共 10 种：ZGD270-480、ZGD290-510、ZGD345-570、ZGD410-620、ZGD535-720、ZGD650-830、ZGD730-910、ZGD840-1030、ZGD1030-1240、ZGD1240-1450。它们的化学成分和力学性能可查阅 GB/T 14408—2014。

低合金铸钢的综合力学性能明显优于非合金铸钢，大多用于承受较重的载荷、冲击载荷和摩擦的机械零部件。我国主要应用锰系、锰硅系及铬系等低合金铸钢，主要用来制造各种高强度齿轮和高强度轴，水压机，汽轮机高、中压缸和水轮机转子等重要受力零件。

（三）高合金铸钢

高合金铸钢具有耐磨、耐热或耐腐蚀等特殊性能。如高锰铸钢是一种抗磨钢，主要用于制造在干摩擦工作条件下使用的零件，如工程机械的挖掘机的挖斗前壁和挖斗齿、军用特种工程机械、重型工程机械、拖拉机和坦克的履带等；铸造用铬镍不锈钢和铬不锈钢对硝酸的耐腐蚀性很高，主要用于制造化工、石油、化纤和食品等设备上的零件。

第六节 工模具钢和高速工具钢

工模具钢（Tool and mould steels）是用于制造各种刃具、量具、模具及其他耐磨工具的优质钢，应该使工具的硬度、耐磨性高于被加工的材料，还应使工具在使用工程中耐热、耐冲击并具有较长的工作寿命。工具钢对 S、P 含量的要求比结构钢更加严格。国家标准 GB/T 1299—2014《工模具钢》规定，按其化学成分可分为四类，即非合金工具钢、合金工具钢、非合金模具钢、合金模具钢；按使用加工方法分为压力加工用钢（热压力加工和冷压力加工）和切削加工用钢；按用途分为八类，即刃具模具用非合金钢、量具刃具用钢、耐冲击工具钢、轧辊用钢、冷作模具用钢、热作模具用钢、塑料模具用钢和特殊用途模具钢。此外，还有高速工具钢。各种工模具钢的化学成分及力学性能可查 GB/T 1299—2014《工模具钢》。高速工具钢的化学成分及力学性能可查阅 GB/T 9943—2008《高速工具钢》。

一、刃具模具用非合金钢和量具刃具用钢

量具刃具钢是用来制造量具和切削刀具的钢，具有高硬度、高耐磨性、高热硬性及适当的韧性。

量具钢主要用来制造量规、卡尺、样板等，这些量具被用来测量工件的尺寸和形状。量具质量的核心问题是保证其精度准确无误，因此量具钢应着重考虑对抗蚀性、尺寸稳定性、可加工性和耐磨性等方面的要求。首先是量具应对大气、手汗等具有抗腐蚀能力，可采用非合金钢量具镀铬等表面处理或采用马氏体不锈钢；其次是要求量具在制造、使用和存放过程中应能保持最小的尺寸变化，故应尽量减少材料中残留奥氏体量和残留应力值，含 Cr、W、Mn 等合金元素的钢对减少时效变形有良好作用；第三是材料的材质均匀、组织良好，具有良好的加工工艺性能，退火硬度适当；第四是量具的工作面必须有高度耐磨性，以保证在长期使用中保持相应的精度，为此淬火硬度高、耐磨性好的过共析钢常在入选之列。以上各项要求应根据各种量具的不同特点、精度等级、制造方法和单件或批量生产、制造成本等因素综合考虑。

刃具钢是用来制造各种切削加工工具（如车刀、铣刀、刨刀、钻头、丝锥、板牙等）的钢种。刃具在切削过程中，刀刃与工件表面金属相互作用使切屑产生变形与断裂并从整体上剥离下来。故刀刃本身承受弯曲、扭转、剪切应力和冲击、振动负荷，同时还要受到工件和切屑的强烈摩擦作用，产生大量的热，使刃具温度升高，有时高达600℃左右，切削速度愈快，吃刀量愈大则刀刃局部升温愈高。因此要求具有高的硬度和耐磨性❶，以及高的红硬性❷，此外还要求具有一定的强度、韧性和塑性，防止刃具由于冲击、振动负荷作用而发生崩刃或折断。刃具用钢有含碳量较高的非合金工具钢、低合金工具钢、高速工具钢和硬质合金。

国家标准GB/T 1299—2014列出了8种刃具模具钢用非合金工具钢：T7、T8、T8Mn、T9、T10、T11、T12、T13；6种量刃具钢用钢：9SiCr、8MnSi、Cr06、Cr2、9Cr2、W。

二、耐冲击工具用钢和轧辊用钢

耐冲击工具用钢是可承受较大冲击性动载荷的合金工具钢。它主要用于制造量具、刃具、耐冲击工具和冷、热模具及一些特殊用途的工具，特别是用于制造在冲击载荷下又要求耐磨的冷剪金属的刀片、铲搓丝板的铲刀，冷冲模中的切边模、冲孔模，空气锤工具、锅炉工具、顶头模和冲头、剪刀（重震动）、切割器（重震动）、混凝土破裂器，以及风动工具中的风铲、风凿等。国家标准GB/T 1299—2014列出了6种耐冲击工具用钢。

轧辊是轧钢厂轧钢机和其他滚辗机器（如塑料压延机）上的重要零件，是利用一对或一组轧辊滚动时产生的压力使（轧材）金属产生塑性变形的工具。它承受轧制时强大的轧制力（动静载荷）、剧烈的磨损和热疲劳影响，而且热轧辊在高温下工作，要求具有较高的强度、较高的硬度、优良的强韧性、良好的耐磨性，以及良好的耐热性、热稳定性和抗热裂性等。国家标准GB/T 1299—2014列出了5种轧辊用钢。

三、冷作模具钢和热作模具钢

冷作模具钢是具有比碳素工具钢更好的综合力学性能的低合金工具钢，具有较高的硬度和耐磨性，淬透性较好且变形小，适于制作工作条件繁重下的各种小型冷作模具，特别适用于制作各种要求变形小、耐磨性高的精密量具（如样板、块规、量规等），也用于一般要求的、尺寸比较小的冲模及冷压模、雕刻模、落料模等，也可以用于制作机床的精密丝杆、磨床主轴等。

热作模具钢主要用来制造需在高温状态下进行压力加工的模具，如热压铸模具、热切冲模具、热变形模具（热镦模具）、热挤压模等。因此对钢的热硬性、高温耐磨性、热疲劳强度、导热性和淬透性都有较高的要求，同时具有良好的成型可加工性能。

国家标准GB/T 1299—2014列出了19种冷作模具钢，22种热作模具钢。

四、塑料模具钢

无论是热塑性塑料还是热固性塑料，其成型过程都是在加热加压的条件下完成的。但是一般情况下加热温度不高（150～250℃），成型压力也不大（40～200MPa）。因此，对塑料成型模具用钢的力学性能的要求相对较低。然而塑料制品的形状复杂、尺寸精密且表面光洁，在成型过程中还会产生某些腐蚀性气体，所以要求塑料成型模具用钢应当具有良好的抛光性能，以获得光洁的表面；优良的切削加工性能和冷挤压成型性能，热处理变形微小；较高的硬度（一

---

❶ 刀具必须具有比被加工工件更高的硬度，一般切削金属用的刀具，其刃口部分硬度要高于60HRC。硬度主要取决于钢中的碳含量，因此，刃具钢的碳含量都较高，一般在0.6%～1.5%范围内。耐磨性与钢的硬度有关，也与钢的组织有关。硬度愈高，耐磨性愈好。在淬火回火状态及硬度基本相同的情况下，碳化物的硬度、数量、颗粒大小和分布等对耐磨性有很大影响。

❷ 对切削刀具，不仅要求在室温下有高硬度，而且在温度较高的情况下也能保持高硬度。红硬性的高低与回火稳定性和碳化物弥散沉淀等有关，钢中加入W、V、Nb等元素可显著提高钢的红硬性。

般在45HRC左右）和耐腐蚀性，以保证尺寸精度、在长期使用中表面质量不变；有足够的强度和韧性，保证承受载荷不变形。国家标准GB/T 1299—2014列出了21种塑料模具钢。

五、特殊用途模具钢

除了前述介绍的工模具钢外，国家标准GB/T 1299—2014《工模具钢》中还列出了特殊用途模具钢。

特殊用途模具钢包括无磁模具钢、耐腐蚀模具钢和耐高温模具用钢等。国家标准GB/T 1299—2014列出了5种特殊用途模具钢。无磁模具钢是一种高Mo-V系无磁钢（如7Mn15Cr2Al3V2WMo），具有非常低的磁导系数，高的硬度、强度，较好的耐磨性，高的高温强度和硬度，而切削加工性比较差。但采用高温退火工艺，可以显著地改善无磁模具钢的切削性能。无磁模具钢适于制造无磁模具、无磁轴承及其他要求在强磁场中不产生磁感应的结构零件，也可以用来制造在700～800℃之间使用的热作模具。耐高温模具钢是比热作模具钢能耐更高温度的模具钢，要求其具有更加高的红硬性，更好的热稳定性、抗氧化性、抗高温变形和更小的热膨胀因数等。如Ni25Cr15Ti2MoMn、Ni53Cr19Mo3TiNb可长期在600℃以上工作；而2Cr25Ni20Si2最高使用温度可达1200℃，连续使用最高温度为1150℃，间歇使用最高温度为1050～1100℃。耐腐蚀模具钢0Cr17Ni4Cu4Nb"是添加铜和铌的马氏体沉淀硬化不锈钢，强度可通过改变热处理工艺予以调整，耐蚀性优于Cr13型及95Cr18（9Cr18）和11Cr17Ni2（1Cr17Ni2）钢，抗腐蚀疲劳及抗水滴冲蚀能力优于12%Cr马氏体不锈钢，主要用于既要求具有不锈性又要求耐弱酸、碱、盐腐蚀的高强度部件，工作温度低于300℃的结构件。"（摘自GB/T 1220—2007《不锈钢棒》）

六、高速工具钢

高速工具钢（High-speedtool steels）主要用于制造高效率的切削刀具。由于其具有红硬性高、耐磨性好、强度高等特性，也用于制造性能要求高的模具、轧辊、高温轴承和高温弹簧等。高速工具钢经热处理后的使用硬度可达63HRC以上，在600℃左右的工作温度下仍能保持高的硬度，而且其韧性、耐磨性和耐热性均较好。退火状态的高速工具钢的主要合金元素有钨、钼、铬、钒，还有一些高速工具钢中加入了钴、铝等元素。

高速工具钢按化学成分可以分为钨系高速工具钢和钨钼系高速工具钢，按其性能可分为低合金高速工具钢、普通高速工具钢和高性能高速工具钢。国家标准GB/T 9943—2008《高速工具钢》中列出了2种钨系工具钢（即W18Cr4V、W12Cr4V5Co5），17种钨钼系高速工具钢。

第七节　特殊性能钢

特殊性能钢是指具有某些特殊的物理性能、化学性能、力学性能的钢种。工程上常用的主要有不锈耐蚀钢、耐热钢、耐磨钢、低温用钢和特殊物理性能钢。

一、不锈钢和耐热钢

不锈钢（stainless steel）以不锈、耐蚀性为主要特性，且铬含量至少为10.5%、碳含量最多不超过1.2%的钢，在自然环境或一定的腐蚀介质中具有耐腐蚀性能，这也是不锈钢最主要的性能指标。不锈钢按主要化学成分分类，可分为铬不锈钢和铬镍不锈钢两大类（Cr、Ni是不锈钢重要的合金化元素）；按室温下的组织结构分类，有马氏体型、奥氏体型、铁素体和双相不锈钢；按用途分则有耐硝酸不锈钢、耐硫酸不锈钢、耐海水不锈钢等；按耐蚀类型可分为耐点蚀不锈钢、耐应力腐蚀不锈钢、耐晶间腐蚀不锈钢等；按功能特点分类又可分为无磁不锈钢、易切削不锈钢、低温不锈钢、高强度不锈钢等。由于不锈钢具有优良的耐腐蚀性能，广泛用于石油化工、医疗卫生、食品、航空、核工业等行业和人们的日常生活中。

耐热钢（heat-resisting steel）是指在高温下具有良好的抗氧化性能并具有较高的高温强度的钢。耐热钢按其性能可分为抗氧化钢和热强钢两类；按其正火组织可分为奥氏体耐热钢、马氏体耐热钢、铁素体耐热钢及珠光体耐热钢等。耐热钢常用于制造锅炉、汽轮机、动力机械、工业炉，以及航空航天、石油化工、核工业等工业部门中在高温下工作的零部件。

常用的不锈钢和耐热钢的牌号以及它们的化学成分和力学性能可查阅 GB/T 20878—2007《不锈钢和耐热钢　牌号及化学成分》。

二、低温用钢

低温用钢（steels for low temperature service）是指用于制造工作温度低于 $-40℃$ 的零件的钢种，能在 $-196℃$ 以下使用的，称为深冷用钢或超低温用钢。低温钢主要应具有如下的性能：韧性-脆性转变温度低于使用温度；满足设计要求的强度；在使用温度下组织结构稳定；良好的焊接性和加工成型性；某些特殊用途还要求极低的磁导率、冷收缩率等。

低温用钢通常分为 4 个温度级别：$-20 \sim -40℃$、$-50 \sim -80℃$、$-100 \sim -110℃$、$-196 \sim -269℃$。低温用钢长期在较为恶劣的环境条件下工作，钢的含碳量都较低，一般 $\leq 0.20\%$，严格控制 P、Si 等元素的含量。主要的合金元素有 Mn、Ni、V、Ti、Nb、Al 等，其中 Mn、Ni 对低温韧性有利，尤以 Ni 最为明显；V、Ti、Nb、Al 等元素可细化晶粒，进一步改善低温韧性。低温用钢按晶体点阵类型一般可分为体心立方的铁素体低温用钢和面心立方的奥氏体低温用钢两大类。

铁素体低温用钢一般存在明显的韧性-脆性转变温度，当温度降低至某个临界值（或区间）会出现韧性的突然下降。它又可分为：低碳锰钢，这类钢最低使用温度为 $-60℃$ 左右；低合金钢，主要有低镍钢、锰镍钼钢、镍铬钼钢，最低使用温度可达 $-110℃$ 左右；中（高）合金钢，主要有 6%Ni 钢、9%Ni 钢（应用较广的深冷用钢）、36%Ni 钢，这类高镍钢的使用温度可低至 $-196℃$。

奥氏体低温用钢具有较高的低温韧性，一般没有韧性-脆性转变温度，主要有三个系列：Fe-Cr-Ni 系应用于各种深冷（$-150 \sim -269℃$）技术中；Fe-Cr-Ni-Mn 和 Fe-Cr-Ni-Mn-N 系，具有较高的韧性、极低的磁导率，适用于超低温无磁钢（磁导率很小），如 0Cr21Ni6Mn9N 和 0Cr16Ni22Mn9Mo2 等在 $-269℃$ 作无磁结构部件；Fe-Mn-Al 系低温无磁钢，是中国研制的新钢种，如 15Mn26Al4 等可部分代替铬镍奥氏体钢，用于 $-196℃$ 以下的极低温区。

低温用钢广泛用于石油化工、冷冻设备、液化天然气（LNG）（工作温度 $-163℃$）、液氢（工作温度 $-253℃$）、液氦（工作温度 $-269℃$）等液体燃料的制备与储运装置，以及海洋石油工程和极地的机械设备等。这里不能不提到在深冷设备中必不可少的钢材——殷瓦钢，也称殷钢或殷瓦合金，英文 Invar，是"体积不变"的意思。殷瓦钢是一种镍铁合金，其成分为镍 36%、铁 63.8%、碳 0.2%，主要特性是热膨胀系数极低，导热因数低，能在很宽的温度范围内保持固定长度，强度、硬度不高，塑性、韧性高等，是建造 LNG 船货舱的理想材料。我国研制的殷瓦钢为我国自行设计、建造大型 LNG 运输船提供了条件（货舱内部要铺设两层隔热绝缘层来保证舱内达到 $-163℃$ 的绝对低温环境，每一层都是由厚实的绝缘箱材料加上仅有 0.7mm 厚的殷瓦钢薄膜组成。绝缘箱最大变形率要求每米不超过 0.06mm）。

表 9-1 和表 9-2 所示的是摘自国家标准 GB 150.2—2011《压力容器　第 2 部分：材料》中的压力容器常用的低温用钢板和锻件的牌号，它们的化学成分和力学性能分别可查阅 GB/T 3531—2014《低温压力容器用钢板》和国家能源局标准 NB/T 47009—2010《低温承压设备用低合金钢锻件》（代替 JB/T 4727—2000）；表 9-3 列出的是目前尚未列入我国上述标准的其他常用低温用钢。低温管道用钢可查阅 GB/T 18984—2003《低温管道用无缝钢管》。

表 9-1　钢板的使用温度下限

钢号	钢板厚度/mm	使用状态	冲击试验	使用温度下限/℃
16MnDR	6～60	正火,正火+回火	-40℃冲击	-40
	>60～120	正火,正火+回火	-30℃冲击	-30
15MnNiDR	6～60	正火,正火+回火	-45℃冲击	-45
15MnNiNbDR	10～60	正火,正火+回火	-50℃冲击	-50
09MnNiDR	6～120	正火,正火+回火	-70℃冲击	-70
09Ni9DR	6～100	正火,正火+回火,调质	-100℃冲击	-100
06Ni9DR	6～40(6～12)	调质(或两次正火+回火)	-196℃冲击	-196
07MnNiVDR	10～60	调质	-40℃冲击	-40
09MnNiMoDR	10～60	调质	-50℃冲击	-50

注：本表摘自 GB 150.2—2011《低温压力容器用钢板》表 4。

表 9-2　钢锻件的使用温度下限

钢号	公称厚度/mm	冲击试验	使用温度下限/℃
16MnD	≤100	-45℃冲击	-45
	>100～300	-40℃冲击	-40
20MnMoD	≤300	-40℃冲击	-40
	>300～700	-30℃冲击	-30
08MnNiMoVD	≤300	-40℃冲击	-40
10Ni3MoVD	≤300	-50℃冲击	-50
09MnNiD	≤300	-70℃冲击	-70
08Ni3D	≤300	-100℃冲击	-100

注：本表摘自 NB/T 150.2—2011《压力容器》表 10 "低温承压设备用低合金钢锻件"。

表 9-3　其他常用低温用钢

种　类	温度等级/℃	低温用钢牌号	热　处　理
低碳锰钢	-40	07MnNiCrMoBDR	正火
	-70	09Mn2VDR、09MnTiCuReDR（Q345E）	正火或调质
	-90	06MnNb	正火或调质
低碳镍钢	-100	10Ni4（ASTM[①]　A203-70D）	正火或调质
	-120	13Ni5、06AlCu、06AlNbCuN	正火或调质
	-196	1Ni9（ASTM　A533-70A）、20Mn23Al	调质
奥氏体钢	-253	0Cr18Ni9、1Cr18Ni9	固溶
	-253	15Mn26Al4	固溶
	-269	0Cr25Ni20（JIS[②]　G4304-1972）	固溶
	-269	0Cr21Ni6Mn9N	
	-269	0Cr16Ni22Mn9Mo2	

[①] ASTM（American Society for Testing and Materials）系美国材料与试验协会的英文缩写。该技术协会成立于 1898 年。

[②] JIS，日本工业标准的简称，由日本工业标准调查会组织制定和审议。

三、磁钢

5000 年前人类发现了天然磁铁（Fe_3O_4）。最早发现及使用磁铁的是中国人，2300 年前我们的祖先将天然磁铁磨成勺型放在光滑的平面上，在地磁的作用下勺柄指南，曰"司南"，此即世界上第一个指南仪，是我国四大发明之一；公元 1000 年前我国用磁铁与铁针摩擦磁化，制成了世界最早的指南针；1100 年左右中国将磁铁针和方位盘联成一体，成为磁铁式指南仪，用于航海；1405～1432 年我国郑和凭借指南仪开始人类航海史的伟大创举；1488～1521 年哥伦布、伽马、麦哲伦凭借由中国传来的指南仪进行了闻名全球的航海发现。

按磁化特性，磁性材料分为两大类：一类是磁化后容易去掉磁性，剩磁非常小的磁性材料，称之为软磁性材料，也称软磁钢（magnetically soft steel）；另一类是磁化后不容易去掉磁性，剩磁非常大的磁性材料，称为硬磁性材料，也称永磁材料，可以做成永久磁钢（permanent magnet steel)。磁性材料广泛地应用在医学（如核磁共振）、工业、交通（如磁悬浮列车）、地磁探矿、通信、电子、仪器仪表、航空（如在飞机表面涂一层吸波的磁性材料，可以吸收雷达发射的电磁波，这就是"隐形飞机"）、军事（如在水雷或地雷上安装磁性传感器可以提高杀伤力）等领域。永磁材料之本在于其三大特殊性能：高剩磁，高矫顽力和最大磁能积。变形永久磁钢的牌号、化学成分及磁性能等可查阅 GB/T 14991—2016《变形永磁钢》。这里介绍几种主要的永久磁钢。

（一）铝镍钴系磁钢

铝镍钴系磁钢最原始的定义即是铝镍钴系合金（磁钢在英文中被记作 AlNiCo，即铝镍钴的缩写）是最早开发出来的一种永磁材料，磁钢是由铁与铝、镍、钴等组成，有时是由铁与铜、铌、钽组成，坚硬易脆，无法冷加工（cold work），必须通过铸造或者烧结（Sintering）制成。铸造出的铝镍钴永磁材料有着最低可逆温度系数，工作温度可高达 600℃以上。铝镍钴磁钢主要用于各种传感器、仪表、电子、机电、医疗、教学、汽车、航空、军事技术等领域。

（二）铁铬钴系磁钢

铁铬钴系磁钢以铁、铬、钴元素为主要成分，还含有钼和少量的钛、硅元素，用于制造各种截面小、形状复杂的小型磁体元件。

（三）稀土系磁钢

稀土永磁材料是指以稀土元素铈、镨、钕、钐等和过渡族元素铁、钴等组成的金属间化合物材料。目前主要是稀土钐钴永久磁钢和钕铁硼永久磁钢。钐（Sm）钴（Co）磁钢依据成分的不同分为 $SmCo_5$ 和 Sm_2Co_{17}，分别为第一代和第二代稀土永磁材料，更适合在高温（>200℃）环境中工作；钕铁硼永久磁钢是第三代稀土永磁材料，磁能积高，被称作当代"永磁之王"，可以进行烧结、粘结和注塑成型制造。稀土系磁钢主要用于低速转矩电动机、启动电动机、传感器、磁推轴承、核磁共振成像仪、电子钟表和磁选机等的磁系统；钕铁硼磁体以其优异的性能广泛用于电子、机械等行业。阿尔法磁谱仪的研制成功，标志着我国钕铁硼磁体的各项磁性能已跨入世界一流水平。目前，科学家们正在积极探索寻找第四代新型稀土永磁材料，以期进一步降低成本并提高性能。它们的牌号及磁性能等可查阅 GB/T 13560—2009《烧结钕铁硼永磁材料》及 GB/T 18880—2002《粘结钕铁硼永磁材料》。

四、无磁钢

无磁钢（Non magnetic steel），也称低磁钢，是指在正常状态下不具有磁性的稳定的合金钢。无磁钢属 Fe-Mn-Al-C 系列奥氏体合金钢，组织稳定，力学性能优良，磁导率低而电阻率高，在磁场中的涡流损耗极小，容易加工制造。常见的有铬镍奥氏体型钢（如 0Cr16Ni14）、高锰铝奥氏体型钢（如 45Mn17Al3）等。无磁钢广泛应用在电气行业，主要用途有两个方面：

（1）高压电器和大中型变压器油箱内壁、铁芯拉板、线圈夹件、螺栓、套管、法兰盘等漏磁场中的结构件。

（2）起重电磁铁吸盘、磁选设备筒体、选箱以及除铁器、选矿设备等。

无磁模具钢是一种高 Mo-V 系无磁钢。无磁模具钢在各种状态下都能保持稳定的奥氏体，具有非常低的磁导系数，高的硬度、强度、较好的耐磨性。由于高锰钢的冷作硬化现象，切削加工比较困难。采用高温退火工艺，可以改变碳化物的颗粒尺寸、形状与分布状态，从而明显地改善无磁模具钢的切削性能。无磁模具钢适于制造无磁模具、无磁轴承及其他要求在强磁场中不产生磁感应的结构零件，也可以用来制造在 700~800℃ 范围内使用的热作模具。

五、耐磨钢

耐磨钢是指用于制造高耐磨性零件的特殊钢种，广义上，高碳钢、高碳工具钢、一部分结构钢（主要是硅、锰结构钢）及合金铸钢均可用于制造耐磨零件。国家标准 GB/T 22651—

2011《耐磨钢铸件》列出了 11 个耐磨钢的牌号及其化学成分、力学性能等。耐磨钢中最主要的是高锰耐磨钢，国家标准 GB/T 5680—2010《奥氏体锰钢铸件》列出了 10 个高锰钢的牌号及其化学成分等。高锰钢含锰和含碳量都较高：高碳钢可以提高耐磨性，过高时韧性下降，且易在高温下析出碳化物；高锰可以保证固溶处理后获得单相奥氏体。单相奥氏体的塑性、韧性很好，开始使用时硬度很低，耐磨性差。当工作中受到强烈的挤压、撞击、摩擦作用时工件表面迅速产生剧烈的加工硬化现象，且发生马氏体转变，使硬度显著提高，芯部则仍然保持原来的高韧性状态。

耐磨钢广泛用于矿山机械、煤炭采运、工程机械、农业机械、建材、电力机械、铁路运输等行业。例如，球磨机的钢球、衬板，挖掘机的斗齿、铲斗，各种破碎机的轧白壁、齿板、锤头，拖拉机和坦克的履带板，风扇磨机的打击板，铁路辙叉，煤矿刮板输送机用的中部槽中板、槽帮、圆环链，推土机用铲刀、铲齿，大型电动轮车斗用衬板，石油和露天铁矿穿孔用牙轮钻头，等等。

第八节 铸 铁

铸铁是主要由铁、碳和硅组成的合金的总称。从重量百分比的角度看，铸铁是应用最多的一种金属材料。铸铁是含碳量大于 2.06% 的 Fe-C 合金，此外还含有硅（Si）、锰（Mn）元素及硫（S）、磷（P）等杂质。工业上常用的铸铁的含碳量一般在 2.5%～4.0%，含硅 0.6%～3.0%、锰 0.2%～1.2%、硫 0.08%～0.15%、磷 0.1%～1.2%。合金铸铁还含有镍、铬、钼、铝、铜、硼、钒等元素。碳、硅是影响铸铁显微组织和性能的主要元素。《汉书·五行志上》："成帝 河平 二年正月，沛郡 铁官铸铁，铁不下，隆隆如雷声，又如鼓音。"《北史·杨津传》："掘地至泉，广作地道，潜兵涌出，置炉铸铁，持以灌贼。贼遂相告曰：'不畏利槊坚城，唯畏杨公铁星。'"讲的都是把铁矿石冶炼成铁。

一、铸铁的分类

碳在铸铁中多以石墨形态存在，有时也以渗碳体形态存在。按铸铁的断口特征分类，铸铁可分为白口铸铁（white cast iron）、灰口铸铁（grey cast iron）和麻口铸铁（mottled cast iron）。一般说来，铸铁中的碳以石墨形式存在时，才被广泛地应用。在白口铸铁中，碳基本上以化合状态的 Fe_3C 存在，其断口呈亮白色，故得其名。Fe_3C 脆而硬，也就使得白口铸铁变得非常脆而硬，因此不能进行切削加工，主要用作炼钢的原料。麻口铸铁中的碳是以 Fe_3C 和石墨的混合形态存在的，工业上用途不大。灰口铸铁中的碳则是以石墨形态存在，断口呈灰黑色，具有许多优良性能，如良好的铸造性、吸振性、耐磨性及切削加工性能，若经合金化后还具有优良的耐热性、耐腐蚀性等特殊性能，它的生产工艺简单，价格低廉，被广泛地应用于各行各业，常用来制造机器、仪器、装置的底座及形状复杂的零件。

在灰口铸铁中，石墨（graphite）的强度极低，在铸铁中对金属起着分割作用，降低了基体的连续性，使基体承受应力的有效面积减小，降低了铸铁的强度、塑性和韧性。但石墨的形状不同时，这种弱化的作用有很大差别。片状石墨的弱化最显著，而球状石墨的弱化作用最小，处于中间的是蠕虫状石墨和团絮状石墨。根据灰口铸铁中石墨形状的不同，灰口铸铁又可以分为普通灰铸铁（石墨呈粗片状）、孕育铸铁（石墨大部分呈细片状）、球墨铸铁（石墨大部分呈球状）、蠕墨铸铁（石墨大部分呈蠕虫状，代号 RuT）和可锻铸铁（由白口铸铁加热到 900～950℃ 进行退火，使 Fe_3C 分解，石墨呈团絮状，代号 KT）。通常，把石墨呈片状的普通灰铸铁和孕育铸铁统称为灰铸铁。若在铸铁中加入合金元素，即可得到合金铸铁。按铸铁的特殊性能可将其分为耐磨铸铁、抗磨铸铁、耐蚀铸铁、耐热铸铁、无磁性铸铁等。

二、灰铸铁

灰铸铁中的石墨呈片状，所以灰铸铁具有较好的耐磨性和抗振性，是最常用的一种铸铁。其强度极限低于钢，抗压强度与抗拉强度的比值为 4∶1，因此在应用灰铸铁时，应尽量使零件处于受压状态，不受或少受拉伸或弯曲。

灰铸铁的大致化学成分为：含碳 2.5%～4.0%；含硅 1.0%～3.0%；含锰 0.25%～1.0%；含硫 0.02%～0.20%；含磷 0.05%～0.50%。其中，锰、硫、磷的总含量一般不超过 2.0%。灰铸铁的熔点低（1145～1250℃），具有上述化学成分范围的铁水，在缓慢冷却凝固时的收缩量小，抗压强度和硬度接近碳素钢，减振性好；碳发生石墨化，将近 80% 的碳以片状石墨析出。灰铸铁由于片状石墨存在，故耐磨性好，铸造性能和切削加工性能较好，常用于制造机床床身、汽缸、箱体等结构件。

按 GB/T 5612—2008《铸铁牌号表示方法》的规定，灰铸铁的牌号以"HT"为代号，其后的数字表示最低抗拉强度（单位 MPa）。灰铸铁有 8 种：HT100、HT150、HT200、HT225、HT250、HT275、HT300、HT350，其化学成分及力学性能可查阅 GB/T 9439—2010《灰铸铁件》。

三、球墨铸铁

球墨铸铁（nodular cast iron），简称球铁，是一种高强度铸铁材料，其综合性能接近于碳素钢，所谓"以铁代钢"，主要指的就是球墨铸铁。球状石墨对铸铁基体的割裂作用影响最小，因而提高了强度，特别是提高了塑性和韧性，有效地提高了力学性能和切削加工性能。与灰铸铁相比较，球墨铸铁整体力学性能高于灰铸铁，其抗拉强度高（可达 1200MPa）；弹性模量高，接近普通非合金钢；屈强比约为 0.7～0.8（45 钢为 0.59～0.60）；具有良好的塑性和韧性，断后伸长率较高；耐磨性优于非合金钢；铸造性能优于铸钢；切削加工性能接近于灰铸铁。20 世纪 70 年代初，中国、美国、芬兰 3 个国家几乎同时宣布研究成功了具有高强度、高韧性的奥氏体-贝氏体球墨铸铁（Austempered Ductile Iron），国际上统称 ADI。奥-贝球墨铸铁的抗拉强度达 1000MPa，与合金钢相比，具有显著的经济效益和社会效益。

球墨铸铁是将灰口铸铁铁水经球化处理和孕育处理后获得的，析出的碳全部或大部分是以自由状态的球状石墨形式存在，断口呈银灰色。球墨铸铁的熔点约 1200～1300℃，化学成分控制较为严格，通常大致为：含碳 3.0%～4.0%；含硅 1.8%～3.2%；含锰 0.6%～0.8%；含硫量<0.07%；含磷量<0.1%；含锰、磷、硫总量不超过 3.0% 和适量的稀土、镁等球化元素。与灰铸铁相比，其主要特点是高 C、高 Si、低 S。球墨铸铁是在具有上述化学成分范围的铁水浇铸前，加入一定量的球化剂和孕育剂，就可获得石墨呈球状分布的铸铁。

常用的球化剂有铜镁、镍镁（我国早期使用，但成本高）；硅镁铁合金（浇注中等断面厚度的铸件）；稀土镁类合金（包括稀土硅镁、稀土钙镁、稀土铜镁等合金）。我国在 20 世纪 60 年代初研制的稀土镁类系列合金球化剂，是目前我国应用的主要球化剂。我国是稀土丰富的国家，所以常用稀土镁来做球化剂，国外一般用镁金属做球化剂。新的研究证明，稀土族元素对石墨球化有显著作用的是轻稀土元素中的铈和重稀土元素中的钇（Y，39）。

生产中最常用的孕育剂是硅铁（Si-Fe）或硅钙（Si-Ca）合金等，其中还含有钙、钡、锶和锆等金属元素。为了增强孕育效果，研究人员推出了一种新型孕育剂，其中含有铈（Ce）、钙（Ca）、硫（S）和氧（O）。已经证实，采用这种孕育剂，能使球墨铸铁的显微组织更为均匀，缩孔倾向较小，从而获得了更好的切削加工性能。

正是基于球墨铸铁优异的力学性能和加工工艺性能，其多被用来铸造承受冲击载荷的零件，且零件的尺寸和重量几乎不受限制。目前，球墨铸铁已成功地用于铸造一些受力复杂，强度、韧性、耐磨性要求较高的零件，已迅速发展为仅次于灰铸铁的、应用十分广泛的铸铁材料，广泛用于制造内燃机、汽车底盘等重要零部件，各种动力机械的曲轴、凸轮轴、连接轴、连杆、齿轮、离合器片、液压缸体等零部件及农机具等。

按 GB/T 5612—2008《铸铁牌号表示方法》的规定，球墨铸铁的牌号是以"QT"为"球墨铸铁"代号，其后的两组数字分别表示最低抗拉强度（单位 MPa）和最小断后伸长率（单位%）。我国球墨铸铁分为 14 种：QT350-22L（L-冷硬球墨铸铁）、QT350-22R（R-耐热球墨铸铁）、QT350-22、QT400-18L、QT400-18R、QT400-18、QT400-15、QT450-10、QT500-7、QT550-5、QT600-3、QT700-2、QT800-2、QT900-2。它们的化学成分及力学性能可查阅 GB/T 1348—2009《球墨铸铁件》。

四、蠕墨铸铁

蠕墨铸铁是一种新型工程材料，它的结晶特性使其生产工艺的控制难于其他铸铁，起初甚至使人感到变幻莫测。蠕墨铸铁（vermicular graphite cast iron）是指铁碳主要以蠕虫状石墨析出存在于金属基体之中的铸铁材料。蠕墨铸铁的石墨形态介于片状和球状石墨之间，在光学显微镜下看起来像片状，但不同于灰口铸铁的是，其片较短而厚，头部较圆，形似蠕虫，故而得名，可以认为这是一种过渡型石墨。蠕墨铸铁作为一种新型铸铁材料出现在 20 世纪 60 年代，我国是研究蠕墨铸铁最早的国家之一。1966 年山东省机械设计研究院发表了稀土高强度灰铸铁论文，标志着我国蠕墨铸铁生产技术的研制成功。通常蠕墨铸铁是在铁水浇注以前加蠕化剂（镁或稀土）随后凝固而制得的。国内外研究一致认为，稀土是制取蠕墨铸铁的主导元素。我国稀土资源富有，为发展我国蠕墨铸铁提供了极其有利的物质基础。

蠕墨铸铁的化学成分一般为：含碳 3.4%～3.6%；含硅 2.4%～3.0%；含锰 0.4%～0.6%；含硫<0.06%；含磷<0.07%。蠕虫状石墨的形态因介于片状与球状之间，所以其力学性能介于灰铸铁和球墨铸铁之间，其铸造性能、减振性和导热性都优于球墨铸铁，与灰铸铁相近。蠕墨铸铁在高温下有较高的强度，且具有氧化生长较小、组织致密、热导率高以及断面敏感性小等特点，可取代一部分高牌号灰铸铁、球墨铸铁和可锻铸铁。由于蠕墨铸铁的优异综合性能，因此具有独特的用途，广泛用于制造钢锭模、汽车发动机、排气管、玻璃模具、柴油机缸盖、制动零件等。特别是我国第二汽车厂蠕墨铸铁排气管流水线的投产，标志着我国蠕墨铸铁生产已达到高水平。

世界上蠕墨铸铁的产量难以统计，这是因为蠕墨铸铁往往被统计在灰铸铁的产量之内，而不是以单独的项目统计。我国在蠕墨铸铁的形成机制的研究方面处于领先地位，并且在蠕墨铸铁的处理工艺、铁液熔炼及炉前质量控制、蠕墨铸铁常温和高温性能方面均进行了广泛、深入的研究。我国制作蠕墨铸铁所用的蠕化剂中均含有稀土元素，如稀土硅铁镁合金、稀土硅铁合金、稀土硅钙合金、稀土锌镁硅铁合金等，形成了适合我国国情的蠕化剂系列。

按 GB/T 5612—2008《铸铁牌号表示方法》的规定，蠕墨铸铁的牌号为"RuT+数字"，"RuT"为蠕墨铸铁的代号，是"蠕"汉语拼音和"铁"汉语拼音首字母；后面的数字表示该牌号蠕墨铸铁的最低抗拉强度（单位 300MPa）。GB/T 26655—2011《蠕墨铸铁件》规定，我国有 5 个蠕墨铸铁的牌号：RuT300、RuT350、RuT400、RuT450 和 RuT500。各种牌号蠕墨铸铁的化学成分和力学性能可查阅 GB/T 26655—2011《蠕墨铸铁件》。

本 章 小 结

钢和铸铁材料是工程上应用最为广泛的金属材料。本章主要介绍了以下几个问题。

(1) 金属材料的主要性能包括力学性能、物理性能、化学性能及加工工艺性能。其中，力学性能到目前为止研究过的有：比例极限、弹性极限、屈服极限、强度极限、塑性（断面伸长率、断面收缩率)、硬度和冲击韧性。

(2) 热处理是用不同的加热温度和不同的冷却速度来改变钢的组织，以获得所需要的某种性能的工艺方法，分为整体热处理（退火、正火、淬火和回火）、表面热处理（主要指表面淬火）及化学热处理。钢的热处理方法一般都适用于铸铁的热处理。

(3) 工业纯铁的含碳量低于0.0218%；含碳量在0.0218%～2.11%之间的Fe-C合金称为钢，工业用钢含碳量不超过1.5%；含碳量在2.11%～4.0%之间的Fe-C合金称为铸铁，工业用铸铁含碳量在2.5%～4.0%。在Fe-C合金中，随着含碳量的增加，材料的塑性和韧性下降，硬度和强度提高；杂质磷使钢的冷脆性增加，杂质硫使钢的热脆性增加，所以要限制它们的含量，钢的质量也主要是以磷和硫的含量来评价的。

(4) 世界钢铁产业技术发展的三大趋势和我国未来10年钢铁产业工艺技术发展十大方向。

(5) 工模具钢包括：刃具模具钢、耐冲击工具用钢、冷作模具钢、热作模具钢、塑料模具钢、轧辊用钢、特殊用途模具钢。高速工具钢按化学成分可以分为钨系高速工具钢和钨钼系高速工具钢，按其性能可分为低合金高速工具钢、普通高速工具钢和高性能高速工具钢。

(6) 常用的普通非合金钢、优质非合金钢、铸钢、灰铸铁和球墨铸铁的牌号的意义。

(7) 合金钢是在非合金钢中人为地加入了合金元素，以获得某种特殊的性能。特殊性能钢是指具有特殊的物理性能、化学性能或力学性能的钢，主要用于某些特殊场合。

(8) 铸铁是主要由铁、碳和硅组成的合金的总称。灰口铸铁中的碳是以石墨形态存在，断口呈灰黑色，具有许多优良性能。根据灰口铸铁中石墨形状的不同，又分为普通灰铸铁（石墨呈粗片状）、孕育铸铁（石墨大部分呈细片状）、球墨铸铁（石墨大部分呈球状）、蠕墨铸铁（石墨大部分呈蠕虫状）和可锻铸铁（石墨呈团絮状）。通常，把石墨呈片状的普通灰铸铁和孕育铸铁统称为灰铸铁。灰铸铁抗压强度、耐磨性、减振性好，铸造性能和切削加工性能也较好。球墨铸铁综合性能接近于碳素钢，所谓"以铁代钢"，主要指的就是球墨铸铁。蠕墨铸铁可取代一部分高牌号灰铸铁、球墨铸铁和可锻铸铁。

思 考 题

9-1 金属材料的工程性能如何？
9-2 什么是钢的热处理？工程上常用的热处理工艺有哪些？其目的是什么？
9-3 工业纯铁、钢和铸铁的含碳量是如何划分的？在非合金钢的杂质中，哪些是有益元素？哪些是有害元素？钢的质量等级主要控制什么指标？
9-4 钢有哪些分类方法？钢的分类情况如何？
9-5 世界钢铁产业技术发展的新趋势是什么？我国钢铁产业技术发展有哪十大方向？
9-6 请说明Q235A、08、45、25Mn、ZG230-450H、T8、T8A、T8Mn、T8MnA的含义。
9-7 工模具钢是如何分类的？
9-8 灰铸铁有哪些特点和用途？球墨铸铁有哪些特点和用途？蠕墨铸铁有哪些特点和用途？
9-9 请说明HT250、HT350、QT450-10、QT600-3的含义。

习 题

9-1 金属材料的工程性能主要包括哪些方面的性能？请举例说明。
9-2 工程上在使用灰铸铁时应如何发挥其优点？球墨铸铁有哪些优点？
9-3 特殊性能钢包括哪些类型？各有什么特点？

第十章　非铁金属材料

非铁金属[1]（nonferrous metals）的应用十分广泛，在金属材料中占有特殊的重要地位，是建设四个现代化必不可少的基础材料和重要的战略物资。例如飞机、飞船、导弹、火箭、卫星、雷达、核潜艇、航母等尖端武器，原子能、电力、电子、通信、计算机等尖端技术，以及人民生活所需的电器，都离不开非铁金属。因此世界各国，尤其是发达国家，都非常重视发展非铁金属工业。

我国使用非铁金属的历史非常悠久，最早有"金"的文字记载的是 4000 年前的夏朝（公元前 2100 年）《尚书·禹贡》文中的"金"，一般指金、银、铜、铁、锡，曰黄金、白银、赤铜、黑铁、青锡，合称"五金"。我国远在 4500 年前就已经开始使用青铜器，商周时期的青铜冶铸技术雄踞世界前列；铸造出了世界罕见的青铜文物，如商代精美的四羊尊、重 875kg 的司母戊青铜鼎及东周曾侯乙墓出土的音调准确的大型成套编钟等；掌握了先进的铸造工艺；总结了最早的青铜合金配比与性能、用途关系的规律等，为中国古代文明的高度发达奠定了坚实的物质基础。唐宋时期的金属加工工艺精湛，嵌镶铜镜技术达到高峰，金银饰品及鎏金器物受到世界赞誉。明代的钱币"永乐通宝"（公元 1403—1424 年）有的含锌高达 99%。明清以来，金属生产和加工技术的发展规模远远超过前代，并开始向欧洲出口白铜、锌这些当时还是独特的产品（欧洲到 18 世纪才开始冶炼锌）。

第一节　非铁金属的分类和用途

国际上，对非铁金属的分类并不统一，一般是按非铁金属的密度、经济价值、在地壳中的储量及分布情况和被人们发现及使用的年代等分为五大类：轻非铁金属；重非铁金属；稀有金属；贵金属；半金属。稀有金属又分为稀有轻金属、稀有高熔点金属、稀有分散金属、稀土金属和稀有放射性金属五个类别。

国际上把常用非铁金属中产量大、应用广泛的 10 种非铁金属称为"十种非铁金属"，世界其他各国是指铝、镁、铜、铅、锌、镍、钴、锡、锑、汞；而我国是指精制铜、电解铝、铅、锌、镍、锡、锑、汞、镁、钛。[2] 2015 年我国"十种非铁金属"产量为 5090 万吨，同比增长 5.8%。[3] 十种非铁金属中，Al、Mg、Ti、Mn、Cr、Cu 等在地壳中有较丰富的含量，但是由于这些金属的化学活泼性高，所以冶炼困难，产量低，生产成本高，价格昂贵。

这里仅简要介绍非铁金属的分类和应用情况。

一、轻非铁金属

轻非铁金属一般是指密度小于 $4.5g/cm^3$ 的金属，如铝、镁、钾、钠、钙、锶（Sr，原子

---

[1] 以前不少的资料把金属分为黑色金属和有色金属两大类。黑色金属只有三种，即铁、锰与铬，但它们都不是黑色的：纯铁是银白色的；锰是银白色的；铬是灰白色的。因为铁的表面常常生锈，盖着一层黑色的 Fe_3O_4 与棕褐色的 Fe_2O_3 的混合物，看上去就是黑色的，怪不得人们称之为"黑色金属"。人们常说的"黑色冶金工业"，主要是指钢铁工业，因为最常见的合金钢是锰钢与铬钢，这样自然把锰与铬也算成是"黑色金属"了。除此之外的 80 余种金属都是有色金属。实际上黑色亦属有色，只能说是习惯叫法。

[2] 参见《有色金属工业十二五发展规划》专栏 1. ［2015-02-20］（2012-01-31）http：//wenku.baidu.com.

[3] 参见《2015 年我国十种有色金属总产量达 5090 万吨》．［2016-02-20］（2016-02-19）．国土资源部网站．

序数38)、钡等。这类金属的共同特点是密度小（0.53～4.5g/cm³），化学活性大，氧、硫、碳和卤素化合物都相当稳定。其中在工业上应用最为广泛的是铝及铝合金，纯铝主要用于电线电缆、输电与配电材料、电气制品、家庭用品、医药与食品包装等；铝合金广泛用于在机械工业和建筑装饰等；高强度低密度铝合金则多用于飞机结构材料。目前铝产量已超过非铁金属总产量的1/3。这类金属多采用熔盐电解法和金属热还原法提取。

二、重非铁金属

重非铁金属一般是指密度大于4.5g/cm³以上的非铁金属，包括铜、锌、镍、铅、钴、锡（Sn，50）、锑（Sb，51）、汞（Hg，80）、镉（Cd，48）和铋（Bi，83）等。其中应用最为广泛的是铜及其合金，纯铜是制造导电和导热体的重要材料，也是机械制造和电器设备的基础材料。镍、铅、锡、锌、钴是重要的合金元素，各种性能特殊的合金广泛用于航空航天、船舶、电工电子、机械、化工等领域。纯铅主要用于制作子弹头、蓄电池、放射源场所防护板、耐酸容器衬套等。纯锡可加工成箔材，广泛用于电子工业、食品等的包装及钢铁材料的保护层，以及制造锡基合金等。镍、锌、锡、铅作为铜的合金化元素，可以制造出白铜、黄铜、锡青铜、铅青铜，而若分别以铅、锡、铜作为基体加入相应合金元素，则可以得到铅基、锡基和铜基轴承合金。

三、稀有金属

稀有金属是指那些在自然界中存在很少，且分布稀散或难以从原料中提取的金属。需要注意的是，稀有金属的名称也具有一定的相对性，因为"稀有"并非全都稀少，一些稀有金属在地壳中的含量比某些常用金属还多，如锆、钒、锂、铍的含量均比"十大金属"中的铅、锌、汞、锡含量还多。稀有金属又分为以下五个类别。

（一）稀有轻金属

如锂、铷、铍、铯、钛❶等5种金属，其共同特点是密度小（依次为0.53g/cm³、1.55 g/cm³、1.85g/cm³、1.87g/cm³、4.51g/cm³），化学活性很强。锂、铍、钛是非常重要的合金元素。锂自第一次世界大战被首次用于军事工业起，其优异性能被逐渐发现和利用，目前已经广泛地应用于航空航天、玻璃陶瓷、医药、制冷、化工、冶金、纺织、电子等领域；高强度的Al-Li系铝-锂合金、镁-锂合金更是性能优异的超轻材料，我国C919大飞机就大量使用了最高端的铝-锂合金，使得飞机更轻。此外，锂在核聚变中还能作为燃料和冷却剂。

铷和铯广泛应用于天文导航系统、原子核物理、天文学、天体物理学等仪器；光电阴极、电子射线仪器、原子钟等；各种特种玻璃以及火箭用的延性陶瓷；热离子转换器、化工催化剂、润滑脂等；其盐类用作镇静剂、抗休克药物；其放射性同位素用来诊治恶性肿瘤。

钛合金主要用于火箭及壳体、导弹和高速飞机的喷气发动机、助推器等。美国1950年首次将钛合金在F-84轰炸机上用作非承力构件；20世纪60年代初开始部分地用作重要承力构件，之后的SR-71高空高速侦察机（飞行马赫数为3，飞行高度26212m），占结构重量的93%；70年代起民用飞机开始大量使用。我国C919大飞机的机翼和机体上就有20多个钛合金部件。人造地球卫星、载人飞船、航天飞机等主要利用钛合金的高比强度、耐腐蚀和耐低温性能来制造各种构架、燃料贮箱等。钛及钛合金是核工业除锆、铪外的又一种重要材料。钛有优异的耐海水腐蚀性能，可放入海底20～50年不被腐蚀，广泛用于核潜艇、深潜器、原子能破冰船及海水淡化、海洋热能开发和海底资源开采工程等。钛及钛合金还用于制作各种人工骨骼和关节、人造牙以及人造心瓣膜、肾瓣膜等；汽车制造、低温结构材料（如TA7，在

---

❶ 因钛的密度刚好为4.51g/cm³，而其熔点较高（1720℃），也有人将其列为稀有高熔点金属。

—253℃下还能保持一定的塑性和强度)、化工耐腐蚀结构材料、贮氢材料和形状记忆合金等。

(二) 稀有高熔点金属

稀有高熔点金属包括钨 (3410℃)、钼 (2610℃)、钽 (Ta, 2995℃)、铌 (Nb, 2468℃)、锆 (Zr, 1852℃)、铪 (Hf, 2227℃)、钒 (1919℃) 和铼 (Re, 3180℃) 8 种金属。它们的共同特点是熔点高、硬度高、抗腐蚀性强,是制造各种特殊性能合金的合金元素;还可与一些非金属生成非常硬的和难熔的稳定化合物——生产硬质合金所必须的原料。

钨的用途十分广泛,大部分用于生产特种钢,可用来制造枪械、火箭推进器的喷嘴、金属切削刀具和超硬模具;其热强合金可用于制作航空发动机的活门、压模、热切刀具、涡轮机叶轮、挖掘设备;钨和其他高熔点金属(如钽、铌、钼、铼)的合金可用作航空器、火箭发动机的热强材料;钨-铜合金和钨-银合金可制造陀螺仪的转子、飞机控制舵的平衡锤、放射性同位素的放射护罩等;钨系和钨钼系高速钢用于制造各种工具。

钼是重要的合金元素:不锈钢中加入钼能改善耐腐蚀性,铸铁中加入钼能提高强度和耐磨性能;以钼为基体加入合金元素钛、锆、铪、钨及稀土元素和含钼的镍基超合金在高温下具有高强度、密度低和热膨胀因数小的特点,用于航空航天器的高温零部件、热压铸模具等;辉钼 (MoS_2) 是新一代半导体材料,以辉钼为基体的微芯片只有同等硅基芯片的 20% 大小,可能取代石墨烯;是航天器和机械的重要润滑剂;氧化钼和钼酸盐是石化工业的重要催化剂。

铌、钽与钨、钼、钒、镍、钴等金属组成的热强合金,含铌的镍基、铬基和铁基高温合金,以及钽和钽-钨、钽-铪、钽-钨-铪耐热高强合金,可用作超音速飞机喷气发动机、燃气涡轮发动机和火箭、导弹组件、涡轮增压器和耐热燃烧器等的结构材料。铪粉可用于制作火箭推进器,铪合金可用作火箭喷嘴和重返大气层的飞行器的滑翔式前沿保护层;纯铪耐高温抗腐蚀,是原子能工业较理想的中子吸收体,可作原子反应堆的控制棒和保护装置;在 W-Mo-Ta 合金中加入合金元素 Hf,可作为硬质合金材料,铪合金 Ta_4HfC_5 是已知熔点最高的物质(约 4215℃)。此外,用钽制成的电解电容器容量大、体积小且可靠性好;铌有很好的"生物适应性",铌片可弥补头盖骨损伤,铌丝可缝合神经和肌腱,铌条可代替折断了的骨头和关节等,铌基合金是目前最重要的超导材料;铪也用于最新的 intel45 纳米处理器。

锆是冶金工业的"维生素",钢里只要加进千分之一的锆,硬度和强度就会惊人地提高,是制造装甲车、坦克、大炮和防弹钢板等的重要材料;锆粉是制造曳光弹和照明弹的好材料;锆具有惊人的抗腐蚀性能、超高的硬度和强度、极高的熔点(二氧化锆熔点 2680℃),被广泛用于航空航天和核能工程(我国核电站普遍采用锆);含锆的锌镁合金,质量轻又耐高温,强度是普通镁合金的两倍,可用于飞机喷气发动机、轮毂、支架等受冲击载荷大的零件。

金属铼及其合金可制高温热电偶,在化工生产中做催化剂。含钨 90%、钒 1%、铼 9% 的合金可耐高温。由于铼的存在分散,价格昂贵,实际应用尚有待开发。

(三) 稀有分散金属

稀有分散金属也叫稀散金属,通常是指镓、铟、铊、锗 4 种金属。除铊外,其他 3 种都是半导体材料,它们在地壳中平均含量较低,于自然界中大多没有单独的矿藏存在,而是以稀少分散状态伴生在其他矿物之中,只能随开采主金属矿床时在选冶中加以综合回收利用。性能独特的稀散金属可与其他非铁金属组成半导体、电子光学材料、特殊合金、新型功能材料及有机金属化合物等。稀散金属的用量虽然不大,但至关重要,缺它不可,广泛用于当代通信技术、电子计算机、宇航工程、医药卫生等领域,可用作感光材料、光电材料、能源材料和催化剂材料等。

(四) 稀土金属

稀土金属包括镧系元素以及与镧系元素性质很相近的钪和钇，共17种元素[1]，又分为轻稀土（又称铈组，包括镧、铈、镨、钕、钷、钐、铕、钆）和重稀土（又称钇组，包括铽、镝、钬、铒、铥、镱、镥、钪、钇）。稀土有"工业黄金"和"工业味精"之称，由于它们具有优良的光、电、磁、热等物理特性，作为合金元素能与钢铁和非铁金属组合成性能各异、品种繁多的新型合金材料，从而改善合金的物理、化学性能，提高合金的力学性能，如压电材料、电热材料、磁阻材料、发光材料、贮氢材料、激光材料、超导材料、特种玻璃和特种陶瓷等。

我国"长征"系列火箭、"神舟"系列飞船和"嫦娥"探月工程等航天、航空、航海、军工等都离不开稀土新材料。如在铝合金、镁合金、钛合金中添加1.5%～2.5%钕，可提高合金的高温性能、气密性和耐腐蚀性，广泛用作航空航天材料。稀土可以大幅度提高用于坦克、大炮、导弹用材料的战术性能。如美国M1坦克因为装备的掺钕钇铝石榴石的激光测距机，在晴朗的白天可以达到近4000m的观瞄距离；"爱国者"导弹的防空导弹能力，也来自于制导系统中大约4kg的钐钴磁体和钕铁硼磁体（用于电子束聚焦）；海湾战争中加入稀土元素镧的夜视仪成为美军坦克压倒性优势的来源；掺铒的激光晶体对战场的硝烟穿透能力较强，保密性好，不易被敌人探测，已制成对人眼安全的军用便携式激光测距仪；钷电池可作为导弹制导仪器的电源，体积小，寿命长；Ce（铈）-LiSAF固体激光器，可通过监测色氨酸浓度探查生物武器。

稀土钐、铕等还广泛应用于原子能反应堆的结构材料、屏蔽材料和控制材料，钇、钆、镝等及其同位素都是最有效的中子吸收剂，可用于控制核电站连锁反应，以保证核反应的安全。

在石油化工生产中，稀土镨、钐、钪、镥、钕等用来制成高效催化剂；铈用作汽车尾气净化催化剂和制造无毒染料、颜料，也可用于涂料、油墨和纸张等行业。农业方面，稀土元素可以提高植物的叶绿素含量，增强光合作用，促进根系对养分吸收，促进幼苗生长；并使某些作物增强抗病、抗寒、抗旱的能力；向作物施用微量的硝酸稀土，可增加产量5%～10%。

稀土镨、钬、铒是制造光纤不可缺少的元素，其中铒的光学性质尤为突出；镧、铈、钕、钷、铽、铒、铥、铕、镝、钆、钬、镥、钇、钪等用于电子工业及仪器工业，如铽系磁光材料存储元件的存储能力可提高10～15倍；镧、铈、钕、钬、铒、铥、镱、钇则用作激光材料；镧、铈、镨、钐、铕、铽、铒、铥、镱、钇、钪等可制造各种特殊性能的玻璃和陶瓷；钆、钬、钕、铕、铥、镱等用于医疗卫生，如铥可制造轻便X光机射线源，掺钕钇铝石榴石激光器代替手术刀用于摘除手术或消毒创伤口；铈、镨、钕、镝、镱、钐、铽等用于制造磁性材料，其中铈、镨、钕、镝用于制造永磁材料。

目前，稀土研究的热点是稀土发光材料、稀土催化剂、稀土磁性材料和稀土功能材料等。

(五) 稀有放射性金属

一般原子序数在84以上的元素都具有放射性，原子序数在83以下的某些元素［如锝（Tc，43）、钷等］也具有放射性。稀有放射性金属包括天然放射性元素和人造超铀元素两大类，前者往往与稀土金属矿伴（共）生，有时也存在于特殊石料中（对于装饰用石料，人们要防止放射性物质超过国家标准的有关规定）。人工合成放射性元素最初是通过人工核反应合成

---

[1] 稀土元素包括元素周期表中第ⅢB类元素Sc（钪，21）、Y（钇，39）和镧系元素的La（镧，57）、Ce（铈，58）、Pr（镨，59）、Nd（钕，60）、Pm（钷，61）、Sm（钐，62）、Eu（铕，63）、Gd（钆，64）、Tb（铽，65）、Dy（镝，66）、Ho（钬，67）、Er（铒，68）、Tm（铥，69）、Yb（镱，70）、Lu（镥，71）等17种元素的合称。因比较稀有，化学性质相似，往往共存于矿物中，故称稀土元素。

而被鉴定的放射性元素。天然放射性元素包括钋（Po，84）、钫（Fr，87）、镭（Ra，88）、锕（Ac，89）、钍（Th，90）、镤（Pa，音葡，91）和铀（U，92）及非金属元素氡（Ru，86）；人工合成的放射性元素包括镎、钚、镎（Np，93）、钚（Pu，94）、镅（Am，95）、锔（Cm，96）、锫（Bk，97）、锎（Cf，98）、锿（Es，99）、镄（Fm，100）、钔（Md，101）、锘（N，102）、铹（Lw，103）、𬬻（Rf，104）、𬭊（Db，105）、𬭳（Sg，106）、𬭛（Bn，107）、𬭶（Hs，108）、䥑（Mt，109）及半金属元素砹（At，85）。

天然放射性元素镭（Ra）是医疗界放射性治疗及工业、科技、仪器的放射源；天然放射性元素铀及人造超铀元素钚等则是核能发电和制造核武器的重要物质。

四、贵金属

贵金属是在地壳中含量相对稀少，开采和提炼也比较困难，因而价格昂贵的金属，包括金（Au，79）、银（Ag，47）和铂族元素［铂（Pt，78）、铱（Ir，77）、锇（Os，76）、钯（Pd，46）、铑（Rh，45）、钌（Ru，44）］，铂（俗称白金）是较金、银更贵的贵金属。贵金属的特点是密度大（最轻的银的密度为 $10.50g/cm^3$，最大的铱、锇为 $22.48g/cm^3$ 以上），熔点高（锇最高 3054℃），化学性质稳定，抗酸、碱，难于腐蚀（银和钯除外）。贵金属广泛地应用于电子工业和宇航工业等部门，也用于在体育活动中制作金、银牌及人们生活中制作首饰。金具有良好的延展性，一些古建筑用作外装饰品。一些国家用金、银作为货币的储备物，有的则发行金币和银币用于流通。

五、半金属

半金属（semimetal），又称为准金属（metalloid），是物理性质和化学性质介于金属与非金属之间的化学元素，一般是指硅（14）、硼（5）、硒（Se，34）、碲（Te，52）、砷（As，33）、砹（At，85）等 6 种元素。半金属元素在元素周期表中处于金属向非金属过渡的位置。此外，锗（Ge，32）、锑（Sb，51）、钋（对它们的物理性质和化学性质所知尚少）也具有半金属的属性，一般也将其划分为半金属。半金属大都是半导体，电阻率介于金属（$10^{-5}\Omega \cdot cm$ 以下）和非金属（$10^{10}\Omega \cdot cm$ 以上）之间；导电性对温度的依从关系大都与金属相反，加热时其电导率随温度升高而上升；大都具有多种不同物理性质和化学性质的同素异形体，除砹外的 5 种元素的"无定形"同素异形体的非金属性质更为突出。

半金属元素是冶金工业中重要的合金元素。高纯度的单晶硅是重要的半导体材料；纯二氧化硅可用于光导纤维通信；金属-陶瓷复合材料是宇宙航行重要的耐高温材料；在古文物、雕塑的外表涂一层薄薄的有机硅塑料，可以防止青苔滋生、抵挡风吹雨淋和风化，天安门广场的人民英雄纪念碑，就做过如此处理，因此永远洁白清新。硼是用途广泛的化工原料，但主要用于玻璃陶瓷、洗涤剂和化肥。硒（Selenium）称为人体微量元素中的"抗癌之王"，但每日摄入硒量高达 400~800 毫克/千克体重可导致急性中毒。碲主要用作合金元素，也可用作石油化工催化剂、玻璃着色剂、温差电材料、新型红外材料、定时炸药中延时爆炸的引信等。砷（arsenic）是重要的毒药，口服 0.01~0.05g 即可发生中毒，导致生长滞缓、怀孕减少、自发流产，致死量为 0.76~1.95mg/kg。三价砷的毒性是五价砷的 60 倍。砷在地壳中以不同形式存在着：雌黄、雄黄等，存在于砷黄铁矿中，我国古代炼丹家称硫磺、雄黄和雌黄为三黄。高纯砷是锗和硅的合金元素，用作二极管、发光二极管、红外线发射器、激光器等。砷还用于制造硬质合金、农药、防腐剂、染料和医药（曾被用于治疗梅毒）等。砹（Astatine）是地球上最稀少的元素，任何时刻大约只有 0.28g 在自然状态下存在，其化学属性与其他卤素相似，是卤族元素中毒性最小（放射性元素毒性都不小！）、密度最大的元素，已经用于放射治疗。锗（Germanium），早在 1922 年美国的医生就懂得用无机锗来治疗贫血，2007 年其全球应用为：光纤系统占 35%，红外线光学占 30%，聚合催化剂占 15%，电子和太阳能发电占 15%，余下的 5%用于冶金及医疗等。锑主要用于制造合金，含锑铅基合金耐腐蚀，是生产车船用蓄电池电极板、化工泵等的首选材料；锑与锡、铝、铜的合金是制造轴承、轴衬及齿轮的绝好材料；高纯度锑及锑金属互化物（铟锑、银锑、镓锑等）也是生产半导体和热电装置的理想材料。钋与铍混合可作为中子源，也用作静电消除剂，还可用作为航天设备的热源。

第二节　铝及铝合金

铝（aluminum）及铝合金是目前工业中应用最广泛的非铁金属材料，仅次于钢铁，在地壳中的蕴藏量居第二位，约占地壳质量的 8%左右。纯铝具有银白色的金属光泽，相对密度小，仅为 $2.702g/cm^3$，大约是铜和铁的三分之一；熔点为 660.37℃，沸点为 2494℃；在冷却过程中无同素异构转变，无磁性；导电性、导热性好，仅次于银、铜和金；且价格较低；铝在大气中极易在表面生成一层致密的 Al_2O_3 膜，有良好的抗蚀性；铝具有面心立方晶格，强度低（纯度为 99.99%时，$\sigma_b=45MPa$，$\delta=50\%$，$\Psi=80\%$），但具有良好的低温性能（到 -253℃时，塑性和冲击韧度也不降低）；塑性好，具有良好的加工性能，易于铸造、切削和冷、热压力加工，并有良好的焊接性能。

一、工业纯铝

铝含量不低于 99.00%时称为纯铝，工业上使用的纯铝其纯度为 98%～99.99%。影响纯铝性能的主要因素是其所含的杂质，主要杂质元素是 Fe 和 Si，其次有 Cu、Zn、Mg、Mn、Ni、Ti 等。随着杂质元素的性质和含量的增加，使纯铝的导电性、耐腐蚀性、塑性等性能均有明显的降低，其中 Fe、Si、Cu 对保护膜起破坏作用，影响纯铝的耐腐蚀性能。

纯铝按其纯度可分为高纯铝、工业高纯铝和工业纯铝。按照 GB/T 16474—2011《变形铝及铝合金牌号表示方法》规定，纯铝牌号用 1×××四位数字和字母组合系列表示，其中第二位字母"A"表示原始纯铝，B～Y（C、I、L、N、O、P、Q、Z 除外）则表示为原始纯铝的改型，其他元素有所改变；第三、四两位数字纯铝的纯度为 99.××%，数字越大纯度越高。如 1A97 表示纯铝的纯度为 99.97%。高纯铝的质量分数在 99.85%～99.99%之间，其牌号有 1A85、1A90、1A93、1A95、1A97 和 1A99 等。它们的化学成分及力学性能可查阅 GB/T 3190—2008《变形铝及铝合金化学成分》。

纯铝主要用于制造电线电缆、包覆材料、耐腐蚀器皿和生活用品，工业纯铝的主要用途是配制铝合金，高纯铝则主要用于科学试验和化学工业。

二、铝合金

纯铝不适合于制作工程结构。在 Al 中加入适量的 Si、Cu、Mg、Zn、Mn 等主加元素和 Cr、Ti、Zr、B、Ni 等辅加元素，生成铝合金，则可以提高强度并保持纯铝的特性。

铝合金可分为变形铝合金和铸造铝合金两类。

（一）变形铝合金

根据 GB/T 16474—2011《变形铝及铝合金牌号表示方法》的规定，变形铝合金的牌号是（2～9）×××格式，第一位数字表示合金系组别（9 个合金组别，除 1 表示纯铝外，其余组别按主要合金元素划分：2—Cu；3—Mn；4—Si；5—Mg；6—Mg+S；7—Zn；8—其他元素；9—备用组别）；第二位字母"A"表示是原始合金；B～Y（C、I、L、N、O、P、Q、Z 除外）表示为原始的合金的改型合金；第三、四两位数字是铝合金的标识，无特殊意义，仅用来识别同一组中的不同合金。

变形铝合金塑性好，易于压力加工。变形铝合金按其用途又可分为防锈铝合金（包括 Al-Mn 系、Al-Mg 系两个系列的合金，如 5A02、5A05、5A11、3A21）、硬铝合金（包括 Al-Cu

系列合金的一部分，如 2A01、2A11、2A12、2A16)、超硬铝合金［包括 Al-Zn（Al-Zn-Mg-Cu）系列合金，如 7A04、7A06、2A09］和锻造铝合金（包括 Al-Mg-Si 系和 Al-Cu 系列合金的一部分，如 2A50、2A14、2A70)。它们的化学成分及力学性能可查阅 GB/T 3190—2008《变形铝及铝合金化学成分》。

（二）铸造铝合金

按照主加元素不同，铸造铝合金可分为 Al-Si 系、Al-Cu 系、Al-Zn 系和 Al-Mg 系四类。按照国家标准 GB/T 1173—2013《铸造铝合金》的规定，铸造铝合金牌号用化学元素及数字表示该元素的平均含量。在牌号的最前面用"Z"表示"铸造"，例如：ZAlSi7Mg，表示铸造铝合金，平均硅含量为 7%，平均镁含量为 1%。另外，GB/T 1173—2013 还规定了合金代号的表示方法，合金代号由字母"ZL"（分别是"铸""铝"的汉语拼音的声母字母）及其后面的三位阿拉伯数字组成。第一位数字表示合金系列，其中 1、2、3、4 分别表示 Al-Si 铸造铝合金、Al-Cu 铸造铝合金、Al-Mg 铸造铝合金、Al-Zn-Mg 铸造铝合金；第二、三位数字表示顺序号。优质铸造铝合金在数字后面附加英文字母"A"。

常用铸造铝合金的牌号有：铝硅合金 ZAlSi12、ZAlSi9Mg、ZAlSi5Cu1Mg、ZAlSi2Cu1Mg1Ni1；铝铜合金 ZAlCu5Mn、ZAlCu10；铝镁合金 ZAlMg10、ZAlSi1；铝锌合金 ZAlZn11Si7、ZAlZn6Mg。它们的化学成分和力学性能可查阅 GB/T 1173—2013《铸造铝合金》。

第三节 铜及铜合金

铜（copper）是人类历史上应用最早的金属，至今也是应用较广泛的非铁金属材料。铜主要用作导电、导热并兼有耐腐蚀性的器材及制造各种铜合金，是电气、电子、仪器仪表、化工、造船、机械等工业中的重要材料。纯铜外观呈紫红色，故又常称为紫铜。相对密度 8.96g/cm³，熔点 1083℃，沸点 2595℃。纯铜具有很好的导电性和导热性（仅次于银而居第二位[1]），较高的化学稳定性，抗大气和水的腐蚀性强，但在海水中较差，是抗磁性金属，焊接性能良好。纯铜具有面心立方晶格，无同素异构转变。纯铜强度较低（一般为 $\sigma_b=230\sim250$MPa），硬度低（40~50HBS），塑性好（断后伸长率 $A=40\%\sim50\%$），经冷塑性变形之后，强度可提高到 400~500MPa，但塑性下降显著（$A=5\%$）。

一、纯铜

铜是与人类关系非常密切的非铁金属，被广泛应用于电气、轻工、机械制造、建筑工业、国防工业等领域。纯铜按其纯度分为高纯铜和工业纯铜。本节主要介绍工业纯铜及其合金。

（一）高纯铜

高纯铜比工业纯铜的纯度更高，国家标准 GB/T 26017—2010《高纯铜》只列出了两个高纯铜牌号：HPCu-1（Cu 含量不低于 99.9999%，主控杂质元素含量之和不大于 0.0001%）和 HPCu-2（Cu 含量不低于 99.999%，主控杂质元素含量之和不大于 0.001%）。高纯铜作为高新技术产业中的一种关键性的基础材料，广泛应用于光伏电池、智能手机、平板显示、数码器件、计算机、电子仪器、机器人以及机器人内部传送信号的电缆、超导线稳定材料、电子玩具等。此外铜还是大规模集成电路即芯片中不可缺失的材料（如在集成电路中替代金线做连接金

---

[1] 几种工业金属的电、热性能由高到低的顺序为：Ag、Cu、Al、Mg、Zn、Ni、Cd、Co、Fe、钢、Pt、Sn、Pb、Sd。20℃ 时的电阻率，Ag 为 1.59 微欧·厘米，Cu 为 1.63 微欧·厘米，Al 为 1.655 微欧·厘米；电阻率的倒数即导电率。20℃ 时的导热率 Ag 为 1.0 卡/厘米·秒·℃，Cu 为 0.98 卡/厘米·秒·℃。

属丝等），可应用于水处理中处理水中的铅、砷、汞等有毒重金属，还可应用于制作高端音响导线。

（二）工业纯铜

工业纯铜中常含有 0.1%～0.5% 的杂质元素，对铜的性能影响较大。如 P、Ti、Fe、Co、Si、As、Sb、Mn、Al、Be 等元素均强烈降低铜的导电性；而在纯铜中加入微量（低于 1%）的 Ag、Cd（镉）、Cr、Zr、Mg 可提高强度和硬度，而导电性能降低很小；Bi、Pb、Sb 使铜发生热脆，影响热加工能力；含硫和氧过高将致使铜发生冷脆，冷加工困难；氧还会引起铜的"氢病"❶，并降低其焊接性和抗腐蚀性。因此要严格控制杂质元素的含量。工业纯铜主要用来配制铜合金，以及制作各种电线电缆、电气开关、冷凝器、散热管、热交换器、结晶器内壁、防磁器械等，特别是制造导电器材，其用量在我国非铁金属材料的消费中仅次于铝。工业纯铜又包括普通纯铜、无氧铜、磷脱氧铜和高铜。

(1) 纯铜　按照 GB/T 29091—2012《铜及铜合金牌号和代号表示方法》的规定：纯铜的牌号以"T+顺序号"表示；无氧铜以"TU+顺序号"或"T+第一主加元素化学符号+个添加元素含量（数字间以'-'隔开）"命名，如 TU1 表示 1 号无氧铜，TAg0.1-0.01 表示第一主加元素银的名义含量为 0.1%，第二主加元素含量为 0.01%；磷脱氧铜牌号以"TP+顺序号"表示。国家标准 GB/T 5231—2012 列出的普通纯铜有 3 个牌号，即 T1、T2、T3（T1 的氧含量最低，T3 的氧含量最高）；5 个无氧铜牌号为 TU00、TU0、TU1、TU2、TU3；1 个锆无氧铜牌号为 TUZr0.15；1 个弥散无氧铜牌号为 TUAl0.12；银无氧铜牌号有 6 个。

(2) 高铜　国家标准 GB/T 5231—2012 列出了掺有微量其他合金元素的工业纯铜，称为高铜。合金元素有银、碲、硫、锆、镉、铍、镍铬、铬、镁、铅、铁和钛，分别依次叫做银铜、碲铜、硫铜、锆铜、镉铜、铍铜、镍铬铜、铬铜、镁铜、铅铜、铁铜和钛铜。它们的化学成分可查阅 GB/T 5231—2012《加工铜及铜合金牌号和化学成分》。它们的化学成分和力学性能可查阅 GB/T 5231—2012 及 GB/T 2040—2008《铜及铜合金板材》。纯铜主要用于压力加工，国家标准 GB/T 1176—2013《铸造铜及铜合金》中只列出了一种铸造纯铜 ZCu99，表示铜含量≥99.90%，其化学成分和力学性能可查阅该标准。

(3) 铍铜　铍铜（beryllium bronze），旧称铍青铜，是以 Be 为主加元素的铜合金，Be 含量在 1.7%～2.5%，是性能最好的铜合金。国家标准 GB/T 5231—2012 将原标准中的 7 个铍青铜编入高铜系列，将牌号中的"Q"（"青"）改为"T"（"铜"），并称为铍铜，另又增加 1 个牌号，故该标准列出的铍铜牌号有 8 个：TBe1.9-0.4、TBe0.3-1.5、TBe0.6-2.5、TBe0.4-1.8、TBe1.7、TBe1.9、TBe1.9-0.1、TBe2。铍铜经淬火和时效处理后具有很高的疲劳极限和弹性极限；弹性稳定，滞后小；耐腐蚀、耐磨、无磁性；导电性好，冲击无火花；良好的冷、热加工和铸造性能。在电器、电子、仪器等工业中，铍铜常用来制造高级精密的弹性元件，在高速、高温、高压下工作的耐磨零件以及矿山、炼油厂用的冲击时不发生火花的换向开关、电接触器等。

二、铜合金

由于纯铜的抗拉强度不高，利用冷变形强化可以提高强度，但会导致延伸率急剧下降。例如，当变形为 50% 时，σ_b 从 230～250MPa 提高到 400～500MPa，δ 则从 40%～50% 降低到 1%～2%。因此要进一步提高强度并保持较高的塑性，必须在纯铜中加入合金元素（主要是 Zn、Al、Sn、Mn、Ni）使其合金化。按铜合金的化学成分可分为黄铜、青铜、白铜三大类。

---

❶ 含氧铜在还原性气氛（如含 H_2、CO、CO_2、CH_4 等气体的介质）中退火时容易发生自动变脆或开裂的现象，称为"氢病"。这种现象产生的原因是由于退火时 H_2 及其他气体渗透到铜的内部，与铜中所含的 O_2 作用，形成水蒸气或 CO_2。

按照 GB/T 29091—2012《铜及铜合金牌号和代号表示方法》的规定，铸造铜合金的牌号是在加工铜及铜合金牌号的命名方法的基础上，牌号的最前端冠以"铸造"一词汉语拼音的第一个大写字母"Z"。加工铜合金的化学成分和力学性能查阅 GB/T 5231—2012《加工铜及铜合金牌号和化学成分》及 GB/T 2040—2008《铜及铜合金板材》，铸造铜合金化学成分和力学性能可查阅 GB/T 1176—2013《铸造铜及铜合金》。

（一）黄铜

黄铜（brass）是以 Zn 为主要合金元素的铜合金，通常把 Cu-Zn 二元合金称为普通黄铜。国家标准 GB/T 29091—2012《铜及铜合金牌号和代号表示方法》规定，普通黄铜牌号以"H+铜含量"表示，如 H80 表示平均铜含量为 80% 的普通黄铜。普通黄铜的组织和性能受其 Zn 含量的影响，工业黄铜中的 Zn 含量一般不超过 47%。在普通黄铜中加入 Al、Sn、Mn、Al、Fe、Ni 等合金元素可形成特殊黄铜，提高合金的强度、耐腐蚀性等。除了二元黄铜外，还有多元黄铜，即加入三种以上的合金元素的特殊黄铜（也称"复杂黄铜"）。

国家标准 GB/T 5231—2012《加工铜及铜合金牌号和化学成分》列出了 11 个普通黄铜牌号：H95、H90、H85、H80、H70、H68、H66、H65、H63、H62、H59；还列出了特殊黄铜（硼砷黄铜、铅黄铜、锡黄铜、铋黄铜锰黄铜、铁黄铜、锑黄铜、硅黄铜、铝黄铜）的牌号。

常用的普通黄铜有 H90、H80、H68、H59 等；常用的特殊黄铜有 HSn62-1、HMn58-2、HAl60-1-1 等；常用的铸造黄铜有 ZCuZn40Pb2、ZCuZn40Mn3Fe1、ZCuSn5Pb5Zn5 等。

（二）青铜

青铜（byonze）最早是指人类应用的 Cu-Sn 合金。我国在秦朝就已经掌握了 Cu-Sn 合金的配比，即《考工记》所载的"六齐"。现代工业上的青铜是除了黄铜和白铜之外的所有铜合金的总称。青铜的主加元素是 Sn、Al、Be、Si、Mn、Pb、Ti 等。按照 GB/T 29091—2012《铜及铜合金牌号和代号表示方法》的规定，压力加工青铜的牌号是以字母"Q+第一主添加元素化学符号+各添加元素含量（数字间以短线'-'隔开）"命名。例如 QSn6.5-0.1 表示 Sn 含量为 6.5%，磷含量为 0.1%，其余为 Cu 的锡磷青铜。

(1) 锡青铜　锡青铜（tin bronze）是以 Sn 为主加元素的铜合金，其性能受 Sn 含量的影响显著。Sn 含量<5%时，锡青铜的塑性较好，适合于冷变形加工；Sn 含量为 5%~7%时，其热塑性较好，适合于热变形加工；Sn 含量为 10%~14%时，其塑性急剧下降，适合于铸造，称铸造锡青铜。

锡青铜具有良好的耐腐蚀性、减摩性、抗磁性和低温韧性。但其线收缩率很小，热裂性小，能铸造形状复杂、壁厚尺寸过渡突然的零件，而且尺寸精确、纹络清晰。锡青铜的耐磨性、减摩性、抗胶合性能和切削性能均好，多用于制造蜗轮、滑动轴承、弹性元件以及耐腐蚀零件和抗磁零件等。GB/T 5231—2012《加工铜及铜合金牌号和化学成分》列出了 19 个锡青铜牌号，常用的牌号有 QSn4-3、QSn6.5-0.1、QSn6.5-0.4、QSn-4-4-2.5 等。GB/T 1176—2013《铸造铜及铜合金》列出了 6 个铸造锡青铜牌号，常用的牌号有 ZCuSn10Zn2、ZCuSn10P1、ZCuSn5Pb5Zn5、ZCuSn3Zn8Pb6Ni1 等。

(2) 铝青铜　铝青铜（aluminum bronze）是主加元素为 Al 的铜合金，其力学性能受 Al 含量的影响很大，铝青铜的 Al 含量一般在 5%~12%。当 Al 含量为 5%~7%时，其塑性好，适合于冷加工；Al 含量在 10% 左右的铝青铜，其强度高铸造性能好，常用于铸造。GB/T 5231—2012《加工铜及铜合金牌号和化学成分》列出了 11 个铝青铜牌号，常用的牌号有 QAl7、QAl10-4-4 等；GB/T 1176—2013 列出了 9 个铸造铝青铜牌号，常用的牌号有 ZCuAl10Fe3、ZCuAl9Mn2 等。

（三）白铜

白铜（white copper）是以 Ni 为主加元素的铜合金，按其化学成分又分为普通白铜和特殊白铜。普通白铜是 Cu-Ni 的二元合金，按用途又分为结构白铜和电工白铜。由于其抗腐蚀性很好，在造船、发电、石油化工等行业被用作在高温高压下工作的冷凝器、热交换器、蒸发器及各种高强度耐腐蚀零件。按照 GB/T 29091—2012《铜及铜合金牌号和代号表示方法》的规定，普通白铜以"B+镍含量"命名，如 B30 表示镍含量为 30% 的白铜。国家标准 GB/T 5231—2012《加工铜及铜合金牌号和化学成分》列出了 6 个普通白铜的牌号，即 B0.6、B5、B19、B23、B25、B30，其中 B23 可制造高面额镍币。

特殊白铜是在普通白铜 Cu-Ni 二元合金的基础上分别加入主加元素 Zn、Mn、Al、Fe 等合金元素而形成的多元铜合金，分别称为锌白铜、锰白铜、铝白铜、铁白铜。

锌白铜的 Ni 含量为 4%～35%、Zn 含量为 13%～45%，应用最广泛的是 Ni 含量为 15%、Zn 含量为 20% 的锌白铜（BZn15-20）。锌白铜制品具有很高的耐腐蚀性，强度、塑性和弹性也很好，呈漂亮的银白色，在空气中不氧化，于 15 世纪就在我国使用，被称为"中国银"。锌白铜常用来制造精密仪器仪表、精密机械零件、医疗器械等。在特殊白铜中，含 Ni40%、Mn1.5% 的锰白铜又称康铜，与铜、铁、银配成热电偶对时，测温精确，工作温度范围为 -200～600℃；含 Ni43%、Mn0.5% 的锰白铜又称考铜，与镍铬合金配成热电偶对时的测温范围从 -253℃（液氢沸点）到室温。它们都是重要的电工白铜。各种白铜的牌号、化学成分可查阅国家标准 GB/T 5231—2012《加工铜及铜合金牌号和化学成分》。

三、新型铜合金

现代电力工业、电子工业和机械制造业，需要各种性能优异的铜合金。如大容量小型电机需要高强度、高耐热性、高耐磨性以及导热性、导电性都很好的整流子片；大型高速涡流发动机需要高强度、高耐热性的转子导线；大型电气机车需要高硬度、高耐磨性、高耐热性、耐疲劳的架空导线；大规模集成电路需要高强度、高导电率、高耐热性的引线框，等等。

我国近 20 年来发展了许多新型铜合金材料，例如具有高力学性能和导电导热性能、耐热性好的 Cu-Cr 系合金（如 TCr0.5）；蠕变抗力及耐热性很高、导电、导热性很好的 Cu-Zr 系合金；强度、耐热性、高温稳定性高、导电率为铜的 90% 左右的 Cu-Cr-Zr 系合金；高弹性的 Cu-Ni-Sn 系合金等。新型稀土铜合金 RE-Cr-Co-Cu 保持了高导电性，耐摩擦性有了很大提高（摩擦因数约为 0.19），力学性能有了很大的改善且随时间变化稳定；若在（920±10）℃固熔、（500±10）℃时效处理后，其硬度、耐蚀性较之前又有很大提高。[1]最近由浙江大学研制成功了一种新的铜基弹性合金，主要添加元素是铁和铝及少量的其他元素，抗拉强度、屈服强度、延伸率、弹性模量及疲劳寿命均达到或超过了常用锡磷青铜，导电率约为 20%IACS[2]，是锡磷青铜的 2 倍，是一种比较好的导电弹性材料，可制造导电元件，接触弹簧片接插件等[3]。

第四节 轴承合金

轴承合金（braring alloy）是指用来制造滑动轴承的轴瓦和轴承衬的合金。当轴承支承轴工作时，轴瓦表面要承受一定的交变载荷，并与轴颈之间产生强烈的摩擦和磨损，并由于轴的

---

[1] 张媛媛. 新型稀土铬钴铜合金材料研究（前言）[D]. 2012, 兰州理工大学硕士论文.
[2] 20%IACS 是指国际退火（软）铜标准导电率的 20%。IACS（International Annealed Copper Standard 的缩写）是国际退火（软）铜标准。1913 年国际电工学会规定，退火工业纯铜在 20℃时的电阻率等于 0.017241$\Omega \cdot mm^2/m$，为标准导电率，以 100%IACS 表示。由此可知，该导体需要的电阻率为 0.017241/20%=0.086205$\Omega \cdot mm^2/m$。
[3] 董英，王吉坤，冯桂林. 常用有色金属资源开发与加工 [M]. 北京：冶金工业出版社，2005-08.

高速回转而引起工作温度升高。工程上对轴承合金的性能提出的要求是：
① 在轴承工作温度下有足够的抗压强度和疲劳强度；硬度不宜过高，以免磨损轴颈。
② 有足够的塑性、冲击韧性、良好的耐磨性和减摩性，使轴和轴承配合良好。
③ 有良好的跑合性和良好的可润滑性能（能储油），与轴颈配合时的摩擦因数小。
④ 有良好的耐腐蚀性、导热性和较小的线膨胀系数。
⑤ 有良好的工艺性，制造方便；良好的表面性能（即抗咬合性、顺应性和嵌藏性）。

轴承合金大多是铸造合金，国家标准 GB/T 1174—1992《铸造轴承合金》将轴承合金按其化学成分分为锡基、铅基、铜基、铝基四类；此外，在实际工程的应用中还有银系、镍系、镁系和铁系轴承合金。它们各有其特点，只有在一定的条件下使用才是合理的。

按照 GB/T 1174—1992 的规定，铸造轴承合金牌号由其基体金属元素及主要合金元素的化学符号组成，并在其前面冠以"Z"（"铸"字汉语拼音第一个字母）。主要合金元素后面跟有表示其名义百分含量的数字。如果合金元素的名义百分含量不小于1，该数字用整数表示；如果合金元素的名义百分含量小于1，一般不标数字，必要时可用一位小数表示。各种铸造轴承合金的牌号、化学成分和力学性能可查阅 GB/T 1174—1992《铸造轴承合金》。常用的铸造轴承合金有 ZSnSb11Cu6、ZPbSb15Sn10、ZCuSn5Pb5Zn5、ZAlSn6Cu1Ni1 等。

一、巴氏合金

锡基轴承合金和铅基轴承合金都是以锑为主加合金元素，呈白色，故也称白色合金或白合金；固其发明人是巴比特（Issac Babbitt），故又称为巴氏合金。巴氏合金属于具有软相基体和均匀分布的硬质点组成的轴承合金，因强度较低，需将其以钢作衬料制造复合双金属结构的轴瓦。

锡基轴承合金（tin-base bearing alloy）是以 Sn 和 Sb 为基体元素加入适量的 Cu 等元素形成的合金，又称锡基巴氏合金，软相基体为固溶体，硬相质点是锡锑金属间化合物（SnSb），具有良好的耐磨性和浇铸工艺性，摩擦因数和热膨胀因数都较小，塑性、导热性和耐腐蚀性以及嵌藏性都较铅基轴承合金好，但疲劳极限较低，工作温度不能超过150℃。锡基巴氏合金常用于制造重型动力机械，如汽车、拖拉机发动机、气体压缩机、涡轮机、内燃机的高速轴承和轴瓦等。其常用牌号有 ZSnSb12-4-10、ZSnSb11-6 和 ZSnSb8-4 等。

铅基轴承合金（lead base bearing alloy）是以 Pb 和 Sb 为基体元素，加入适量的 Sn 和 Cu 等元素形成的合金，又称铅基巴氏合金，硬相质点是铅锑金属间化合物。铅基轴承合金按其化学成分可分为两类：一类是简单的 Pb-Sb-Cu 合金；另一类是在 Pb-Sb-Sn 的基础上，添加 Cu、Ni、Cd（镉，48）、As（砷）组成的合金。铅基轴承合金的硬度、强度、韧性等性能略低于锡基轴承合金，而且摩擦因数较大。但是其铸造性能好，高温强度也较好，且由于价格低廉，所以常用于制造中低速的轴承和轴瓦材料，如汽车、拖拉机的曲轴、连杆的轴承及电动机的轴承，但其工作温度不超过120℃。其常用牌号有 ZPbSb16-16-2、ZPbSb15-5-3 和 ZPbSb15-10 等。

二、铜基轴承合金

铜基轴承合金（Copper base bearing alloy）属于硬基体软质点轴承合金。铜基轴承合金是用来制造轴承的铜合金，其特点是承载能力高、密度小、导热性和疲劳强度好、工作温度较高。铜合金中常用作轴承合金的有锡青铜、铝青铜、铅青铜、锑青铜、铝铁青铜等。ZCuPb10Sn10、ZCuSn5Pb5Zn5 等，适用于制造中速、中载条件下工作的轴承，如电动机、泵的轴承；ZCuSn10P1、ZCuAl10Fe3、ZCuPb30 等，适于制造在高速、重载条件下工作的轴承，如高速柴油机、汽轮机、航空发动机的轴承。由于铜基轴承合金的价格较贵，而铝基轴承合金的价格相对较便宜，故前者有被新型轴承合金取代的趋势。

三、铝基轴承合金

铝基轴承合金（Aluminum base bearing alloy）也属于硬基体软质点轴承合金。铝基轴承合金是以 Al 为基体元素，加入 Sb 或 Sn 等元素而得到的合金。这种合金的优点是导热性、耐蚀性、疲劳强度和高温强度均高，而且价格便宜；缺点是膨胀系数较大，抗咬合性差。目前常用的铝基轴承合金有低锡铝基轴承合金（含 Sn 量＜10％）、高锡铝基轴承合金（含 Sn 量在 10％～40％之间，以 17.5％～22.5％合金最常用）和 Al-Sb-Mg 轴承合金。国家标准 GB/T 1174—1992 只列出了 ZAlSn6Cu1Ni1 一个牌号。

低锡铝基轴承合金的锡含量较高锡铝基轴承合金要少，但还添加有一定量的 Mg、Si、Ni 等（其牌号不同，添加的元素及其量不同），杂质元素较多。由于各种元素共同作用的结果，低锡铝基轴承合金的力学性能比高锡铝基轴承合金的优良，是应用最广泛的铝基轴承合金，适用于制造高速、重载条件下工作的轴承，如汽车、拖拉机、内燃机的轴承。

高锡铝轴承合金具有较高的疲劳极限，良好的耐磨性、耐热性和耐腐蚀性，锡的加入可以改善其抗胶合性能，减少轴瓦与轴颈的磨损，均匀承载能力较强，工作寿命较长。高锡铝基轴承合金适合于制造高速（13m/s 以上）、重载（3200MPa 以上）的发动机轴承。但锡含量的增加又使得力学性能降低，故常以 08 钢作衬料制造复合双金属结构的轴瓦，可以替代巴氏合金、铜基轴承合金和 Al-Sb-Mg 轴承合金。Al-Sb-Mg 轴承合金由于 Mg 的加入能提高合金的屈服点和冲击韧度，并能使针状 AlSb 变为片状，从而改善合金的性能，具有较高的强度和耐磨性，但运转时容易与轴胶合，承载能力也不大，适宜于制造轻载荷的滑动轴承。

第五节　金属零件的表面精饰

金属零件的表面精饰是在金属零件的表面附上一层覆盖层，以达到防腐蚀、改善性能及表面装饰的目的。这个过程中，简单的金属离子或络离子[1]是通过电化学的方法在固体（导体或半导体）表面上放电还原为金属原子附着于电极表面，从而获得一层金属层，称为金属电沉积，通常采用的工艺方法有电镀、化学处理、涂漆和表面强化技术等。

一、电镀

电镀（electroplating）是应用电解原理在某些金属或非金属零件的表面镀上一层薄的其他金属或合金，从而改善其外观，提高耐腐蚀性、抗磨性、硬度，提供特殊的光、电、磁、热等表面特性的金属沉积工艺。电镀是以被镀基体（被镀零件）为阴极，通过电解作用在基体上获得一层结合牢固的金属或合金膜的一种金属零件表面处理的方法。电镀工艺有镀 Cr（chromium）、镀 Ni（nickel）、镀 Zn（antimony）、镀 Cd（cadmium）、镀 Ag（silver）等。

（一）镀 Cr

镀 Cr 层具有很好的化学稳定性，外观颜色好，光泽好，在潮湿的大气中也能保持外观不变；有很高的硬度和耐磨性；经抛光后其反射系数可达 70％。但 Cr 的深镀能力及扩散能力较差，不宜于镀形状复杂的零件，且镀 Cr 的成本较高。镀 Cr 工艺适用于镀钢质、Cu 质及 Cu 合金零件，精密计量测试仪器及小型量具也常采用镀 Cr。相关事项可查阅 GB/T 11379—2008《金属覆盖层　工程用铬电镀层》。

（二）镀 Ni

镀 Ni 层具有较高的硬度（略低于 Cr），良好的导电性；镀 Ni 层呈黄白色，容易抛光；有

---

[1] 由一定数量的配体（阴离子或分子）通过配位键结合于中心离子（或中性原子）周围而形成的跟原来组分性质不同的分子或离子，叫做配位化合物，简称络合物。络离子是络合物的中心离子，大多是过渡金属离子。

抵抗空气腐蚀的能力，对弱酸和弱碱也有一定的抗腐蚀能力。但镀 Ni 层容易出现微孔，且容易具有磁性，故不适合于镀防磁零件。镀 Ni 工艺适用于镀钢质、Cu 质及 Cu 合金、Al 合金零件，镀 Ni 主要用于某些导电元件的防腐及某些零件的装饰。相关事项可查阅 GB/T 12332—2008《金属覆盖层　工程用镍电镀层》。

（三）镀 Zn

镀 Zn 是应用最为广泛的一种电镀工艺。镀 Zn 层具有中等硬度；对大气具有很高的防腐蚀性能，但在湿热性地带及海洋蒸汽地区，镀 Zn 层的防腐蚀性能比镀 Cd 层低，但镀 Zn 工艺的成本比镀 Zn、镀 Ni 工艺略低。镀 Zn 工艺适用于钢质、Cu 质及 Cu 合金零件。相关事项可查阅 GB/T 9799—1997《金属覆盖层　钢铁上的锌电镀层》。

（四）镀 Cd

Cd 的化学稳定性好于 Zn，镀 Cd 层有极好的防腐蚀性能，特别是在海水和饱含海水蒸气的大气中，其耐腐蚀性能极好。因此，镀 Cd 工艺主要用于直接受到海水作用或在饱含海水蒸气的大气条件下工作的零件，也用于某些零件的外装饰。镀 Cd 工艺适用于钢质零件、Cu 质及 Cu 合金零件。镀 Cd 的零件不宜用于含 SO_2 的大气中。相关事项可查阅 GB/T 13346—1992《金属覆盖层　工程用镉电镀层》。

（五）镀 Ag

镀 Ag 层有很高的化学稳性和极好的导电性，抛光后的反射率可达 90% 以上，在 Cl（17，氯）和硫化物作用下会变黑。镀 Ag 工艺主要适用于 Cu 合金零件。相关事项可查阅 GB/T 12306—1990《金属覆盖层　工程用银及银合金电镀层》（ISO 4521—2008）。

二、金属零件表面精饰的化学处理

金属零件表面的化学处理，是将金属或合金零件放入含有某种活性原子的化学介质中，通过加热使介质中的原子扩散，深入零件一定深度的表层，改变其化学成分并获得与芯部性能不同的表面处理工艺。金属零件表面精饰的化学处理主要有氧化和磷化。

（一）黑色金属的氧化与磷化

钢铁零件的氧化是将零件放入浓碱和氧化剂溶液中加热氧化，使其表面生成一层厚约 $0.6\sim0.8\mu m$ 的 Fe_3O_4 保护性薄膜。随着操作和零件表面化学成分的不同，氧化薄膜的厚度有所不同，氧化薄膜可呈黄、橙、红、紫、蓝、黑等颜色。钢铁零件一般要求蓝黑色或黑色，故氧化又称为发蓝或发黑。氧化处理方法有碱性氧化法、无碱氧化法和酸性氧化法等。氧化工艺多用于非合金钢和低合金钢零件，常用于机械、精密仪器、仪表、武器和日用品的防护和装饰。相关事项可查阅 GB/T 15519—2002《化学转化膜　钢铁黑色氧化膜　规范和试验方法》。

钢铁零件在含有锰、铁、锌的磷酸盐溶液中经化学处理，可在表面生成一层难溶于水的磷酸盐保护膜，这种化学处理方法称为磷化。磷化膜呈暗灰色或黑色，具有微孔结构，经填充、浸油或涂漆处理后具有较好的抗腐蚀性，磷化膜还可作为矽钢片的电绝缘层，防止零件粘附低熔点的熔融金属，避免压铸零件与模具粘结。磷化处理又分为低温磷化、中温磷化、高温磷化。黑色磷化薄膜层的结晶很细，色泽均匀，呈灰黑色，厚度约为 $2\sim4\mu m$，膜层与基体结合牢固，耐磨性强，保护能力比氧化薄膜层的保护能力强。磷化广泛应用于汽车制造、石化工业、机械制造、兵器工业、船舶工业和航空航天工业等。相关事项可查阅 GB/T 11376—1997《金属的磷酸盐转化膜》。

金属零件表面的氧化与磷化都不会影响零件的尺寸精度。

（二）Al 及 Al 合金的阳极氧化

将铝及其合金置于适当的电解液中作为阳极进行通电处理的过程称为阳极氧化。经过阳极氧化，铝表面能生成厚度为几个至几百微米的氧化膜。这层氧化膜的表面是多孔蜂窝状的，比起铝合金的天然氧化膜，其耐蚀性、耐磨性和装饰性都有明显的改善和提高。采用不同的电解液和工艺条件，就能得到不同性质的阳极氧化膜。铝及其合金的阳极氧化又分为硫酸阳极氧化、草酸和铬酸阳极氧化、硬质阳极氧化（得到"硬质氧化膜"）。

Al 的氧化膜层的化学性能十分稳定，膜层与基体结合牢固，提高了铝及铝合金的硬度、耐磨性及防腐蚀性能。铝及铝合金的阳极氧化还能染成不同的颜色，纯铝可以染成任何颜色，而 Si-Al 合金只能染成灰黑色。相关事项可查阅 GB/T 8013.1—2007《铝及铝合金阳极氧化膜与有机聚合物膜 第 1 部分：阳极氧化膜》和 GB/T 8013.2—2007《铝及铝合金阳极氧化膜与有机聚合物膜 第 2 部分：阳极氧化复合膜》。

（三）Cu 及 Cu 合金的阳极氧化

铜及其合金经过特殊氧化处理后，可在表面生成一层黑色氧化铜，这种黑色的氧化膜层具有一定的防护性能和装饰性能，尤其是在光学仪器等特殊要求方面具有不可替代的特殊作用。黑色氧化铜层具有均匀一致性和超薄性，特别适合于形状特殊、复杂的零件（如管状、盲孔及其他形状特异的零件）。还需指出，铜及铜合金的氧化与钢铁零件的氧化不同，后者均可在同一种工作液中进行，只需采用相应的工艺条件，即可获得不同程度的黑色氧化膜；而铜及铜合金的氧化，必须在特定的工作液中、在特定的条件下才能获得预期的效果。

黑色铜氧化膜在大气条件下容易变色，其耐磨能力不强，氧化膜层不影响零件的尺寸精度及表面粗糙度。黄铜用 NH_3（氨）液氧化后能获得良好的氧化膜层，膜层也很薄，其表面不易附着灰尘，故适用于与光学零件接触的零件或形状复杂的零件的氧化工艺。

三、金属零件表面喷涂

金属喷涂（metal spraying）也称热喷涂，是指在金属零件的表面喷以熔融的高速（甚至超音速）粒子流，以产生覆层的材料保护技术。金属喷涂的优点是：零件的尺寸无上限，基体表面受热温度较低（一般不超过 200℃），覆层与基体间的附着力较大（可高达 7MPa），喷涂后的表面粗糙度可达到 $Ra1.25\mu m$，加工后可达到 $Ra0.16\sim0.04\mu m$。但电弧法的覆层表面质量较差，仅达到 $Ra3.2\mu m$ 左右，经精加工后可达到一般精密零件的水平。

热喷涂工艺通常分为四类：火焰法，包括火焰喷涂、爆炸喷涂、超音速喷涂；电弧法，包括电弧喷涂和等离子喷涂；电热法，包括电爆喷涂、感应加热喷涂和电容放电喷涂；激光法喷涂。目前主要采用前两种方法。金属零件热喷涂应用最多的是零件的修复；与强烈介质接触的零件表面或起绝缘作用；提高零件的耐磨性，改善零件摩擦性能；对零件和制品起防腐蚀或装饰作用。喷涂材料的选用原则是：适合被喷涂零件的工作环境和功能要求的材料；热膨胀因数与基体材料相近的材料；适合于喷涂工艺和设备，来源广，价格低廉。对钢铁零件热喷涂，应用最多的是锌、铝及锌-铝合金、不锈钢。此外，也有采用漆或其他材料的涂层。

热喷涂的适用范围、涂层材料和工艺、应用和要求的特性等可查阅 GB/T 29037—2012《热喷涂 抗高温腐蚀和氧化的保护涂层》。

四、金属零件表面强化新技术

金属零件表面强化技术是指采用某种工艺手段，使零件表面获得与基体材料的组织结构和性能不相同的一种技术，它可以延长零件的使用寿命，节约稀有昂贵材料，对各种高新技术的发展具有重要意义。前面已经介绍的表面热处理和表面化学热处理，以及表面机械强化，如滚压、内挤压（对孔）、喷丸等，这些都是最基本也是应用最广泛的表面强化技术。随着科学技术的发展和生产的需要，金属材料表面强化处理技术也有了新的发展。

（一）电火花表面强化

电火花（electric spark）表面强化是以直接放电的方式向金属零件表面提供能量，并使之转换成热能和其他形式的能量以达到改变零件表层的化学成分和金相组织之目的，从而提高零件的表面性能。电火花表面强化需要采用直流电源,它与限流电阻和储能电容器组成充电回路,而电容器、电极、被加工工件及其连接线组成放电回路。通常,电极接电容器正极,而被加工工件接负极。电极与振动器的运动部分相连接,振动器的频率由振动器的振动电源频率决定。强化工件时,如果电极采用合适的材料,则能在工件表面形成一层高硬度、高耐磨性和耐腐蚀性的强化层,显著提高被强化零件的使用寿命。

(二) 激光表面强化

激光光束 (laser beam) 是平行光束,发散角很小(几个毫弧度),故其方向性极强。激光光束具有极高的能量密度(可达 10^{14} W/cm^2),集斑中心温度可达几千到几万摄氏度。激光束向金属零件表层进行热传递,激光束与被其加热的金属零件表层进行热交换,由于光穿过金属的能力极低,仅能使金属表面的一薄层的温度升高,故热交换的进行和热平衡的建立极其迅速,在微秒(10^{-6}s)级甚至纳秒级(10^{-9}s)或皮秒级(10^{-12}s)内就能达到相变或熔化的温度,使零件表面性能(主要是耐磨性)得以提高。激光表面强化技术是激光表面处理技术中的一种。激光表面处理技术可以对零件中采用传统表面处理技术或其他高密度能量表面处理技术不能够或不容易到达的部位进行处理。此外,还可以用于对陶瓷和非铁金属零件进行激光表面涂敷、金属零件表面非晶态处理、激光表面气相沉积和激光表面合金化。

(三) 电子束表面处理技术

高速运动的电子具有波的性质,电子束 (electro-beam) 照射金属时,电子能深入金属表面并以一定速度与其基体表面的原子核和电子发生碰撞,使电子束的能量迅速转化为表面的热能,使金属表面温度迅速升高。电子束表面处理技术与激光表面处理技术的原理和工艺方法基本相同,但电子束表面处理技术的加热深度和范围更大,加热时温度梯度较小,设备结构简单(投资约为后者的 1/3),冷却速度快(可达 $10^6 \sim 10^8$ ℃/s),表面质量也更高(需真空条件)。电子束除表面强化处理外,也可以进行表面重熔、表面合金化和表面非晶态处理等工艺。

(四) 离子注入技术

离子注入 (the ion is poured into) 技术是将金属零件放入离子注入机的真空靶室,引出离子源产生的离子束后,在数千至数百千电子伏的高电压作用下,将含有注入元素的气体物质或固体物质的蒸汽离子化,经加速的离子撞击到零件的表面并与零件中的原子碰撞,最终直接挤进(注入)到零件的表层,这些撞离原子再与其他原子碰撞,后者再继续下去,大约在10~11s内,材料中将建立一个有数百个间隙原子和空位的区域,形成一定深度的离子注入的固溶体或化合物表层。对零件表层的各种性能影响极大,并产生某些特殊的性能,如光学性能、超导性能等。离子注入的特点是:纯净掺杂,要保证掺杂离子具有极高的纯度;原则上各种元素均可成为掺杂元素;注入离子的浓度和深度分布由外界系统精确测量、严格控制;注入离子时衬底温度可自由选择(在实际应用中很有价值);离子束流扫描装置可保证在很大面积上掺杂均匀性很高;离子注入掺杂深度小,一般在 1μm 以内。

本 章 小 结

本章主要介绍了主要的非铁金属及与其有关的内容。非铁金属具有许多特殊的性能。

(1) 非铁金属分为五大类:轻非铁金属;重非铁金属;稀有金属;贵金属;半金属。稀有金属又分为稀有轻金属、稀有高熔点金属、稀有分散金属、稀土金属和稀有放射性金属五类。"十种非铁金属",在我国是指精制铜、电解铝、铅、锌、镍、锡、锑、汞、镁、钛。

(2) 铝及铝合金的特点是轻,导电和导热性能好,熔点低,使用温度不超过150℃,强度低(铝合金比纯铝高),塑性好,加工性能好,低温韧性好。纯铝牌号用 1×××四位数字和字母组合系列表示，其中第二位字母"A"表示原始纯铝，B～Y 表示为原始纯铝的改型，最末两位数字纯铝的纯度为 99.××%，高纯铝的质量分数在 99.85%～99.99%之间，数字越大纯度越高。铝合金分为变形铝合金和铸造铝合金，变形铝合金的牌号是 (2～9)×××格式，第一位数字表示合金系组别，其他数字意义同变形铝合金；铸造铝合金是在牌号的最前面用"Z"。

(3) 铜及铜合金的特点是强度不高（铜合金比纯铜高），塑性好，加工性能好，低温韧性好。高纯铜 HPCu-1 的 Cu 含量不低于 99.9999%，HPCu-2 的 Cu 含量不低于 99.999%。工业纯铜包括普通纯铜（代号 T1～T3，纯度渐低）、无氧铜、磷脱氧铜、银无氧铜、锆无氧铜、弥散无氧铜及高铜；黄铜（Cu-Zn 合金，代号 H），青铜（Cu-Sn、Cu-Al、Cu-Be 等合金，压力加工青铜代号 Q）。铸造铜及铜合金代号是在牌号前加"Z"。

(4) 轴承合金分为锡基巴氏合金（Sn-Sb-Cu 系合金）、铅基巴氏合金（Pb-Sb-Sn-Cu 系合金），以及铜基轴承合金和铝基轴承合金。应用较多的是锡基巴氏合金和铅基巴氏合金。

(5) 金属零件表面精饰的目的是防腐蚀、提高性能及表面装饰。本章介绍了电镀、金属零件表面的化学处理、金属零件表面喷涂、金属零件表面强化新技术的基本概念。

思 考 题

10-1 非铁金属如何分类？各有什么特点和用途？我国的"十大非铁金属"是指哪十种金属？
10-2 铝合金是如何分类的？简述变形铝和铝合金的牌号的表示方法、性能及应用。
10-3 铜合金是如何分类的？简述工业纯铜和铜合金的牌号的表示方法、性能及应用。
10-4 轴承合金有哪些类型？它们有什么特点和用途？
10-5 金属零件表面精饰的目的是什么？常用哪些方法？

习 题

10-1 稀土金属有何特点和用途？
10-2 简述轴承合金的类型及其应用。

第十一章 非金属材料

除金属材料以外的所有固体材料，通称为非金属材料（non-metallic material）。非金属材料是由非金属元素或非金属化合物构成的材料。非金属材料通常指以无机物为主体的玻璃、陶瓷、石墨、岩石，以及以有机物为主体的木材、塑料、纤维、橡胶等一类材料。非金属材料由晶体或非晶体组成，无金属光泽，是热和电的不良导体（碳除外）。一般非金属材料的力学性能较差（玻璃钢除外），但某些非金属材料可代替金属材料，是化学工业不可缺少的材料。随着科学技术的进步，尤其是无机化学工业和有机化学工业的发展，人类以天然的矿物、植物、石油等为原料，制造和合成了许多新型非金属材料，如水泥、人造石墨、陶瓷、合成橡胶、合成树脂、合成纤维、塑料等。这些合成的非金属材料因具有各种优异的性能，为天然的非金属材料和某些金属材料所不及，从而在近代工业中的用途不断扩大，并迅速发展。

非金属材料来源广泛，自然资源丰富，成型工艺简单，具有某些特殊性能，是各种机械、仪器、电器中的重要材料，已成为工程材料中不可缺少的独立的组成部分。

第一节 高分子材料

自 19 世纪以来，高分子材料（high polymer material）技术迅速发展，1838 年，法国的雷尔特（Regnault）发现氯乙烯在阳光下可形成聚氯乙烯；1926 年美国化学家 Waldo Semon 合成了聚氯乙烯，并于 1927 年实现了工业化生产。1909 年美国人贝克兰（Leo Beakeland）用苯酚与甲醛反应制造出第一种完全人工合成的塑料——酚醛树脂。1935 年，美国科学家卡罗瑟斯（Wallace H. Carothers）研制成功的尼龙-66，并于 1938 年在杜邦公司实现工业化生产。20 世纪 50 年代，高密度聚乙烯和聚丙烯、聚甲醛、聚碳酸酯先后出现；60 年代大规模开发了聚砜、聚甲醚、聚酰亚胺等工程塑料。随着科学技术的发展，工程塑料和特种性能的高分子材料，如高强度、耐腐蚀、高频绝缘、生物医用等高分子材料相继问世。展望高分子材料工业的发展，有着无限美好的前景。今后，高分子材料发展的主要趋势是高性能化、高功能化、复合化、精细化和智能化。

一、高分子材料的分类

高分子材料种类繁多，分类方法也较多，按照其用途可分为三大类。

（一）塑料

塑料（plastics）是指以树脂（或在加工过程中用单体直接聚合）为主要成分，以增塑剂、填充剂、润滑剂、着色剂、稳定剂等添加剂为辅助成分，在一定温度和压力的作用下能流动成型，在常温下可保持形状不变的可塑性高分子材料。塑料的分类方法很多，按受热时的行为可分为热塑性塑料和热固性塑料；按树脂合成时的反应类型可分为加聚型塑料和缩聚型塑料；按塑料中树脂大分子的有序状态可分为无定形塑料和结晶型塑料；按性能和应用范围可分为通用塑料、工程塑料和特种塑料。本章主要介绍工程塑料。

（二）橡胶

橡胶（rubber）是高弹性的高聚物，主要用作弹性材料。根据橡胶的来源，可分为天然橡胶（crude rubber）和合成橡胶（Synthetic rubber），合成橡胶又分为通用橡胶和特种橡胶。天然橡胶是从橡胶树、橡胶草等植物中提取胶乳后加工制成的，具有弹性、绝缘性、不透水和空气的材料;合成橡胶则由各种单体经聚合反应而得到的具有弹性的高分子化合物。橡胶行业是国民经济的重要基础产业之一,橡胶制品广泛应用于工业或生活各方面。

(三) 纤维

纤维(美:Fiber;英:Fibre)是指由连续或不连续的细丝组成的物质。按照纤维来源不同,纤维可分为天然纤维和化学纤维两大类。天然纤维是自然界存在的、可以直接取得的纤维,根据其来源又分成植物纤维、动物纤维和矿物纤维(如石棉)三类;化学纤维是经过化学处理加工而制成的纤维,又可分为人造纤维、合成纤维和无机纤维。

人造纤维也称再生纤维,是用含有天然纤维或蛋白纤维的物质(如木材、芦苇、大豆蛋白质纤维及其他失去纺织加工价值的纤维原料),经过化学加工后制成的。主要用于纺织的人造纤维有:黏胶纤维、醋酸纤维、铜氨纤维。在诸多人造纤维中,聚乳酸是一种环保型的新型生物降解材料,以玉米等植物的杆、壳、根等为主要原料,制造工艺简便,目前已制成复丝、单丝、短纤维、加捻变形丝、针织物和非织造布等,也可与棉、羊毛混纺。聚乳酸纤维布料具有棉布的各种优良性能,是比较理想的服装面料,尤其适合做妇女服装、裙子、衬衫和内衣,纤维可制成长袜,美观舒适;还可用于笔记本电脑和手机机壳、心脏支架、免拆型手术缝合线、人体组织修复材料、日用品及农用织物和斜坡绿化、沙尘暴治理等领域。

合成纤维是先用一些本身并不含有纤维素或蛋白质的物质(如石油、煤、天然气、石灰石或农副产品)合成单体,再用化学合成与机械加工的方法制成的纤维。如聚酯纤维(涤纶)、聚酰胺纤维(尼龙)、聚乙烯醇纤维(维纶)、聚丙烯腈纤维(腈纶)、聚丙烯纤维(丙纶)等。

普通纤维主要用作纺织服装,让人们穿得越来越舒适、越来越健康。无机陶瓷纤维耐氧化性好,且化学稳定性高,还具有耐腐蚀性和电绝缘性,可用于航空航天、军工领域。

二、高分子材料的性能

高分子材料具有质轻、比强度大、弹性好、耐腐蚀、光电性能优良等特性。

(一) 高分子材料的力学性能

高分子材料的力学性能是指高分子材料在受到外力作用时的变形行为及其抗破坏的性能,是衡量高分子材料的重要指标。高分子材料的力学性能,是由其结构所决定的。

(1) **低强度和低韧性** 高分子材料的平均抗拉强度为100MPa左右,仅为理论值的1/200。其密度小,是当前比强度较高的一类材料。虽然其塑性相对较好,但由于其强度低,故其冲击韧度较金属材料低得多,仅为百分之一的数量级。

(2) **高弹性和低弹性模量** 较高的弹性和较低的弹性模量是聚合物材料所特有的性能。轻度胶联的聚合物在玻璃化温度以上具有典型的高弹态,即弹性变形大、弹性模量小,而且弹性随温度升高而增大。橡胶是典型的高弹性材料,其弹性形变率为100%~1000%(一般金属材料仅0.1%~1.0%),但弹性模量$E=1MPa$,而一般聚合物的$E≈2~20MPa$。

(3) **黏弹性** 高分子材料在外力作用下同时发生高弹性变形和黏性流动,其变形与时间有关,称为黏弹性。其表现为蠕变、应力松弛与内耗三种现象。

蠕变是指在应力保持恒定的情况下,应变随时间的增长而增加的现象。金属在高温时才发生明显的蠕变,而聚合物在室温下就有明显蠕变,当载荷大时甚至发生蠕变断裂。应力松弛是指在应变保持恒定的条件下,应力随时间延长而逐渐衰减的现象。如联接管道的法兰盘中间的硬橡胶密封垫片,经一定时间后由于应力松弛而失去密封性。内耗是指在交变应力作用下出现的黏弹性现象。在交变应力(拉伸-回缩)作用下,当处于高弹态的聚合物的变形速度跟不上应力变化速度时,就会出现滞后现象,这种应力和应变间的滞后就是黏弹性。由于重复加载,就会出现前一次变形尚未恢复,又施加上另一载荷,使分子间的摩擦变成热能,从而产生内耗,加速其老化。

(4) **高耐磨性** 高分子材料的减摩性、耐磨性优于金属。大多数塑料的摩擦因数在 0.2～0.4 范围内，在所有固体中几乎是最低的。塑料的自润滑性能较好，并且能在不允许油润滑的干摩擦条件下使用，这是金属材料所无法比拟的。

(二) 物理性能

高分子材料的结构特点使其具有了特殊的物理性能，主要是其耐热性和导电性方面，与金属材料截然相反。

(1) **耐热性低** 大多数塑料在 100℃ 以下温度使用，只有少数可以在高于 100℃ 温度下使用；大多数橡胶的使用温度一般亦小于 200℃，少数橡胶使用温度能到 300℃。

(2) **膨胀系数大，导热系数小** 高分子材料的线膨胀系数大，为金属的 3～10 倍，因而高分子材料与金属的结合较困难。高分子材料的导热系数为金属的 $1‰～1\%$，因而散热不好，不宜作摩擦零件。

(3) **电绝缘性能好** 高分子材料导电能力低，是电器、电机、电力和电子工业中必不可少的绝缘材料。

(三) 耐腐蚀性能

高分子材料在酸、碱等溶液中表现出优异的耐腐蚀性，如聚四氟乙烯在沸腾的王水中也不被腐蚀。

(四) 有老化现象

"老化"是指高分子材料在长期储存和使用过程中，由于受氧、光、热、机械力、水汽及微生物等外部因素的作用，性能逐渐恶化，直至丧失使用价值的现象。

第二节 常用塑料

塑料是以高分子量合成树脂为主要成分，在一定条件下（如温度、压力等）可塑制成一定形状且在常温下保持形状不变的材料。塑料都以合成树脂为基本原料，并加入各种辅助料而组成。因此，不同品种牌号的塑料，由于选用树脂及辅助料的性能、成分、配比及塑料生产工艺不同，则其使用及工艺特性也各不相同。塑料与金属材料相比，其性能相差很大，而不同品种的塑料之间，它们的性能也各异。因此各种塑料的应用领域也就不同。

一、塑料的分类

塑料的品种很多，分类方法也有多种。可按照塑料受热时的行为分类，还可按照塑料的功能和应用领域分类归为三类，即通用塑料、工程塑料和特种塑料。

(一) 按塑料受热时的行为分类

前已述及，按照塑料受热时的行为，可分为热塑性塑料和热固性塑料两大类。

(1) **热塑性塑料**

热塑性塑料加热时变软，冷却后变硬，再加热又可变软，可反复成型，其基本性能不变，其制品使用温度低于 120℃。热塑性塑料成型工艺简单，可直接注射、挤压、吹塑成型，生产率高。常用的热塑性塑料品种很多，主要有聚氯乙烯、聚乙烯、聚丙烯、聚苯乙烯、聚甲醛、聚碳酸酯、聚酰胺、ABS 塑料、聚砜等。热塑性塑料容易加工成型，力学性能较好，但是它们耐热性和刚性较差。

(2) **热固性塑料**

热固性塑料（Thermosetting plastics）是以热固性树脂为主要成分，配合以各种必要的添加剂，通过交联固化过程成型的塑料。热固性塑料的特点是在一定温度下，在制造或成型过程的前期为液态，经一定时间加热、加压或加入硬化剂后，发生化学反应而硬化。硬化后的塑料化学结构发生变化、质地坚硬、不溶于溶剂，也不能再次热熔或软化，即不能再成型，如果温度过高则分解。热固性塑料抗蠕变性强，不易变形，耐热性高，但树脂性能较脆、强度不高，成型工艺复杂，生产率低。常用的热固性塑料有酚醛塑料、环氧塑料、氨基塑料、不饱和聚酯、醇酸塑料等。

（二）按塑料的功能和用途分类

按照塑料的功能和应用领域分类，可分为三类，即通用塑料、工程塑料和特种塑料，也有的把特种塑料也归为工程塑料一类。需要指出的是，随着高分子材料的发展，塑料可以采用各种措施进行改性和增强，从而制成各种塑料新品种。因此从现代观念出发，工程塑料与通用塑料、特种塑料与工程塑料之间的界限也就难以划分了。

二、通用塑料

通用塑料是指产量大、价格相对较低、应用范围较为广泛的塑料。通用塑料主要是指聚氯乙烯、聚乙烯、聚丙烯、聚苯乙烯、酚醛塑料和氨基塑料六大类，其产量占全部塑料的70%以上。

（一）聚氯乙烯

聚氯乙烯（PVC）分为硬质和软质两种。硬质聚氯乙烯强度较高，绝缘性和耐磨性好，耐热性差，在 $-15 \sim 60℃$ 时用于化工耐蚀结构材料，如输油管、容器、离心泵、阀门、管件等。软质聚氯乙烯强度低于硬质聚氯乙烯，伸长率大，绝缘性较好，在 $-15 \sim 60℃$ 使用，用于电线、电缆的绝缘包皮、农用薄膜、工业包装等。各类聚氯乙烯树脂的命名方法及物化性能等可查阅 GB/T 5761—2006《悬浮法通用聚氯乙烯树脂》。

（二）聚乙烯

聚乙烯（PE）按生产工艺不同，分为高压、中压、低压三种。高压聚乙烯化学稳定性高，柔软性、绝缘性、透明性、耐冲击性好，宜吹塑成薄膜、软管、瓶等。低压聚乙烯质地坚硬，耐磨性、耐蚀性、绝缘性好，适宜制作化工用管道、槽、电线、电缆包皮，承载小的齿轮、轴承等；又因无毒，可制作茶杯、奶瓶、软管、瓶等。各类聚乙烯树脂的命名方法及技术要求等可查阅 GB/T 11115—2009《聚乙烯（PE）树脂》。

（三）聚丙烯

聚丙烯（PP）的强度、硬度、刚性、耐热性均高于低压聚乙烯，可在 <120℃ 环境下长期工作；绝缘性好，且不受湿度影响，无毒无味；低温脆性大，不耐磨；用于一般机械零件（如齿轮、接头）、耐蚀件（如泵叶轮、化工管道、容器）、绝缘件（如电视机、收音机、电风扇、电机等壳体）、生活用具、医疗器械、食品和药品包装等。各类聚丙烯树脂的命名方法及技术要求等，可查阅 GB/T 12670—2008《聚丙烯（PP）树脂》。

（四）聚苯乙烯

聚苯乙烯（Polystyrene，缩写 PS）是指由苯乙烯单体经自由基加聚反应合成的聚合物，它是一种无色透明的热塑性塑料，具有高于 100℃ 的玻璃转化温度，最高工作温度为 $60 \sim 80℃$。聚苯乙烯（PS）包括普通聚苯乙烯，发泡聚苯乙烯（EPS），高抗冲聚苯乙烯（HIPS）及间规聚苯乙烯（SPS）。聚苯乙烯树脂为无毒，无臭，无色的透明颗粒，似玻璃状脆性材料，其制品具有极高的透明度，透光率可达 90% 以上，电绝缘性能好，易着色印刷性好，加工流动性好易加工成型，刚性好及耐化学腐蚀性好等优点。可广泛用于日用装潢，照明指示和包装等方面；在电气方面更是良好的绝缘材料和隔热保温材料，可制作各种仪表外壳、灯罩、光学化学仪器零件、透明薄膜、电容器介质层等。但普通聚苯乙烯的不足之处在于性脆，冲击强度低，易出现应力开裂，耐热性差等。各类聚苯乙烯树脂的命名方法及技术要求等，可查阅 GB/T 12671—2008《聚苯乙烯（PS）树脂》。

（五）酚醛塑料

酚醛塑料（Phenolic plastics）俗称电木，是一种硬而脆的热固性塑料，以酚醛树脂为基材的塑料总称为酚醛塑料，是最重要的一类热固性塑料，它于 1872 年发明，1909 年工业生产，是历史最悠久的塑料。酚醛塑料强度高，坚韧耐磨，硬度高，绝缘性、耐蚀性、尺寸稳定性均好，工作温度＞100℃，脆性大，耐光性差，只能模压成型，价格低。广泛用作电绝缘材料，可用于制造仪表外壳、电器绝缘板、耐酸泵、刹车片、电器开关、水润滑轴承等，以及家具零件、日用品、工艺品等。各类酚醛塑料的命名方法及技术要求等可查阅 GB/T 1404.1—2008《塑料 粉状酚醛模塑料 第 1 部分：命名方法和基础规范》及 GB/T 1404.3—2008《塑料 粉状酚醛模塑料 第 3 部分：选定模塑料的要求》。

（六）氨基塑料

氨基塑料（Aminoplastics）是用氨基树脂加工成型的塑料。氨基树脂是指含有氨基或酰氨基的化合物与甲醛反应而生成的热固性树脂，俗称电玉。目前应用较多的是脲醛树脂（尿素-甲醛树脂）和蜜胺树脂（三聚氰胺-甲醛树脂）。氨基树脂无毒、无臭、坚硬、耐刮伤、无色、颜色鲜艳，半透明如玉，绝缘性好，长期使用温度＜80℃，耐水性差。其广泛应用于航空、电器等领域，用于制造装饰件、绝缘件，如开关旋钮、把手、钟表外壳等；也可制成各种色彩鲜艳的塑料制品；另外其泡沫塑料可用来做隔声、隔热材料。各类氨基模塑料的类型、型号、用途及技术要求等可查阅 GB/T 13454—1992《氨基模塑料》。

三、工程塑料

工程塑料（Engineering-plastics）是被用作工业零件或外壳的工业用塑料，是强度、耐冲击韧性、耐热性、硬度及抗老化性均优良的塑料，国外也有将其定义为"可以作为结构用及机械零件用的高性能塑料，耐热性在 100℃ 以上，主要运用在工业上"的塑料。工程塑料的力学性能较好，还具有很好的耐磨性、耐蚀性、自润滑性及制品尺寸稳定性等优点。工程塑料主要包括 ABS、聚酰胺、聚碳酸酯、聚甲醛、改性聚苯醚等。这里仅介绍几种最常用的工程塑料。

（一）ABS 塑料

ABS 塑料是 20 世纪 40 年代发展起来的通用热塑性工程塑料，ABS 树脂是五大合成树脂之一，是由丙烯腈、丁二烯和苯乙烯组成的三元共聚物，英文名为 acrylonitrile-butadiene-styrene copolymer，简称 ABS。ABS 塑料是一个综合力学性能十分优秀的塑料品种，其抗冲击性、耐低温性、绝缘性、耐水和耐油性、耐磨性好、耐化学药品性优良，隔音性、耐划痕性、耐热性更好，可以注塑、挤出或热成型，制品尺寸稳定、表面光泽性好，容易涂装、着色，还可以进行表面喷镀金属、电镀、焊接、热压和粘接等二次加工。其广泛应用于制造齿轮、叶轮、管道、贮槽内衬、轿车车身外壳、方向盘、前散热器护栅和灯罩、电视机、仪器仪表盘及壳体、纺织和建筑等工业领域，是一种用途极广的热塑性工程塑料。国家标准 GB/T 12672—2009《丙烯腈-丁二烯-苯乙烯（ABS）树脂》列出了 4 个牌号的 ABS 树脂。

（二）聚酰胺塑料

聚酰胺（Polyamide，简称 PA）俗称尼龙或锦纶，强度、韧性、耐磨性、耐蚀性、自润滑性、成型性好，摩擦因数小，无毒无味，可在 100℃ 以下使用，热导性差，吸水性高，成型收缩率大。常用的有尼龙-6、尼龙-66、尼龙-610、尼龙-1010 等，用于制造耐磨、耐蚀的承载和传动零件，也用于制作高压耐油密封圈，或喷涂在金属表面作防腐耐磨涂层。目前聚酰胺塑料应用最多的是汽车工业，美国占 30.7%，西欧占 31.6%，日本占 34.5%；其他还用于包装（薄膜）、机械、电子电器、日用品等。

（三）聚碳酸酯

聚碳酸酯（Polycarbonate，PC）是分子链中含有碳酸酯基的高分子聚合物，根据酯基的结构可分为脂肪族、芳香族、脂肪族-芳香族等多种类型。其中由于脂肪族和脂肪族-芳香族聚碳酸酯的力学性能较低，从而限制了其在工程塑料方面的应用。目前仅有芳香族聚碳酸酯获得了工业化生产。由于聚碳酸酯结构上的特殊性，现已成为五大工程塑料中增长速度最快的通用工程塑料。聚碳酸酯是一种强韧的热塑性树脂，聚碳酸酯耐弱酸、耐弱碱、耐中性油，聚碳酸酯不耐紫外光，不耐强碱。

聚碳酸酯塑料的三大应用领域是玻璃装配业（耐紫外线辐射及其制品的尺寸稳定性和良好的成型加工性能，使其比建筑业传统使用的无机玻璃具有明显的技术性能优势）、汽车工业（轿车和轻型卡车的各种零部件，其主要集中在照明系统、仪表板、加热板、除霜器及聚碳酸酯合金制的保险杠等）和电子电器工业（对于零件精度要求较高的计算机、视频录像机和彩色电视机中的重要零部件方面，聚碳酸酯光盘）。此外，随着航空航天技术的迅速发展，聚碳酸酯塑料在该领域的应用也日趋增加（据统计一架波音型飞机上所用聚碳酸酯部件就达2500个）；还用于制造聚碳酸酯医疗器械（如高压注射器、外科手术面罩、一次性牙科用具、血液分离器等）及聚碳酸酯光学透镜等。

四、特种塑料

特种塑料是指具有某些特殊性能和特殊用途的塑料，有的也把它们归为工程塑料大类。由于特种塑料的产量少，价格较高。特种塑料主要有有机玻璃、氟塑料、环氧树脂、聚砜、离子交换树脂、不饱和聚酯、聚酰亚胺等。这里仅介绍几种最常用的特种塑料。

（一）聚甲基丙烯酸甲酯

聚甲基丙烯酸甲酯（PMMA）俗称有机玻璃。透光性、着色性、绝缘性、耐蚀性好，在自然条件下老化发展缓慢，可在－60～100℃环境下使用；不耐磨、脆性大，易溶于有机溶剂中，硬度不高，表面易擦伤。用于航空、仪器、仪表、汽车中的透明件和装饰件，如收音机窗、灯罩、电视和雷达屏幕，油标、油杯、设备标牌等。各类聚甲基丙烯酸甲酯的命名方法及技术要求等可查阅GB/T 15597.1—2009《塑料 聚甲基丙烯酸甲酯（PMMA）模塑和挤塑材料 第1部分：命名系统和分类基础》。

（二）氟塑料

氟塑料是部分或全部氢被氟取代的链烷烃聚合物，它们有聚四氟乙烯（PTFE）、全氟（乙烯丙烯）（FEP）共聚物、聚全氟烷氧基（PFA）树脂、聚三氟氯乙烯（PCTFF）、乙烯-三氟氯乙烯共聚物（ECTFE）、乙烯-四氟乙烯（ETFE）共聚物、聚偏氟乙烯（PVDF）和聚氟乙烯（PVF）。

氟塑料模压成型可加工板、棒、套筒、胶带、密封环、隔膜及带有金属嵌件的零件等。PTFE膜片是滚压成型的，滚压成型可分为单向滚压和多向滚压两种工艺，经过滚压处理，PTFE膜片由原来的不透明白色，变成半透明水晶色。PFA（四氟乙烯和全氟烷基乙烯基醚的共聚物），即可熔性PTFE，可以注射成型，其加工温度较宽，最高可达425℃，其分解温度在450℃以上，一般控制加工温度范围为330～410℃。由于氟塑料的加工特性，使一些制品难于一次成型，还必须经过二次加工才能得到可使用的成品。二次加工技术有：切削、焊接、内衬、吹胀等。

（三）环氧塑料

环氧塑料（Epoxy plastics）是以环氧树脂为基材的塑料。环氧树脂是泛指分子中含有两个或两个以上环氧基团的有机高分子化合物，品种繁多，除个别外，它们的相对分子质量都不高。由于分子结构中含有活泼的环氧基团，使它们可与多种类型的固化剂发生交联反应。固化后的环氧树脂，对金属和非金属材料的表面具有优异的粘接强度、韧性、绝缘性、化学稳定性好，能防水、防潮、防霉，可在－80～155℃环境下长期使用，成型工艺简单，成型后收缩率小；介电性能良好，变定收缩率小，制品尺寸稳定性好，硬度高，柔韧性较好，对碱及大部分溶剂稳定。

根据分子结构，环氧树脂大体可分为五大类：缩水甘油醚类环氧树脂；缩水甘油酯类环氧树脂；缩水甘油胺类环氧树脂；线型脂肪族类环氧树脂；脂环族类环氧树脂。由于环氧树脂的诸多优异性能，可制成涂料、复合材料、浇铸料、胶黏剂、模压材料和注射成型材料，在国民经济的各个领域中得到广泛的应用。涂料用于汽车、桥梁、大型钢结构、远洋船舶底货仓内壁及海上集装箱、机器设备及武器等的防腐；冰箱、洗衣机外层及电器等的绝缘。复合材料用于制造汽车玻璃钢车壳、航天飞行器、飞机机身、直升机螺旋桨、风力发电机叶片、磁悬浮列车轨道、玻璃钢容器、建筑工程结构件、医学仪器及心脏起搏器等，制造绝缘材料、保温材料。根据环氧树脂粘接剂的性能和用途不同可分为 16 类，如通用胶、结构胶、耐温胶、水中及潮湿面用胶、光学胶、密封胶、土木建筑胶等，广泛应用于国防和国民经济各部门。环氧塑料（环氧树脂）的命名及性能等可查阅 GB/T 1630.1—2008《塑料 环氧树脂 第 1 部分：命名》。

第三节 橡胶材料

橡胶（Rubber）是具有高弹性的高分子材料，在外力作用下，很容易发生极大的变形，当外力去除后，又恢复到原来的状态，并在很宽的温度（$-50\sim 50℃$）范围内具有优异的弹性，所以又称高弹体。橡胶分为天然橡胶和合成橡胶两大类，天然橡胶是从橡胶树、橡胶草等植物中提取胶质后加工制成的；合成橡胶则由各种单体经聚合反应而得。橡胶的各种性能主要取决于橡胶分子链的化学组成和结构。橡胶工业是国民经济的重要基础产业之一，橡胶制品广泛应用于交通、工业、国防、建筑、医疗及人民生活的各个方面。

一、工业橡胶的组成

橡胶是以生胶为主要原料，加入适量配合剂而制成的高分子材料。生胶是指未加配合剂的天然胶或合成胶，它也是将配合剂和骨架材料粘成一体的黏结剂。

配合剂是指为改善和提高橡胶制品性能而加入的物质，如硫化剂、活性剂、软化剂、填充剂、防老剂、着色剂等。常用硫磺作硫化剂，经硫化处理后可提高橡胶制品弹性、强度、耐磨性、耐蚀性和抗老化能力。软化剂可增强橡胶塑性，改善黏附力，降低硬度和提高耐寒性。填充剂可提高橡胶强度，减少生胶用量，降低成本和改善工艺性。防老剂可在橡胶表面形成稳定的氧化膜以抵抗氧化作用，防止和延缓橡胶发黏、变脆和性能变坏等老化现象。为减少橡胶制品的变形，提高其承载能力，可在橡胶内加入骨架材料。常用的骨架材料有金属丝、纤维织物等。

二、橡胶材料的性能

橡胶物质是一种高分子弹性体，它在外力作用下能发生较大的变形，最高伸长率可达 $800\%\sim 1000\%$，外力去除后能迅速恢复原状；吸振能力强；耐磨性、隔声性、电绝缘性和气密性好；可积储能量，有一定的耐蚀性和足够的强度。但还需指出，橡胶及其制品在加工、贮存和使用过程中，会由于受内、外因素的综合作用而引起橡胶物理性能、化学性能和力学性能的逐步变坏，最后丧失使用价值，这种变化叫作橡胶的老化，表现为龟裂、发粘、硬化、软化、粉化、变色、长霉等。

三、常用橡胶材料

按原料来源不同，橡胶分为天然橡胶和合成橡胶；根据应用范围的宽窄，分为通用橡胶和特种橡胶。合成橡胶是用石油、天然气、煤和农副产品为原料制成的。

橡胶最主要的用途是各种汽车、车辆和飞机的普通轮胎，铁路车辆及汽车用橡胶弹簧减振材料和气密橡胶；载人运输带、气垫船、气垫车等。橡胶是重要的国防战略物资，如一辆坦克要用800多千克橡胶，一艘三万吨级的军舰要用68t橡胶，尖端技术也需要各种特殊性能的橡胶。各个工业部门常用的制品有胶带、胶管、密封垫圈、胶辊、胶板、橡胶衬里等；现代化建筑使用的玻璃窗密封及隔音、防雨材料以及乳状涂料，制造混凝土空心构件时把胶乳混入水泥可以提高其弹性和耐磨性，在沥青中加入3%的橡胶或胶乳铺设路面可防止龟裂；电力、通信电线电缆包皮；医用手术手套、冰囊及医疗设备和仪器的配件，硅橡胶可制造人造器官及人体组织代用品；还应用于储藏水果和蔬菜，各种文体用品及日常生活用品。

(一) 天然橡胶

天然橡胶（Natural rubber）是从植物源［巴西三叶橡胶树（Hevea brasiliensis），以及橡胶藤或橡胶草等含胶植物］采集的热固性材料，其橡胶烃主要为顺式-1,4-聚异戊二烯（GB/T 14795—2008《天然橡胶 术语》）链节组成的高聚物。天然橡胶的平均聚合度为5000，分子量分布较宽。天然橡胶可从近500种不同的植物中获得，但主要是从热带植物三叶橡胶树中取得。虽然天然橡胶的物理性能、力学性能和加工性能较好，但发展天然橡胶要受自然条件的限制，因此天然橡胶原料产量有限，产品的价格比较昂贵，且其性能尚不能满足各方面的要求。

(二) 合成橡胶及其分类

合成橡胶（Synthetic rubber）是通过一种或几种单体进行人工合成的类似天然橡胶的高分子弹性体，已经有100余年的历史了。1900年，俄罗斯化学家孔达科夫用2,3-二甲基-1,3-丁二烯聚合成革状弹性体。第一次世界大战期间，德国的海上运输被封锁，切断了天然橡胶的输入，他们于1917年首次用2,3-二甲基-1,3-丁二烯生产了合成橡胶，取名为甲基橡胶W和甲基橡胶H。

为了满足工业、科学、国防的特殊需求和人们生活的需要，合成橡胶工业得以迅速发展。与天然橡胶相比较，合成橡胶生产成本低、产量高，具有优良的耐热性、耐寒性、防腐蚀性且受环境因素影响小，可在-60～250℃之间正常使用。合成橡胶的缺点主要是拉伸效果比较差，抗撕裂强度等力学性能比较差。但是由于合成橡胶比天然橡胶的成本低廉，也是很多企业生产中、低档产品的首选。合成橡胶的种类很多，应用最广泛的品种有丁苯橡胶、丁腈橡胶、丁基橡胶、氯丁橡胶、聚硫橡胶、聚氨酯橡胶、聚丙烯酸酯橡胶、氯磺化聚乙烯橡胶、硅橡胶、氟橡胶、顺丁橡胶、异戊橡胶和乙丙橡胶等。

合成橡胶按用途分为通用橡胶（Ordinary-purposed synthetic rubber）和特种橡胶（Special-purposed synthetic rubber）两大类。按照GB/T 5577—2008《合成橡胶牌号规范》规定，合成橡胶的牌号由3组字符组成：第1组为英文大写字母，表示橡胶品种代号；第2组阿拉伯数字（2～4位），表示橡胶特征信息，可以用一位数字表示一个特征信息，也可以用二位数字表示一个特征信息；第3组英文大写字母，表示橡胶的附加信息，且与第2组之间用"-"隔开。例如SBR1502-E，SBR表示苯乙烯-丁二烯橡胶，15表示低温聚合物，02表示浅白色，E表示不含亚硝酸盐和亚硝基胺类化合物（即环保型）。标准共列出了34个合成橡胶品种的代号、名称及主要特征信息；还列出了苯乙烯-丁二烯橡胶、丁二烯橡胶、氯丁二烯橡胶、热性丁苯橡胶、丁腈橡胶等17个橡胶产品及其牌号。

(三) 通用合成橡胶

通用橡胶一般是指仅由碳氢化合物构成的高弹性聚合物，它可以部分或全部代替天然橡胶使用的橡胶，如丁苯橡胶、异戊橡胶、顺丁橡胶等，主要用于制造各种轮胎及一般工业橡胶制品。通用橡胶的需求量大，是合成橡胶的主要品种。

(1) 丁苯橡胶　丁苯橡胶（Styrene butadiene rubber）是丁二烯和苯乙烯的共聚物，是一种综合性能较好的通用橡胶。丁苯橡胶是浅黄色的弹性体，略有苯乙烯气味；其耐磨、耐自然老化、耐臭氧、耐水、气密等性能都比天然橡胶好，但强度、塑性、弹性、耐寒性则不如天然橡胶。丁苯橡胶是世界上产量最大的一个橡胶品种，主要用于制造汽车轮胎及各种工业橡胶制品。按照 GB/T 5577—2008《合成橡胶牌号规范》的规定，丁苯橡胶代号为 SBR；并列出了 SBR1500、SBR1502、SBR1507、SBR1516、SBR1712、SBR1714、SBR1721、SBR1723、SBR1778、SBR1739、SBR1500E、SBR1502E、SBR1712E、SBR1778E 共 14 个牌号。

(2) 顺丁橡胶　顺丁橡胶（Butadiene rubber）是以丁二烯为原料，经聚合反应而制得的高分子弹性体。顺丁橡胶具有良好的耐磨性、耐低温性、耐老化性，弹性高，动态负荷下发热小，可与天然橡胶、氯丁橡胶、丁腈橡胶等并用，可用于制造轮胎或作胎面掺用材料，常用于耐寒制品。自 1960 年工业化生产以来，已成为世界第二大合成橡胶品种。按照 GB/T 5577—2008《合成橡胶牌号规范》的规定，丁苯橡胶代号为 BR；并列出了 BR9000、BR9001、BR9002、BR9071、BR9072、BR9073、BR9053、BR9100、BR9171、BR9172、BR9173、BR3500 共 12 个牌号。

(3) 异戊橡胶　异戊橡胶（Isoamyl rubber）是以异戊二烯为单体，应用配位聚合方法制得的高分子弹性体，其分子结构物理性能、力学性能和加工工艺性能与天然橡胶非常接近，是天然橡胶最好的代用品，故有"合成天然橡胶"之称，尤其是在制造载重汽车外胎时，可以完全代替天然橡胶。异戊橡胶产量占各种合成橡胶产量的第三位。按照 GB/T 5577—2008《合成橡胶牌号规范》规定，异戊橡胶代号为 IR；并列出了 1 个牌号即 IR950。

(四) 特种合成橡胶

特种合成橡胶是指具有特殊性能和特殊用途，能适应苛刻使用条件的合成橡胶，常用的品种有硅橡胶、氟橡胶、丁腈橡胶和聚氨酯橡胶。其他还有丙烯酸酯橡胶、聚醚橡胶、氯化聚乙烯、氯磺化聚乙烯、环氧丙烷橡胶、聚硫橡胶等。各类特种橡胶都具有优异的、独特的性能，可以满足一般通用橡胶所不能胜任的特定要求，在国防、工业、尖端科学技术、医疗卫生等领域有着重要作用。这里简要介绍几种应用较为广泛的特种合成橡胶。

(1) 硅橡胶　硅橡胶（Silicone rubber）由硅、氧原子形成主链，侧链为含碳基团，用量最大的是侧链为乙烯基的硅橡胶。既耐热，又耐寒，使用温度在 $-100\sim300$℃ 之间，它具有优异的耐气候性和耐臭氧性以及良好的绝缘性。其缺点是强度低，抗撕裂性能差，耐磨性能也差。硅橡胶主要用于航空工业、电气工业、食品工业及医疗工业等方面。GB/T 5577—2008《合成橡胶牌号规范》列出了甲基硅橡胶 MQ1000，甲基乙烯基硅橡胶 VMQ1101、VMQ1102、VMQ1103，甲基乙烯基苯基硅橡胶 PVMQ1201、PVMQ1202，甲基乙烯基腈乙烯基硅橡胶（腈硅橡胶）NVMQ1302，甲基乙烯氟基硅橡胶（氟硅橡胶）FVMQ1401、FVMQ1402、FVMQ1403 等共 10 个牌号。

(2) 氟橡胶　氟橡胶（Fluorine rubber）是含有氟原子的合成橡胶，具有优异的耐热性（300℃）、耐氧化性、耐臭氧、光、天候、辐射，耐油性和耐药品性，它主要用于航空、化工、石油、汽车等工业部门，作为密封材料、耐介质材料以及绝缘材料。按照 GB/T 5577—2008《合成橡胶牌号规范》的规定，氟橡胶代号为 FPM；并列出了 FPM2301、FPM2302、FPM2601、FPM2602、FPM2461、FPM2462、FPM4000 及含氟磷腈橡胶 FPNM3700 共 8 个牌号。

(3) 丁腈橡胶　丁腈橡胶（Nitrile rubber）是由丁二烯和丙烯腈经乳液聚合法制得的，丁腈橡胶主要采用低温乳液聚合法生产，耐油性极好，耐磨性较高，耐热性较好，粘接力强。其缺点是耐低温性差、耐臭氧性差，电性能低劣，弹性稍低。丁腈橡胶主要用于制造耐油橡胶制品。按照 GB/T 5577—2008《合成橡胶牌号规范》的规定，丁腈橡胶代号为 NBR，丙烯酸或甲基丙烯酸-丙烯腈-丁二烯橡胶代号为 XNBR；并列出了 NBR1704、NBR2707、NBR2907、

NBR3604、NBR3305、NBR4005，XNBR1753、XNBR2752、XNBR3351 共 9 个牌号及其主要指标；还列出了 5 个液体丁腈橡胶牌号（NBR1768-L、NBR2368-L、NBR3068-L、NBR3071-L、NBR3072-L）及其主要指标。

（4）聚氨酯橡胶　聚氨酯橡胶（Polyurethane rubber）是由聚酯（或聚醚）与二异腈酸酯类化合物聚合而成的。它的耐磨性能好，弹性好，硬度高，耐油，耐溶剂，在汽车、制鞋、机械工业中应用最多。按照 GB/T 5577—2008《合成橡胶牌号规范》的规定，聚酯型聚氨酯橡胶代号为 AU，聚醚型聚氨酯橡胶代号为 EU；并列出了 AU1110、AU1102、AU2100、AU2110、AU2200、AU2210、AU2300、AU2310、EU2400、EU2410、EU2500、EU2510、EU2600、EU2610、EU2700、EU2710 共 16 个牌号。

第四节　陶瓷材料

陶瓷材料（Ceramic materials）是一种最古老的无机非金属材料。它是指以天然矿物或人工合成的各种化合物为基本原料，经粉碎、配料、成型和高温烧结等工序而制成的无机非金属固体材料。当代的陶瓷材料与金属材料、高分子材料一起构成了工程材料的三大支柱。

一、陶瓷材料的分类

按照陶瓷的成分和用途不同，陶瓷材料可分为普通陶瓷材料（也称传统陶瓷材料）和特种陶瓷材料（也称现代陶瓷材料）两大类。

（一）普通陶瓷材料

普通陶瓷材料（即传统陶瓷材料）是以高岭土、长石（钾长石、钠长石）和石英等天然原料（也称黏土陶瓷材料）烧结而成的，是典型的硅酸盐材料，其主要的化学成分是硅、铝、氧。普通陶瓷材料质地坚硬，有良好的抗氧化性能、耐腐蚀性能和绝缘性能；能耐一定的高温（通常最高使用温度为 1200℃ 左右）；生产工艺简单，成本较低；产量大，而且原料可以说是取之不尽用之不竭。但是，由于普通陶瓷结构疏松且强度低，使用受到一定的限制。

普通陶瓷大量用于民用和一般工业中。民用陶瓷包括日用陶瓷、建筑陶瓷、卫生陶瓷；工业陶瓷包括绝缘陶瓷（如电绝缘材料、电器磁柱、高压套管等）、多孔陶瓷（如隔热材料）、化工陶瓷（制造耐腐蚀要求不很高的化工容器、管道）、过滤陶瓷（制造气体、液体过滤器等），以及机械结构陶瓷（制造对力学性能要求不高的耐磨零件等）。

（二）特种陶瓷材料

特种陶瓷（Specialty ceramics）又称现代陶瓷，也称精细陶瓷，是近年在传统陶瓷材料的基础上发展起来的新型陶瓷材料，它早已超出了传统的普通陶瓷的概念，其化学成分、生产方法均有别于传统陶瓷，并具有优于传统陶瓷的特殊性质和功能，可作为功能材料来使用。特种陶瓷材料按其化学成分可分为氧化物陶瓷材料、氮化物陶瓷材料、碳化物陶瓷材料、金属陶瓷材料等；通常按其用途可分为结构陶瓷材料、工具陶瓷材料和功能陶瓷材料三大类。

（1）结构陶瓷材料　结构陶瓷材料又称工程陶瓷材料，作为结构材料可用来制造机械结构零部件，主要是利用其力学性能，如强度（含高温强度）、韧性、硬度、模量、耐磨性等。

（2）工具陶瓷材料　随着现代制造技术的发展，许多难加工的新型材料在产品中大量应用，传统的硬质合金刀具已难以满足切削加工需要。新型陶瓷刀具材料的面世，是人类改革机械切削加工的一场技术革命，而陶瓷刀具因其优良的切削性能和高的性价比而受到了业界的青睐。

（3）功能陶瓷材料　功能陶瓷材料是指具有独特的力学、化学、电学、声学、光学、热学、磁学等性能及各种性能之间的相互耦合的材料。功能陶瓷材料又可分为高温陶瓷材料、高强度陶瓷材料、耐磨陶瓷材料、耐酸陶瓷材料、电介陶瓷材料、光学陶瓷材料、磁性陶瓷材料、生物陶瓷材料等。

二、常用工业陶瓷材料的性能

在机械工程中应用的陶瓷材料，其力学性能、热学性能和化学性能都十分重要。

（一）工业陶瓷材料的力学性能

工业陶瓷材料的力学性能，包括弹性变形、塑性变形与蠕变，陶瓷的强度与断裂等。

（1）工业陶瓷材料的弹性变形、塑性变形与蠕变　工业陶瓷材料弹性模量高，其值比金属的大，这是由陶瓷材料的物质结构和显微结构所决定的。绝大多数陶瓷属于脆性材料，这是陶瓷最重要的力学特性，也是它的最大弱点。

（2）工业陶瓷材料的强度与断裂　工业陶瓷材料的抗压强度较高，约为抗拉强度的10倍以上。但由于陶瓷材料内部和表面存在大量相当于裂纹的气孔、杂质等缺陷，在拉伸状态下很容易扩散形成裂纹，故其抗拉强度和抗剪强度都很低，而且实际强度远远低于理论强度（仅为1/200~1/100），因此在用作化工结构材料时，目前大多只是用以制作常压或压力较低的设备。

（二）工业陶瓷材料的热学性能

大多数工业陶瓷材料的熔点在2000℃以上，这是陶瓷比金属和高分子材料最为突出的优点。大多数工业陶瓷材料低温下热容小，高温下热容大，达到一定温度后热容与温度无关。热容对气孔率敏感，气相越多，热容量越小；其热导率比金属低，如一般化工陶瓷仅为非合金钢的1/25，但碳化硅、碳化硼陶瓷除外；其热膨胀因数比高分子材料和金属材料要低，一般为10^{-5}~$10^{-6}K^{-1}$。工业陶瓷材料大多是在高温条件下使用，当温度剧烈变化时容易破裂。

（三）工业陶瓷材料的化学性能

工业陶瓷材料有良好的耐腐蚀性能。普通陶瓷的主要成分是SiO_2，对大多数无机酸都很稳定，但不耐氢氟酸、300℃以上的磷酸、苛性碱。普通陶瓷中的另一组分Al_2O_3，经高温烧结后形成结晶型Al_2O_3，能够抵抗较高温度下的酸或碱的腐蚀。如果陶瓷中含有较多的碱性氧化物如CaO、MgO，则陶瓷的耐碱性能提高。典型的工业陶瓷材料，如SiC、Si_3N_4等，具有良好的耐酸性能，但同样也会被氢氟酸腐蚀。

（四）工业陶瓷材料的其他性能

工业陶瓷材料的晶体中没有自由电子，缺乏电子导电机制，所以大多数陶瓷材料具有良好的绝缘性能。但少数陶瓷如$BaTiO_3$具有半导体性质，是重要的半导体材料。某些陶瓷材料具有特殊的光学性能，如红宝石（α-Al_2O_3掺铬离子）、钇铝石榴石、含铍玻璃是重要的激光材料，玻璃纤维材料可用作光导纤维材料。某些陶瓷材料具有磁性，如Fe_2O_3和Mn、Zn等的氧化物组成的陶瓷材料。某些陶瓷材料在动物体内没有排异性，可作为生物陶瓷材料。

第五节　粉末冶金材料

粉末冶金（powoler metallurgy）材料是指以天然矿物或人工合成的各种化合物为基本原料制成的无机非金属固体材料。它是将金属粉末或非金属粉末配制后作原料，经过压制成型、烧结和后处理等工艺过程而制成的。这种工艺方法称为粉末冶金法，是一种不经过熔炼的特殊的冶金工艺，也是一种精密的少切削或不切削的零件的成型加工工艺技术。

一、粉末冶金材料的牌号和分类

国家标准GB/T 4309—2009《粉末冶金材料分类和牌号表示方法》规定，采用由汉语拼音字母"F"（"粉"）和四位阿拉伯数字组成的符号体系表示粉末冶金材料的牌号。第一位数字（0~8）表示9大类粉末冶金材料的代号（0—结构材料类，1—摩擦材料类和减磨材料类，2—多孔材料类，3—工具材料类，4—难熔材料类，5—耐蚀材料和耐热材料类，6—电工材料，

7—磁性材料，8—其他材料类）；第二位数字（0~9）表示各大类中所属的小类；第三、四位数字（00~99）表示同一小类中每种材料的顺序号。

二、粉末冶金结构材料

粉末冶金结构材料是以非合金钢、合金钢、铝合金等金属粉末为主要原料，用粉末冶金生产工艺制造结构零件的材料。粉末冶金结构零件是用粉料直接压制成形的，尺寸精度高、表面粗糙度参数值低的零件，具有少切削或不切削加工的特点，内部组织均匀细致，无铸造缺陷，故其各种性能优于铸造零件，且还可通过热处理加以强化、提高耐磨性等。国家标准 GB/T 4309—2009《粉末冶金材料分类和牌号表示方法》规定，粉末冶金结构材料表示为 F0，第二位数字（0~9）表示：0—铁及铁基合金，1—碳素结构钢，2—合金结构钢，6—铜及铜合金，7—铝及铝合金，其余暂空；第三、四位数字（00~99）表示各小类中每种材料的顺序号。

三、粉末冶金摩擦材料和减磨材料

粉末冶金摩擦材料通常是采用强度高、导热性能好、熔点高的金属作为基本组分，加入能提高摩擦因数的摩擦组分，以及能抗胶合的润滑组分烧结而成。因此，它具有较大的摩擦因数、良好的耐磨性，以及足够的强度等。生产粉末冶金摩擦材料常用的基本组分有 Fe、Cu 等金属材料；常用的摩擦组分有 Al_2O_3、SiO_2 和石棉等；常用的润滑组分有 Pb、Sn、MoS_2 和石墨等。Fe 基摩擦材料多用于高速重载机器、飞机的制动器；Cu 基摩擦材料常用于汽车、拖拉机、锻压机床的离合器与制动器。

粉末冶金减磨材料是金属粉末与固体润滑剂（如石墨和硫化物等）烧结而成的有较高孔隙率的粉末冶金材料。这种材料具有小的摩擦因素和高的耐磨性能，制成的滑动轴承放在润滑油中浸润，在毛细管的作用下，可吸附大量的润滑油，含油率可达 12%~39%，故称含油轴承，工作时由于发热、膨胀、孔隙容积变小，润滑油被挤到表面起润滑作用，不工作时润滑油又回流孔隙中，所以有自润滑功能。按其基体材料可分为 Fe 基、Cu 基、Al 基含油轴承材料、Cu-Pb 钢背双金属复合材料、金属塑料材料、固体润滑轴承材料等。其中 Fe 基含油轴承的承载能力较强，而 Cu 基和 Al 基含油轴承的导热性和耐腐蚀性较好，摩擦因数也较小。

国家标准 GB/T 4309—2009《粉末冶金材料分类和牌号表示方法》规定，粉末冶金摩擦材料类和减磨材料类表示为 F1，第二位数字（0~9）表示：0—铁基摩擦材料，1—铜基摩擦材料，2—镍基摩擦材料，3—钨基摩擦材料，5—铁基减磨材料，6—铜基减磨材料，7—铝基减磨材料，其余暂空；第三、四位数字（00~99）表示同一小类中每种材料的顺序号。

四、粉末冶金多孔材料

粉末冶金多孔材料是采用粉末冶金法生产的具有一定孔隙度的多孔材料。这种材料为孔道纵横交错、互相贯通的多孔体，通常具有 30%~60% 的体积孔隙率，孔径 1~100μm。它主要有两个方面的用途：一是过滤作用，利用其多孔的过滤分离作用净化液体和气体，如用来净化飞机和汽车上的燃料油和空气，过滤石油化学工业中的各种液体和气体，过滤原子能工业上排出气体中的放射性微粒等；二是利用其孔隙的作用制造多孔电极（主要在电化学方面应用）、灭火装置（利用其抗流作用而防止爆炸，如气焊用的防爆器等）、防冻装置（利用其多孔可通入预热空气或特殊液体用来防止机翼和尾翼结冰）、耐高温喷嘴（是利用其表面发汗而使热表面冷却的原理，被称为发汗材料）和含油轴承（制造时在混合料中加入石墨粉，经压制烧结成型后浸入润滑油中，因毛细作用孔隙中吸附大量的润滑油，而具有自润滑功能）。

国家标准 GB/T 4309—2009《粉末冶金材料分类和牌号表示方法》规定，粉末冶金多孔材料类表示为 F2，第二位数字（0~9）表示：0—铁及铁基合金，1—不锈钢，2—铜及铜合金，3—钛及钛合金，4—镍及镍合金，5—钨及钨合金，6—难熔化合物多孔材料，其余暂空；第三、四位数字（00~99）表示同一小类中每种材料的顺序号。

五、粉末冶金工具材料

粉末冶金工具材料也称硬质合金（hard metals；cemented carbides）。硬质合金是将难熔金属碳化物（WC、TiC）粉末和黏接剂（常用金属 Co）混合，加压成型后烧结而成的一种粉末冶金材料。通常用高速钢制造的刀具，在 600～650℃ 以上工作时，由于硬度降低，刀具很快磨损。因此，在高速切削的情况下，往往采用硬质合金作刀具。生产上常用的硬质合金按成分和性能特点分为 W-Co 类、W-Co-Ti 类、W-Ta（Nb）-Co 类和 TiC 类。硬质合金在工业生产上，也用作制造其他工具的材料（如矿山凿岩用的硬质合金钎头、硬质合金量具等）和制造硬质合金耐磨零件（如精密轧辊、顶尖、精密磨床的精密轴承等）。

国家标准 GB/T 4309—2009《粉末冶金材料分类和牌号表示方法》规定，粉末冶金工具材料类表示为 F3，第二位数字（0～9）表示：0—钢结硬质合金，5—金属陶瓷和陶瓷，7—工具钢，其余暂空；第三、四位数字（00～99）表示同一小类中每种材料的顺序号。

第六节 矿物材料

矿物材料（Mineral materials）是指天然产出的具有一种或几种可资利用的物理、化学性能或经过加工后达到以上条件的矿物。这就是说，矿物材料的来源有两个方面：天然矿物材料和人工矿物材料。矿物材料分为三大类：第一，能被直接利用或经过简单的加工处理，即可被利用的天然矿物、岩石；第二，以天然的非金属矿物、岩石为主要原料，通过物理及化学反应制成的成品或半成品材料；第三，人工合成的矿物或岩石。这些材料的直接利用目标主要是其自身具有的物理或化学性质，而不局限于其中的个别化学元素。

一、矿物材料的分类

矿物材料的品种很多，分类方法也很多，除按其来源分外，还可按照矿物材料中主要矿物名称分类（最古老的分类方法），按照矿物材料的结构分类，按照矿物材料的功能分类（是目前常用的分类方法）。矿物材料按其用途可分为结构材料和功能材料两大类，结构材料是指用于制造业和建筑业的材料，广泛用于建筑、化工（主要是塑料、橡胶工业）、冶金、陶瓷、石油钻探、造纸、食品加工、农业等领域。功能材料是指对光、磁、电、热、声等外界能量或信息，具有感受、转换、传输、显示和存贮功能的材料，主要用于电子、激光和仪表工业。电子工业用的功能材料很多，如石英用作谐振器、作为频率标准和制造电子表；红锑矿可以把可见光能转换为电能，用作卫星摄像管靶面。在激光工业中，矿物功能材料用于激光的发射、传导、调制、偏转和存贮，如固体激光晶体有 14 个矿物类型，常用的有红宝石等。非金属矿物大部分是指直接利用其天然矿物原料所固有的物理特性和化学特性的一些矿物，如高岭土、石棉、石墨、云母、钻石、刚玉、石英、玛瑙等，这些都是直接作为材料应用的矿物。本节将简要介绍金刚石、刚玉、石英和玛瑙这四种在精密机械、电子通信及仪器仪表上常用的非金属矿物功能材料。国家标准 GB/T 16552—2010《珠宝玉石 名称》中，把天然钻石、刚玉列入天然宝石名称系列；而将天然石英、玛瑙列入天然玉石名称系列。

二、金刚石

金刚石（diamond）（珠宝行业称钻石），是一种结晶形的碳，属于天然出产的矿物，是碳的同素异构体，一般是无色，也有呈淡黄色、天蓝色、蓝色、紫色或红色，有强烈的金刚光泽，等轴晶系，是在高温高压下的岩浆里形成的八面体结晶，也成菱形十二面体结晶，晶面常弯曲。纯净的金刚石是无色透明的，在紫外线或 X 射线照射下发天蓝色或紫色荧光。黑色而面多凹陷的称为黑色金刚石，它与各种药剂不起作用，但在空气或氧气中强热，能燃烧成二氧化碳。透明的金刚石用作宝石，经琢磨而成钻石，是昂贵的装饰品。完全的八面体金刚石密度为 3.15~3.53g/cm³，莫氏硬度❶（Mohs'scale of hardness）10，是自然界最硬的物质。

金刚石按所含微量元素可分为Ⅰ型和Ⅱ型两个类型。Ⅰ型金刚石多为常见的普通金刚石。Ⅱ型金刚石比较罕见，仅占金刚石总量的 1%~2%。具微蓝色彩的优质大粒Ⅱ型金刚石被视为钻石中之珍品，如世界著名的"库利南"钻石，重 3106Ct（Carat，克拉），即属此类。Ⅱ型金刚石是电的绝缘体，有良好的导热性和透光性、解理性❷和半导体性等，多用于空间技术和尖端工业；也可作微波或激光器件的散热片、高温晶体管及电阻温度计。黑色以及不透明的金刚石常用来制造钻头、硬度计测头、抽钢丝或钨丝等用的模板；制造、修整砂轮、切割玻璃的刀具等；微小的碎粒用于制造金刚粉，作研磨材料和高强度、耐冲击的耐火材料。

天然钻石的数量很少，目前可以人工合成，但合成较大颗粒的钻石也是很困难的。人造金刚石不仅可以加工成价值连城的珠宝，在工业上也大有作为，广泛用于金属切削刀具、地质钻探、半导体装置的散热板及电子工业中。

三、刚玉

刚玉（corundum）俗称宝石，其成分是三氧化二铝（Al_2O_3），常常因含有不同杂质而呈各种色彩，一般是带蓝或带黄的灰色，三方晶系，晶体常呈桶状、柱状或锥状，有玻璃光泽或金刚光泽，密度 3.9~4.1g/cm³，莫氏硬度 9，耐火度可达 2000~2050℃。含有磁铁矿等氧化铁的称刚玉砂（corundum sand），暗灰色至暗黑色。纯的刚玉是无色透明的，称作白玉（white jade）；蓝色透明的刚玉称作蓝宝石（saphire，含 Co、Fe_2O_3、TiO_2 等）；红色透明的刚玉称作红宝石（ruby，含 Cr_2O_3、TiO_2 等）。

我国精密仪器仪表及钟表工业一般采用优质红宝石，主要用来制造仪器仪表中的微型滑动轴承。一些电表、航空仪表、百分表及钟表等采用了宝石轴承，一些小型精密天平的刀口支承也采用了宝石。红宝石轴承在我国仍采用行业标准，如槽形宝石轴承（JB/T 6790—1999）、通孔宝石轴承（JB/T 6792—2010）、端面宝石轴承（JB/T 6791—2010）。

红宝石的弹性模量较大，硬度高，耐磨性好，可以加工得非常光洁。现在许多记录仪也采用有毛细管的红宝石做记录笔尖，而笔尖不会在短期内磨损，而且始终能够保持光泽。刚玉和刚玉砂可作为研磨材料和耐火材料。刚玉（α-Al_2O_3）还是制造刚玉-莫来石陶瓷的重要原料，刚玉-莫来石陶瓷是以刚玉和莫来石❸（$3Al_2O_3 \cdot 2SiO_2$）为主晶相的陶瓷，具有高强度、高绝缘电阻和高击穿电压，可用于制造各种高压绝缘子、套管、高压开关和其他装置的零件。

天然宝石已经远远不能满足工业和人们的生活的需要，但人工合成宝石已经大量生产，工业上主要是用电熔法处理氧化铝而制得。人造宝石具有宝石的属性，人造红宝石和人造蓝宝石的主要成分都是 α-Al_2O_3，人造红宝石呈现红色是由于其中混有少量含铬化合物；而人造蓝宝

---

❶ 莫氏硬度是表示矿物硬度的一种标准。1924 年由德国矿物学家莫斯（Frederich Mohs）首先提出。应用划痕法将棱锥金刚钻针刻划所试矿物的表面而发生划痕，用测得的划痕深度来表示硬度：滑石（talc）1（硬度最小），石膏（gypsum）2，方解石（calcite）3，萤石（fluorite）4，磷灰石（apatite）5，正长石（feldspar；ortholase；periclase）6，石英 7，黄玉（topaz）8，刚玉 9，金刚石 10。莫氏硬度也用于表示其他固体物料的硬度。

❷ 晶体在外力作用（如敲打、挤压）下沿特定的结晶方向裂开成较光滑断面的性质称为解理性。解理性主要决定于晶体结构，若晶体内结合力不止一种，解理时断裂的是最弱的化学键或结合力。

❸ 刚玉-莫来石（conmdum-mullite ceramics）陶瓷的主要原料是氧化铝、高岭土和少量的膨润土。

石呈现蓝色则是由于其中混有少量含钛化合物。

四、石英

石英（quartz）的化学成分是二氧化硅（SiO_2），它是分布很广的一种造岩矿物，三方晶系，常呈六方柱状或双锥形，通常呈晶簇或粒状、块状集合体，贝壳状断口，断口呈油脂光泽；密度 2.65~2.66g/cm³，玻璃光泽，莫氏硬度 7；有透明的、半透明的和不透明的之分，颜色不一。无色透明的石英叫作水晶（rock crystal），紫色的叫作紫晶（amethyst），浅玫瑰色的叫作蔷薇石英（rosy quartz），烟至暗褐色的叫作烟晶（smoky quartz），黑色不透明的叫作墨晶（black quartz）。一般称的石英是指低温石英。

石英晶体是一种各向异性体物质，具有电压效应，可以制成电子钟、电子表及各种频率计的石英晶体振荡器。以水晶为原料，用高频炉真空熔制，可制成石英玻璃（quartz glass）；以纯净的水晶为原料，用氢氧焰喷粉法，可制成光学石英玻璃。石英玻璃具有很多优越性能，如膨胀系数低、耐高温、耐热震性、化学稳定性和电绝缘性都好，除氢氟酸和热磷酸外可耐其他酸的侵蚀，折射率 1.458。透明的石英玻璃具有良好的透过紫外线性能，用于制造高温耐蚀的化学仪器、光学仪器、电学设备和医疗设备等。石英玻璃纤维是制造光导纤维（quartz optical fiber）芯的重要原材料，石英玻璃的折射率较大，而皮层材料的折射率较小，光通过光导纤维的皮、芯层界面多次全反射而传输，可实现多路、长距离传输光电信号，用于光通信和光数据传输。石英还是制造各种新型压力、力传感器的优良材料。

五、玛瑙

玛瑙（agate）的化学成分也是二氧化硅（SiO_2），是石英的一种。石英中，浅灰黑色、黑色、棕褐色而呈结核状或条带状隐晶质的叫作燧石（flint）；有灰色、红褐色、红色、绿色、黄褐色等色而成乳状、肾状、纤维状和球状的叫作玉髓（chalcedony）；血红色的叫作鸡血石（bloodstone），等等。玛瑙就是呈环带状的玉髓，具有彩色的变胶体，一种不透明晶体，莫氏硬度 7，其纯度大大低于石英。通常游离的 SiO_2 从岩石空隙或空洞的周壁向中心逐层填充，形成同心层的环带状块体。天然玛瑙也因含有各种杂质而呈现各种不同的花纹和颜色，按其花纹和颜色的不同，可分为缟状玛瑙、苔纹玛瑙、缠丝玛瑙等等，所以它也是一种装饰工艺品的原材料。在工业上，玛瑙可制作精密仪器上的轴承，还可以制作某些密封垫、研棒、天平的刀口支承等。玛瑙还用来制作耐磨器皿及高级的工艺品材料。

人造玛瑙用不饱和聚酯树脂做胶黏剂，填料主要是水晶石细粉、玻璃粉和火山灰硅石细粉，色料选用氧化铬绿、中铬黄、炭黑等为原料，经调配制作得到仿天然玛瑙材料。由于人造红宝石的性能优于玛瑙，所以红宝石已取代玛瑙而用于制作各种微型滑动轴承。但是，由于制造困难，人造红宝石的尺寸不可能很大，因此一些尺寸较大的滑动轴承仍用玛瑙制造。

第七节 复 合 材 料

由两种或两种以上性质不同的材料，通过物理或化学的方法，经人工组合而成的具有新性能的多相固体材料，称为复合材料（Composite Material）。各种材料在性能上互相取长补短，产生协同效应，使复合材料能克服单一材料的弱点，发挥各组分材料的优点，可得到单一材料不具备的特殊性能。

一、复合材料的分类

复合材料（compound material）的全部相分为基体相和增强相，基体相起粘结作用，增强相起提高强度或韧性作用。复合材料的分类方法有多种，按基体不同，分为非金属基体和金属基体两大类，非金属基体主要有合成树脂、橡胶、陶瓷、石墨等，金属基体常用的有铝、镁、铜、钛及其合金。增强材料主要有各种纤维、硬质细粒、晶须等。

20世纪60年代，出现了以高性能纤维为增强材料的复合材料，称为先进复合材料，以区别于第一代玻璃纤维增强树脂复合材料。按基体材料不同，先进复合材料有树脂基、金属基和陶瓷基三类，其使用温度分别达250～350℃、350～1200℃和1200℃以上，其中使用较多的是树脂基复合材料。按增强相的种类和形状，分为颗粒、层叠、纤维增强复合材料。按复合材料的使用性能可分为结构复合材料和功能复合材料，前者是指作为承载结构用的复合材料；后者是指具有某种特殊物理性能或化学性能的复合材料，如梯度复合材料（材料的化学和结晶学组成、结构、空隙等在空间连续梯变的复合材料）、机敏复合材料（具有感觉、处理和执行功能，能适应环境变化的复合材料）、仿生复合材料、隐身复合材料等。

二、树脂基复合材料

树脂基复合材料是以有机聚合物为基体，一种或多种微米级或纳米级的增强材料分散于基体中，并通过适当的制造工艺制备的复合材料。常用的基体材料树脂有热固性树脂、热塑性树脂及各种各样改性或共混基体。最早的纤维增强体主要是玻璃纤维，先进树脂基复合材料的增强体有玻璃纤维、碳纤维、硼纤维、芳纶、超高分子量聚乙烯纤维等。按照结构特点还可分为纤维增强复合材料、夹层复合材料、细粒复合材料和混杂复合材料。

（一）玻璃纤维增强树脂基复合材料

玻璃纤维增强复合材料俗称玻璃钢（Fiber Reinforced Plastics），是20世纪40年代发展起来的复合材料，它是以玻璃纤维及其制品（玻璃布、带、毡、纱等）作为增强材料，以合成树脂作基体材料的一种复合材料，分为热塑性玻璃钢和热固性玻璃钢。前者以热塑性树脂为黏结剂，与热塑性塑料相比，当基体材料相同时，其强度和疲劳强度提高2～3倍，超过某些金属，冲击韧性提高2～4倍，抗蠕变能力提高2～5倍。

我国玻璃钢的发展始于1958年，虽然起步较晚，但研制开发进展速度较快。2011年9月6日，当前世界上最大的海上风力发电机SL5000稳稳地矗立在上海东海大桥的一旁，这座巨无霸机舱上可以起降直升机，风轮高度超过40层楼，风轮直径达到128m，长62m的叶片就是我国自行设计、制造的环氧树脂基复合材料（增强体尚无报道），厚度和重量只有原来（没有增强体）的四分之一，但是强度却增加了十几倍，是制造SL5000叶片最好的材料。

玻璃钢相对密度在1.5～2.0g/cm³之间，只有碳素钢（7.8g/cm³）的1/4～1/5，比强度（0.53×10^6cm）是碳素钢（0.13×10^6cm）的4倍，比模量（0.21×10^9cm）略逊于碳素钢（0.27×10^9cm），具有良好的耐腐蚀性、耐热性，是优良的绝缘材料。因此，玻璃钢广泛用于宇宙飞行器、飞机及直升机机翼、火箭、预警机雷达罩、陆上雷达天线罩、风力发电机叶片、防弹头盔、防弹服、各种高压容器、汽车车身、船舶游艇、扫雷艇、气垫船等各个方面。

（二）碳纤维增强树脂基复合材料

碳纤维（Carbon Fiber，CF）是一种碳含量在95%以上的高强度、高模量纤维的新型纤维材料，其中碳含量高于99%的称石墨纤维。碳纤维是一种力学性能优异的新材料，具有一般碳素材料的特性，如耐高温、耐摩擦、导电、导热及优良的抗腐蚀与辐射性能等，但有显著的各向异性、柔软、可加工成各种织物，沿纤维轴方向表现出很高的强度，密度小，比强度很高。碳纤维-环氧树脂复合材料，密度1.6g/cm³，比铝还要轻，是钢的1/5，比强度、比模量在现有结构材料中是最高的，抗拉强度一般都在3500MPa以上，是钢的7～9倍，抗拉弹性模量为230～430GPa亦高于钢，在有严苛要求的领域颇具优势。

碳纤维复合材料广泛应用于制作航天飞行器、火箭、导弹等的壳体，飞机结构材料，飞机涡轮叶片及发动机壳体；天线构架、电磁屏蔽除电材料；机动船、工业机器人、齿轮、轴、高级轴承、活塞、密封环、化工容器；生物医学材料等。此外，顶级跑车的一大卖点也是周身使用碳纤维复合材料，用以提高机动性和结构强度。

三、金属基复合材料

金属基复合材料是以金属或合金为基体，并以纤维、晶须、颗粒等为增强体的复合材料。常用金属基体除铝、镁、钛基外，还发展有铜、锌、铅、铍超合金基和金属间化合物基，及黑色金属基。增强体可为纤维状、颗粒状和晶须状的碳化硅、硼、氧化铝及碳纤维。金属基复合材料同样具有高强度、高模量外，还耐高温（温度范围350～1200℃）、耐磨、抗辐射，且具有不燃、不吸潮、不老化、无污染、导热导电性好、热膨胀因数小等优点。金属基复合材料是令人瞩目的制造航天器、飞机及火箭发动机的高温材料和超音速飞机的表面材料。

（一）铝基复合材料

铝及铝合金基复合材料的比强度和比刚度高，高温性能好，更耐疲劳和更耐磨，阻尼性能好，热膨胀系数低；同样能组合特定的力学和物理性能，以满足产品的需要。铝基复合材料已成为金属基复合材料中最常用、最重要的材料之一，其增强材料一般分为纤维、颗粒和晶须三类。

纤维增强铝基复合材料具有比强度、比模量高，尺寸稳定性好等优异性能，但价格昂贵。碳纤维增强铝基复合材料其比强度为 $3\times10^7\sim4\times10^7$ mm，比模量为 $6\times10^9\sim8\times10^9$ mm，主要用作航天器、人造卫星、空间站等的结构材料。颗粒增强铝基复合材料用的增强颗粒材料有 SiC、Al_2O_3、BN 等及 $Ni-Al$、$Fe-Al$ 和 $Ti-Al$ 等金属间化合物，可用来制造卫星及航天器结构材料、飞机零部件、汽车零部件、金属镜光学系统，还可制造惯性导航系统的精密零件、微波电路插件、涡轮增压推进器等。晶须增强铝基复合材料具有高比强度和比刚度、高轴向拉伸强度、低或接近于零的热膨胀因数、高耐磨性能、在高真空或潮湿或辐射环境下良好的尺寸稳定性、良好的导电和导热性、抗疲劳性、阻尼性和无逸气性，以及较好的横向力学性能、高温性能等，常用的晶须状颗粒增强体有碳化硅、硼、氧化铝等。晶须增强铝基复合材料主要应用于航天器、人造卫星支架和抛物面天线、太空望远镜、L频带平面天线、火箭和导弹构件、红外及激光制导系统构件，并向坦克、装甲等武器装备、直升机、桥梁和汽车领域扩展。

2013年12月15日，玉兔号月球车开始月面交替巡视—休眠—苏醒后巡视。月球车行走机构和高分辨率高稳定性的嫦娥三号光学系统的材料，就是上海交通大学研制的多种高性能铝基复合材料（增强体无报道）。月球表面恶劣复杂的空间环境（"白天"温度高达120℃，而"黑夜"的温度低达零下200℃，会产生热应力及热变形；此外，还有紫外线电子和质子等高能粒子射线的冲击）对月球车和光学系统材料的要求极其严苛。月球车在进行越障、爬坑、爬坡时，要承受各种碰撞、挤压、摩擦、磨损等。事实证明，这些铝基复合材料都经受住了严苛的考验。

（二）金属基纳米复合材料

金属基纳米复合材料是以金属及合金为基体，与一种或几种金属或非金属纳米级增强相相结合的复合材料。这类复合材料具有力学性能好、剪切强度高、工作温度较高、耐磨损、导电导热好、不吸湿、不吸气、尺寸稳定、不老化等优点，因而广泛应用于航天航空、自动化及汽车等工业领域。根据增强体的不同，金属基纳米复合材料分为三类：①外加非连续纳米相增强金属基复合材料，是将制备好的纳米级金属或非金属相均匀地弥散在金属基体中而制成的，例如用钨纳米颗粒强化入金基体，使材料的硬度提高了20.5%。②碳纳米管增强金属基复合材料，是以具有极高的纵横比和超强的力学性能的碳纳米管（新型碳纳米纤维）作为增强体的金属基复合材料，碳纳米管的弹性模量平均为1.8TPa，弯曲强度为14.2GPa。碳纳米管的抗拉强度为钢的100倍，密度仅为钢的1/6～1/7，且耐强酸强碱，具有较好的热稳定性，这种复合材料具有极好的力学性能,并具有良好的结构稳定性,在复合材料中占有重要的地位。③原位合成纳米相增强金属基复合材料的纳米增强相具有尺寸小、界面清洁、与基体结合良好、呈弥散分布等特点,在开发新型金属基纳米复合材料方面具有巨大的潜力。

(三)层叠复合材料

层叠复合材料是由两层或两层以上不同材料复合而成。用层叠法增强的复合材料可使强度、刚度、耐磨、耐蚀、绝热、隔声、减轻自重等性能均得到改善。常用的有双层金属复合材料、塑料-金属多层复合材料和夹层结构复合材料等。

例如,SF型三层复合材料是以钢为基体,烧结铜网或小铜球为中间层,塑料为表面层的自润滑复合材料。这种材料的力学性能取决于钢基体,比单一塑料提高承载能力20倍,导热系数提高50倍,热膨胀系数下降75%,改善了尺寸稳定性,可制作高应力(140MPa)、高温(270℃)、低温(−195℃)和无油润滑条件下的轴承。夹层结构复合材料由两层薄而强的面板中间夹着一层轻而弱的芯子组成,密度小,可制造有较高刚度和抗压稳定性,要求绝热、隔声、绝缘的制件,如飞机机翼、火车车厢等。

(四)颗粒增强金属基复合材料

颗粒增强金属基复合材料是由一种或多种材料的颗粒均匀分散在金属基体材料内而制成的。例如,弥散强化后的金属材料就是颗粒增强金属基复合材料,只不过其增强粒子有的是人为加入的,有的是热处理中析出的第二相形成的。金属陶瓷也是微粒复合材料,它是将"金属的热稳定性好、塑性好、高温易氧化和蠕变"与"陶瓷脆性大、热稳定性差、耐高温、耐腐蚀等性能"进行互补,将陶瓷微粒分散于金属基体中,使两者复合为一体,从而形成的复合材料。

本 章 小 结

非金属材料是除金属材料以外的所有固体材料。

(1) 高分子材料包括塑料、橡胶、纤维三大类,它具有低强度和低韧性,高弹性、高耐磨性和低弹性模量,良好的电绝缘性,低的热导率,耐腐蚀等优点。按照纤维来源不同,可分为天然纤维和化学纤维两大类。天然纤维又分成植物纤维、动物纤维和矿物纤维(如石棉)三类;化学纤维又可分为人造纤维、合成纤维和无机纤维。

(2) 按照塑料受热时的行为可分为热塑性塑料和热固性塑料,按照塑料的功能和用途可分为通用塑料、工程塑料和特种塑料。了解常用塑料品种的主要性能和用途。

(3) 橡胶是一种高分子弹性体,吸振力强;耐磨性、隔声性、绝缘性好;可积储能量,有一定的耐蚀性和强度。常用的橡胶有天然橡胶和合成橡胶两大类。天然橡胶有良好的物理性能和力学性能,各种合成橡胶也具有不同的优点,用途广泛。

(4) 陶瓷材料是指以天然矿物或人工合成的各种化合物为基本原料制成的无机非金属固体材料。现代陶瓷材料具有优于传统陶瓷的特殊性质和功能,按照用途可分为结构陶瓷材料、功能陶瓷材料。

(5) 粉末冶金材料的牌号采用由汉语拼音字母"F"和四位阿拉伯数字组成的符号体系表示,第一位数字(0~8)表示9大类粉末冶金材料的代号;第二位数字(0~9)表示各大类中所属的小类;第三、四位数字(00~99)表示同一小类中每种材料的顺序号。粉末冶金材料主要有粉末冶金结构材料、粉末冶金摩擦材料、粉末冶金减磨材料、粉末冶金多孔材料和粉末冶金工具材料。

(6) 矿物材料按其用途可分为结构材料和功能材料两大类,结构材料是指用于制造业和建筑业的材料。功能材料是对光、磁、电、热、声等外界能量或信息,具有感受、转换、传输、显示和存贮功能的材料。矿物材料主要用于电子通信、精密机械和仪器仪表工业。钻石是自然界中最坚硬的物质，可制作切削刀具；刚玉（宝石）硬度高耐磨性好，主要用来做仪器仪表的滑动轴承等；石英各向异性，具有电压效应，可制成光学玻璃，用于制造化学仪器、光学仪器、电学设备和医疗设备，也是制造光导纤维的主要材料；玛瑙是石英的一种，其纯度大大低于石英，用作制造精密仪器的轴承等。

（7）复合材料是由两种或两种以上性质不同的物质，经人工组合而成的多相固体材料，复合材料的全部相分基体相和增强相。复合材料按基体不同可分为非金属基（主要是树脂基）复合材料和金属基复合材料，按复合材料的使用性能可分为结构复合材料和功能复合材料。它克服了单一材料的弱点，发挥其优点，可得到单一材料不具备的性能，成型工艺简单，具有高比强度、高比模量、耐高温、耐腐蚀，及良好的电性能，减摩、耐磨和自润滑性好等优点。复合材料广泛应用于国民经济、国防、科技等各个方面。

思 考 题

11-1 高分子材料按用途分哪几类？其性能如何？什么是蠕变、应力松弛、老化？
11-2 什么是热固性塑料和热塑性塑料？试举出五种常见工程塑料的应用实例。
11-3 橡胶有哪些类型？举出四种合成橡胶说明其主要性能和应用。
11-4 什么是粉末冶金材料？粉末冶金材料分为哪些类型？它们的牌号如何表示？
11-5 工业陶瓷材料的性能如何？它们有哪些主要类型？它们的用途如何？
11-6 学习过的四种矿物材料各有什么特点和用途？
11-7 什么是复合材料？如何分类？各有什么特点和用途？

习 题

11-1 在授课教师指导下，以《我国在××……××领域研究的现状和前景》为题，写一篇字数不少于1000字的小论文，标题中的"××……××"指本章学习过的某一类材料，资料可从网上查阅，"前景"除了根据资料论述外，也可以提出自己的见解。

第十二章 新型工程材料

工程材料是现代文明的基石，新型工程材料的发展，直接影响着人类的文明和进步。新型工程材料，也称功能材料，是指新近发展起来和正在发展中的，具有优异性能和特殊功能，对科学技术尤其是对高新技术的发展及新产业的形成具有决定意义的工程材料。由于现代高新技术的迅猛发展，世界各国对新型工程材料都极为重视，科学研究和发展十分迅速。新型工程材料的产值在高新技术中的占比已居首位，这预示着人类文明和科学技术将会以更高的速度向前发展。据估算，目前全世界12项高新技术（即超导、先进半导体器件、数字显示技术、高密度数据存储、高功能计算技术、光电子、人工智能、柔性制造、传感技术、生物技术、医疗器械和新型材料）的市场总营业额已经超过1万亿美元，其中新型工程材料占40%。

工程材料都具有某些可资人们使用的功能，这些功能大体上可分为两大类，并形成两大类别的材料：一是结构材料（structural matarials），主要使用其力学性能（个别除外）；二是功能材料（funtional matarials），主要利用其优良的电、光、磁、声、化学和医学等性能，且用于非结构的目的。功能材料的概念是美国贝尔实验室 J. A. Morton 博士于1965年首次提出的，虽然起步较晚，但在电子信息、计算机、航空航天、国防、科学技术和现代生活中扮演着重要的角色。无论是结构材料还是功能材料，从其组成属性上看，均可以是金属材料、无机非金属材料、有机高分子材料及复合材料。本章将简要介绍常用功能材料。

我国一直非常重视对新型工程材料的研究和开发，并取得了一些重要的成果。在《国家高新技术研究发展计划》（863计划）和《国家重点基础研究发展计划》（973计划）中都把功能材料技术作为重点的研究项目；在2015年5月8日国务院发布的《中国制造2025》中，仍然把新材料作为战略重点领域之一，以特种金属功能材料、高性能结构材料、功能性高分子材料、特种无机非金属材料和先进复合材料为发展重点；科技部2016年2月公布的2016年国家重点研发计划首批10项专项中，涉及"材料"的有3项；2016年3月，《国民经济与社会发展"十三五"规划纲要》也提出支持新一代高端装备与材料产业发展。

第一节 新型结构材料

在以制造业为经济主体的时代，在材料工业中主要以结构材料为主，进入"信息时代"以后，许多高新技术产业蓬勃兴起，新型结构材料就是在这一前提下发展起来的，并在新型工程材料中逐步占据了重要的地位。但是由于现代制造业仍然是人类生活的基础，工程结构材料仍然是人类不可缺少的材料，因此工程结构材料近年来很大的发展，出现了许多性能优异的新型工程结构材料。这里将简要介绍当前新型结构材料研究与开发中的几个热点。

一、高强度高模量轻金属结构材料

随着航空航天技术的发展，高强度超轻型的结构材料 Al-Li（lithium，3）系铝合金和 Mg-Li 系超轻镁合金应运而生。Al-Li 系铝合金是在铝合金中加入轻金属 Li 元素，可降低其密度，并改善其性能。合金中的 Li 含量每增加1%，可使密度降低3%，模量增加6%。但 Li 含量大于3%时韧性明显下降，脆性增大，故一般铝合金中 Li 含量仅为2%～3%。Al-Li 系铝合金具有比强度高、比刚度大、疲劳性能良好、耐腐蚀性及耐热性好等优点，常用来制造飞机的结构件，使飞机减重10%～20%。我国 C919 大飞机使用了最高端的铝锂合金，使得飞机更轻，从而可提高飞机的飞行速度和承载能力。由于金属 Mg（magnesium，12）和金属 Li 的密度都很小，故 Mg-Li 系合金是目前金属结构材料中最轻的一种，有"超轻合金"之美称。工业上用的 Mg-Li 系合金的密度为 $1.30\sim1.65\mathrm{g/cm^3}$，比常用的镁合金轻 10%～30%。Mg-Li 系合金的强度较高，特别是压缩屈服极限显著超过其他镁合金，塑性和韧性很好（在低温下塑性也很好），主要用于制造航空航天飞行器中的各种零件。但是，Mg-Li 系合金的抗腐蚀性能低于一般镁合金，应力腐蚀倾向严重，这些问题还有待于今后研究解决。

二、有序金属间化合物结构材料

金属间化合物是金属之间的化合物，具有与组成金属的晶体结构不同的有序点阵结构，这反映了不同的金属原子之间非常强的交互作用，金属间化合物的这种特殊的晶体结构，使其具有了特殊的力学性能、物理性能和化学性能。许多金属间化合物的强度随着温度的升高不是持续下降，而是先升高后下降，是一种反常的强度-温度关系。发展金属间化合物的主要目标是发展比镍基高温合金具有更高的高温比强度的轻金属材料，特别是要发展一种介于镍基高温合金和高温陶瓷材料之间的高温结构材料。目前已经出现的金属间化合物材料主要有：Ni-Al 系金属间化合物合金、Fe-Al 系金属间化合物合金和 Ti-Al 系金属间化合物合金等。

按照国家标准 GB/T 14992—2005《高温合金和金属间化合物高温材料的分类和牌号》的规定，金属间化合物高温材料的牌号由前缀"JG-材料分类号-不同牌号合金编号-后缀"组成。金属间化合物高温材料的分类号，即第 1 位数字：1—钛铝系金属间化合物高温材料；4—镍为主要元素的合金和镍铝系金属间化合物高温材料。合金编号为 3 位数字，位数不足的用"0"补齐，如第 12 号合金应表示为"012"。后缀是表示某种特定工艺或特定化学成分等的英文字母符号（特殊需要）。标准 GB/T 14992—2005 列出了 12 个金属间化合物高温材料的牌号：JG1101、JG1102、JG1201、JG1202、JG1203、JG1204、JG1301、JG1302、JG4006、JG4006A、JG4246、JG4246A。它们的化学成分可查阅国家标准 GB/T 14992—2005 表 6。

三、新型超高强度结构钢

超高强度结构钢是近年来新发展的结构材料。随着航空航天技术的飞速发展，对结构轻量化的要求日渐迫切，要求材料有高的比强度和比刚度，同时要有足够的韧性。超高强度钢与普通结构钢的强度区分界限，目前尚无统一规定，一般将常温下抗拉强度 σ_b 超过 1400MPa、屈服强度大于 1300MPa 的钢称为超高强度钢。此外，超高强度钢还要求有一定的塑性和韧性，尽可能小的缺口敏感性、高的疲劳强度，一定的抗蚀性，良好的工艺性及价廉等。超高强度钢现在已发展成为一个独立的钢类，大量应用于火箭发动机外壳、飞机着陆部件、防弹钢板等领域。超高强度钢按其合金含量可分为低、中、高合金超高强度结构钢。

（一）低合金超高强度钢

低合金高强度钢是在调质钢的基础上发展起来的，含碳量一般为 0.27%～0.50%，其合金元素总量一般不超过 5%，主要合金元素是锰、铬、硅、镍、钼、钒等。低合金超高强度钢大致可分为铬钼钢、铬镍钼钢、铬锰硅钢、铬锰硅镍钢、硅锰钼钒钢等几个钢系。美国从 1950 年开始研究 4340 钢，1955 年用于飞机起落架；之后又研制了 300M 钢，1966 年用作军用飞机起落架，并逐年扩大至几乎所有的民航飞机，如 F-15、F-16、波音 747 等飞机的起落架及波音 767 飞机机翼的襟滑轨、缝翼管道等；20 世纪 60 年代初开始研制的 D6AC 钢，已成为一种制造固体火箭发动机壳体的专用钢种，被广泛用于制造战术和战略导弹发动机壳体及飞机结构件，如"爱国者""民兵""北极星""大力神"等新型导弹，以及航天飞机助推器等。

（二）中合金超高强度钢

中合金超高强度钢含碳量为 0.25%～0.55%，合金元素含量在 5%～10% 之间，主要合金元素是铬、钼、钨、钒等的碳化物形成元素。由于钢中含有较多的强碳化物析出元素铬、钼、钒等，在一定温度范围内回火时，在马氏体中析出极细小的、弥散的 M_2C、MC 型碳化物，使回火马氏体的强度得到进一步提高。这类钢的回火稳定性高，使用温度可达 500℃，但如果在室温下使用，并不比低合金超高强度钢优越。美国典型的中合金超高强度钢是 H-11 改型钢和 H-13 即 5Cr-Mo-V，飞机用钢包括 AMS6437、AMS6485、AMS6487、AMS6488 等；英国的中合金超高强度钢有 HST140 等；我国常用的中合金超高强度钢号为 4Cr5MoVSi。

（三）高合金超高强度钢

美国研制的高合金超高强度钢主要包括 9Ni-4Co、马氏体时效、沉淀硬化超高强度不锈钢和基体钢。9Ni-4Co 系钢是美国开发研制的可焊接钢种，是由 9%Ni 低温用钢发展起来的，利用回火马氏体组织而得到很高的强度。马氏体时效钢具有更高的屈强比和比强度，且具有良好的塑性、韧性及工艺性能。沉淀硬化不锈钢基本上是马氏体不锈钢与奥氏体不锈钢，都是在最后形成马氏体基础上经过时效处理，析出弥散的碳化物及金属间化合物而产生沉淀强化。基体钢是在具有相当于高速钢成分基础上，降低含碳量，适当增减合金元素而形成的。

（四）我国低合金高强度钢的发展

我国的低合金超高强度钢研制始于 20 世纪 50 年代，经历了一个从无到有、从仿制到创新、从低级到高级的发展过程。起步阶段以仿制前苏联（俄罗斯）的钢种为主，根据我国的资源情况和工程的需要，自主开发了具有我国特点的低合金超高强度钢。

我国最早研制的 30CrMnSiNi2A 是仿照前苏联的 30ХГСН2А 钢生产的，现在是我国航空工业中使用最广泛的一种低合金超高强度钢。1980 年，我国开始仿制美国 300M 钢，经过 10 年攻关，国产 300M 钢的各项性能均达到了美国最新标准 AMS6417D。直到"九五"期间，采用双真空工艺生产的 300M 钢的各项性能达到了美国最新标准的要求，并与美国的实物水平相当，且成功地用于歼-8Ⅱ、歼-8Ⅲ和歼-10 起落架上，使我国实现了飞机与起落架同寿命。我国研制的 45CrNiMo1VA 钢，是制造薄壁壳体的理想材料，先后成功地用于 HQ-7 地空导弹的发动机壳体和反坦克导弹的发动机壳体和高压气瓶，在航天领域具有广阔的应用前景。

同时，我国从 20 世纪 50 年代起，先后自行研制了 35Si2Mn2MoVA，不含镍的 406、D406A、40CrMnSiMoVA（GC-4），少镍的 37Si2MnCrNiMoVA 等。406 钢是我国自行研制产品中最成功的典范，从 1965 年开始研制 406 钢，到 406A 钢，再发展到现在的 D406A 钢。406 钢的抗拉强度 $\sigma_b \geq 1862$MPa，断裂韧性 $K_{IC} \geq 72$MPa·m$^{1/2}$，而 D406A 钢的 $\sigma_b \geq 1620$MPa，$K_{IC} \geq 87$MPa·m$^{1/2}$。现在采用双真空冶炼的 D406A 钢具有很高的纯净度，有良好的强韧性配合，已成为我国大中型固体火箭发动机的专用钢种，我国的东风系列、巨浪系列等一级发动机壳体均采用该钢制造。我国目前生产的低合金超高强度钢牌号有：30CrMnSiNi2A（仿前苏 30ХГСН2А）、40CrNi2MoA（仿美 4340）、40Si2Ni2CrMoVA（仿美 300M）、45CrNiMo1VA（仿美 D6AC）、35SiMn2MoVA、37Si2MnCrMoVA、406、D406A、40CrMnSiMo2VA 和 43Si2CrNi2MoVA。

我国从"九五"期间开始攻关，突破了一系列关键的技术难点，超高纯净钢材提纯技术取得了重大进展，有害元素 S、P、O、N、H 控制在 10^{-6} 数量级，总和小于 40×10^{-6}。我国国产的新型超高强度钢实物纯净度远远高于标准要求，具有很高的抗拉强度、断裂韧性和疲劳强度，还具有良好的抗海水腐蚀性能和良好的焊接工艺性能等，综合性能居目前各类超高强度钢之首，是第四代战斗机和航母舰载机起落架之首选材料。

四、轻合金泡沫金属三明治结构

轻合金泡沫金属三明治结构是在泡沫金属的基础上发展起来的一种由两层面板和低密度泡沫夹芯板组成的三层复合结构，如图 12-1 所示。面板可以是金属面板，也可以是非金属面板，低密度泡沫夹芯可以是泡沫铝、泡沫钛等。泡沫金属是指金属基体内分布着空洞的新型材料，按其孔隙结构特征可分为开孔泡沫和闭孔泡沫。泡沫金属中的孔隙为功能相，用于优化材料的性能。泡沫金属不仅具有金属材料的轻质、高强、耐高温等结构材料的特点，而且还具有吸能、隔热、减振、阻焰、耐热、渗透性好等特性。一些发达国家的研究机构把轻合金泡沫金属三明治结构作为21世纪新材料的研究重点之一。

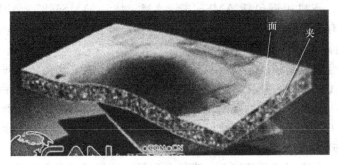

图 12-1　轻合金泡沫金属三明治结构

轻合金泡沫金属三明治结构的制备方法有直接粘接法、热喷涂法、粉末冶金法和累积叠轧法。其中粉末冶金法是目前最为成熟的方法，实现了面板与泡沫铝之间的冶金结合，并且与塑性成型技术相结合，可以制造形状复杂的三维结构。轻金属泡沫三明治结构密度低，比强度和比刚度大，具有优良的渗透性、阻尼减振特性，以及优良的能量吸收性能、绝热、隔音性。

近年来，我国在粉末冶金法制备泡沫铝、气体捕捉法和占位体烧结法制备泡沫钛等方面做了大量研究，在泡沫金属及其三明治结构的制备、孔隙结构表征等方面积累了丰富的经验。

轻合金泡沫金属三明治结构在航空航天（如飞行器的机翼、尾翼、蒙皮结构、过滤及流量控制结构等）、舰船、坦克、战车中的装甲防护结构，生物工程等领域具有广泛的应用前景，特别是已成为超长航时、超高音速飞行器轻量化结构材料的重要选择之一。因此，轻合金泡沫金属及其三明治结构材料，对国防现代化具有重要的战略意义。

第二节　金属功能材料

本篇前述各章所介绍的金属材料，主要是利用了材料的力学性能，在国计民生中应用十分广泛，且使用时间最长，在实际工程材料中占很大比例，因而单独作为一类，称为结构材料，这是一般意义上的功能材料。而本节所介绍的功能材料，具有独特的功能，这些特殊功能是与它们所具有的优良的电学、磁学、光学、热学、声学等物理性能，特殊的力学性能，优异的化学性能以及生物学性能密切相关的。金属功能材料极大地促进了现代信息社会的技术进步，同时也带来了很高的经济效益。本节仅介绍几种常用的金属功能材料。

一、新型力学功能材料

力学功能材料主要是利用材料的弹性、内耗性、形状记忆效应，制造弹性元件、减振装置、形状记忆元件和智能元件等，广泛用于仪器仪表、机械制造、生物及医学、航天等领域。

（一）新型减振合金

机械振动必将产生噪声，而减小机械振动有两种途径：一是改进机械装置的结构设计、提高零件的加工及装配精度，以求减小装置的振动；二是将已经产生的振动吸收并转换成其他形式的能量，可以附加减振器或吸音器，而采用高阻尼的减振合金（Reduce and shake the alloy，也称高阻尼合金）制造零件，则是重要的途径之一。铸铁是减振合金材料中最典型的代表,灰铸铁减振系数高达6%,球墨铸铁仅为2%,若其中加入20%的Ni,则减振系数可达20%。其他的减振合金材料还有强磁性减振合金,典型代表 Fe-Zr-Al 系合金(Silentalloy),错位型减振合金,典型代表是 Mg-Zr 系合金,可制造火箭、卫星的精密仪器防振台架;具有形状记忆特性的减振合金,如 Mn 含量17%的 Fe-Mn 合金,就是高性能的阻尼材料。

(二)形状记忆合金

形状记忆合金(Shape Memory Alloy)是指具有形状记忆效应(Shape Memory Effect,SME)的合金。它集敏感特性和驱动功能于一体,是智能型的多功能材料。形状记忆效应是指具有初始形状的制品,在变形后通过加热等处理之后,又恢复到初始形状的功能。形状记忆效应分为单程形状记忆效应和双程形状记忆效应,前者是指材料在高温下制成某种形状,在低温下将其任意变形,若再加热到高温,材料恢复到高温下的形状,但重新冷却时材料却不能恢复到低温时的形状;若重新冷却时材料也能恢复到低温时的形状,即所谓双程形状记忆效应,如美国阿波罗11号登月飞船的背面天线,在马氏体状态下变形为团状置入飞船舱内,登月后靠太阳的热量使其恢复到原来的抛物面天线的形状。前者主要应用于管接件、紧固件和密封件等;后者主要用于制造传感器件,也可作为储能和能量转换材料、生物医学材料(如做牙齿整形、脊椎整形),或用于制造航天器的背面天线等。目前已经发现的形状记忆合金已有20多种。

二、新型电学功能材料

现代社会的人们时时刻刻都离不开电力能源,电子技术也渗透到了人们的工作和日常生活的各个方面。电学功能材料是指主要利用材料的电学性能和各种电效应的材料。

(一)导电材料

用于传输电流的金属或合金称为导电材料(Conductive Material)。在强电流的传输、弱电流传输和微电子集成电路中,对导电材料的主要要求是具有良好的导电性,此外还应根据使用目的的不同,提出不同的其他性能要求。铜及铜合金、铝及铝合金和银等金属材料在导电材料中占据绝对主导地位,此外,还出现了复合导电材料和超导电合金材料等新型材料。

(1)复合导电材料 为了满足某些特殊需要,可将两种或两种以上性能有显著差异的金属材料复合在一起,得到复合导电材料。常用的复合方法是利用塑性加工、镀覆等工艺将包覆材料复合到基体材料的表层,得到结构上复合的导电材料,可提高强度、导电性、耐腐蚀性能等。如铜(或银)包铝线,可节约大量的贵金属;铜(或铝)包钢线,可用作大跨度的架空导线;还有镀银铜线、镀锡铜线等。另一种方法是通过内氧化或直接向金属中掺入氧化物微粒得到的金属与氧化物的双相复合材料。典型代表有 Al/Al_2O_3、Cu/Al_2O_3、Cu/BeO 等,导电率达到纯铜的90%以上,屈服极性高达500MPa以上,可长期在500℃以上温度下使用。

(2)超导电合金材料 某些导体当低于临界温度(T_c)时,其电阻急剧消失。以零电阻为特征的状态,称为超导态,这样的导体称为超导体。超导材料的导电性显著高于一般金属材料,其电阻率几乎为零,同时具有很强的抗磁性。超导材料的应用领域很多:实现大容量输电;制造超导磁体发电机,可使发电效率提高50%~60%;利用其抗磁性,制成无接触的机械结构,避免摩擦,如超导磁悬浮列车、陀螺仪、核磁共振装置、电动机等;利用超导材料的超导电子对隧道效应,能够进行超高精度的电磁测量等;用超导结作计算机元件,体积小、计算机速度快且容量大。

(二)高温半导体材料

第一代、第二代半导体材料(分别以硅和砷化镓为代表)制作的电子器件,工作温度大多不超过200℃,但某些高端技术产业则要求工作温度在500~600℃的电子器件,高温半导体便应运而生,SiC、GaN、ZnO 和金刚石是第三代半导体的典型代表。高温半导体材料具有许多优异的特性：禁带宽度大，可在相当高的温度范围（500℃以上）保持其良好的半导体特性，减少或除掉冷却散热隙态；载流子迁移率高，电子饱和速度快，适合制作高速器件；介电常数小，正是微波器件的需求；导热系数极高，意味着可提高器件集成度。采用第三代高温半导体材料制作的器件，具有更优异的耐高温、抗辐射、微波、大功率、高速等特性。

（1）碳化硅材料和氮化镓材料　碳化硅是最早研究的高温第三代半导体材料，对 SiC 的研究 1824 年就正式开始了，但直到 1885 年 Acheson 才第一次生长出 SiC 单晶，1907 年英国工程师 Round 制造出了第一支 SiC 电致发光二极管。由于 SiC 生长单晶难度大，再加上 Si 技术的兴起和成熟，SiC 的研究滞后了。1978 年俄罗斯科学家发明了改良的 Lely 法获得了较大的 SiC，才又激起了人们的兴趣。SiC 晶体结构有六方和立方两类，六方-SiC 有多种异形体，是低温的稳定相。SiC 高温半导体器件的工作温度可达 500℃ 以上，且具有优异的抗辐射能力。在现今已开发的宽禁带半导体中，SiC 是技术发展最成熟的一种，多形体已超过 200 种，最常见的 SiC 多型体有立方结构的 3C-SiC 和六方结构的 6H-SiC、4H-SiC。目前全球 SiC 晶圆几乎由美国 Cree 公司垄断，其产量占全球总量的 85% 以上，其他还有日本新日铁、中国的天科合达和山东天岳。

我国对 SiC 研究虽起步较晚，但发展很快。科技部于 2013 年正式将"SiC 电力电子器件集成制造技术研发与产业化"作为主要专项任务；"国家科技支撑计划制造领域 2014 年度备选项目征集指南"提出要完成面向高压电力电子器件的大尺寸 SiC 材料与器件的制造设备与工艺技术研究，以及针对电网、机车、风电等领域的需求，开展高压 SiC 电力电子器件制造所需的 4～6 寸 SiC 单晶生长炉、外延炉等关键装备研制，并开展 1200V、1700V、3300V 和 8000V 的相关器件制造工艺技术验证，2015 年达到中试水平。我国的天科合达和山东天岳则分别依托中科院物理所和国家晶体实验室自主研发晶圆生长的相关技术，具有自主知识产权。

GaN 的研究经历与 SiC 的研究大致相仿。SiC 和 GaN 双雄并立，目前难分高下。GaN 材料系列与 SiC 一样，也是研制高温大功率电子器件和高频微波器件的重要材料。氮化镓半导体材料具有禁带宽度大、击穿电场高、电子饱和漂移速度高、介电常数小、抗辐射能力强和良好的化学稳定性等独特的特性。随着分子束外延法（MBE）技术在 GaN 材料应用的进展和关键薄膜生长技术的突破，成功地生长了 GaN 的多种异质结构。GaN 材料还是一种理想的短波长发光器件材料，GaN 及其合金的带隙覆盖了从红色到紫外的光谱范围。

SiC 和 GaN 可工作于极端环境，在卫星、飞机、火箭、汽车发动机、核能、地质勘探、相控雷达、通信广播、显示器、新型光源、激光打印、存储器等领域有广阔的应用前景。此外，可发蓝光的 SiC 二极管，可大大提高高密度数据存储的技术水平，用于紫外激光器和各种压电、光电、声光调制器，并在未来生物化学战场的探测方面发挥不可替代的作用。GaN 的优异性能还表现在光学领域，高亮度 GaN 基发光器件广泛应用于超大型动态信息显示屏，可见光 LED 则是其实现全色平板显示的关键器件，耐各种恶劣条件；高亮度的 LED 还用于交通信号指示灯，有响应速度快、寿命长、抗震、耐冲击、高效节能等优点。

（2）氧化锌材料　ZnO 是继 GaN 以后出现的又一种很有应用前景的第三代宽禁带半导体，在某些方面比 GaN 的性能更优越，如熔点、激子束缚能和激子增益更高，外延生长温度低，成本低，易刻蚀而使后继工艺加工更方便等。ZnO 晶体结构共有三种：六角纤锌矿结构、四方岩盐矿结构和闪锌矿结构。ZnO 激子结合能是 GaN 的 2 倍多，可以实现室温和高温下高效的激子复合发光，是一种理想的短波长发光材料。与 GaN 相比，ZnO 具有很多明显的优势（如原料防腐、价格低廉；成膜性能好，外延生长温度低；纳米形态丰富多彩，制备简单；电子诱生缺陷低，抗辐射性能好；是一种环境友好材料，生物兼容性好）。因此，ZnO 用于制备 LED、LD 和探测器等光电器件，在固体发光、白光照明、全色显示、光信息存储等节能与通信领域拥有广阔的应用前景。但 ZnO 的商业化应用目前还不成熟，还有很长的路要走。

（3）金刚石　金刚石被认为是颇具潜力的第三代半导体材料。金刚石由碳原子组成，其晶体结构与 Si 相似，纯净的金刚石是良好的绝缘体，但掺杂少量的硼或者氮就会变成半导体。金刚石是最理想的高温半导体材料，在高温、高功率器件领域有着极大的潜在应用前景。近年来，人们掌握了在低温低压下采用化学气相沉积（CVD）生长金刚石薄膜的技术，作为高温半导体材料正在国内外迅速发展。据报道，法国科学家将氢元素加入含有硼的 P 型金刚石半导体中，结果发现，被研究材料转化成了一种 n 型金刚石半导体，其导电性比过去用传统方法制造的金刚石半导体高出近 1 万倍。金刚石半导体禁带宽，抗辐射性能优越，适合于作紫外探测器及太阳盲区紫外探测器材料，是大功率红外激光器和探测器的理想材料，也是目前最好的红外保护材料。金刚石薄膜可做各种光学透镜的保护膜；用金刚石膜制作飞机和导弹的雷达罩，在超音速飞行时，头部的锥形雷达不仅散热快、耐磨性好，还可以解决雷达罩在高速飞行中同时承受高温骤变的问题。另外，声波在金刚石中具有极高的传播速度，可做成 SAW（声表面波）器件，如表面声波滤波器；金刚石薄膜可做电化学传感器的电极，能在腐蚀性环境中工作。

三、新型磁学功能材料

磁学功能材料是指利用材料的磁学性能，在一定空间中建立磁场或者改变磁场分布状态的一类功能材料。工程上实际使用的磁学功能材料分为两类：金属磁学功能材料和铁氧体陶瓷磁学功能材料。金属磁学功能材料以合金为主，称为磁性合金。此外，近年来还研制出了超磁致伸缩材料、磁性液体材料和钕铁硼永磁材料。

（一）超磁致伸缩材料

超磁致伸缩材料（Giant Magnetostriction Material），被视为 21 世纪提高国家高科技综合竞争力的战略性功能材料，磁致伸缩性能优异，尺寸伸缩可随外加磁场成比例变化，其磁致伸缩系数远大于传统的磁致伸缩材料，在室温下机械能-电能转换率高、能量密度大、响应速度高、可靠性好、驱动方式简单。超磁致伸缩材料可用于水下舰艇移动通信、探/检测系统、声音模拟系统、航空航天飞行器、地面运载工具和武器等；用超磁致伸缩材料制造的微位移驱动器可用于机器人、超精密机械加工、各种精密仪器和光盘驱动器等；用于海流分布、水下地貌、地震预报等方面的勘测装置及用于发射和接收声音信号的大功率低频声纳系统等。

（二）磁性液体材料

磁性液体（Magnetic Liquid）是 1965 年美国宇航局为了解决太空服头盔转动密封的技术难题而率先研制成功的。现在世界上已经商业化的磁性液体主要是氧化铁型的，其磁微粒子为亚铁磁性物质 Fe_3O_4 或 $\gamma\text{-}Fe_2O_3$，其固有磁化强度 M_s 和起始磁导率（permeability）ρ_0 均低，商品氧化铁型磁液的 M_s 值一般在 400GS 左右，但它的氧化稳定性较好。20 世纪 80 年代出现了铁磁性金属磁液。这种磁液性能的优缺点正好与氧化铁型的相反，由于它易氧化，M_s 值不稳定，故难以实用。磁性液体可用于对机械运动部位的密封等。

1997 年，中国钢铁研究总院"氮化铁磁性液体材料及应用开发研究"课题列入国家"863 计划"。改进了磁液浓缩工艺，经浓缩处理后磁液最大 M_s 达到了 1346GS，Fe_3N 磁微粒平均粒径约为 18nm。研究表明，氮化铁磁液具有铁磁性材料的高 μ_0 值，其氧化稳定性并不像日本新闻媒体宣传的那样好。对此，我国又专门研制了抗氧添加剂，提高了 Fe_3N 的氧化稳定性。现在，Fe_3N 磁性液体材料研制工作正在迈向商品化生产的过渡阶段，Fe_3N 磁液已在磁密封和传感器等元器件上成功应用，其应用范围正在不断扩展。

（三）钕铁硼永磁材料

钕铁硼永磁材料是以金属间化合物 RE2Fe14B 为基础的永磁材料，主要成分为稀土（RE）、铁（Fe）、硼（B）。为了获得不同性能，其中稀土钕（Nd）可部分用镝（Dy）、镨（Pr）等其他稀土金属替代，铁也可被钴（Co）、铝等其他金属部分替代，硼的含量较小，但对形成四方晶体结构金属间化合物起着重要作用，使化合物具有高饱和磁化强度，高的单轴各向异性和高的居里温度。第三代稀土永磁钕铁硼材料是当代磁体中性能最强的永磁体，被称作当代"永磁之王"，广泛用于航天器（如运载火箭导航系统的重要部件——永磁器件、阿尔法磁谱仪永磁体）、电子、机械等行业和风力发电机（特别适合海上风电场）。阿尔法磁谱仪-02 的研制成功❶，标志着我国钕铁硼磁体的各项磁性能已跨入世界一流水平。钕铁硼永磁体的主要成分是：稀土金属钕 29%～32.5%；金属铁 63.95%～68.65%；非金属硼 1.1%～1.2%；少量添加镝 0.6%～1.2%；铌 0.3%～0.5%；铝 0.3%～0.5%；铜 0.05%～0.15%等元素。

钕铁硼永磁体的生产工艺可为烧结法和粘结法。现在烧结钕铁硼的厂家欧洲只有德国的真空冶炼公司和芬兰的 Neorem 公司；日本有 TDK 和信越化工；其余的烧结钕铁硼磁体生产企业全部集中在中国。粘结磁体企业除日本的大同外，其余也基本在中国。

GB/T 13560—2009《烧结钕铁硼永磁材料》列出了 43 个牌号及其主要磁性能，GB/T 18880—2012《粘结钕铁硼永磁材料》列出了 8 个压缩成型和 7 个注射成型的牌号及其主要磁性能。钕铁硼永磁材料主要应用于航空、航天、火箭、导弹等的微特电机中；汽车工业是钕铁硼永磁材料用量最多的大户（汽车一般有几十个部位要使用永磁电机）；数控机床也是应用钕铁硼永磁体的大户；电动自行车、扬声器、耳机等电声元件；永磁式 RMI-CT 核磁共振成像设备采用钕铁硼永磁材料，其磁场强度提高了一倍，图像清晰度也大大提高，并节省了大量原材料；每一辆磁悬浮飞机（列车）将使用 10t 烧结钕铁硼材料。

四、新型热学功能材料

热学功能材料是指主要利用其热学性能和热效应的材料，用于制造机械和仪器仪表中的发热、致冷、感温元件，或作为蓄热、传热、绝热介质；兼有良好导电性能及一定强度的热学功能材料，则可用于制作集成电路、电子元器件等的基板、引线框架、热双金属片等。

（一）稀土发热材料

以铬酸镧为基体的发热体，表面常用温度为 1900℃，在氧化气氛中高温下较稳定，在室温下可直接通电，在高温下电阻的变化系数接近于零，由于老化引起的电阻变化率小，在高温下（空气中）连续长期使用是铬酸镧发热体的突出特点。由于铬酸镧的导热性较差，电网突然停电时要断开控制电源，防止突然给电时电流急速升高，使元件瞬间发热过高而裂损。

---

❶ 阿尔法磁谱仪（Alpha Magnetic Spectrometer，AMS）是安装在国际空间站的粒子物理试验设备，试验项目首席科学家是 1976 年诺贝尔物理学奖获得者丁肇中。由于航天飞机近年来事故的影响，使得发射时间一再推迟，一直到 2011 年 5 月 16 日，美国"奋进"号航天飞机携带着中国参与制造的阿尔法磁谱仪，从佛罗里达州肯尼迪航天中心发射升空，前往国际空间站，开始为期 3 年的探索之旅。AMS 项目投入达 20 亿美元，研究人员来自 16 个国家 56 个研究机构的 500 人团队。参与磁谱仪项目的中国大陆科研团队主要有中国科学院电工研究所、高能物理研究所和中国运载火箭技术研究院等 8 个，来自中国台湾的团队主要有"中央研究院"物理研究所、中山科学研究院等 3 个，他们的贡献各不相同，但都必不可少。阿尔法磁谱仪最关键的永磁体系统，包括用高性能钕铁硼材料制成的永磁体和支撑整个磁谱仪的主结构，是由中国科学院电工研究所、高能物理研究所和中国运载火箭技术研究院成功研制出的，由 211 厂制造，中国水利水电科学研究院承担机械结构强度试验。由于奥巴马政府（Obama administration）计划将国际空间站运作时期延至 2020 年，磁铁系统运作时间从短短的 3 年延长到多达 10～18 年。中国科学家为磁谱仪倾注了大量心血，所作贡献得到了项目首席科学家丁肇中、项目组以及其他国家科学家的广泛赞誉。丁肇中曾对记者表示："中国科学家为磁谱仪实验做出了决定性贡献。"2015 年这台粒子对撞机将重新启动，2015 年则是一个值得期待的年份。需了解详情轻查阅相关资料。

稀土超高温电制热元件铬酸镧是新一代的电热材料。其特点是：大气环境使用，热辐射系数高达 0.96，电阻变化小，电阻系数变化小于 5%，从中低温到超高温都可以使用，最高炉温可达 1900℃。使用寿命：1500℃以下超过 10000h；1750℃以下超过 4000h。铬酸镧发热元件是以铬酸镧为主要成分，在高温氧化气氛电炉中使用的电阻发热元件，能耗少，可以精确控制温度。铬酸镧发热元件的电阻随温度升高逐渐减小，500℃以上基本稳定，1000℃以上变化很小，高温的电阻变化也极小，在高温时伴有少量 Cr^{3+} 离子的挥发，如有特殊要求，可将元件用纯氧化铝套管屏蔽起来。铬酸镧发热元件在使用过程中升温速度不宜太高（≤400℃/h），应控制电流突然增大，炉温升温速度越均匀越好。炉温升温在 300℃以下时，应<4℃/min；在 300~1000℃时，应<5℃/min，这样有利于发热元件的长期使用。

（二）热膨胀材料

纯金属熔化前的体积膨胀总量一般约为 6%，线膨胀总量约为 2%。金属的熔点越高，热膨胀因数就越小。W 的熔点最高，为 $T_m=3683K$，$\alpha_{293K}=4.6\times10^{-6}K^{-1}$；Al 的 $T_m=933.7K$，$\alpha_{293K}=23.6\times10^{-6}K^{-1}$。合金的热膨胀因数近似地等于各组元的热膨胀因数按其含量加权平均的结果，可能存在一定的有规律的偏差。一般金属及其合金的热膨胀性，与温度有密切关系。

工程上，把热膨胀因数几乎为零（一般 $\alpha<1.8\times10^{-6}K^{-1}$）的热膨胀合金称为低膨胀合金，主要在电子、仪器仪表工业中，制造真空电子元件或环境温度波动时对尺寸要求近似恒定的元件，还用于制作热双金属片的被动层。把在 -70~500℃温域内有较恒定的中等热膨胀因数的合金称为定膨胀合金，其用途可作为结构材料和封接材料。高膨胀合金是指有较高的热膨胀因数（一般 $\alpha>15\times10^{-6}K^{-1}$）的合金，如 Mn75Ni15Cu10 合金，其膨胀因数为低膨胀合金的 15~20 倍以上。高膨胀合金常用来制造热双金属片的主动层。

五、生物医学材料

生物医学材料（Biomedical Materials）又称生物功能材料，与生物系统结合（可以被单独地或与药物一起），用以诊断、治疗人体组织及器官，或起替代、增强、修复等医疗作用。生物医学材料可以是有生命力的活体细胞或天然组织与无生命的材料结合而成的杂化材料，主要治疗目的无需通过在体内的化学反应或新陈代谢来实现，但是可以结合药理作用，甚至起药理活性物质的作用。与生物系统直接结合是生物医学材料最基本的特征，因此，这类材料除要满足强度、耐磨性以及较好的疲劳强度等力学性能外，还必须满足生物功能性要求和生物相容性要求，无毒、不引起人体组织病变，对人体内各种体液具有足够的抗侵蚀能力。

生物医学材料分为医用金属及合金、医用高分子材料、生物陶瓷，以及它们结合而成的生物医学复合材料。根据临床用途，分为骨、关节、肌腱等骨骼-肌肉系统修复和替换材料；皮肤、乳房、食道、呼吸道、膀胱等软组织材料；人工心脏瓣膜、血管、心血管内插管等心血管系统材料等。目前使用的生物医学金属材料包括不锈钢、钴基合金、钛及钛合金，以及形状记忆合金、贵金属以及稀有金属钽、铌、锆等。

六、其他金属功能材料

随着科学技术的不断发展，近年来功能材料的研究取得了很多新的成果，新材料不断涌现。除了上述讲到的功能材料之外，还有许多其他功能材料，在此简要介绍几种。

（一）智能材料

模仿生命系统同时具有感知和驱动双重功能的材料，称为智能材料（smart materials），亦即不仅能够感知外界环境或内部状态所发生的变化，而且通过材料自身的或外界的某种反馈机制，能够实时地将材料的一种或多种性质改变，做出所期望的某种响应，故又称为机敏材料或敏感材料。因此，智能材料比较全面、确切的概念应当是"智能材料与结构系统"，是指在材料或结构中植入传感器、信号处理器、通信与控制器及执行器，使材料或结构具有自诊断、自适应，其至损伤自愈合等某些智能概念与生命特征。由此可见，感知、反馈和响应是智能材料的三大功能。智能材料的一个显著特点是将高技术的传感器和执行元件与传统材料结合在一起，赋予材料以新的性能，使无生命的材料具有越来越多的生物特有的属性。

智能材料按其组成基材可分为金属系智能材料、无机非金属系智能材料和高分子系智能材料。按其功能不同可分为力敏材料、热敏材料（温敏材料）、气敏材料、湿敏材料、声敏材料、磁敏材料、电化学敏材料、电压敏材料、光敏材料及生物敏感材料等。正在研究的智能材料和系统有：自诊断断裂的飞机机翼、自愈合裂纹的混凝土、控制湍流和噪声的机械蒙皮、人工肌肉和皮肤、自调整血糖浓度的胰细胞和定向投药等。智能材料在航空、航天、舰船、汽车、建筑、机器人、仿生和医药等领域有广阔的应用前景。

（二）信息材料

信息材料（Materials For Information Technology）是指信息技术所用的功能材料。根据其应用功能可分为机敏材料（敏感材料）、信息存储材料、信息运算与处理器件材料、信息传输材料、信息显示材料等。敏感材料是构成传感器的主要部分，为计算机处理方便，需将光、声、力、磁、离子、温度等信息变成电信号，主要用 Si、Ge（锗，32）、CdS、InSb（In，铟，49）等半导体材料以及 ZnO、SnO_2、$PbTiO_3$ 等无机化合物材料。存储材料包括 Si、γ-Fe_2O_3、CrO_2、镓石榴石及含 Te（碲，52）、Bi、Se（硒，34）或 Tb（铽，65）、Dy（镝，66）的薄膜材料（光盘、磁光盘用）。信息运用与处理元件主要是以 Si 的集成电路及分立元件构成的。信息传输中的发射与接收部分则用半导体 GaAs、GaAlAs、GaInAsP、GaInSb（As，砷，33）以及 Si、Ge 等，而传输本身则使用由石英、玻璃、高分子材料所构成的纤维。信息显示材料包括无机化合物荧光粉、化合物半导体材料（semiconductive material）、液晶（liquid crystal）等。信息材料发展的主要特点是质量要求高，材料更新快。

第三节 无机非金属功能材料

所谓无机非金属功能材料，是指由金属元素与非金属元素或者非金属元素之间相互作用而形成的材料，具有优良的电学、光学、磁学、化学和生物医学等性质。无机非金属材料一般存在形态为固体，而实验室制备得到的形态多为超细粉末、多晶微粒以及单晶。大多数应用领域是采用一种所谓的陶瓷工艺，以无机非金属功能材料超微粉体，高温烧结成特定要求的陶瓷器件。因此，从这个角度又将这类功能材料称作精细陶瓷（fine ceramics）。无机非金属功能材料种类繁多，按其性能可划分为电学、光学、磁学、化学和生物医学等类型材料；还可以由材料所服役的领域，划分为电气材料、显示器材料、仪表仪器材料、医用材料等。据报载，我国最近还研制出了变色龙式陶瓷材料，能够灵活调控接触潜艇的声波的分布和传播，从而让声波无法起到锁定水底目标的功效。这意味着，负责分析潜艇声波图的声呐操作员，可能会误以为声波触到的是一头鲸或者是一大群鱼类，甚至是一艘友方潜艇。

随着科学技术的进步和工业的高速发展，特种陶瓷技术也日新月异，特种陶瓷材料的品种层出不穷，应用也越来越广泛。本节仅简单介绍几种常用的特种陶瓷材料和特种玻璃材料。

一、高温结构陶瓷材料

近年来出现了许多新型高温结构陶瓷材料，它们具有能经受高温、不怕氧化、耐腐蚀、硬度大、耐磨损、密度小等优点。高温结构陶瓷材料的出现，弥补了金属材料的弱点。

（一）氧化铝陶瓷和碳化硅陶瓷

氧化铝陶瓷使用温度1600℃，氮化硅陶瓷使用温度1400℃。它们具有高温强度、耐腐蚀、高硬度、优良的电绝缘性、耐辐射性和耐磨性等诸多优点，可用于制造热电偶套管、在腐蚀介质中使用的密封环、金属切削刀具和模具等；前者还可用作发动机火花塞、高温耐火材料等，后者还可用作高温轴承自润滑等。碳化硅陶瓷使用温度 1300℃，室温强度可达 700～1000MPa，还具有高硬度和良好的导热性、导电性、抗氧化性及冲击韧度，可用于火箭尾喷管喷嘴、汽轮机叶片、机械密封环、热电偶套管、炉管、高温热交换器材料和核反应堆或半导体处理设备的真空泵的精密空气轴承等。

（二）碳化硼陶瓷

碳化硼陶瓷具有高熔点（2450℃）、高硬度、高模量、密度小（$2.52g/cm^3$）、耐磨性好、耐酸碱性强、耐冲击、良好的吸收中子、氧气能力，较低的膨胀系数（$5.0×10^{-6}m/K$）、热电性能（室温 140s/m），故广泛应用于耐火材料、核反应堆的中子吸收材料和防辐射材料、轻型防弹衣和装甲车辆、武装直升机的防弹装甲材料，AH-64 阿帕奇（AH-64 Apazhe）、超级眼镜蛇（Super Cobra）、超级美洲豹（Super Puma）、黑鹰（Black Hawk）等直升机都用了碳化硼装甲。

（三）氮化硼陶瓷

六方氮化硼陶瓷是石墨型结构，也称"白石墨"，氧化气氛下使用温度 900℃，真空下 2000℃，是陶瓷材料中导热系数最大（同纯铁）、热膨胀因数在陶瓷中最小（仅次于石英玻璃）、高温绝缘陶瓷最好的材料，可透微波和红外线；有良好的耐腐蚀性；硬度较低（莫氏硬度为 2），可以切削加工成精度很高的零件；具有自润滑性，可制成自润滑高温轴承、玻璃成型模具等。在高温（1800℃）、高压（800MPa）下可转变为金刚型氮化硼，硬度和金刚石不相上下，而且耐热性比金刚石好，可用于制作钻头、磨具和切割工具。

据报道，2003 年国外已开发出一种能在 1600℃ 以上高温环境中使用的高强度复合陶瓷材料，可用于制造喷气发动机或汽轮发电机用叶片，因叶片耐热性提高，故发动机和发电机不需冷却。

二、电子陶瓷材料

电子陶瓷（Electronic Ceramic）指用来生产电子元器件和电子系统结构零部件的功能性陶瓷，多数是以氧化物为主成分的烧结体材料。这些陶瓷除了具有高硬度等力学性能外，还具有极好的稳定性，对周围环境的变化能不受影响（这对电子元件很重要），并且能耐高温。电子陶瓷按功能和用途可以分为如下五类。

（一）绝缘装置瓷

绝缘装置瓷简称装置瓷，具有优良的电绝缘性能，常用作电子设备和器件中的结构件、基片和外壳等的电子陶瓷。常用的有 Al_2O_3 含量达 99.9% 的纯刚玉瓷；以氧化铍（BeO）为代表的高热导瓷；以 SiC 为基料，掺入少量 BeO 等杂质的热压陶瓷。

（二）电容器瓷

电容器瓷是指用作电容器介质的电子陶瓷，包括高频电容器瓷（以钛、锆、锡的化合物及固溶体为主晶相，主要用于高频热稳定电容器，高频热补偿电容器）、低频电容器瓷（以高介电常数为特征，为具有钙钛矿型结构的铁电强介瓷料，如 $BaTiO_3$、$Pb(Mg_{1/3}Nb_{2/3})O_3$ 等，主要用于低频高介电容器瓷）、半导体电容器瓷（主要有 $BaTiO_3$ 及 $SrTiO_3$ 两大类）。

（三）铁电陶瓷

铁电陶瓷的主要应用是利用其压电特性制成压电器件，因而常把铁电陶瓷称为压电陶瓷。铁电陶瓷分为含铅和不含铅两类。含铅透明铁电陶瓷有：锆钛酸铅铋铁电陶瓷（PBZT）、锆钛酸镧铅铁电陶瓷（PLZT）、铪钛酸铅镧铁电陶瓷（PLHT）。不含铅透明铁电陶瓷有铌酸钾钠、铌酸钠钡等，其中以研究 PLZT 最为广泛。

利用铁电陶瓷的热释电特性[1]可以制成红外探测器件，在测温、控温、遥测、遥感以及生

---

[1] 铁电陶瓷的热释电特性是指在温度变化时，因极化强度的变化而在铁电体表面释放电荷的效应。

物、医学等领域均有重要应用价值；典型的热释电陶瓷有钛酸铅（$PbTiO_3$）等。利用透明铁电陶瓷（PLZT）掺镧的钛锆酸铅的强电光效应❶可以制成激光调制器、光电显示器、光信息存储器、光开关、光电传感器、图像存储和显示器，以及激光或核辐射防护镜等。

（四）半导体陶瓷

半导体陶瓷是具有半导体特性、电导率约在 $10^{-6} \sim 10^5$ S/m 的电子陶瓷。半导体陶瓷的电导率因外界条件（温度、光照、电场、气氛和温度等）的变化而发生显著的变化，因此可以将外界环境的物理量变化转变为电信号，制成各种用途的敏感元件。热敏电阻陶瓷是指电导率随温度呈明显变化的陶瓷，分为负温系数热敏电阻（NTC）、正温系数热敏电阻（PTC）和剧变型热敏电阻（CTR），主要用于温度补偿、温度测量、温度控制、火灾探测、过热保护和彩色电视机消磁等方面。光敏陶瓷是指具有光电导或光生伏特效应的陶瓷，主要用作自动控制的光开关和太阳能电池等。气敏陶瓷是指电导率随着所接触气体分子的种类不同而变化的陶瓷，主要用于对不同气体进行检漏、防灾报警及测量等方面。湿敏陶瓷是指电导率随湿度呈明显变化的陶瓷，其电导率对水特别敏感，适宜用作湿度的测量和控制。

（五）快离子导体陶瓷

在已发现的快离子导体中，绝大多数是快离子导体陶瓷（Fastion Conductive Ceramics）。所谓快离子导体陶瓷，是指电导率可以和液体电解质或熔盐相比拟的固态离子导体陶瓷，又称电解质陶瓷。快离子导体中研究得最多的是 Ag、Cu、Li、Na、F 和 O 等的快离子导体。它区别于一般离子导体的最基本特征是，在一定的温度范围内具有能与液体电解质相比拟的离子电导率（$0.01\Omega \cdot cm$）和低的离子电导激活能（$\leqslant 0.40 eV$）。快离子导体分为三类：一是发生一级相变时离子电导率有突变，典型代表是 AgI；二是相转变在相当宽的温度范围内完成，离子电导率由一般离子态的值平滑地变到快离子态的值，这种相变叫作法拉第相变，以 PbF_2 为代表；三是在所研究的温度范围内未发现相变，电导率增加随温度升高，以 Na-β-AlO 代表。

三、发热陶瓷材料

发热陶瓷材料（Generate heat the material）具有优良的高温抗氧化性、高的电阻率、低的电阻温度系数和良好的工艺性能等。现在已经应用的有金属发热材料和陶瓷发热材料两类。Cu-Ni 系合金，如康铜合金（锰白铜）的使用温度在 400~500℃ 之间，高熔点金属 [如 Mo、W、Pt、Ir（铱，77）等]、镍基合金（如 Ni80Cr20、Ni60Cr15Fe20 等）或铁基合金（如 Fe64Cr28Al8、Fe70Cr25Al5 等）的使用温度也仅 1000℃（发热元件的工作温度随合金中 Cr 含量的升高而提高）。陶瓷发热材料的使用温度比金属发热材料更高，常用的陶瓷发热材料 SiC 使用温度达 1650℃；$MoSi_2$ 陶瓷达 1700~1800℃；ZrO_2 陶瓷达 2000℃；石墨系陶瓷则可达 3000℃。

具有正电阻温度系数的半导体发热陶瓷（PTC 陶瓷，如 $BaTiO_3$），可作为恒温发热体材料，应用极广，如家用及火车空调等。新一代的稀土超高温发热陶瓷 $LaCrO_3$ 最高使用温度可达 1900℃，比 $MoSi_2$ 陶瓷电热材料高出近 200℃ 的使用温区，中低温使用寿命是 $MoSi_2$ 的 5 倍左右，室温下电阻 40~50Ω（与元件规格有关），1200℃ 以上阻值变化很小，1600℃ 时电阻值是 5~7Ω（与元件规格有关），以后无论使用多长时间，阻值基本恒定，故可实现精确控温；另一个特点是其电阻率可通过钙含量的变化来调节，可根据不同的需要设计不同阻值的发热材料。

---

❶ 透明铁电陶瓷的强电光效应，是指通过外加电场对透明铁电陶瓷电畴状态的控制而改变其光学性质，从而表现出电控双折射和电控光散射的效应。

四、其他功能陶瓷材料

陶瓷功能材料系列中,除了前面介绍的高温陶瓷结构材料、电子陶瓷材料和发热陶瓷材料外,品种还有很多,这里仅简单介绍刀具陶瓷材料、光学陶瓷材料和生物医学陶瓷材料。

(一) 刀具陶瓷材料

目前用作陶瓷刀具的已有氧化铝陶瓷材料、氧化铝-金属系陶瓷材料、氧化铝-碳化物陶瓷材料、氧化铝-碳化物金属陶瓷材料、氧化铝-氮化物金属陶瓷材料,以及最新研究的氮化硼刀具陶瓷材料(可查阅 GB/T 21951—2008《镶或整体立方氮化硼刀片 尺寸》)。其他工具陶瓷材料还有氧化铝、氧化锆、氮化硅等,但综合性能及工程应用均不及前述几种优越。

(二) 光学陶瓷材料

光学陶瓷(Optical ceramic)又称透明陶瓷,是能透过可见光的陶瓷材料的总称。光学陶瓷是采用陶瓷制备工艺制取的、具有一定透光性的多晶材料,包括透明铁电陶瓷、透明氧化物陶瓷、透明红外陶瓷等。光学陶瓷除具有透光性外,不同类型的光学陶瓷还具有电光效应、磁光效应、耐高温、耐腐蚀、耐冲刷、高强度等优异性能,在计算机技术、红外技术、空间技术、激光技术、原子能技术和现代光源技术等领域有广泛的应用。

(三) 生物医学陶瓷材料

生物医学陶瓷材料是用于制造人体的"骨骼-肌肉"系统,以修复或替换人体器官或组织的一种陶瓷材料。与金属材料、高分子材料相比,生物医学陶瓷材料具有与生物机体有较好的相容性、生物活性、耐侵蚀性和耐磨性等独特性能。例如,具有较高强度的氧化铝陶瓷和氧化锆陶瓷,以及带有陶瓷涂层的钛合金材料,往往被选为能承受载荷部位的生物体的矫形材料;而具有生物活性的羟基磷灰石和微晶玻璃是牙根种植、牙槽矫形、颌面再造常用的材料。

五、特种玻璃

特种玻璃是指在现代特殊技术领域用于特殊用途的玻璃,它的品种很多,应用范围也日益广泛,但尚无统一的分类方法。

(一) 按化学成分分类

玻璃按主要成分可分为非氧化物玻璃和氧化物玻璃。非氧化物玻璃品种和数量很少,主要有硫系玻璃和卤化物玻璃;氧化物玻璃包括硅酸盐玻璃、硼酸盐玻璃、磷酸盐玻璃等。硅酸盐玻璃指基本成分为 SiO_2 的玻璃,品种多,应用广;如石英玻璃 SiO_2 含量大于 99.5%,热膨胀因数低,耐高温,化学稳定性好,透紫外光和红外光等,多用于半导体、电光源、光导通信、激光等技术中;含稀土元素的硼酸盐玻璃以 B_2O_3 为主要成分,折射率高、色散低,是一种新型光学玻璃;磷酸盐玻璃以 P_2O_5 为主要成分,折射率低、色散低,可用于光学仪器中。

(二) 按功能及用途分类

按玻璃的功能及用途分类,其种类繁多,常用的有耐高压玻璃、耐高温玻璃、太阳能玻璃、防弹玻璃、光电子玻璃(包括通信光纤、激光及微光电子学玻璃等)、光学玻璃、不沾水玻璃、生物玻璃、自洁玻璃、冬暖夏凉玻璃、防辐射玻璃、防火玻璃,等等,涉及方方面面。

光学玻璃是在普通的硼硅酸盐原料中加入少量如 AgCl、AgBr 等对光敏感的物质,再加入极少量如 CuO 等的敏化剂,使玻璃对光线变得更加敏感。不沾水玻璃的神奇之处,是表面多了一层混合了纳米二氧化硅、磷酸钛混合物、氧化锡三种物质的纳米涂层,具有超亲水等特性,水会始终紧贴玻璃表面流动,使得整个玻璃面滴水不沾。生物玻璃是一种具有生物活性能和活性组织结合的新型生物玻璃,具有生物适应性,可用于人造骨和人造齿龈等方面。自洁玻璃是一种二氧化钛涂层玻璃,一旦污垢附着其上,表面就会在阳光的作用下产生一系列氧化还原反应,最后又经过雨水的洗礼,洁净的外表再次熠熠生光。冬暖夏凉玻璃的奇特之处,在于表面涂抹了二氧化钒和 2% 的钨的混合物的超薄层物质,当窗外寒冷时,二氧化钒吸收红外线，产生温热效应，室内温度升高；反之，窗外温度过高时，反射红外线，使室内变得凉爽。防辐射玻璃一般指防 X 射线或 γ 射线或防中子的玻璃，防 X 射线玻璃含 PbO、BaO 等较多，防 γ 射线的玻璃含 PbO、WO_3、Bi_2O_3 等，一般吸中子玻璃中含有较高量的 B_2O_3、CdO 等；由于 γ 射线的穿透能力较 X 射线强得多，所以防 γ 射线玻璃的比重和铅当量比防 X 射线玻璃要高得多；为了提高玻璃的防辐射的稳定性，可以加入少量 CeO_2（Ce，铈）。

（三）防火玻璃

随着高层建筑特别是摩天大楼的快速建设，玻璃幕墙越来越多，人们对防火玻璃的研究也越来越重视。防火玻璃是在规定的耐火试验中能够保持其完整性和隔热性的特种玻璃。根据 GB 15763.1—2009《建筑用安全玻璃 第一部分：防火玻璃》，防火玻璃分为两类：隔热型防火玻璃（A 类）和非隔热型防火玻璃（C 类），前者是指耐火性能同时满足耐火完整性、耐火隔热性要求的防火玻璃，后者则是指耐火性能仅满足耐火完整性要求的防火玻璃。欧美、中东、东南亚和日本、澳大利亚等地区和国家对防火隔热玻璃的需求很大，防火隔热玻璃一直走俏。国际市场上，防火能力 1h 的单片防火玻璃每平方米价值上千元人民币，2h 的优质防火玻璃的价位超过 1 万元人民币。目前，防火玻璃常用的是硼硅酸盐玻璃，其主要化学组成一般是 SiO_2 含量 68%～78%、B_2O_3 含量 10%～13%、Al_2O_3 含量 2%～4%，以及其他成分。

我国在防火玻璃研制方面也取得了突出成果。高 632m 的超级摩天大楼——上海中心大厦，采用双层玻璃幕墙。幕墙玻璃试验样品在 1000℃ 的炉火中炙烤了 1h 后仍能保持完整，发生火灾时可给予人们足够的逃生时间。

第四节 高分子功能材料

随着生产的发展和科学技术的进步，具有特殊功能的高分子材料应运而生，称为高分子功能材料，也称有机功能材料。这些材料在工程上也有广泛的应用，已经渗入到各个领域。

一、导电高分子材料

高分子材料大多是不导电的，只有带极性基团的高分子材料的电导率才会有所增加。但是，通过分子设计，可以合成具有不同特性的导电高子材料。导电高分子材料与金属材料相比，具有密度小、柔韧性好、耐腐蚀性能好、电阻率可以调节等特性，是一种很有前途的新型导电材料。导电高分子材料具有类似金属的电导率，按其导电原理可以分为结构型导电高分子材料和复合型导电高分子材料。前者是指高分子结构上原本就显示出良好的导电性（尤其是当有"掺杂剂"补偿离子时更是如此），通过电子或离子导电，如聚乙炔（PA）掺杂 H_2SO_4；后者是指通过高分子与各种导电填料分散复合、层积复合或使其表面形成导电膜等方式制成。电阻率在 10^{-2}～$10^2 \Omega \cdot m$ 之间的导电高分子材料（如弹性电极和发热元件）是以橡胶和塑料为基料、以炭黑（或碳纤维）和金属粉末为填料复合制成；而电阻率在 10^{-6}～$10^{-5} \Omega \cdot m$ 之间的高导电高分子材料（如导电性涂料、黏合剂等）也可用类似方法复合而成。导电高分子材料可用来代替金属材料制造导线、电池电极，还可用作电磁屏蔽材料和发热伴体材料等。

二、高强度高模量耐高温合成纤维

特种纤维（Specialty fiber）是指具有特殊物理性能、化学性能和特殊用途，或具有特殊功能的化学纤维。特种纤维产量较小，但起着缺一不可的重要作用。不同的特种纤维具有不同的特殊性能，如耐强腐蚀、低磨损、耐高温、耐辐射、阻燃、耐高电压、高强度高模量、高弹性、反渗透、高效过滤、吸附、离子交换、导光、导电以及多种医学功能等。这些纤维大都应用于国防、宇航、工业、医疗和尖端科学各方面。

(一) 芳纶纤维

芳纶纤维（Aramid fiber）是一种耐高温纤维，工业化的产品有两种：芳纶1313（全称为聚间苯二甲酰间苯二胺纤维，MPTA）和芳纶1414（全称为聚对苯二甲酰对苯二胺纤维，PPTA），最早由美国杜邦公司研究，分别于1967年和1972年正式工业化生产，商品名为Kevlar纤维。芳纶1313纤维性能优良，具有持久的热稳定性、骄人的阻燃性、极佳的电绝缘性、杰出的化学稳定性、优良的力学性能和超强的耐辐射性，缺点是耐光性差。它主要用于制作特种防护服，或用作高温过滤材料、电气绝缘材料、蜂巢结构材料，广泛应用于国防、航空航天、高速列车和电气等领域，还可用于大型公共场所作为装饰用的隔热阻燃材料。

芳纶1414（PPTA）纤维与芳纶1313纤维相比，具有空前的高强度、高模量和耐高温特性、比重小、化学性质稳定等优良性能。它主要应用于航天工业，可制造导弹的固体火箭发动机壳体、大型飞机的二次结构材料（如机舱门、窗、机翼有关部件等）；防弹衣、防弹头盔、防刺防割服、排爆服、高弹度降落伞、防弹车体、装甲板等；混凝土结构损蚀修复中用于"柱包敷加固"；制作芳纶1414复合材料；新型耐摩擦材料，减少噪声和振动；飞机和汽车轮胎帘子线的良好材料，很好的耐刺扎、耐切割性能和耐磨性能，是未来绿色环保轮胎的主要材料。

(二) 碳纤维

碳纤维（Carbon Fiber，CF）是以合成纤维或人造纤维为原料〔主要是聚丙烯腈纤维（PAN）、沥青纤维（Pitch）和黏胶纤维〕，经热处理预氧化成不熔纤维，进一步在惰性气氛下高温烧制碳化（或称石墨化）而成，是一种含碳量在95%以上的高强度、高模量的新型纤维材料。碳纤维包括碳素纤维和石墨纤维两种，前者可耐1000℃高温，后者可耐3000℃高温。碳纤维"外柔内刚"，质量比金属铝还轻，但强度却高于钢铁，并且具有耐腐蚀、高模量的特性，密度低，比性能高，无蠕变，非氧化环境下耐超高温，耐疲劳性好，热膨胀因数小且具有各向异性，良好的导电导热性能、电磁屏蔽性，是新一代增强纤维。

碳纤维主要用于制造飞机的翼尖结构及悬吊重物的绳索、飞船结构、火箭、导弹、卫星、航天飞机着陆的减速降落伞等，以及直升机、坦克和舰船的装甲防护板、雷达的防护外壳罩、导弹防热罩、防弹衣、防刺衣、机器人、赛车、船舶、游艇、盾牌等。

(三) 超高分子量聚乙烯纤维

超高分子量聚乙烯纤维（Ultra High Molecular Weight Polyethylene Fiber，UHMWPE），又称高强度高模量聚乙烯纤维，是目前世界上比强度和比模量最高的纤维，其分子量在100万~500万的聚乙烯所纺制的纤维。该纤维具有高比强度（是同等截面钢的10多倍）、高比模量（仅次于特级碳纤维）；纤维密度低（$0.97~0.98g/cm^3$，比水轻）、断裂伸长低、断裂功大，具有突出的抗冲击性和抗切割性；抗紫外线辐射，防中子和γ射线；介电常数低、电磁波透射率高；但应力下熔点只有145~160℃。由于该纤维具有很多优异的特性，显示出极大的优势，在现代化战争和航空、航天、海域防御装备等领域发挥着举足轻重的作用。该纤维可以制成直升机、坦克和舰船的装甲防护板，雷达的防护外壳罩，以及导弹罩、防弹衣、防弹背心和头盔、防刺衣、盾牌等，其中以防弹衣的应用最引人注目。另外，该纤维复合材料的比弹击载荷值U/ρ是钢的10倍，是玻璃纤维和芳纶的2倍多，可用于制造各种飞机的翼尖结构、飞船结构、航天飞机着陆的减速降落伞；制作耐压容器、传送带、过滤材料、汽车缓冲板等；制作飞机悬吊重物的绳索和超级油轮、海洋操作平台、灯塔等的固定锚绳索。该纤维在建筑领域可以用作墙体、隔板结构等，用它作增强水泥复合材料可以改善水泥的韧度，提高其抗冲击性能。该纤维增强复合材料生物相容性和耐久性都较好，并具有高的稳定性，可用于医用移植物和整形缝合线等，以及医用手套和其他医疗器械等。

（四）聚苯并噻唑纤维

聚苯并噻唑（Polybenzothiazole）又称聚苯并双噻唑，属溶致液晶聚合物，具有高耐热（玻璃化转变温度400℃以上）、超高强度（4.2GPa）、超高模量（365GPa）、热膨胀因数很小（$-1.1×10^{-6}/℃$）、阻燃等特性；不溶于普通有机溶剂和有机碱，只溶于多磷酸、甲磺酸、氯磺酸和浓硫酸；耐电子束、激光、紫外辐照，耐分子氧、耐水解。PBT可由液晶溶液进行纺丝和浇铸薄膜。PBT纤维、薄膜和分子复合材料主要用作飞机、宇宙飞船、导弹的结构材料及电子电器部件，织物用于防弹服。

三、高分子光导纤维

光导纤维（简称光纤）通信是将记录着声音的电信号变成光信号，然后通过玻璃纤维把光信号传输到对方，最后再把光信号转换成电信号。光纤调心具有调心容量大，不受电磁场干扰，保密性能优良，节约贵金属铜。光导纤维的波导构造是由折射率高的芯和折射率低的包层组成的。芯的作用是将入射端的光线传输到接收端，芯和包层的交界面折射率较差，其作用是不使光透过，构成光壁，以保证芯的导光。要使光线在芯部正常导光，必须使入射光线在光壁上产生全反射。目前使用的光纤主要是石英光纤，它损耗低，频带宽，线径细，可挠性好，无感应，无串话。20世纪70年代末80年代初，各国都投入大量人力物力从事超低损耗氟化物玻璃光纤的研究，目前已在显微外科、内科诊断及材料加工业等方面获得应用。

高分子光纤（POF）是以透明高分子材料为芯材，用比芯材折射率低的高分子材料为包层材料所制成的能传输光线的纤维。高分子光纤包括目前广泛使用的塑料光纤（Plastic Optical Fibers）和正在开发的橡胶光纤。目前应用的塑料光纤主要有：聚甲基丙烯酸甲酯（PMMA）系列光纤，商品名Crofon；以聚甲基丙烯酸甲酯或聚苯乙烯（PS）为芯材和以氟聚合物为包层的光纤，商品名Eska；氘化聚甲基丙烯酸甲酯芯材等。高分子光纤与石英光纤相比，损耗大，频带窄，但口径大，数值孔径大，可挠性优良，加工方便，连接、安装方便，光源可用发光二极管（LED），故总体价格低廉，在短距离传输中占相当优势，可与石英光纤互补。

四、阻燃纤维

阻燃纤维是指在火焰中仅阴燃，本身不发生火焰，而火源撤走后阴燃自行熄灭的纤维，也称为难燃纤维。对阻燃纤维的要求是：安全性好，纤维遇火时不熔融，低烟不释放毒气；永久性的阻燃作用，洗涤和摩擦等不会影响阻燃性能；环保性，以天然纤维素纤维为载体，废弃物可自然降解；优良的永久性阻燃防火性能，防止火焰蔓延、烟雾释放，有良好抗熔融性、耐热性；良好的隔热性及防静电性能，提供全方位的热保护；具有天然纤维所具有的吸放湿性能，织物手感柔软、舒适、透气、染色鲜艳等特点。阻燃纤维广泛用于宇航、国防、工业及民用等领域，可用于制作宇航服、飞行服、防弹衣、消防服、降落伞，也用于制作高温传送带、高温过滤、热防护服、防护手套等。

常用的阻燃纤维有：前述的芳纶1414和芳纶1313都是性能优异的阻燃纤维；聚苯硫醚纤维（PPS）耐强酸、强碱和有机溶剂，具有罕见的热稳定性；聚苯并咪唑纤维（PBI）其LOI值❶为38%～41%,；聚对苯撑苯并二噁唑纤维（PBO）是一种耐高温阻燃，高强度、高模量的纤维，力学性能甚至比Kevlar（芳纶）更好，LOI值为68；聚四氟乙烯纤维（PTFE）是高氧环境中最难燃的有机纤维，也是发展最早的耐高温阻燃纤维品种，任何溶剂都不能溶解它，长期使用温度为$-120～250℃$，强力失效温度为310℃，LOI值高达95。其他用作阻燃纤维的还有有聚偏二氯乙烯纤维（偏氯纶）、聚氯乙烯纤维（氯纶）、维氯纶、腈氯纶等。

---

❶ LOI值，即极限氧气指数，是衡量纤维或混合物自行熄灭能力的直接指标，数值越大，则纤维或织物的阻燃性越强。

五、聚合物磁性材料

近二三十年来人们发现，除金属磁性材料外，一些以 C、H、O、N 为主要元素合成的有机聚合物能够显示出铁磁现象，这就是聚合物磁性材料。有机磁性材料的出现，扩展了应用磁学的视野，同时也揭示出了许多生物界之谜。有机磁性材料重量轻，有柔性，加工温度不高，结构便于分子设计，透明，绝缘，可与生物体系和高分子共容，成本低。

聚合物磁性材料分为结构型和复合型两种。结构型聚合物磁性材料是指本身具有强磁性的聚合物，又分为含金属原子型和不含金属原子型；复合型聚合物磁性材料又可分为磁性塑料和磁性高分子微球两类。

磁性塑料是指在塑料或橡胶基体中，添加磁粉及其他助剂，均匀混合后加工而成的一种磁性材料。这类材料已经广泛用于航空航天、汽车、彩电、计算机、复印机等领域，在计算机软驱电机、复印机显影辊、定影辊、汽车集成仪表、机械手、机器人的控制元件等方面，磁性塑料已经取代了传统烧结磁体；橡胶复合磁性材料可用来制造冰箱或冷库门的密封条。所谓磁性高分子微球是指通过适当的方法使聚合物与无机物结合起来，形成具有一定磁性及特殊结构的微球。磁性高分子微球在磁性材料、细胞生物学、分子生物学和医学等领域显示出了强大的生命力。磁性高分子微球对于治疗恶性肿瘤具有极高的应用价值；在隐身技术和电磁屏蔽上具有广阔的应用前景；在光纤传感技术中，聚合物磁性材料在磁场的作用下对光纤产生轴向应力，从而实现对磁场的传感；在磁分离技术中，可从比较污浊的物系中分离出目标产物，而且易于清洗。

六、生物医学高分子材料

生物医学高分子材料是指用以制造人体内脏、体外器官、药物剂型及医疗器械的聚合物材料，其来源包括天然生物高分子材料和合成生物高分子材料。前者来源于自然，包括纤维素、甲壳素、透明质酸、胶原蛋白、明胶及海藻酸钠等；后者常用的有聚氨酯、硅橡胶、聚酯纤维、聚乙烯基吡咯烷酮、聚醚醚酮、聚甲基丙烯酸甲酯、聚乙烯醇、聚乳酸、聚乙烯等。根据其用途可分为：与生物体组织不直接接触的材料（如药剂容器、医用用具、手术用品等）；与皮肤、粘膜接触的材料（如手术用手套、麻醉用品、诊疗用品等及人体整容修复材料等）；与人体组织短期接触的材料（如人造血管、心脏、肺、肾脏、皮肤及渗析膜等）；长期植入体内的材料（如人造血管、瓣膜、气管、尿道、骨骼、关节，脑积水引流管，手术缝合线及组织粘合剂等）；药用高分子，包括大分子化药物（如聚青霉素）和药物高分子（本身就有药理功能的高分子）。上述生物医学材料，我国已有国家标准或部颁标准，必须严格执行。

第五节 纳米材料

纳米概念的提出者是著名的美国物理学家，两次诺贝尔奖获得者 Richard Feynmen。纳米是长度单位，1 纳米（nm）等于十亿分之一米，即 10^{-9} 米。纳米材料（Nanometer material）是 20 世纪 80 年代初发展起来的新材料，它具有奇特的性能和广阔的应用前景，被誉为跨世纪的新材料。美国、欧洲各国及日本等许多国家对纳米材料的研究和开发高度重视。我国也及时地将纳米材料与纳米技术的研究和开发放在了重要位置，通过"国家科技攻关计划""863 计划"和"973 计划"的实施，纳米材料和纳米技术的研究已经取得了较为突出的成果。当前我国的纳米技术在部分领域已处于世界领先水平，其中有的已经开始工业化生产。

纳米材料、纳米器件和医用检测是纳米科技的三大研究领域。

一、纳米材料的分类

纳米材料大致可分为纳米微粒（或称纳米粉末）和纳米固体（包括纳米纤维、纳米膜、纳米块体)。其中纳米微粒开发时间最长、技术最为成熟,也是生产纳米固体产品的基础。

纳米粉末又称为超微粉末或超细粉末,一般指粒度<100nm的粉末或颗粒,是一种介于原子、分子与宏观物体之间,处于中间物态的固体颗粒材料,可作为高密度磁记录材料、吸波隐身材料、磁流体材料、防辐射材料、单晶硅和精密光学器件抛光材料、微机芯片导热基片与布线材料、微电子封装材料、光电子材料、电池电极材料、太阳能电池材料、敏感元件;高效催化剂、高效助燃剂;高韧性陶瓷材料(摔不裂的陶瓷等);人体组织修复材料和抗癌制剂等。纳米纤维是指直径为纳米尺度而长度较大的线状材料,可用于微导线、微光纤(未来量子计算机与光子计算机的重要元件)材料;新型激光或发光二极管材料等。纳米膜分为颗粒膜与致密膜。颗粒膜是纳米颗粒粘在一起,中间有极为细小的间隙的薄膜。致密膜指膜层致密但晶粒尺寸为纳米级的薄膜。可作为气体催化(如汽车尾气处理)材料、过滤器材料、高密度磁记录材料、光敏材料、平面显示器材料及超导材料等。纳米块体是将纳米粉末经高压成型或控制金属液体结晶而得到的纳米晶粒材料,主要是用作超高强度材料及智能金属材料等。

二、纳米材料的性能

自然界早就存在纳米材料,例如天体的陨石碎片、人和兽类的牙齿及十分珍贵的蛋白石等都是纳米微粒构成的。纳米材料的特殊性能是由于它具有特殊结构,纳米结构是有序排列还是无序排列还在研究讨论。一些科学家认为,纳米材料不同于晶态与非晶态,是物质的第三态固体材料。纳米材料为超微粉末,其表面积很大,晶界处的原子数比率高达15%~50%,使之产生四大效应,即小尺寸效应、量子效应(含宏观量子隧道效应)、表面效应和界面效应,从而具有传统材料所不具备的物理性能及化学性能。当材料微粒的尺寸减小到nm尺度时,就出现很奇特的性能。例如,材料的扩散系数可提高100倍;原来是良导体的金属变成了绝缘体,反之原来是典型共价键无极性的绝缘体,电阻值大大下降,甚至可能变成导电体。TiO_2具有奇特的韧性,在180℃经受弯曲不断裂;CaF_2在80~180℃下,塑性提高100%。德国的纳米陶瓷的断裂韧性提高了25%。有的纳米塑料的耐磨性是黄铜的27倍、钢铁的7倍,有的还具有阻燃自熄灭性能。

三、纳米材料的应用

纳米材料的问世,以及其他纳米技术的发展,将对科学技术、生物工程、医学、军事、制造业、材料工业及人们的日常生活,产生深远的影响。国际上纳米材料和纳米技术的研究成果很多,应用也很广泛,这里仅拾一漏万。当然,有许多纳米材料和纳米技术要做到商品化、产业化,还需要一定的时间。

(一) 在科学技术上的应用

纳米材料在科学技术方面的典型应用,是在信息技术领域作为磁性记录材料。2000年,中国科学院研制出世界上信息存储密度最高的纳米有机材料,将信息存储点的直径减小到0.6nm,并可进行擦除。其信息存储密度可达每平方厘米10^{14}比特(比特为信息存储基本单位),相当于10^6张用传统技术和工艺生产的光盘的存储量,居世界领先水平。一张这样的光盘虽然只有方糖大小,但足以存储美国国会图书馆中的所有信息;现在的像"银河"那样的巨型计算机都可以被随手放进衣袋。但这项技术的商品化,大约需要15年左右。早在1980年就开发了氧化锡超微粒传感器(sensor),接着又开发了光传感器,现在可望利用纳米微粒制成敏感度极高的超小型、低能耗、多功能的传感器。

(二) 在制造业的应用

纳米材料和纳米技术的发展,对传统的制造业也将产生深远的影响。中国科学院利用插层复合技术，将我国丰富的天然纳米材料——蒙脱土❶均匀分散到聚合物中，从而形成了纳米塑料，并进而开发出以聚酰胺、聚乙烯、聚苯乙烯、环氧树脂、硅橡胶等为基材的一系列纳米塑料，并于2000年实现了部分纳米塑料的工业化生产。纳米塑料在各种高性能管材、汽车及机械零部件、电子及电器部件等领域的应用前景广阔，也适用于食品及饮料的包装。北京化工大学开发的超重力法纳米粉体工业化制备方法和技术属国际首创，世界首条万吨级超重力法合成纳米碳酸钙生产线于2001年10月正式投产，填补了国内外市场的空白，可广泛应用于塑料、橡胶、涂料、造纸、油漆、油墨等行业。把纳米技术运用到涂料中，使外墙涂料的耐洗刷性从原来的1000多次提高到了10000多次，老化时间也延长了两倍多。玻璃、瓷砖表面涂上纳米薄层，可以制成自洁玻璃和自洁瓷砖，任何粘在表面上的脏物，包括油污、细菌在光的照射下，由于纳米的催化作用，可以变成气体或者容易被擦掉的物质。

许多力学性能和加工工艺性能优异的纳米材料将导致制造技术的革命。中国科学院在世界上首次直接发现纳米金属的超塑延展性，纳米铜在室温下竟可以延伸50多倍。铅薄膜在铝约束条件下的软化温度比平衡熔点高6℃，而且过热相对稳定。这就突破了传统理论对过热现象的认识，对理解低维材料的熔化及过热机制具有重要价值，也为提高纳米材料的热稳定性开辟了新的途径，将对薄膜材料在各领域的应用及性能优化产生推动作用，对机械制造业产生重大影响。

（三）在传统产业的应用

纳米技术还将给我国的传统产业带来一场革命，使我国的传统产业焕发生机。陶瓷工业是我国一个古老产业。把纳米技术应用到陶瓷工艺中去，生产纳米复合或纳米改性的高科技陶瓷，将有巨大的市场前景。纳米陶瓷已经在我国面世，它的烧结温度比常规陶瓷降低了400℃。不久的将来，科学家将会研制出坚硬无比，同时也摔不碎、砸不烂的陶瓷。酿酒工业也是我国的传统产业。生产用的热水储罐容易结垢，不易清洗。我国科学家用纳米钛粉与树脂化合后生成的全新涂料，具有令人惊讶的耐磨性、耐腐蚀性和硬度，而且还有自洁性。用其涂覆的物品既能耐沸水，又能耐海水浸泡10年不损。过去轮胎通常是"一统天下"的黑色，原因是橡胶制品中需要加入炭黑来提高强度、耐磨性和抗老化性。但运用纳米材料生产的轮胎不仅性能大大提高，轮胎侧面胶的抗折性能由10万次提高到了50万次，色彩也鲜艳。

（四）在生物医学上的应用

在生物医学方面，纳米材料和纳米技术将成为21世纪决定性的技术。人类控制基因的实现必须以纳米技术作为支撑和依赖，纳米技术可以在微小尺度里重新排列遗传密码，基因生物制作技术就是典型的纳米和基因生物学结合的产物。人类可以利用基因芯片迅速查出自己基因密码中的错误，并迅速利用纳米技术进行修正，使人类可以消灭各种遗传缺陷的那一天得以真正实现。仿生学也将是纳米技术大展宏图的领域，人类可以制造出在细胞水平工作的纳米机器人，并将其放入人体内，在血液和细胞中工作，帮我们清除垃圾和病灶，还我们一个健康的身体。2000年年底，一种几乎可与人的自体骨以假乱真的人工骨——纳米人工骨在四川大学问世，并决定首先制作成椎板进入临床研究，这对于瘫痪病人是一个极大的喜讯。近年来，我国医药行业用纳米技术进行改型生产的消毒试剂、外敷药品和消毒纱布等正在投入临床，取得了良好效果。2014年中国科技大学将金和铜离子共同还原，制成了一种五角星形金-铜合金纳米材料，在动物实验杀死癌细胞方面表现优异。这种被称作"纳米之星"的新材料，既保持了优

---

❶ 蒙脱土（montmorillonite），又称微晶高岭石或胶岭石，是一种充分复杂的水化硅酸盐矿物，水含量变化极大，其成分一般为 $(Na, Ca)_{0.33}(Al, Mg)_2(Si_4O_{10})(OH)_2 \cdot nH_2O$。白色，又是微带红色或绿色，是火山凝灰岩风化后的产物。莫氏硬度为1，相对密度为2。吸水性很强，吸水后其体积膨胀而增大几倍至十几倍，具有很强的吸附力和阳粒子交换性能。用于石油、纺织、橡胶、陶瓷等工业。

越的性能,且制作简单方便,价格便宜,有望广泛应用于生物诊疗和催化领域。据介绍,在患有乳腺癌的小鼠体内注射此材料,并在肿瘤处用近红外激光照射,纳米晶体吸收近红外光并转化成热,产生局部高温,从而杀死癌细胞。

(五) 在军事方面的应用

据美国五角大楼的武器专家预测,随着纳米技术的飞跃发展,未来战争将可能由数不清的、具有各种功能的袖珍武器称雄天下。据报道:看似小草的微型探测器"间谍草",其内装有敏感的超微电子侦察仪器,能自动定位、定向和进行移动,绕过各种障碍物,可测出百米以外坦克、车辆等出动时产生的震动和声音;苍蝇般大小的机器虫,既可以用飞机、火炮和步兵武器投放,也可以人工放置在敌信息系统和武器系统附近,大批机器"苍蝇"可在某地区组成高效侦察监视网,大大提高战场信息获取量;微型间谍飞行器长约15cm,能持续飞行1h,航程可达16km,能够在建筑物中飞行或附着在设备上,一般雷达难以发现,可在黑夜拍摄出清晰的红外照片,并将敌目标告知己方导弹发射基地,指引导弹实施攻击;微型攻击机器人形状各异,大小不等,大的像鞋盒,小的如硬币,可执行排雷、攻击破坏敌方电子系统和搜集情报信息等任务;纳米卫星由于体积小、重量轻,可用1枚小型运载火箭发射千百颗,按不同的轨道组成卫星网,可监视地球上的每一个角落,使战场更加透明。最近,国防科技大学研制出一种具有超强吸附能力的新型超轻纳米材料,这种材料由一维氮化硼纳米管和二维氮化硼纳米晶片复合而成,密度仅为空气的一半,水的1/1600,整个材料内部充满气孔。研究表明,它可选择性吸附自重160倍以上的有机物。这种材料耐高温,在2000℃的高温下,还可以保持结构完整,正常使用。用它吸附完有机物后,可以通过点燃的方式实现重复使用,在航空航天高温热防护、有毒化学物质吸附和清除等领域有重要的应用前景。

(六) 在人们日常生活中的应用

纳米材料和纳米技术正在改变着或即将改变我们的生活。在人们格外追求美的今天,化纤布料的静电现象给我们带来了烦恼,只要在化纤布料或化纤地毯中加入少量的金属纳米粉就可以使静电问题迎刃而解;而把银纳米微粒加入袜子织物中还可清除脚臭味。新型滚筒洗衣机所用的纳米复合材料抑菌效果达86%~95.3%。在食物中添加纳米微粒可以除味杀菌,还可以帮助我们提高肠胃吸收能力。将纳米材料应用到冰箱生产中,可生产出抗菌冰箱,食品的存放期大大延长。纳米级净水剂具有很强的吸附能力,是普通净水剂的10~20倍,可以将污水中的悬浮物和铁锈、异味等除去,同时通过纳米孔径的过滤装置,还可以将水中的细菌、病毒滤掉(因为细菌、病毒的直径比纳米大),而水分子中的矿物质、元素则被保留下来。

四、纳米的未来

纳米技术的"世纪之战"与以往的各次产业革命不同,对于发展中国家来说,这次几乎是与发达国家站在了同一起跑线上。据一份研究报告分析,目前在纳米技术的研究中,美国在合成、化学品和生物方面处于领先地位;日本在纳米设备和强化纳米结构领域具有优势;欧洲在分散、涂层、新仪器和应用方面处于领先地位;我国在纳米基础研究方面的实力,已跻身于世界前列。国际上纳米材料的市场正在形成之中,为我国纳米材料的工业化生产及打进国际市场,创造了新的条件,这是促进我国纳米材料和纳米技术发展的机遇。

21世纪的前10年,是纳米材料发展的关键时期,纳米技术基础理论研究和新材料的开发应用都得到了快速发展,并且在传统材料、医疗器材、电子设备、涂料等行业得到了广泛的应用。在产业化发展方面,除了纳米粉体材料在美国、日本、中国等少数国家初步实现规模生产外,纳米生物材料、纳米电子器件材料、纳米医疗诊断材料等产品仍处于开发研制阶段。2010年全球纳米新材料市场规模达22.3亿美元,年增长率为14.8%。今后,随着各国对纳米技术应用研究投入的加大,纳米新材料产业化进程将大大加快,市场规模将会放量增长。纳米粉体材料中的纳米碳酸钙、纳米氧化锌、纳米氧化硅等几个产品已形成一定的市场规模；纳米粉体应用广泛的纳米陶瓷材料、纳米纺织材料、纳米改性涂料等材料也已开发成功，并初步实现了产业化生产，纳米粉体颗粒在医疗诊断制剂、微电子领域的应用正加紧由实验研究成果向产品产业化生产方向转移，成为经济发展新的增长点。纳米材料和纳米技术的神奇功能，听起来仿佛是天方夜谭，但这正如一位科学家所说："150年前，微米成为新的精度标准，并成为工业革命的技术基础，最早和最好学会使用微米技术的国家都在工业发展中占据了巨大的优势。同样，未来的技术将属于那些明智地接受纳米作为新标准、并首先学习和使用它的国家。微米技术曾同样被认为对使用牛耕地的农民无关紧要。的确，微米与耕牛毫无关系，但它却改变了耕作方式，带来了拖拉机。"我们相信，纳米的未来不是梦。

本 章 小 结

本章所述各类新型材料是当前新型工程材料的热点，主要了解有关基本知识及应用。

（1）结构材料主要是利用材料的力学性能，用于机械结构。高强度高模量轻金属结构材料（Al-Li系和Mg-Li系）、有序间金属化合物（Ni-Al系、Fe-Al系、Ti-Al系）、超高强度结构钢（合金超高强度结构钢、二次硬化型超高强度结构钢、马氏体时效钢和高合金超高强度不锈耐蚀钢）及轻合金泡沫三明治结构，目前主要用于航空工业、航天工业及国防工业。

（2）新型功能材料主要是利用金属材料的物理性能，如力学性能（新型减振合金、形状记忆合金）、电学性能（导电材料、高温半导体材料）、磁学性能（超磁致伸缩材料、磁性液体、钕铁硼永磁材料）、热学性能（稀土发热材料、热膨胀材料）及其他特殊性能（智能材料、生物医学材料、信息材料）。新型功能材料广泛应用在各个领域。

（3）特种陶瓷材料又称现代陶瓷材料，具有特殊性质和功能，按其用途可分为结构陶瓷材料、工具陶瓷材料和功能陶瓷材料三大类。特种玻璃是指在现代特殊技术领域用以特殊用途的玻璃，用途广泛，分类繁多，涉及方方面面。

（4）高分子功能材料是具有特殊功能的高分子材料，也称为有机功能材料。导电高分子材料、高强度高模量耐高温纤维（芳纶纤维、碳纤维、超高分子量聚乙烯纤维、聚苯并噻唑）、阻燃纤维、高分子光导纤维、聚合物磁性材料、生物医学高分子材料，广泛应用于各个领域。

（5）纳米材料分为纳米微粒及纳米固体（纤维、膜、块体），具有非常优异的性能，对科学技术、制造业、传统产业、生物医学、军事及人们的日常生活，都正在或即将产生重大影响。

思 考 题

12-1 什么是结构材料？它包括哪些类型？高强度高模量轻金属结构材料有什么特性？
12-2 什么是有序金属间化合物？什么是新型超高强度结构钢？它们有何特性？
12-3 什么是功能材料？它包括哪些类型？热学功能材料各包括哪些类型？各有何特性？
12-4 电学功能材料有哪几种类型？各有什么主要特性？
12-5 磁学功能材料、智能材料、生物医学材料、信息材料各有何特性？
12-6 高分子功能材料有哪几种类型？各有什么主要特性？
12-7 特种陶瓷材料和特种玻璃各有哪些主要类型？它们的用途如何？
12-8 什么是纳米材料？纳米材料有哪些特殊性能？纳米材料主要应用在哪些方面？

习 题

12-1 在授课教师指导下，以《我国在××……××领域研究的现状和前景》为题，写一篇字数不少于1000字的小论文，标题中的"××……××"指本章学习过的某一类材料，资料可网上查阅，"前景"除了根据资料论述外，也可以提出自己的见解。

第四篇 常用机构

机构是指由若干构件组合而成并且各构件之间具有确定的相对运动的系统。按照机构中各构件的运动是否在同一平面，机构分为平面机构和空间机构两大类。若机构中的各构件均在同一平面内或在几个相互平行的平面内运动，则该机构称为平面机构；否则称为空间机构。工程上常用的机构大多数是平面机构，如平面连杆机构、平面凸轮机构、间歇运动机构、平面齿轮机构等。故本篇主要研究平面机构的有关问题，也研究最常用的空间机构的有关问题。

第十三章 平面机构的自由度

机构是用来传递运动和力的构件系统，机器和仪器仪表中大多数机构都是平面机构，也就是说，平面机构是最常用的机构，故本章仅研究平面运动副和平面机构的有关问题。在着手设计新机构时，首先应判断所设计的机构能否运动；如能运动，还需判断在什么条件下才具有确定的相对运动。研究平面机构自由度的目的，就在于探讨机构运动的可能性及具有确定的相对运动的条件。

第一节 平面机构的组成

机构是机器的基本组成部分，也是机械设计的基础。机械系统要完成复杂的运动，一般都需要将若干个机构根据机械系统的运动而协调配合的要求组合起来的；而机构是由若干构件组成的，各个构件之间又是按照某种方式联接起来的。只有这样，机器才能完成人们所预期的工作。因此，在研究机构的运动特性和动力特性之前，必须了解机构的组成原理。

一、平面运动副

机构中的所有构件都应具有确定的相对运动，而不能随意乱动。因此，对组成机构的各件的运动都必须加以某种限制。当构件组成机构时，每个构件必须至少与另一个构件相互联接（union），但这种联接又不同于刚性联接，而彼此相联接的两构件既保持直接接触，又能产生一定的相对运动。两个构件直接接触并能产生一定相对运动的联接，称为运动副（kinematic pair）。如图 13-1（a）所示，构件 1 与构件 2 用销轴联接而成运动副后，两构件只能绕销轴的轴线在一个平面内相对转动，通常的门和窗大多采用这种联接。如图 13-1（b）所示，构件 1 与构件 2 联接成一个运动副后，它们之间只能沿某一轴线相对移动，有少部分门和窗采用这种联接（称拉门和拉窗）。

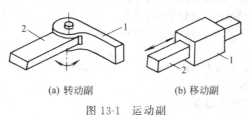

图 13-1 运动副
1,2—构件

二、运动副的类型及其特点

按照组成运动副的两个构件之间的相对运动是平面运动还是空间运动，运动副可分为平面运动副和空间运动副。平面机构的各构件之间是用平面运动副联接而成的。组成运动副的两个构件上直接参加接触并构成运动副的部分，称为运动副元素。两个构件组成运动副时，其接触部分的形状不外乎是点、线或面，而构件之间允许产生的相对运动形式与它们的接触形式有关。按照构件组成运动副时的接触特性，平面运动副可分为低副和高副两大类型。

(一) 低副

两个构件以面接触而形成的运动副称为低副 (lower pair)，如图 13-1 所示。低副按其相对运动的形式不同又可分为转动副和移动副。如图 13-1 (a) 所示，构件 1 和构件 2 的接触形式是圆柱面，所构成的低副只能在平面内相对转动，故称为转动副 (rotating pair)，也称铰链；如图 13-1 (b) 所示，构件 1 和构件 2 的接触形式是棱柱面（平面），所构成的低副只能在直线方向相对移动，故称为移动副 (moving pair)。低副由于是面接触，在承受载荷时压强较低，能承受较大的压力，不易磨损且易于润滑，经久耐用。

(二) 高副

两个构件以点或线的形式相接触而形成的运动副称为高副 (higher pair)，如图 13-2 所示。组成高副的两个构件之间的相对运动为转动和移动，在图 13-2 所示的高副中，两构件之间可以相对转动，同时两构件还能沿着接触点 A 的切线 $t—t$ 的方向移动，而不能沿着接触点 A 的法线 $n—n$ 方向移动。图 13-2 (a) 所示为由两齿廓和在 A 点组成高副，称齿轮高副；图 13-2 (b) 所示为由凸轮和从动杆在 A 点组成高副，称凸轮高副。高副由于以点或线相接触，其接触部分压强较高，故易磨损。

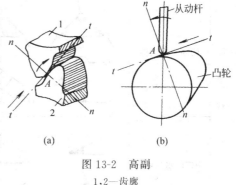

图 13-2 高副
1, 2—齿廓

第二节 平面机构运动简图

在实际机械中，组成机构的构件的外形和结构往往很复杂，给设计新的机构或研究已有的机构的运动特性带来极大的不便，而构件之间的相对运动又与这些因素（构件的截面尺寸、组成构件的零件数目、运动副的具体结构等）无关。因此，在研究机构的组成及其运动特性与动力特性时，为了使所分析研究的问题简化，常采用机构运动简图。

一、平面机构运动简图

在研究机构的运动时，为了清晰地表达出原机构或所要设计的机构的运动特征，以使问题简化，可不考虑那些与运动无关的因素，而用简单的线条和特定的符号来表示构件和运动副，并按一定的比例表示各运动副的相对位置尺寸（也称运动尺寸），这种能准确表达机构运动关系的简单图形，称为机构运动简图 (kinematic diagram of a mechanism)，如图 13-3 (b) 所示。如果仅仅以构件和运动副的符号表示机构，其图形不按精确比例绘制，而着重表达机构的结构特征，这种图形称为机构示意图。

机构运动简图中构件的长度和运动尺寸的比例尺为

$$\mu_l = \frac{实际长度(m)}{图示长度(mm)} \tag{13-1}$$

需要指出的是，机构是在不停地运行的，各个构件之间和各个运动副之间的相对位置关系也在不断地变化。因此，机构运动简图只能是表达机构某一瞬时各构件和运动副之间的相对位置关系。利用机构运动简图可以很方便地对机构进行结构分析、运动分析和动力分析。

二、带有运动副元素的构件的表示

机构中的固定构件称为机架 (Body frame)，它的作用是支承运动构件。由外界给定运动规律的构件称为主动构件（driving part），一般主动构件与机架相接。把除了主动构件外的全部活动构件都称为从动构件（follower）。由于构成运动副的两构件之间的相对运动，与两运动副元素的几何形状和它们的接触情况有关，所以在绘制机构运动简图时，常将构件和运动副用国家标准 GB/T 4460—2013《机械制图　机构运动简图用图形符号》规定的简单的符号（即前述的“特定符号”来表示。平面机构运动简图的常用符号参见表 13-1。

表 13-1　平面机构运动简图常用符号

名称		简图符号
构件	轴，杆	
构件	低副元素构件	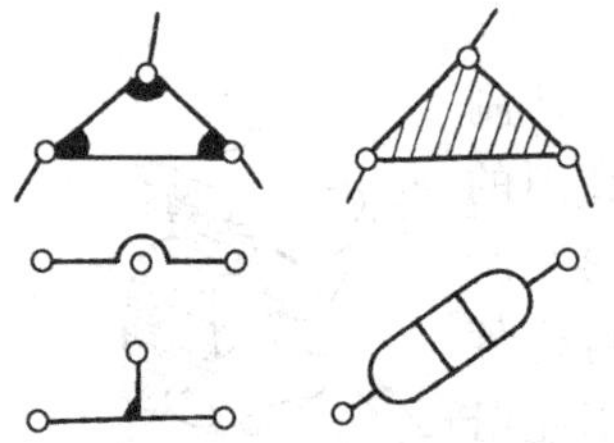
构件	构件的永久联接	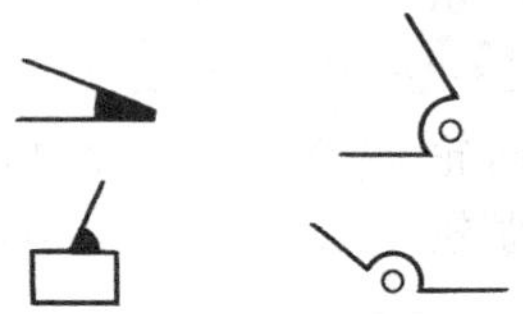
平面低副	转动副	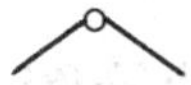
平面低副	移动副	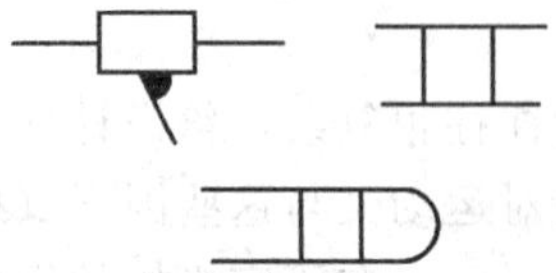

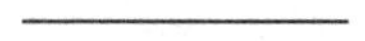

名称		简图符号
机架	基本符号	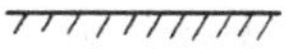
机架	机架是转动副的一部分	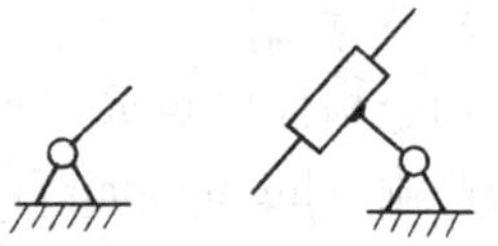
机架	机架是移动副的一部分	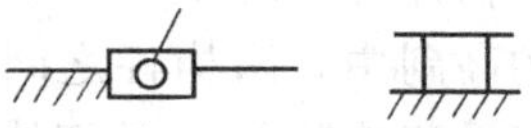
平面高副	圆柱齿轮副外啮合	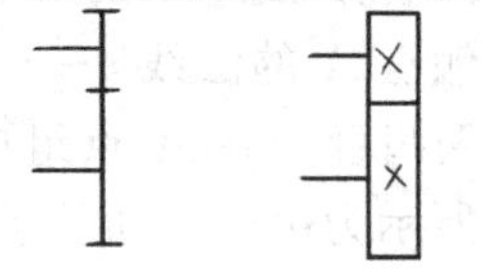
平面高副	内啮合	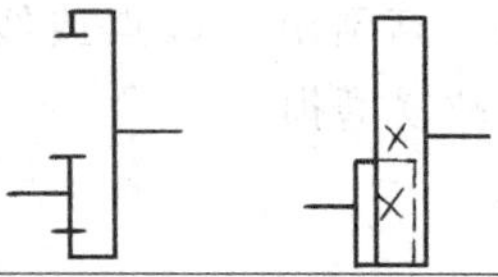
平面高副	凸轮副	光顶从动杆　滚子从动杆 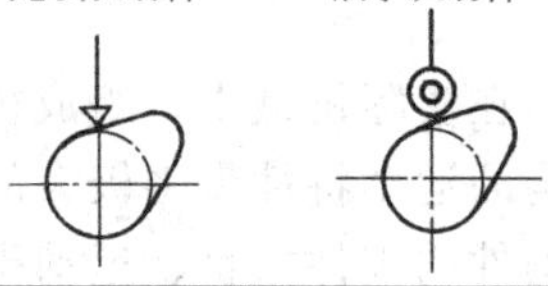

注：本表摘自 GB/T 4460—2013《机械制图　机构运动简图用图形符号》。

三、平面机构运动简图的绘制

绘制平面机构运动简图的步骤如下。

(1) 分析机构的组成和运动情况　首先找出主动构件（即运动规律已知的构件，通常也是驱动机构的外力所作用的构件）、工作构件（即直接执行生产任务或最后输出运动的构件）和机架（即固定构件）。

(2) 确定机构的构件数目、运动副的类型和数目　分析构件之间的联接关系，并根据相联接两构件间的相对运动性质和接触情况，确定各个运动副的类型。

(3) 选择投影面　选取能够比较全面地反映机构运动关系的平面作为投影面。对于平面机构，可直接选择构件的运动平面作为投影面。

(4) 选定平面机构运动简图的长度比例尺　绘制平面机构运动简图时，应根据机构实际尺寸和图纸大小，确定适当的长度比例尺，比例尺 μ_l 确定后，各运动副之间的相对位置关系就可以准确地确定。

【例 13-1】 图 13-3（a）所示为抽水唧筒的结构图，已知 $l_{AB}=440\text{mm}$，$l_{BC}=250\text{mm}$，试绘制抽水唧筒的机构运动简图。

解　1. 分析机构的组成和运动情况

抽水唧筒是由手柄1、杆件2、活塞（图中未画出）和活塞杆3、抽水筒4等构件组成，其中抽水筒4是固定构件，手柄1是主动构件。当人将手柄往复推拉时，活塞和活塞杆上下移动便可将水抽出。

2. 确定机构的构件数目、运动副的类型和数目

手柄1与杆件2之间、杆件2与活塞杆3之间、手柄1与抽水筒4之间都是用转动副联接的，而活塞杆3与抽水筒4之间则是用移动副联接的。

3. 选择视图平面

图13-3（a）已能清楚地表达各构件之间的运动关系，所以选择该平面为视图平面。

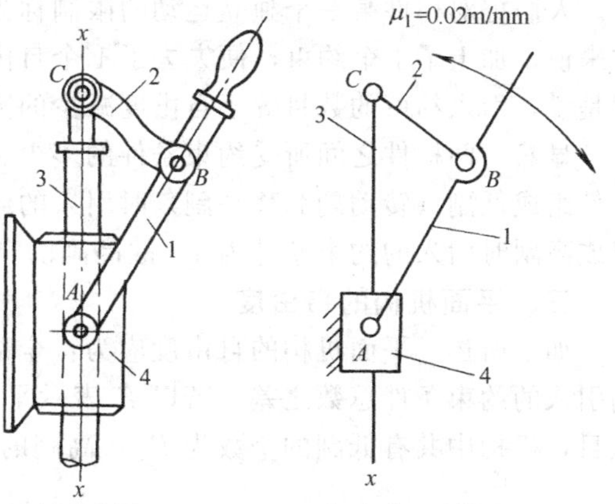

图13-3 抽水唧筒及其机构运动简图
1—手柄；2—杆件；3—活塞杆；4—抽水筒

4. 取长度比例尺

本例取比例尺 $\mu_1 = 0.02\text{m/mm}$，按已知实际长度求图示长度：

$$AB = \frac{l_{AB}}{\mu_1} = \frac{0.44}{0.02} = 22 \text{ (mm)}$$

$$BC = \frac{l_{BC}}{\mu_1} = \frac{0.25}{0.02} = 12.5 \text{ (mm)}$$

5. 绘制平面机构运动简图

先确定转动副 A 的位置，再按上述计算的图示长度确定转动副 B、C 及移动副的位置 x-x，并用特定符号画出转动副、移动副和机架，把同一构件上的运动副用直线联接起来，各运动副中心标以大写英文字母 A、B、C，将各构件编号并用阿拉伯数字标明，主动构件手柄1标以圆弧双向箭头，图上注明比例尺，即得如图13-3（b）所示的机构运动简图。

第三节 平面机构的自由度

由前述可知，机构是具有确定的相对运动的构件的组合。显然，不能运动或不能规则运动的构件的组合不能成为机构。因此，在着手设计新机器或研究已有机器时，首先要判断所设计或所研究的机构能否运动；如能运动，还需判断在什么条件下才具有确定的相对运动。研究平面机构自由度的目的，就在于探讨机构运动的可能性及具有确定的相对运动的条件。

一、自由构件的自由度

图13-4所示的做平面运动的构件，在尚未与其他构件组成运动副之前，可以产生3个独立运动，即构件随任意点 A 沿 x 轴方向和 y 轴方向的移动以及绕过 A 点并垂直于 Oxy 坐标平面的轴的转动。构件的这种独立运动称为构件的自由度（degree of freedom）。所以做平面运动的自由构件具有3个自由度。

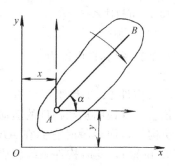

图13-4 平面运动构件的自由度

二、平面机构运动副的自由度与约束

做平面运动的构件具有3个自由度。但是，当它与其他构件组成运动副时，因为其间的直接接触，使构件的某些独立运动受到限制，自由度也就随之减

少。人们把对构件某一个独立运动的限制称为约束（restriction）。对于原来处于自由状态的构件来说，加上了1个约束，便失去了1个自由度；加上了2个约束，便失去了2个自由度。也就是说，引入约束的数目等于自由度减少的数目。

显然，两构件之间所受约束条件的多少和约束的特性，完全取决于运动副的类型。当两个构件组成低副（转动副和移动副）时引入的约束条件为2，故低副的自由度为1；当两个构件组成高副时引入的约束条件为1，故高副的自由度为2。

三、平面机构的自由度

如上所述，平面机构的自由度应为：全部活动构件在自由状态时的自由度总数与全部运动副引入的约束条件总数之差。若以 F 表示平面运动机构的自由度数、n 表示机构的活动构件数目，机构中共有低副的个数为 P_L，高副的个数为 P_H，则平面机构自由度的计算公式为

$$F = 3n - 2P_L - P_H \tag{13-2}$$

【例 13-2】 试计算图 13-3 所示的抽水唧筒机构的自由度。

解 该机构的活动构件 $n=3$，共组成 4 个低副，没有高副，即 $P_L=4$，$P_H=0$。故由式(13-2)可得该机构的自由度为

$$F = 3n - 2P_L - P_H = 3 \times 3 - 2 \times 4 - 0 = 1$$

四、机构具有确定的相对运动的条件

机构是具有确定的相对运动的构件系统，但不是任何构件系统都能实现确定的相对运动的，也就是说不是任何构件系统都能成为机构的。前已述及，机构的自由度数目表明了机构所具有的独立运动的数目。这就是说，机构要运动，首先其自由度必须大于零。而机构中每个主动构件相对于机架只有一个独立运动，因此机构具有确定的相对运动的必要条件是：机构的自由度 F 大于零，并且其主动构件数必须与机构的自由度数相等。

如图 13-5 所示的四构件系统，$n=3$，$P_L=4$，$P_H=0$，由式(13-2)得其自由度为

$$F = 3n - 2P_L - P_H = 3 \times 3 - 2 \times 4 - 0 = 1$$

当主动构件 1 在任何瞬时位置时，从动构件 2 和 3 都占有相应的确定位置，这说明从动构件的运动是确定的，故该系统是机构。

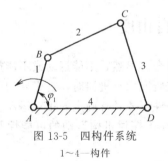

图 13-5　四构件系统
1～4—构件

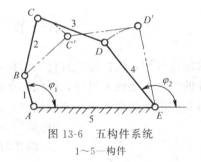

图 13-6　五构件系统
1～5—构件

如图 13-6 所示的五构件系统，$n=4$，$P_L=5$，$P_H=0$，由式(13-2)得其自由度为

$$F = 3n - 2P_L - P_H = 3 \times 4 - 2 \times 5 - 0 = 2$$

若设只有构件 1 为主动构件，当构件 1 在图示瞬时位置时，则构件 2、3 和 4 可以占有 BC、CD、DE 位置，也可以占有 BC'、$C'D'$、$D'E$ 位置或其他位置。这说明从动构件的运动是不确定的，故该构件系统就不是机构。若设构件 1、4 都是主动构件，而该瞬时它们在 AB 和 DE 位置，则构件 2、3 的位置完全确定（只能分别在 BC 和 CD 位置），此时构件系统就成为机构，它的运动是确定的。

如图 13-7 (a) 所示的构件组合，$n=4$，$P_L=6$，$P_H=0$，由式(13-2)得其自由度为

$$F = 3n - 2P_L - P_H = 3 \times 4 - 2 \times 6 - 0 = 0$$

该构件组合的自由度等于零，说明它是不能产生相对运动的刚性桁架。同样可以计算图 13-7 (b) 所示的三脚架的自由度为

$$F=3n-2P_L-P_H=3\times2-2\times3-0=0$$

表明这也是一个桁架。又如图 13-7 (c) 所示的构件系统，$n=3$，$P_L=5$，$P_H=0$，由式 (13-2) 得其自由度为

$$F=3n-2P_L-P_H=3\times3-2\times5-0=-1$$

其自由度 $F<0$，说明该构件系统所受的约束过多，已成为超静定桁架。

图 13-7 桁架

显然，当 $F>0$ 时，主动构件的数目大于机构的自由度，机构遭到破坏。

第四节 计算平面机构自由度时的注意事项

在按公式(13-2)计算机构的自由度时，有时会遇到计算的结果与机构的实际自由度数目不相符合的情况。但这并不是自由度的计算式(13-2)有错误，而是在应用该公式计算机构的自由度时，还有某些应该注意的事项未能正确考虑的缘故。本节将介绍这些注意事项。

一、复合铰链

若 2 个以上的构件同时在一处以转动副相联接，就构成了复合铰链。图 13-8 (a) 所示为 3 个构件在同一处组成的复合铰链，从图 13-8 (b) 可以看出它们具有 2 个转动副。不难推算，由 m 个构件以复合铰链相联接时，则构成的转动副数目应等于 $(m-1)$ 个。

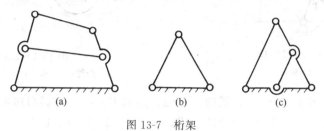

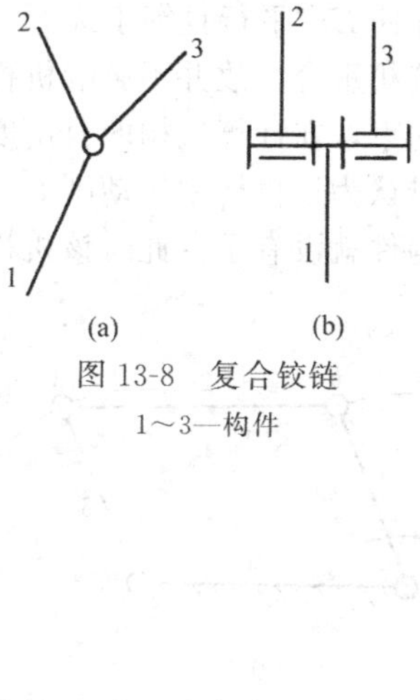

图 13-8 复合铰链
1~3—构件

【例 13-3】 试计算图 13-9 所示的直线机构的自由度。

解 该机构在 A、B、D、E 四处各为由 3 个构件组成的复合铰链。所以在该机构中 $n=7$，$P_L=10$，$P_H=0$。故由式(13-2)可得该机构的自由度为

$$F=3n-2P_L-P_H=3\times7-2\times10-0=1$$

二、局部自由度

有些机构中，某些构件所能产生的局部运动，并不影响其他构件的运动，人们把这些构件中只能产生这种局部运动的自由度称为局部自由度。例如，图 13-10 (a) 所示的滚子从动杆凸轮机构中，为了减少高副元素的磨损，在从动杆 3 和凸轮 1 之间装了一个滚子 2。但是滚子 2 绕其自身轴线的转动，并不影响 1 和 3 的运动，因而它只是一局部自由度。因此，在计算机构自由度时应将机构中的带来局部自由度的"多余的构件"（滚子）除去不计，即不将带来局部自由度的滚子计入活动构件数。可设想将滚子 2 和从动杆 3 焊接在一起，如图 13-10 (b) 所示。

【例 13-4】 试计算图 13-10 (a) 所示的凸轮机构的自由度。

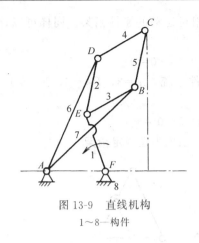

图 13-9 直线机构

1～8—构件

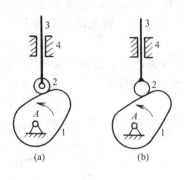

图 13-10 凸轮机构

1—凸轮；2—滚子；3—从动杆；4—机架

解 该机构活动构件数 $n=2$，低副 $P_L=2$，高副 $P_H=1$，故其自由度应为

$$F=3n-2P_L-P_H=3\times 2-2\times 2-1=1$$

三、虚约束

在机构中，经常遇到有些运动副所带入的约束对机构的运动实际上起不到约束作用，仅仅是为了某种需要而引入的。由于这些约束的"约束作用"与另外某些约束的"约束作用"是重复的，所以它们对机构的运动实际上起不到约束作用。这些实际上不起约束作用的约束称为虚约束。下面介绍常见的几种出现虚约束的情况。

（一）轨迹重合

图 13-11（a）所示为两组对边长度相等的平行四边形机构，构件 2 因做平动，其上各点的轨迹都是以 AB 为半径的圆弧。如果在上述平行四边形机构中加入构件 5 及转动副 E 和 F，并使 EF 平行且等于 AB，如图 13-11（b）所示，则构件 2 上 E 点的轨迹与构件 5 上 E 点的轨迹相重合，故并不影响机构的运动。因此，转动副 E 和 F 对机构的约束是属于轨迹重合的虚约束，在计算机构的自由度时应将"多余的构件"及其所带入的运动副除去不计。当然，也可以认为该机构中转动副 C、D 构成虚约束，但不能认为转动副 A、B 构成虚约束，否则主动构件就没有了。此时该机构变为 $n=3$，$P_L=4$，$P_H=0$，而其自由度为

$$F=3n-2P_L-P_H=3\times 3-2\times 4-0=1$$

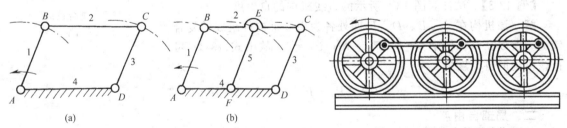

图 13-11 平行四边形机构

1～5—构件

图 13-12 机车车轮联动装置

图 13-12 所示的机车车轮联动装置，就是这类虚约束的典型实例，增加一个车轮是为了防止曲柄[图 13-11（a）所示机构中的构件 1 和 3]与轮心连线机架 4 共线时出现运动不确定现象。

（二）两构件在同一轴线上组成多个转动副

如图 13-13 所示，齿轮轴 1 两端由机架 2 的两个轴承来支承。从运动的观点来看，只要在一端有一个转动副就可以实现相对转动，但如前所述，悬臂的齿轮和轴的受力情况不好。为了

改善齿轮和轴的受载情况，因此在生产中常采用两个转动副。在考虑一端的转动副后，另一端的转动副应视为虚约束，在计算机构的自由度时应将"多余的转动副"除去不计。

(三) 两构件在同一方向上组成多个移动副

在如图 13-14 所示的凸轮机构中，为了使从动杆 2 在移动时有较好的导向性，即不致被导路卡住，通常使从动杆 2 和机架 3 组成 2 个（如果导路很长可以更多个）移动副。因此，其中一个移动副的约束为虚约束，在计算机构的自由度时应将"多余的移动副"除去不计。

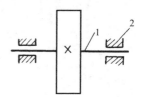

图 13-13 齿轮轴
1—齿轮轴；2—机架

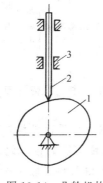

图 13-14 凸轮机构
1—凸轮；2—从动杆；3—机架

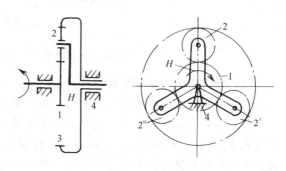

图 13-15 差动齿轮系
1—中心齿轮；$2,2',2''$—行星齿轮；
3—中心（内）齿轮；4—机架

(四) 机构中对运动不起作用的对称部分

在如图 13-15 所示的差动齿轮系中，主动轴通过齿轮 1（与主动轴固接）、2、3 便可将运动传递给从动轴 H（即只需要 2 就可以传递运动）。但是为了提高机构的承载能力并使机构受力均匀以提高工作质量，又增加了 2 个尺寸与齿轮 1 完全相同的齿轮 $2'$ 和 $2''$。这里每增加一个齿轮（包括 2 个高副和 1 个低副）便引进了 1 个虚约束，在计算机构的自由度时应将"多余的构件"（齿轮）及其带入的虚约束除去不计。

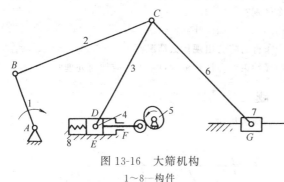

图 13-16 大筛机构
1~8—构件

【例 13-5】 试计算图 13-16 所示的大筛机构的自由度，并指出机构的相对运动是否确定。

解 机构中滚子具有局部自由度；C 处为复合铰链（含 2 个转动副），E 或 F 处为虚约束；弹簧不起限制运动的作用，可略去。因此，该机构中 $n=7$，$P_L=9$，$P_H=1$，故其自由度为

$$F = 3n - 2P_L - P_H = 3 \times 7 - 2 \times 9 - 1 = 2$$

该机构自由度为 2，有两个主动构件，故具有确定的相对运动。

本 章 小 结

(1) 本章重点知识结构图

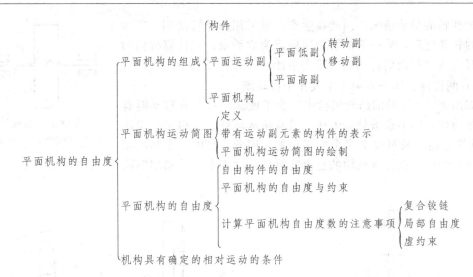

（2）研究本章的主要目的是建立机构具有确定的相对运动的条件：机构的自由度必须大于零，并且机构的主动构件数与机构的自由度数相等。

（3）本章的重点内容是平面机构自由度的计算。首先要熟练掌握平面机构自由度计算的基本公式 $F=3n-2P_L-P_H$，了解各参数的意义和确定方法，数目不能数错。此外，还应掌握在计算机构自由度时需要注意的三个事项——复合铰链、局部自由度和虚约束的概念及其处理方法：一个复合铰链包含 $m-1$ 个转动副；将带来局部自由度的"多余构件"（滚子）除去不计；将带入虚约束的"多余构件"（及其所代入的运动副）或"多余运动副"除去不计。

（4）为了正确计算平面机构的自由度，还必须了解构件、运动副的概念及其表示方法；平面低副（转动副和移动副）具有1个自由度和2个约束，平面高副具有2个自由度和1个约束；平面机构运动简图的概念及其画法（主要是要求能看懂）。平面机构运动简图具有相应的比例尺，而平面机构示意图则不要求按比例尺绘制。这些都是计算平面机构自由度的基础。

思 考 题

13-1 什么叫运动副？高副和低副的特点如何？

13-2 什么是机构运动简图？它和机构示意图有什么区别？

13-3 什么是机构的自由度？什么是约束？平面机构的自由度如何计算？

13-4 机构具有确定运动的条件是什么？不符合这个条件时将会出现什么情况？

13-5 什么叫复合铰链？什么叫局部自由度？什么叫虚约束？在计算机构自由度时应如何处理？

习 题

13-1 试计算下列构件系统的自由度，并指出它们能否成为机构。

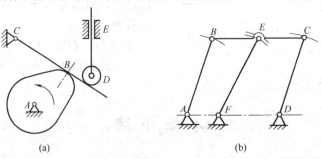

题 13-1 图

13-2 试计算下列机构的自由度，并指出机构具有确定的相对运动的条件。

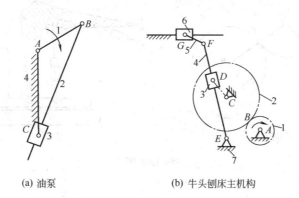

(a) 油泵　　　　(b) 牛头刨床主机构

题 13-2 图

13-3 试计算下列机构的自由度，如有复合铰链、局部自由度、虚约束，请指出。

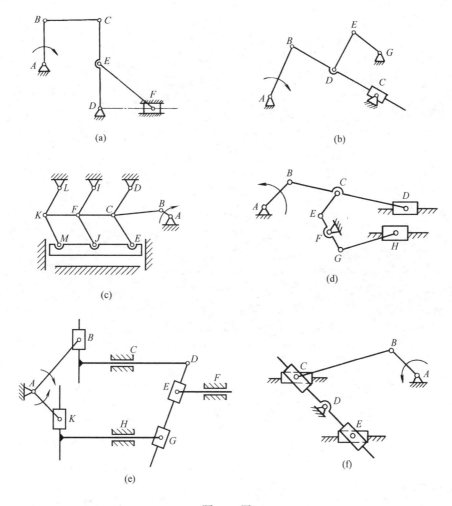

题 13-3 图

*13-4 试计算下列机构的自由度，如有复合铰链、局部自由度、虚约束，请指出。

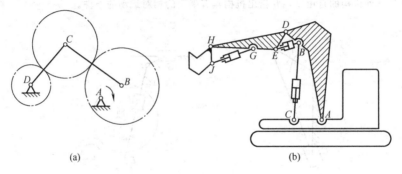

题 13-4 图

第十四章　平面四连杆机构

连杆机构的各构件多呈杆状，常简称为杆。平面连杆机构（plane link mechanism）是由若干个刚性构件，用低副（转动副或移动副）相互联接而组成的在同一平面或相互平行的平面内运动的机构，也称为平面低副机构。平面连杆机构制造简单，易于获得较高的制造精度，在各种机械和仪器中获得广泛使用。但是，低副中存在间隙会引起运动误差，而且低副机构的设计比较复杂，不易精确地实现较复杂的运动规律。平面连杆机构中又以四个构件组成的平面四连杆机构（Plane 4-links mechanism）用得最多，本章只介绍平面四连杆机构。

第一节　平面四连杆机构的类型及其应用

若构件之间全部是用转动副联接的平面四连杆机构，称为铰链四连杆机构。在图 14-1 所示的铰链四连杆机构中，固定不动的构件 4 是机架，与机架以转动副相联接的构件 1 和构件 3 称为连架杆（connecting bar）。连架杆中能够相对于机架做 360°整圆周运动的构件 1，称为曲柄（crank）；连架杆中不能够相对于机架做 360°整圆周运动，而只能在小于 360°的范围内做往复摆动的构件 3，称为摇杆（rocker bar）；以转动副联接两个连架杆的构件 2 称为连杆（linkage）。一般情况下连杆做平面复杂运动，机构中主动构件的运动和动力都是通过连杆传递给从动构件的。

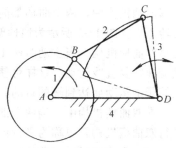

图 14-1　铰链四连杆机构
1～4—构件

一、铰链四连杆机构基本类型及其应用

铰链四连杆机构的两个连架杆，按其运动可以有三种情况：一个是曲柄，另一个是摇杆；两个都是曲柄；两个都是摇杆。平面四连杆机构的命名，一般就是由两个连架杆的名称组合而成的。因此，铰链四连杆机构有三种基本形式：曲柄摇杆机构、双曲柄机构和双摇杆机构。

（一）曲柄摇杆机构

在铰链四杆机构中，若其中两个连架杆一个是曲柄，另一个是摇杆，则此四连杆机构称为曲柄摇杆机构（crank-and-rocker mechanism）。在曲柄摇杆机构中，当曲柄为主动构件时，可将曲柄的连续转动，转变成摇杆的往复摆动。图 14-2 所示的雷达天线俯仰角调整机构及图 14-3 所示的汽车前窗刮雨器机构均为曲柄摇杆机构。

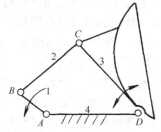

图 14-2　雷达天线俯仰角调整机构
1—曲柄；2—连杆；3—摇杆；4—机架

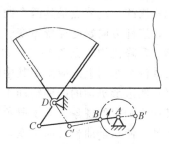

图 14-3　汽车前窗刮雨器

在曲柄摇杆机构中，当摇杆 3 为主动构件时，可将摇杆的往复摆动，转变成曲柄 1 的连续转动，如缝纫机脚踏板驱动机构（见图 14-4）。

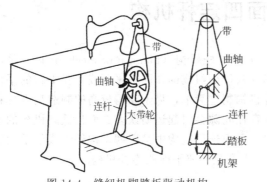
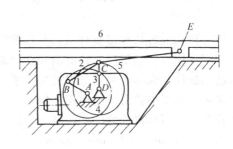

图 14-4　缝纫机脚踏板驱动机构

图 14-5　惯性筛机构
1,3—曲柄；2,5—连杆；4—机架；6—筛子

（二）双曲柄机构

两个连架杆都是曲柄的铰链四连杆机构，称为双曲柄机构（double-crank mechanism）。在双曲柄机构中，两个曲柄都能够相对于机架做 360°整圆周运动，主动曲柄转 1 周，从动曲柄也转 1 周。图 14-5 所示为惯性筛机构，它是由 6 个构件组成的机构，其中四连杆机构 ABCD 便是双曲柄机构。当主动曲柄 1 等速转动时，从动曲柄 3 做变速转动，通过连杆 5 带动筛子 6 做变速往复直线运动。这样可使筛子得到所需要的加速度，利用加速度所产生的惯性力使物料在筛子上运动而达到筛的目的。

在双曲柄机构中，当两个曲柄的长度相等并且平行时，4 个构件组成了平行四边形，称为平行双曲柄机构，也称为平行四边形机构，如图 14-6（a）所示；当两个曲柄的长度相等但不平行时，则称为反向双曲柄机构，也称反平行四边形机构，如图 14-6（b）所示。

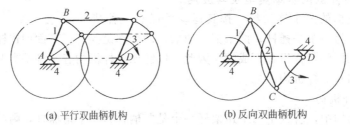

(a) 平行双曲柄机构　　　　(b) 反向双曲柄机构

图 14-6　平行双曲柄机构与反向双曲柄机构
1,3—曲柄；2—连杆；4—机架

平行双曲柄机构的运动特点是其两个曲柄的转向相同，角速度相等，连杆做圆周平动。反向双曲柄机构的运动特点是其两个曲柄转向相反，角速度也不相等。平行双曲柄机构在机构运动过程中，连杆方向始终保持不变。在工程上，常常利用这一特点制造万能绘图仪，以及野外摄影车座斗升降机构（见图 14-7）和高层建筑救火车的云梯等。图 14-8 所示的是反向双曲柄机构在公共汽车车门上的应用，其中的四杆机构 ABCD 即为反平行四边形机构。

当平行四边形机构的曲柄转动 1 周时，曲柄与连杆将出现 2 次共线。此时，从动曲柄将可能出现转向不确定的现象。为了避免这种现象，常在机构中安装一个惯性较大的飞轮，借助它的转动惯性，使从动曲柄转向不变。或者利用增加虚约束来保证机构始终保持平行四边形，使从动曲柄转向不变。在图 13-12 所示的机车车动轮联动装置中，就是增加了一个曲柄，以防止平行四边形机构的运动发生不确定现象而成为反平行四边形机构；在图 14-9 所示的天平机构

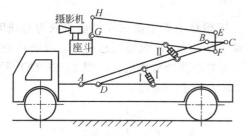

图 14-7　野外摄影车座头升降机构

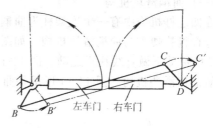

图 14-8　公共汽车车门启闭机构

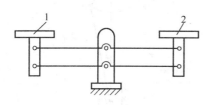

图 14-9　天平机构
1—物料盘；2—砝码盘

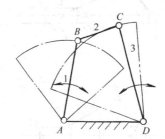

图 14-10　双摇杆机构
1,3—摇杆；2—连杆

中也增加了一个曲柄，它保证天平的物料盘 1 和砝码盘 2 始终处于水平位置而不会倾翻。

（三）双摇杆机构

两个连架杆均为摇杆的铰链四连杆机构，称为双摇杆机构（double-rocker mechanism），如图 14-10 所示。图 14-11 所示为电风扇摇头机构，摇头机构 ABCD 是双摇杆机构。电动机安装在摇杆 4 上，铰链 A 处装有一个与连杆 1 固接成一体的蜗轮，蜗轮与电动机轴上的蜗杆相啮合。电动机转动时，通过蜗杆和蜗轮迫使连杆 1 绕转动副 A 做 360°整圆周运动（此时主动构件是连杆），从而使连架杆（摇杆）2 和 4 做往复摆动，达到摇头的目的。图 14-12 所示为港口鹤式起重机，其中的四杆机构 ABCD 即为双摇杆机构，摇杆 CD 摆动时，连杆 BC 上悬挂的重物在近似水平直线上移动，这样可以避免因重物不必要的提升而消耗能量。

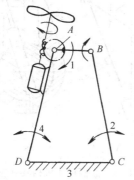

图 14-11　电风扇摇头机构
1—连杆；2,4—摇杆；3—机架

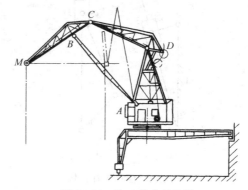

图 14-12　港口鹤式起重机

二、含有一个移动副的四连杆机构

含有一个移动副的四连杆机构是以铰链四连杆机构为基础，把一个转动副演变成移动副而成的机构。引导滑块（slide block）移动的构件称为导杆（leader）。含有一个移动副的四连杆机构有曲柄滑块机构、曲柄导杆机构、曲柄摇块机构和移动导杆机构等。

（一）曲柄滑块机构

在四连杆机构中有一个连架杆为曲柄，另一连架杆相对于机架做往复移动而成为滑块时，该四连杆机构便称为曲柄滑块机构，如图 14-13 所示。当曲柄 AB 做圆周运动时，滑块 C 在连杆 BC 的带动下做直线往复运动。图 14-13（a）所示为对心曲柄滑块机构，图 14-13（b）所示为偏置曲柄滑块机构。图 14-14 所示是曲柄滑块机构在冲床中的应用。

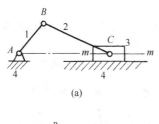

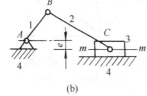

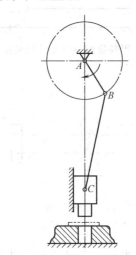

图 14-13　曲柄滑块机构
1—曲柄；2—连杆；3—滑块；4—机架

图 14-14　冲床中的曲柄滑块机构

（二）曲柄导杆机构

在图 14-15（a）所示的四连杆机构中，曲柄 2 的长度小于机架 1 的长度，曲柄 2 可以绕机架 1 做 360°整圆周转动（即为曲柄），但导杆 4 则只能做摆动，故该机构称为曲柄摆动导杆机构。在图 14-15（b）所示的四连杆机构中，曲柄 2 的长度大于机架 1 的长度，曲柄 2 和导杆 4 都可以绕机架 1 做 360°整圆周转动，该机构称为曲柄转动导杆机构。

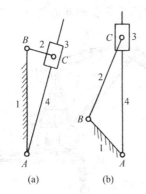

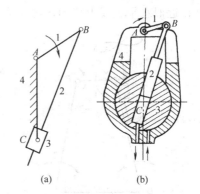

图 14-15　曲柄导杆机构
1—机架；2—曲柄；3—滑块；4—导杆

图 14-16　曲柄摇块机构及其应用
1—曲柄；2—导杆；3—滑块；4—机架

（三）曲柄摇块机构

在如图 14-16（a）所示的四连杆机构中，曲柄 1 的长度小于机架 4 的长度，能够相对于机架 4 做 360°整圆周运动（即为曲柄），而导杆 2 只能相对于机架 4 在一定角度内摆动，导杆 2 与滑块 3 组成移动副，滑块 3 与机架 4 组成转动副，滑块 3 只能做定轴转动，所以称为曲柄摇块（rocker block）机构。图 14-16（b）所示的摆动式液压泵，就是曲柄摇块机构的应用实例。

(四)移动导杆机构

在图 14-17（a）所示的四连杆机构中，曲柄 1 的长度小于连杆 2 的长度，这种机构一般以曲柄 1 为主动构件，连杆 2 绕 C 点摆动，而导杆 4 相对于滑块 3（称为定块）做上下往复移动，故称为固定滑块机构或移动导杆机构。图 14-17（b）所示的手动抽水唧筒就是移动导杆机构的应用实例，图 14-17（c）所示为手动抽水唧筒的机构运动简图。

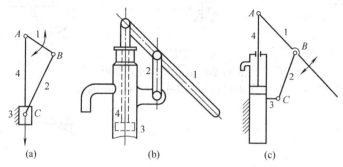

图 14-17　曲柄移动导杆机构及其应用
1—曲柄；2—连杆；3—滑块；4—导杆

三、含有两个移动副的四连杆机构

移动副是由转动副演化来的，如果平面四连杆机构中，有两个转动副的回转半径为无穷大时，该平面四连杆机构即演化为含有两个移动副的四连杆机构。

(一) 双滑块机构

如图 14-18（a）所示，连杆 1 上 A、B 两点随两滑块做直线运动，故称为双滑块机构。图 14-18（b）所示为双滑块机构在椭圆仪中的应用。

(二) 双回转导杆机构

如图 14-19（a）所示，当主动滑块 2 转动时，通过导杆 3 使滑块 4 按相同方向转动，两个滑块的角速度相等。图 14-19（b）所示为双回转导杆机构在十字滑块联轴器上的应用。

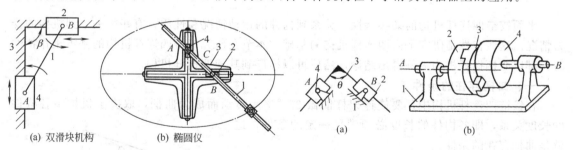

图 14-18　双滑块机构及椭圆仪
1—连杆；2,4—滑块；3—机架

图 14-19　双回转导杆机构及十字滑块联轴器
1—机架；2,4—滑块；3—导杆

(三) 正弦机构和正切机构

正弦机构和正切机构都是双滑块机构。图 14-20（a）所示为正弦机构，当主动曲柄 1 转动时，滑块 2 的运动符合正弦规律 $S=a\sin\alpha$，所以称为正弦机构，又称为曲柄移动导杆机构。图 14-20（b）所示为仪表中常用的正弦机构的形式，图 14-20（c）所示是浮子式差压计，就是利用正弦机构将浮子的位移转换成杆的位移。

图 14-21（a）所示为正切机构，当主动曲柄 1 转动时，滑块的位移符合正切规律 $S=a\tan\alpha$，所以称为正切机构。图 14-21（b）所示是仪表中常用的正切机构的形式，图 14-21（c）所示为膜盒压力计中应用正切机构将膜盒的位移转换成扇形齿轮的转角。

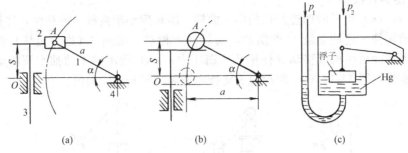

图 14-20 正弦机构及其应用
1—主动曲柄；2—滑块；3—导杆；4—机架

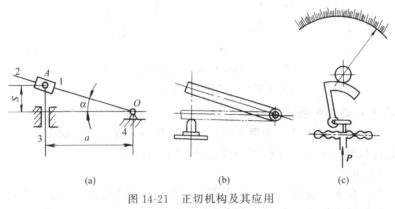

图 14-21 正切机构及其应用
1—曲柄；2—滑块；3—导杆；4—机架

第二节 铰链四杆机构的基本性质

平面铰链四连杆机构的某些特性，关系到构件的运动情况和性质，有些则关系到机构的受力情况。这些特性是研究平面四连杆机构的基础。本节在研究铰链四连杆机构的基本工作特性时，都以曲柄摇杆机构为例得出结论，然后可以推广到其他四连杆机构。

一、曲柄存在的条件

在铰链四连杆机构中，要使连架杆能做 360°整周转动而成为曲柄，取决于机构中各构件的长度关系，即各构件的长度必须满足一定的条件，这就是曲柄存在的条件。

在图 14-22 所示的曲柄摇杆机构中，a、b、c、d 分别表示曲柄 AB、连杆 BC、摇杆 CD 和机架 AD 的长度。曲柄 AB 在转动过程中，与机架 AD 有两个位置：拉直共线和重叠共线。要使构件 AB 成为曲柄，它必须能顺利地通过这两个共线位置。当 AB 转到位置 AB_1 时，在 $\triangle B_1C_1D$ 中，以及当 AB 转到位置 AB_2 时，在 $\triangle B_2C_2D$ 中，根据三角形三边间的关系，可得

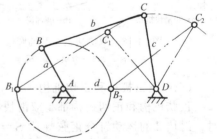

图 14-22 曲柄存在的条件

$$\left.\begin{array}{r}a+d \leqslant b+c \\ a+b \leqslant d+c \\ a+c \leqslant b+d\end{array}\right\}$$

上述三式两两相加化简,可得

$$\left.\begin{array}{l}a\leqslant b\\ a\leqslant c\\ a\leqslant d\end{array}\right\}$$

由此可知,在四连杆机构中,要使连架杆成为曲柄,必须具备如下两个条件:
① 连架杆与机架中必有一个是最短构件。
② 最短构件与最长构件的长度之和必小于或等于其余两构件的长度之和。
根据曲柄存在的条件,还可以得到以下推论。
① 如果铰链四连杆机构中,最短构件与最长构件的长度之和小于或等于其余两构件的长度之和,则可有以下三种情况:
   a. 以与最短构件相邻的构件为机架时,则该机构为曲柄摇杆机构。
   b. 以最短构件为机架时,该机构为双曲柄机构。
   c. 以与最短构件相对的构件为机架时,该机构为双摇杆机构。
② 如果铰链四杆机构中,最短构件与最长构件的长度之和大于其余两构件的长度之和,则无论以哪一构件为机架,均为双摇杆机构。

二、急回运动特性

在图 14-23 所示的曲柄摇杆机构中,当曲柄 AB 沿顺时针方向以等角速度 ω 从与连杆 BC 共线位置 B_1 转到共线位置 B_2 时,转过的角度为 φ_1,摇杆 CD 从左极限位置 C_1D 摆到右极限位置 C_2D,设所需时间为 t_1,C 点平均速度为 v_1;当曲柄 AB 再继续转过角度 φ_2,即从 B_2 到 B_1,摇杆 CD 自 C_2D 摆到 C_1D,设所需时间为 t_2,C 点的平均速度为 v_2。可以看出,$\varphi_1 > \varphi_2$,则 $t_1 > t_2$。又因摇杆 CD 的 C 点从 C_1 到 C_2 和从 C_2 返到 C_1 的摆角 ψ 相同,而所用的时间却不同,则往返的平均速度也不相同,即 $v_2 > v_1$。由此可见,当曲柄等速转动时,摇杆来回摆动的平均速度是不同的,摇杆的这种运动特性称为急回运动(quick-return motion)特性。

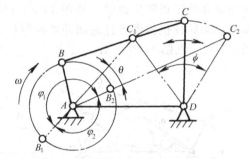

图 14-23 铰链四杆机构的急回运动

为了表明摇杆的急回运动特性的程度,通常用行程速比系数(travel velocity ratio coefficient)K 来衡量。如果把从动摇杆处于左、右两极限位置时,主动曲柄相应两位置所夹的锐角 θ 称为极位夹角,则行程速比系数 K 与极位夹角 θ 的关系为

$$K = \frac{180° + \theta}{180° - \theta} \tag{14-1}$$

由式(14-1)可知,行程速比系数与极位夹角 θ 有关,θ 越大,K 越大。当 $\theta = 0°$ 时,$K = 1$,说明机构无急回运动。由式(14-1)可得

$$\theta = \frac{K-1}{K+1} \times 180° \tag{14-2}$$

由式(14-2)可知,如果要得到既定的行程速比系数,只要设计出相应的极位夹角 θ 即可。

除曲柄摇杆机构外,具有急回运动特性的四连杆机构还有偏置曲柄滑块机构和曲柄摆动导杆机构。在各种机器中,应用四连杆机构的急回运动特性,可以节省空回行程的时间,以提高机器的生产效率。

三、压力角和传动角

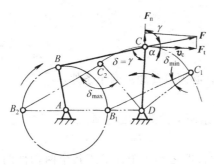

图 14-24 压力角和传动角

在图 14-24 所示的曲柄摇杆机构中，主动曲柄通过连杆 BC 传递到 C 点上的力 F 可以分解为沿 C 点绝对速度 v_C 方向的分力 F_t 及沿摇杆 CD 方向的分力 F_n，F_n 只能对摇杆 CD 产生径向压力，而 F_t 则是推动摇杆运动的有效分力。连杆传递给从动摇杆的力 F 的方向与主动摇杆受力点 C 的绝对速度方向之间所夹的锐角 α，称为压力角 (pressure angle)。压力角 α 的余角 γ，即力 F 与 F_n 所夹的锐角，称为传动角 (transmission angle)。因此，α 越小，γ 越大，有效分力 F_t 越大，而 F_n 越小，对机构传动越有利。在机构运动过程中，其传动角 γ 的大小是变化的，为保证机构传动良好，设计时通常要使 $\gamma_{min} \geq 40°$，传动力矩较大时，则要使 $\gamma_{min} \geq 50°$。

四、死点状态

在图 14-25（a）所示的曲柄摇杆机构中，若摇杆主动时，则当摇杆处于两个极限位置（即机构处于两个虚线位置）时，连杆与曲柄在一条直线上，此时传动角 γ＝0°。这时，主动摇杆 CD 通过连杆作用于从动曲柄 AB 上的力，恰好通过曲柄的回转中心 A，所以理论上不论用多大的力，都不能使曲柄转动，因而产生了"顶死"现象，机构的这种位置状态称为死点状态 (fix point condition)。可能具有死点状态的四连杆机构还有：曲柄滑块机构当滑块主动并处于极限位置时〔如图 14-25（b）所示的偏置曲柄滑块机构中的双点画线位置〕；曲柄摆动导杆机构当导杆主动并处极限位置时〔见图 14-25（c）〕；双摇杆机构当摇杆处于极限位置时（见图 14-28、图 14-29）。

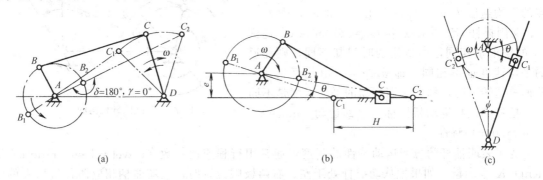

图 14-25 四连杆机构的死点状态

为了使机构能顺利通过死点而继续正常运转，对曲柄摇杆机构可以安装飞轮，增大转动惯量，如缝纫机即是；对曲柄滑块机构可采取两组机构错位排列，如图 14-26 所示的蒸汽机车车轮联动机构，两组机构的曲柄位置相错 90°；对曲柄摆动导杆机构和双摇杆机构，则通常是限制其主动构件的摆动角度。

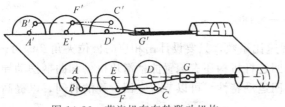

图 14-26 蒸汽机车车轮联动机构

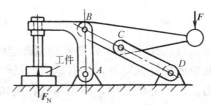

图 14-27 钻床工件的夹紧机构

工程上，也常利用机构的死点状态来实现一定的工作要求。图 14-27 所示为钻床工件的夹紧机构，利用机构在工件反力的作用下处于死点状态来夹紧工件。图 14-28 所示的飞机起落架也是利用摇杆机构处于死点状态，来保证飞机安全其起降的。图 14-29 所示的电气开关机构，当机构处于 $AB'C'D$ 位置时，触点 E' 脱离接触，电路被切断。只要扳动 AB 杆到 $ABCD$ 位置时，触点 E 接通电路。这时机构处于死点状态，尽管机构受到较大的接触力 Q 和弹簧拉力作用，也能保持良好的接触状态而不会跳闸。

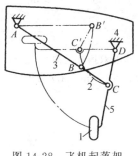

图 14-28　飞机起落架
1～5—构件

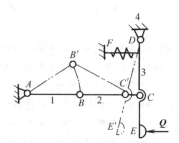

图 14-29　电气开关机构
1～4—构件

本 章 小 结

（1）铰链四连杆机构基本类型有曲柄摇杆机构、双曲柄机构和双摇杆机构。含有 1 个移动副的四连杆机构主要有偏置和对心曲柄滑块机构、曲柄摆动导杆机构等。此外，含有 2 个移动副的四连杆机构主要有双滑块机构、双回转导杆机构、正弦机构和正切机构。

（2）铰链四连杆机构中，如果最短构件与最长构件的长度之和小于或等于其他两构件的长度之和，则可以根据最短杆件的位置，来判定机构的类型。曲柄摇杆机构、偏置曲柄滑块机构和曲柄摆动导杆机构都有急回运动特性，行程速比系数 K 和机构极位夹角 θ 的关系为 $K=\dfrac{180°+\theta}{180°-\theta}$ 或 $\theta=\dfrac{K-1}{K+1}\times 180°$。

（3）四连杆机构的压力角 α 是从动构件受力点的绝对速度方向与所受力的方向之间所夹的锐角。传动角 γ 与 α 互为余角。传动角 γ 越大，对机构的传动越有利。

（4）当 $\gamma=0°$ 时，机构处于死点状态。可能出现死点状态的机构有曲柄摇杆机构、曲柄滑块机构、曲柄摆动导杆机构，出现死点状态的条件是摇杆、滑块、导杆分别为主动构件且处于极限位置；双摇杆机构出现死点状态的条件是两个摇杆都处于极限位置。

思 考 题

14-1　四连杆机构由哪些构件组成？铰链四连杆机构有哪些基本类型？
14-2　曲柄存在的条件是什么？如何根据构件尺寸关系判定四连杆机构的类型？
14-3　什么是极位夹角？什么叫急回运动？怎样表示和描述急回运动？
14-4　什么是压力角？什么是传动角？压力角和传动角有什么关系？
14-5　什么是死点状态？工程上如何克服死点状态？其在工程上的应用有哪些？

习 题

14-1　根据下列铰链四连杆机构中的尺寸判定四连杆机构的类型。
14-2　已知四连杆机构各构件的长度 $l_{AB}=240\text{mm}$，$l_{BC}=600\text{mm}$，$l_{CD}=400\text{mm}$，$l_{AD}=500\text{mm}$。试问：

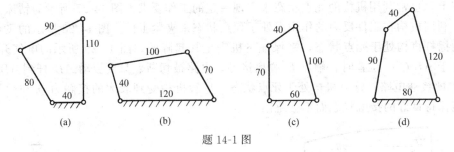

题 14-1 图

① 当取杆 AD 为机架时,是否有曲柄存在?

② 若各长度不变,能否以选不同杆为机架的方法获得双曲柄机构及双摇杆机构?

*14-3 在铰链四连杆机构中,已知 $l_{BC}=50\text{mm}$, $l_{CD}=35\text{mm}$, $l_{AD}=30\text{mm}$, AD 为机架。

① 若此机构为曲柄摇杆机构,且 AB 为曲柄,求 l_{AB} 的最大值。

② 若此机构为双曲柄机构,求 l_{AB} 的最小值。

③ 若此机构为双摇杆机构,求 l_{AB} 的值。

第十五章 凸轮机构

在机器和仪器中，有时要求其中某些从动构件的位移、速度或加速度按照预定的运动规律变化。这种要求，利用连杆机构就不便实现，而采用凸轮机构则最为简便。

本章主要讨论中、低速凸轮机构的运动及设计问题。

第一节 概　　述

凸轮机构（Cam mechanism）是由凸轮（cam）、从动杆（follower）和机架三个基本构件组成的高副机构。凸轮是一个具有一定曲线轮廓或凹槽的主动构件，一般做等角速连续转动，有时也做往复直线移动或摆动，从动杆则做往复直线移动或摆动。

一、凸轮机构的特点和应用

凸轮机构广泛应用于各种机械、仪器和自动控制装置中。图15-1 所示为内燃机配气机构，凸轮 1 逆时针等速回转，驱动从动杆2（阀杆）做上、下移动，从而有规律地开启或关闭气阀 3。凸轮轮廓的形状决定了气阀开启或关闭时间的长短及其速度、加速度的变化规律。图 15-2 所示为缝纫机挑线机构，当凸轮 1 等速转动时，利用其曲线槽驱动从动挑线杆 2 绕其上、下往复摆动，完成挑线动作，其规律是由圆柱凸轮的凹槽形状来决定的。图 15-3 所示为冲床送料机构，凸轮 1 在水平方向往复移动，完成送料动作。

由上述实例可以看出，凸轮机构是转换运动形式的机构。它可将凸轮的连续转动转变为从动杆的连续的或间歇的往复移动或摆动；或将凸轮的移动转变为从动杆的移动或摆动。

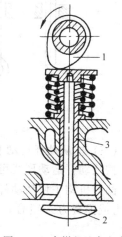

图 15-1　内燃机配气机构
1—凸轮；2—从动杆；3—气阀

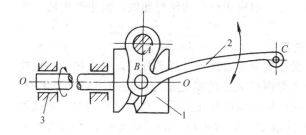

图 15-2　缝纫机挑线机构
1—凸轮；2—挑线杆；3—机架

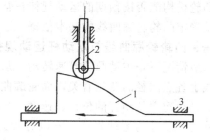

图 15-3　冲床送料机构
1—凸轮；2—从动杆；3—机架

凸轮机构的特点是，只要能设计出适当的凸轮轮廓，便可使从动杆得到任意的预期运动，而且结构简单、紧凑。因此在自动机床进刀机构、印刷机、纺织机、仪器及各种电气开关中得到广泛应用。但是凸轮轮廓与从动杆之间为点或线接触，接触应力较大，润滑不便，易磨损。凸轮的轮廓曲线加工比较复杂，并需要有维持从动杆与凸轮接触的锁合装置。所以凸轮机构多用于需要实现特殊要求的运动规律而传力不大的控制机构中。

二、凸轮机构的类型

凸轮机构的类型很多，通常按凸轮和从动杆的形状、运动形式分类。

（一）按凸轮的形状分类

凸轮的形状有：盘形凸轮，是凸轮的最基本形式，如图 15-1 所示；圆柱凸轮，如图 15-2 所示；移动凸轮，当盘形凸轮的回转中心趋于无穷远时，凸轮相对机架做直线运动，则凸轮成为移动凸轮，如图 15-3 所示。

（二）按从动件端部形式分类

从动杆端部形式有：尖顶从动杆，如图 15-4（a）、（e）所示的移动和摆动尖顶从动杆；滚子从动杆，如图 15-4（b）、（f）所示的移动和摆动滚子从动杆；平底从动杆，如图 15-4（c）、（g）所示的移动和摆动平底从动杆；曲底从动杆，如图 15-4（d）、（h）所示的移动和摆动曲底从动杆。

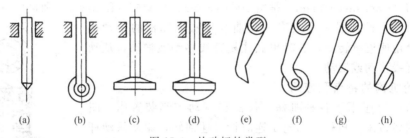

图 15-4　从动杆的类型

（三）按从动杆运动形式分类

按从动杆运动形式可分为移动从动杆（见图 15-1）和摆动从动杆（见图 15-2）。

凸轮机构中使从动杆端部与凸轮始终保持相接触的装置称为锁合装置。通常，可采用力（重力或弹簧力）锁合，如图 15-1 所示；也可采用几何（特殊几何形状）锁合，如图 15-2 所示。

第二节　常用的从动杆运动规律

凸轮机构能否按预期的运动规律正常工作，主要取决于凸轮的轮廓曲线。而生产中的工作需要是确定凸轮轮廓曲线的基本依据。

一、凸轮轮廓曲线与从动杆运动规律的关系

一般情况下，主动凸轮等速转动，从动杆做往复移动或摆动。从动杆的运动直接与凸轮轮廓曲线上各点向径的变化有关，而轮廓曲线上各点向径大小的变化是随凸轮的转角而变化的。因此，必须建立从动杆的位移、速度、加速度随凸轮转角的变化关系。在凸轮机构中，把这种关系称为从动杆的运动规律。若以方程式的形式表示，称为从动杆的运动方程；若以线图表示，称为从动杆的运动线图。由于凸轮等速转动，其转角与时间成正比，故上述关系也可表示为运动参数随时间而变化的关系。根据运动方程或运动线图，即可绘制出凸轮的轮廓曲线。

在图 15-5 所示的尖顶移动从动杆盘形凸轮机构中，以凸轮轮廓最小半径 r_b 为半径的圆称为基圆，r_b 称为基圆半径。设计凸轮轮廓曲线时，首先确定凸轮的基准圆。在图示位置，尖顶与凸轮轮廓上的 A 点（基圆与轮廓 AB 的连接点）相接触，此时为从动杆上升的起始位置。当凸轮以 ω 逆时针方向回转一个角度 φ_0 时，从动杆被凸轮轮廓推动，以一定的运动规律由起始位置 A 到达最高位置 B，这个过程称为从动杆的升程，它所移动的距离 h 称为行程，而与升程对应的转角 φ_0 称为升程角。凸轮继续回转 φ_s 时，以 O 为中心的圆弧 BC 与尖顶接触，从

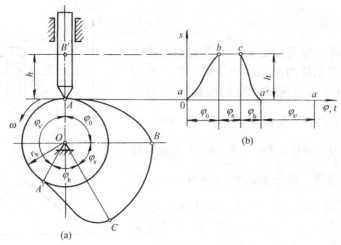

图 15-5 凸轮与从动杆的运动关系

动杆在最远位置停歇不动称为远停程,角 φ_s 称为远停程角。凸轮继续回转过角 φ_h 时,从动杆以一定的运动规律回到起始位置,该过程称为回程,角 φ_h 称为回程角。凸轮再回转过角 $\varphi_{s'}$ 时,从动杆在最近位置停歇不动称为近停程,角 $\varphi_{s'}$ 称为近停程角。当凸轮继续回转时,从动杆重复上述运动。

二、常用的从动杆运动规律

从动杆在升程和回程中常用的运动规律如下。

(一) 等速运动规律(直线运动规律)

当凸轮以等角速度 ω 回转时,从动杆在升程或回程的速度为一常数,这种运动规律称为等速运动规律。从动杆升程的运动方程为

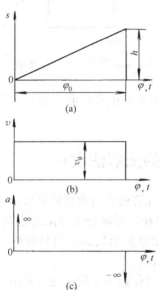

图 15-6 等速运动规律

$$\left.\begin{array}{l} s=\dfrac{h}{\varphi_0}\varphi \\ v=\dfrac{h}{\varphi_0}\omega \\ a=0 \end{array}\right\} \tag{15-1}$$

分别以从动杆的位移 s、速度 v 和加速度 a 为纵坐标,以凸轮转角 φ(或时间 t)为横坐标,作 s-φ、v-φ 及 a-φ 线图,如图 15-6 所示。由于速度 v 为常数,所以速度曲线为平行于横坐标轴的直线。而位移曲线为斜直线,故这种运动规律又称为直线运动规律。又因速度为常数,故加速度为零。然而,在行程开始位置,速度由零突变为 v,其加速度为无穷大。同样,在行程终止位置,速度由 v 变为零,其加速度也为无穷大。在这两个位置,由加速度产生的惯性力在理论上也突变为无穷大,致使机构发生强烈的冲击,称为刚性冲击(实际上由于材料的弹性变形,加速度和惯性力不会达到无穷大)。所以等速运动规律只能用于低速、轻载和特殊要求的凸轮机构中。

(二) 等加速-等减速运动规律(抛物线运动规律)

这种运动规律是从动杆在一个升程或回程中,前半段做等加速运动,后半段做等减速运动,通常加速度和减速度的绝对值相等。在升程中从动杆的位移方程为

等加速段 $$s=\dfrac{2h}{\varphi_0^2}\varphi^2 \tag{15-2}$$

等减速段　　　$s = h - \dfrac{2h}{\varphi_0^2}(\varphi_0 - \varphi)^2$　　　(15-3)

由上面两组位移方程可以看出，这种运动规律的位移曲线由两段光滑相接的抛物线所组成，故这种运动规律又称为抛物线运动规律。抛物线的画法如图15-7（a）所示，在横坐标上找出代表 $\dfrac{\varphi_0}{2}$ 的点，将 $\dfrac{\varphi_0}{2}$ 分成若干等份，图中为4等份，得1、2、3、4各点，过这些点作横坐标的垂线。将 $\dfrac{h}{2}$ 分成相同等份，得线图 $1'$、$2'$、$3'$、$4'$，连接 $01'$、$02'$、$03'$、$04'$ 与相应的垂线分别相交于 $1''$、$2''$、$3''$、$4''$ 各点。最后将这些点连成光滑曲线，便得升程 OA 段等加速运动的位移曲线。等减速运动部分的位移曲线可以用同样方法求得，如图15-7（a）所示。

由图可见，等加速-等减速运动规律当有远停程和近停程时，在升程和回程的两端及中点，其加速度仍存在有限突变，惯性力将为有限值，由此而产生的冲击称为柔性冲击。因此，等加速-等减速运动规律只适用于中速轻载的场合。

除以上介绍的两种从动杆常用的运动规律外，有时还采用加速度按余弦曲线变化的运动规律（简谐运动规律）、加速度按正弦曲线变化的运动规律（即摆线运动规律）。近年来，也有采用函数曲线运动规律的。

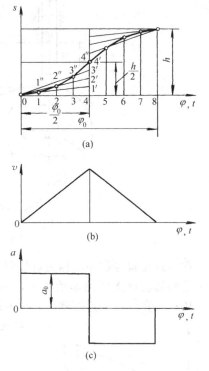

图 15-7　等加速-等减速运动规律

第三节　移动从动杆盘形凸轮轮廓曲线的图解法设计

根据工作要求合理地选择从动杆的运动规律后，可以按照所允许的空间和具体要求，初步选定凸轮的基圆半径，然后设计凸轮的轮廓。凸轮轮廓曲线的设计，有解析法和图解法两种。前者计算比较烦琐，但准确度较高，而后者作图，比较直观，精度相对较差。但只要作图仔细，其精度也足以满足一般生产的要求，故本书只介绍图解法设计。

图解法设计凸轮轮廓曲线，是利用凸轮和从动杆之间相对关系保持不变的概念，采用"反转法"设计凸轮。反转法的原理是：如果给整个凸轮机构加上一个与凸轮角速度大小相等、转向相反的角速度（$-\omega$），此时从动杆与凸轮之间的相对运动并不改变。将凸轮看成固定不动，而从动杆一方面随导路以角速度（$-\omega$）绕凸轮轴心转动，另一方面又按给定的运动规律在导路中做相对移动。因为从动杆的尖顶始终与凸轮轮廓曲线相接触，所以反转后尖顶的复合运动轨迹就是凸轮的轮廓曲线。由于此原理的核心是给机构系统附加一个与凸轮转动方向相反的角速度（$-\omega$），故称为"反转法"。

一、尖顶对心移动从动杆盘形凸轮轮廓曲线的设计

当移动从动杆的导路轴线通过凸轮中心时，称为对心移动从动杆凸轮机构，如图15-8（a）所示。已知凸轮的基圆半径为 r_b，凸轮以等角速度 ω 逆时针回转。从动杆运动规律为：凸轮转过180°，从动杆上升一个行程 h（mm）；凸轮又转过30°，从动杆静止不动；凸轮再转过120°，从动杆等加速-等减速下降 h（mm）；凸轮继续转过其余的30°时，从动杆不动。要求绘

制此凸轮轮廓曲线。运用反转法绘制凸轮轮廓的步骤如下：

(1) **绘位移曲线** 选取适当的比例尺（位移的比例尺 μ_s，转角的比例尺 μ_δ），作出从动杆的位移线图，如图 15-8 (b) 所示。在横坐标上按一定的间隔等分升程角和回程角，得等分点 1、2、3、…等，过等分点作横坐标的垂线，交位移曲线于 $1'$、$2'$、$3'$、…等。从而得从动杆在各对应点的位移 $s_1=\overline{11'}$，$s_2=\overline{22'}$，$s_{31}=\overline{33'}$，…等。

(2) **画反转过程中从动杆导路中心线的位置** 取与位移曲线相同的比例尺 μ_s，以 O 为圆心，以 r_b 为半径作基圆，如图 15-8 (a) 所示。在基圆上自 OB 沿逆时针（即 $-\omega$）方向量取角度 φ_0、φ_s、φ_h 和 $\varphi_{s'}$，并将它们等分成与如图 15-8 (b) 所示相对应的等份数，得点 C_1、C_2、C_3、…等，则径向线 OC_1、OC_2、OC_3、…等，即为反转过程中从动杆导路中心线所在的各个位置。

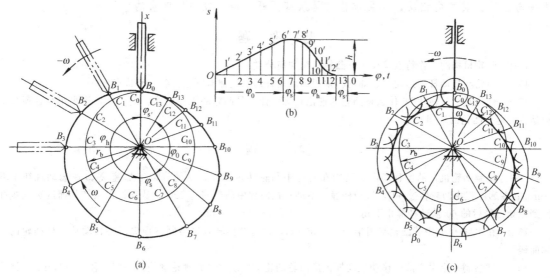

图 15-8 尖顶对心移动从动杆盘形凸轮廓线设计

(3) **画凸轮轮廓曲线** 自基圆开始，沿径向线 OC_1、OC_2、OC_3、…等向外依次分别量取 $\overline{OB_1}=s_1$，$\overline{OB_2}=s_2$，$\overline{OB_3}=s_3$，…等，得点 B_1、B_2、B_3、…等。这些点即是从动杆尖顶在反转过程中所处的一系列位置。将 B_1、B_2、B_3、…、B_{13}、B_0 各点连成一条封闭的光滑曲线，这就是所要求的凸轮轮廓曲线，如图 15-8 (a) 所示。

二、滚子移动从动杆盘形凸轮轮廓曲线的设计

滚子从动杆凸轮机构在运转过程中，凸轮的轮廓曲线始终与滚子相切。因此，凸轮的轮廓曲线与滚子的接触点到滚子中心的距离恒等于滚子半径。另外，滚子是转动的，滚子中心的运动与从动杆的运动完全相同。通常把滚子中心在复合运动中的轨迹称为理论廓线，而把凸轮的实际廓线称为工作廓线。因此，可以在上述尖顶从动杆的基础上设计滚子从动杆的凸轮廓线。其轮廓曲线的画法可分为两个步骤［见图 15-8 (c)］:

① 绘制凸轮的理论廓线，即依据前述的方法，画出尖顶从动杆的凸轮廓线（图中细实线）。

② 以理论廓线上的点为圆心，以滚子半径为半径作无数多小圆（或圆弧），这些小圆（或圆弧）的内包络线（图中粗实线）就是凸轮的工作廓线。

应当指出，滚子从动杆凸轮的基圆半径 r_b 应为以理论廓线的最小向径所作的圆。滚子从动杆凸轮的理论廓线与工作廓线互为法向等距曲线。

三、移动凸轮轮廓曲线的设计

移动凸轮的轮廓曲线形状与从动杆的位移线图形状相同，只要正确绘制出从动杆的位移线

图，移动凸轮的轮廓曲线与其位移线图完全相同。

本章小结

合理设计凸轮机构要解决好以下基本问题。

（1）选择较为合理的凸轮机构的类型——需要了解各类凸轮机构的特点。

（2）根据工作要求选择从动杆的运动规律——需要了解三种从动杆运动规律的特点、位移曲线的作图及应用场合。等加速-等减速规律、余弦加速度规律，都是行程中点速度最大。

（3）本章的重点是利用反转法设计移动从动杆盘形凸轮轮廓曲线的原理和方法。作图时的方向与凸轮回转方向相反，度量位移时是从基圆开始沿向径向外度量的。

思 考 题

15-1 凸轮机构的工作特点是什么？凸轮机构如何分类？

15-2 凸轮与从动杆的运动关系如何？常用的从动杆运动规律有哪些？各有何特点？

15-3 什么是"反转法"？什么是凸轮的理论轮廓？什么是凸轮的工作轮廓？用实际轮廓最小半径所作的圆是否一定是凸轮的基圆？

习 题

15-1 绘制凸轮机构的位移线图。已知在升程中凸轮转过 120°，从动杆以等加速-等减速运动规律上升 30mm；在远停程中凸轮转过 60°，从动杆静止不动；在回程中凸轮转过 120°，从动杆以余弦加速度运动规律回到原处；最后的 60°从动杆静止不动。

15-2 在习题 15-1 中若凸轮基圆半径 $r_b=35$mm，顺时针回转，试绘制该顶尖对心移动从动杆凸轮的轮廓曲线。

15-3 试绘制一个对心滚子移动从动杆盘形凸轮的轮廓曲线。已知理论廓线的基圆半径 $r_b=50$mm，滚子半径 $r_T=15$mm，凸轮以逆时针等角速度转动，从动杆运动规律同习题 15-1。

第十六章　间歇运动机构

在生产中，某些机器常常需要时动时停，如自动机床中的进给、送料、刀架转位、成品输送，电影放映机中胶片的驱动，自动机械和仪器中的制动、步进、擒纵、超越、换向等运动，自动记录仪的打印等，都是间歇性的运动。因此，就需要将电动机输入的连续转动转换成间歇运动。在机器中完成间歇运动的机构称为间歇运动机构（Intennittert motion mechanism），随着机械自动化程度和劳动生产率的不断提高，间歇运动机构的应用也越来越广泛，对其运动、性能和功能要求也越来越高了。间歇运动机构的类型很多，本章将介绍在机械和仪器中应用较多的棘轮机构、槽轮机构和凸轮式间歇运动机构。

第一节　棘轮机构

棘轮机构（ratchet mechanism）是工程上常用的间歇运动机构之一，广泛用于自动机械和仪器仪表中。棘轮机构主要由棘轮、棘爪和机架组成。

一、棘轮机构工作原理及类型

如图 16-1（a）所示，棘轮机构主要由棘轮、棘爪和机架组成。棘轮固接在轴上，主动构件 3 空套在轴 6 上。当主动构件 3 顺时针方向摆动时，与它相接的棘爪 2 便借助弹簧或自重的作用插入棘轮的齿槽内，使棘轮随之转过一定的角度；当主动构件 3 逆时针方向摆动时，棘爪 2 便从棘轮齿背上滑过，这时制动棘爪 4 插入棘轮齿槽中，阻止棘轮顺时针方向转动，故棘轮静止不动。当主动件连续地往复摆动时，棘轮做单向间歇运动。

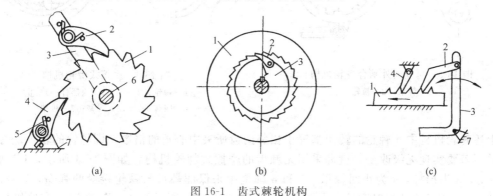

图 16-1　齿式棘轮机构

1—棘轮（或棘条）；2—棘爪；3—主动构件；4—制动棘爪；5—弹簧；6—轴；7—机架

棘轮机构按其工作原理可分为齿式棘轮机构和摩擦式棘轮机构；按其啮合或摩擦情况不同，又可分为外啮合（外接触）式和内啮合（内接触）式。图 16-1 所示的就是齿式棘轮机构，其中图 16-1（a）所示的是外啮合齿式棘轮机构；图 16-1（b）所示的是内啮合齿式棘轮机构；图 16-1（c）所示的是棘条机构，棘条做单向间歇移动。图 16-2 所示的是双动式外啮合棘轮机构，主动构件 1 做往复摆动时，都能使棘轮沿逆时针方向转动。图 16-2（a）所示的驱动爪是直爪，而图 16-2（b）所示的驱动爪是带钩头的爪。

当棘轮轮齿制成方形时，称为可变向棘轮机构。如图 16-3（a）所示，当棘爪 1 在实线位置时，棘轮 2 将沿逆时针方向做间歇运动；当棘爪翻转到双点画线位置时，棘轮将沿顺时针方

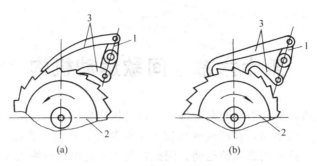

图 16-2 双动式外啮合棘轮机构
1—主动构件；2—棘轮；3—棘爪

向做间歇运动。图 16-3（b）所示为另一种可变向棘轮机构，当棘爪 1 在图示位置时，棘轮 2 将沿逆时针方向做间歇运动；若将棘爪提起并绕其轴线转 180°后再插入棘轮齿中，则可实现棘轮 2 沿顺时针方向的间歇运动；若将棘爪 1 提起并绕其轴线转 90°后放下，架在壳体顶部的平台上，使轮与爪脱开，则当棘爪往复摆动时，棘轮静止不动。这种机构常用在牛头刨床工作台的进给装置中。

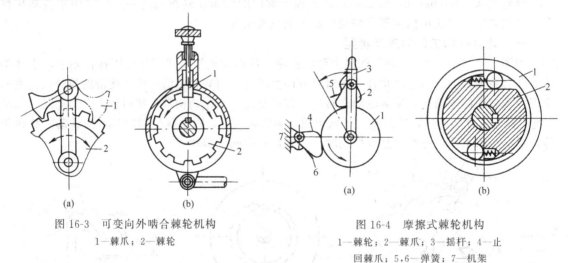

图 16-3 可变向外啮合棘轮机构
1—棘爪；2—棘轮

图 16-4 摩擦式棘轮机构
1—棘轮；2—棘爪；3—摇杆；4—止回棘爪；5,6—弹簧；7—机架

上述棘轮机构中，棘轮的转角都等于相邻两齿所夹中心角的倍数，即棘轮的转角是有级地改变的。若要实现无级改变，就需采用无棘齿的摩擦式棘轮机构，如图 16-4 所示，1 为棘轮，2 为棘爪，3 为摇杆，4 为止回棘爪，5 和 6 都是用来保证棘爪与棘轮接触的弹簧，7 是机架。图 16-4（a）所示为外接触摩擦式棘轮机构，图 16-4（b）所示为内接触摩擦式棘轮机构。这种机构是通过棘爪与棘轮之间的摩擦力来传递运动的，噪声小，但接触面间易发生滑动。为了增加摩擦力，一般将棘轮制成槽形。

二、棘轮机构的特点及应用

齿式棘轮机构结构简单，制造方便，运动可靠，容易实现小角度的间歇转动，转角大小调节方便。但是棘齿进入啮合和退出啮合的瞬间会发生刚性冲击，故传动的平稳性较差。此外，在摇杆回程时，棘爪在棘轮齿背上滑行时会产生噪声和磨损。

因此，齿式棘轮机构常用于低速、转角不大的场合。图 16-5 所示为一种气动执行机构——棘轮步进机构。汽缸 7 右侧接通气源时，将活塞 6 推向左侧，通过滚子 5 带动构件 4 向左移动，装在构件 4 上的棘爪 2 推动棘轮 1 逆时针转动。当汽缸左侧接通气源时，活塞返回，

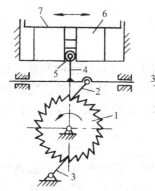
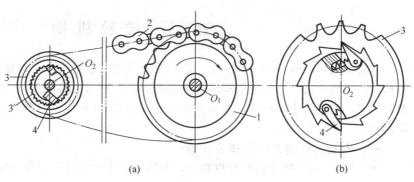

图 16-5　棘轮步进机构
1—棘轮；2—棘爪；3—齿回
棘爪；4—构件；5—滚子；
6—活塞；7—汽缸

图 16-6　实现超越运动
1—大链轮；2—链条；3—小链轮；3′—内棘轮；4—棘爪

棘爪 2 沿棘轮齿背滑过，棘轮静止不动。汽缸受脉冲信号控制，有一个脉冲信号，活塞往复运动一次，棘轮带动被控制对象转过某个角度，棘爪 2 为制动爪。

棘轮机构除在生产中可实现间歇进给、制动和转位等运动外，还能实现如图 16-6（a）所示的自行车后轮轴上的超越运动，图 16-6（b）是图 16-6（a）中小链轮的放大图。当自行车正常行驶时，链条 2 带动小链轮 3（与内棘轮 3′一体）转动，内棘轮 3′和棘爪 4 啮合，从而带动后轮转动；链条静止时，小链轮 3 也停止转动，此时在自行车惯性的作用下，后轮继续带动棘爪 4 转动，棘爪 4 将沿内棘轮 3′齿背滑过。这种从动件转速超越主动件转速的特性，称为内啮合棘轮机构的超越性能。

三、棘轮转角的调节方法

常用的棘轮转角调节方法有如下两种。

（一）用调节摇杆摆动角度的大小来控制棘轮的转角

图 16-7（a）所示的棘轮机构，是利用曲柄摇杆机构来带动棘爪做往复摆动的。通过调节曲柄、连杆或摇杆的长度，来调节棘轮的转角。例如，当减小曲柄半径时，摇杆和棘爪的摆角便会相应地减小，因而棘轮的转角也就减小；反之，则棘轮的转角就会增大。

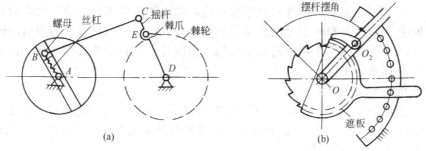

图 16-7　调节棘轮转角

（二）利用遮板调节棘轮的转角

如图 16-7（b）所示，在棘轮外表罩一遮板（遮板不随棘轮一起转动）。变更遮板的位置，即可使棘爪行程的一部分在遮板上滑过，而不与棘齿接触，从而改变棘轮转角的大小。

用遮板调节棘轮转角的方法，由于棘爪在落入棘轮齿槽时已有一定的速度，因而要产生冲击，故不宜用于高速运转。

第二节 槽轮机构

槽轮机构（geneva mechanism）也是在自动机械、精密机械和仪器上应用广泛的间歇运动机构。槽轮机构也叫马耳他机构，是由带圆销的曲柄（也称销轮）、具有径向直槽的槽轮和机架所组成。曲柄为主动构件，以角速度 ω_1 沿顺时针方向做连续转动，槽轮为从动构件，做间歇运动。

一、槽轮机构的工作原理及类型

在图 16-8（a）所示的槽轮机构中，曲柄 1 为主动构件，以角速度 ω_1 沿顺时针方向做连续转动，槽轮 2 为从动构件，做间歇运动。当曲柄的圆销 A 未进入槽轮的径向直槽时，槽轮的内凹圆弧（内锁止弧）β-β 被曲柄的外凸圆弧（外锁止弧）α-α 锁住，故槽轮静止不动。当圆销 A 开始进入槽轮的径向直槽时，内外锁止弧 β-β 和 α-α 在图示的相对位置脱开，此时不起锁止作用，圆销 A 就带动槽轮，使其以角速度 ω_2 沿逆时针的方向转过一个角度。当圆销 A 从槽轮的径向直槽退出时，槽轮的另一内锁止弧 β'-β' 又被曲柄的外锁止弧 α-α 卡住而不能转动，直到圆销 A 进入径向直槽内时，才又开始转动，这样就将曲柄的连续转动变换成了槽轮的间歇转动。

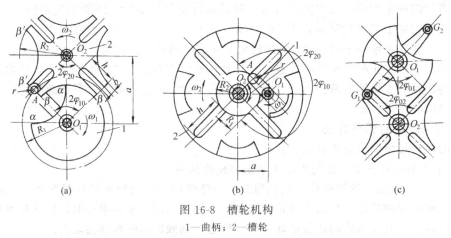

图 16-8 槽轮机构
1—曲柄；2—槽轮

图 16-8（a）所示的是单圆销外啮合槽轮机构，曲柄转 1 周槽轮转动 1 次，槽轮的转向与曲柄的转向相反。图 16-8（b）所示为内啮合槽轮机构，槽轮的回转方向与曲柄的回转方向相同。图 16-8（c）所示为有两个圆销的槽轮机构，曲柄转 1 周，槽轮转动 2 次。此外，还有如图 16-9 所示的球面槽轮机构。

二、槽轮机构的特点及应用

槽轮机构结构简单，制造方便，但不能像棘轮机构那样可改变转动角度的大小，所以一般用于精度要求不高、转速也不很高的场合，在要求槽轮转角太小或转速过高、从动系统转动惯量较大的场合，不宜选用槽轮机构。

在某些自动化机构中要求具有间歇运动规律，例如长图自动调节记录仪的打印机构，就是利用图 16-10 所示的 6 槽单圆销槽轮机构实现打点断续记录的，销轮 1 由同步电动机经减速机带动等速转动，槽轮 2 与打印机相联接，每隔 10s 打印一次。

图 16-11 所示为电影放映机中的槽轮机构。为了适应人眼的视觉暂留现象，要求影片间歇移动。槽轮 2 上有 4 个径向直槽，当曲柄（销轮）1 每转过 1 周时，圆销 A 将推动槽轮 2 转过 1/4 周，影片移过 1 幅画面并做一定时间的停留。

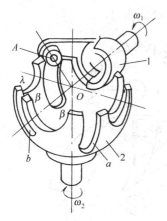

图 16-9 球面槽轮机构
1—曲柄；2—槽轮；A—圆销

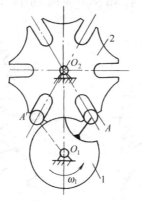

图 16-10 长图自动调节记录仪中的槽轮机构
1—曲柄（销轮）；2—槽轮；A, A'—圆销

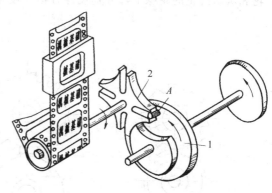

图 16-11 电影放映机中的槽轮机构
1—曲柄；2—槽轮；A—圆销

三、槽轮机构的运动系数、槽数和圆销数

在单圆销的槽轮机构中，曲柄转过 1 周的时间就是完成一个工作循环的时间，用 T 表示；在一个工作循环中，槽轮运动的时间用 t 表示。槽轮运动的时间 t 与一个工作循环的时间 T 之比，称为槽轮机构的运动系数，用 τ 表示。运动系数表示了槽轮运动的时间占一个工作循环时间的比率。由图 16-12 很容易得出槽轮机构的运动系数 τ 为

$$\tau = \frac{t}{T} = \frac{\dfrac{2\varphi_1}{\omega_1}}{\dfrac{2\pi}{\omega_1}} = \frac{z-2}{2z} \qquad (16\text{-}1)$$

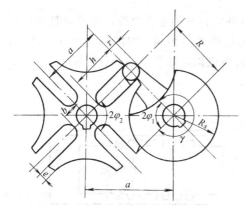

图 16-12 槽轮机构的运动系数

在上式中，若 $\tau=1$，则表示槽轮连续转动，而不是间歇转动；若 $\tau=0$，则表示槽轮始终静止不动。所以 τ 应在 $0\sim1$ 之间。因此槽轮的径向直槽数 z 必须不小于 3。圆销数与槽轮槽数 z 有关，为小于 6 的自然数，且槽数越多，圆销数越少。

第三节 不完全齿轮机构

不完全齿轮机构（Incomplete gear mechanism）是由普通渐开线齿轮机构演化而来的一种间歇运动机构，它与普通渐开线齿轮机构不同之处在于轮齿不是布满整个圆周。如图 16-13 所示为不完全齿轮机构，其主动齿轮 1 为只有 1 个轮齿［见图 16-13（a）］或几个轮齿［见图 16-13（b）］的不完全齿轮，而从动齿轮 2 则可以是普通的完全齿轮［见图 16-13（c）］，也可以是由正常齿和带锁住弧的厚齿彼此相间地组成，如图 16-13（a）、（b）所示。当主动齿轮 1 的有齿部分作用（与从动齿轮 2 啮合）时，从动齿轮 2 就转动；当主动齿轮 1 的无齿圆弧部分作用（主动齿轮 1 与从动齿轮 2 脱离啮合）时，从动齿轮 2 就停歇不动。每当主动齿轮 1 连续转过 1 周时，从动齿轮 2 分别间歇地转过 1/8［见图 16-13（a）］、1/4［见图 16-13（b）］和 1 周［见图 16-13（c）］。为了防止从动齿轮在停歇期间游动，以保证从动齿轮停歇在预定位置，主动齿

轮和从动齿轮的轮缘上都分别设计有锁住弧 S_1 和 S_2〔见图 16-14 （a）、（b）〕。

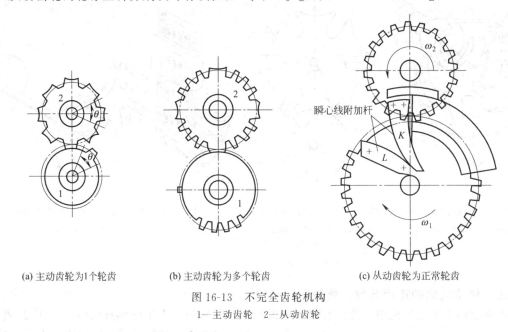

(a) 主动齿轮为1个轮齿　　　(b) 主动齿轮为多个轮齿　　　(c) 从动齿轮为正常轮齿

图 16-13　不完全齿轮机构
1—主动齿轮　2—从动齿轮

与普通渐开线齿轮机构一样，不完全齿轮机构也有外啮合和外啮合之分，外啮合是两齿轮的转向相反，如图 16-14 （a） 所示；而内啮合时，两齿轮的转向相同，如图 16-14 （b） 所示；当从动齿轮 2 的直径为无穷大时，则变成不完全齿轮-齿条机构，如图 16-14 （c） 所示。

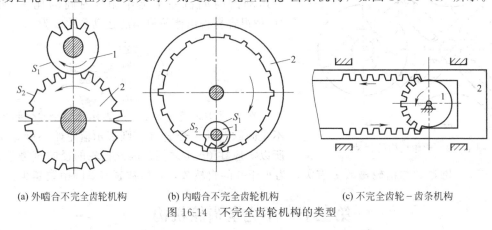

(a) 外啮合不完全齿轮机构　　　(b) 内啮合不完全齿轮机构　　　(c) 不完全齿轮－齿条机构

图 16-14　不完全齿轮机构的类型

不完全齿轮机构的优点是，在主动齿轮的每一个循环中，从动齿轮的运动时间、停歇时间以及每次转动时转角 θ 变化范围比较大，因而设计灵活，可以实现不同的转角分度。另外，不完全齿轮机构与其他间歇运动机构相比，其结构简单，容易制造。不完全齿轮机构的缺点是，在传动过程中，主动齿轮的首齿进入啮合及末齿退出啮合的时候，主、从动齿轮的轮齿齿廓不在基圆的内公切线上接触传动，故不能保持定传动比传动。因此，不完全齿轮机构的从动齿轮在转角的开始和终止时刻，角速度有突变，因而会产生较大的冲击，所以一般只适用于低速和轻载的场合。

为了改善不完全齿轮机构的动力性能，以适应速度较高的间歇运动场合，可以安装如图 16-13 （c） 所示的瞬心线附加杆，附加杆分别固定在主动齿轮 1 和从动齿轮 2 上，其作用是使从动齿轮 2 在开始进入运动阶段的时候，由静止状态按照某种预定的运动规律，逐渐地加速到正常运动的角速度。此外，为了保证主动齿轮的首齿能顺利地进入啮合状态，而不与从动齿轮的齿顶碰撞，需将其首齿的齿顶做适当修正；同时，为了保证从动齿轮能够在预定位置停歇，其末齿的齿顶也必须做适当修正。

不完全齿轮机构常用于多工位自动进给和自动包装等机械，以及各种计数器（如电度表的计数机构）中。

本 章 小 结

本章主要讨论了三种间歇运动机构的工作原理、运动特点及其应用。

（1）在齿式棘轮机构中，棘轮每次的转角都是棘轮轮齿所对应的中心角的倍数，所以其转角是有级改变的；当要求棘轮每次转角小于轮齿对应的中心角时，应采用多爪棘轮机构；棘轮的转角可用调节摇杆的摆角或利用遮板来进行调节。

（2）单圆销外啮合槽轮机构的运动系数总是满足：$0<\tau<1$，故其径向直槽数应不小于 3。

（3）不完全齿轮机构的主动齿轮是只有 1 个轮齿或几个轮齿的不完全齿轮，而从动齿轮可以是普通的完全齿轮，也可以是由正常齿和带锁住弧的厚齿彼此相间地组成，当主动齿轮的有齿部分与从动齿轮啮合时，从动齿轮就转动；当主动齿轮与从动齿轮脱离啮合时，从动齿轮就停歇不动。不完全齿轮机构可以实现不同的转角分度，但从动齿轮在转角的开始和终止时刻，角速度有突变，因而产生较大的冲击。

思 考 题

16-1 简述棘轮机构的组成和工作原理。
16-2 简述槽轮机构的组成和工作原理。
16-3 不完全齿轮机构的工作原理是什么？如何改善不完全齿轮机构的动力性能？

习 题

16-1 为什么齿式棘轮机构的棘轮转角是有级变化的？其转角大小如何调节？
16-2 什么是槽轮机构的运动系数 τ？为什么 τ 应大于 0 而小于 1？

第十七章 齿轮机构

齿轮机构（gear mechanisms）是现代机器、精密机械、仪器仪表和自动控制装置中最重要的传动机构之一，也是应用最广泛的一种传动机构。

齿轮机构是人类历史上应用最早的传动机构之一。我国是世界上应用齿轮机构最早的国家，并且在公元前152年就有关于齿轮的记载。20世纪50年代出土了秦代（公元前221～前206年）的金属铸造的人字齿轮（直齿齿轮的应用自然应在此之前），而西方知道采用人字齿轮，还是近百余年的事。西汉（公元前206年～公元23年）初年就已在翻水车中应用齿轮机构了；公元纪元初年（西汉），我国已有利用定轴齿轮系的指南车。当然，最早的齿轮是极为简陋的，齿形多为直线，材料为木质，或在齿面上蒙上皮革。铸铁齿轮的出现大约是在公元1世纪，这就是原始的齿轮机构了。

第一节 概 述

齿轮机构用于传递两轴之间的运动和动力，广泛地用于各个领域的各种机械之中。齿轮机构是由主动齿轮、从动齿轮和机架三个构件组成的高副机构。齿轮的质量直接影响并决定着机械产品的质量和使用性能。随着生产的发展和科学技术的不断进步，现在，齿轮机构在机械制造及精密机械制造中占据着重要地位。

一、齿轮机构的应用和特点

随着生产的发展和科学技术水平的不断提高，现代齿轮机构已有了很大的发展，传动类型多，精度高，已在工程上得到了广泛的应用。齿轮机构有以下特点：

（一）优点

齿轮机构最突出的优点是瞬时传动比稳定；传动效率高、工作可靠、工作寿命长（可达10～20年）；传递的功率和速度范围广（传递的功率可从几瓦到10万千瓦，圆周速度可从很小到300m/s以上）；一般齿轮机构的外廓尺寸小（齿轮直径可以从1mm到150m以上），机构紧凑，维护简便。

（二）缺点

齿轮机构最突出的缺点是齿轮的制造（需要专用设备）精度高，安装精度高，因而成本也高；不适合于两轴中心距较大的场合；由于齿数是整数，故齿轮机构的速比系列是有级的，而不是无级的。

二、齿轮机构的类型

齿轮机构用于传递两轴之间的运动，其类型很多。按照齿轮机构两齿轮之间的相对运动关系，可将其分为以下类型。

（一）平行轴齿轮机构

平行轴齿轮机构的两轴之间的相对运动是平面运动，它们用于传递两平行轴之间的回转运动。平行轴齿轮机构，即平面齿轮机构（见图17-1），在定传动比传动中，也即圆柱齿轮机构。按照轮齿的方向与其轴线的相对位置，平行轴齿轮机构又分为直齿圆柱齿轮机构［见图17-1（a）］和斜齿圆柱齿轮机构［见图17-1（b）］；图17-1（c）所示的是人字齿轮机构，它实际上是两个斜齿圆柱齿轮机构，朝相反方向布置，它们都是外啮合圆柱齿轮机构；图17-1

    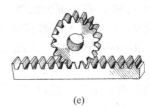

(a)　　　　　　(b)　　　　　　(c)　　　　　　(d)　　　　　　(e)

图 17-1　平面齿轮机构的类型

(d) 所示的是内啮合直齿圆柱齿轮机构；图 17-1（e）所示的是直齿齿轮齿条机构，它可以在回转运动和移动之间相互转换。

（二）相交轴齿轮机构

相交轴齿轮机构用于传递平面相交的两轴之间的回转运动，如图 17-2 所示。其中图 17-2（a）所示为直齿圆锥齿轮机构；图 17-2（b）所示为平面齿轮机构；图 17-2（c）所示为斜齿圆锥齿轮机构。

（三）交错轴齿轮机构

交错轴齿轮机构用于传递空间交错的两轴之间的回转运动，图 17-3（a）所示为螺旋齿轮机构；图 17-3（b）所示为蜗杆蜗轮机构，简称蜗杆机构。

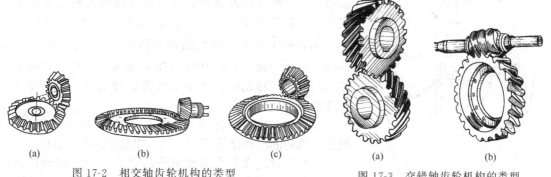

(a)　　　　　(b)　　　　　(c)　　　　　　　　(a)　　　　　(b)

图 17-2　相交轴齿轮机构的类型　　　　图 17-3　交错轴齿轮机构的类型

此外，按其传动比是否恒定，可分为传动比为常数（constant）的圆齿轮机构和传动比不为常数的非圆齿轮机构（如椭圆齿轮机构、罗茨齿轮机构等）。

三、齿廓啮合基本定律

工程上，把齿轮机构中主动齿轮与从动齿轮的角速度或转速之比，定义为齿轮机构的瞬时传动比（transmission ratio），即 $i_{12}=\dfrac{\omega_1}{\omega_2}=\dfrac{n_1}{n_2}$，其中 ω_1 和 ω_2 分别为主、从动齿轮的角速度，n_1 和 n_2 分别为主、从动齿轮的转速。工程上对齿轮机构最基本的要求是瞬时传动比（transmission ratio）必须为常数，以保证齿轮机构能够平稳地传递运动和载荷。否则，将引起机器的振动、冲击，影响机器的工作精度和寿命。齿轮机构的瞬时传动比与齿轮的齿廓形状有关。所以，研究齿廓形状符合什么条件才能使齿轮机构的瞬时传动比保持恒定，就成为研究齿轮机构的首要问题。

如图 17-4 所示，O_1、O_2 为两个齿轮的轮心，E_1、E_2 为两个齿轮的一对相互啮合的齿廓。设齿轮 1 为主动轮，以角速度 ω_1 绕其轴线 O_1 顺时针回转；齿轮 2 为从动轮，以角速度 ω_2 绕其轴线 O_2 逆时针回转，齿廓 E_1 和 E_2 在任意点 K 接触。它们在 K 点的圆周速度分别为 $v_1=\omega_1\overline{O_1K}$（方向垂直于 $\overline{O_1K}$）和 $v_2=\omega_2\overline{O_2K}$（方向垂直于 $\overline{O_2K}$）。

过 K 点作两齿廓的公法线 n-n，交连心线 $\overline{O_1O_2}$ 于 P 点，由于两齿轮的齿廓是连续接触的，故 v_1 和 v_2 在齿廓公法线上的分量应是相等的，即 $v_{1n}=v_{2n}$（如果不相等，则当 $v_{1n}>v_{2n}$ 时，齿廓 E_1 将嵌入齿廓 E_2，这显然是不可能的；当 $v_{1n}<v_{2n}$ 时，齿廓 E_1 与齿廓 E_2 将脱离接触，因而不能传动）。因此可以得到

$$\omega_1\overline{O_1K}\cos\alpha_{K1}=\omega_2\overline{O_2K}\cos\alpha_{K2}$$

由图可以看出，$\triangle O_1N_1K$ 和 $\triangle O_2N_2K$ 都是直角三角形，而 $\triangle O_1N_1P \backsim \triangle O_2N_2P$。故可将上式写成

$$\frac{\omega_1}{\omega_2}=\frac{\overline{O_2K}\cos\alpha_{K2}}{\overline{O_1K}\cos\alpha_{K1}}=\frac{\overline{O_2N_2}}{\overline{O_1N_1}}=\frac{\overline{O_2P}}{\overline{O_1P}}$$

因此，可得两齿轮的传动比为

$$i_{12}=\frac{\omega_1}{\omega_2}=\frac{\overline{O_2P}}{\overline{O_1P}} \tag{17-1}$$

式(17-1) 表明，在任意点 K 相互啮合的两个齿轮，在任一瞬时的传动比，与其连心线被两个齿廓在接触点的公法线所分成的两段线段之长成反比。这一关系就是齿廓啮合基本定律。

在定传动比齿轮机构中，因两个齿轮的轴心 O_1、O_2 为定点，则必须使 P 点为连心线上的一个定点。由此可以得出结论：要使相啮合的两个齿轮的传动比为常数（constant），则不论其两齿廓在任何位置接触，过接触点的齿廓公法线必须通过两齿轮连心线上的定点 P。定点 P 称为节点（pitch point）。以 O_1、O_2 为圆心、$\overline{O_1P}$ 和 $\overline{O_2P}$ 为半径作的两个圆叫节圆（pitch circle），节圆半径 $\overline{O_1P}$ 和 $\overline{O_2P}$ 分别用 r'_1 和 r'_2 表示。显然，当两个齿轮相互啮合并传动时，两个节圆即做纯滚动，其传动比与两节圆的半径成反比。

显然，如果相啮合的两个齿轮的节点 P 不是固定点，则齿轮机构的传动比就不是常数，即是非圆齿轮机构。

工程上对绝大多数齿轮机构的基本要求是传动比为常数，满足这一要求的齿形曲线很多，如渐开线（involutes）、摆线（cycloid）、修正摆线、圆弧等。虽然人类在 17 世纪就知道摆线可以作齿轮齿廓的曲线，但是由于摆线齿轮加工很困难，故至今还只能应用在某些仪器仪表中。1765 年俄国科学院院士欧拉建议用渐开线作为齿轮的齿廓，从此以后齿轮机构的传动质量大大提高，特别是 1829 年世界出现了第一台插齿机以后，解决了大量生产高精度齿轮的问题，渐开线齿轮的应用更加广泛。现在，渐开线齿轮机构是应

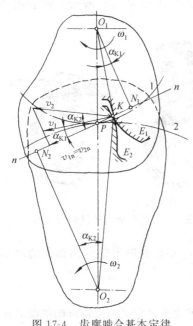

图 17-4　齿廓啮合基本定律
1,2—齿轮

用最广泛的、占主导地位的齿轮机构。随着机器向高速度大功率的方向发展，渐开线齿轮便日益不能满足生产的需要。1955 年苏联工程师诺维柯夫提出了新的点啮合理论和圆弧齿廓的齿轮，使齿轮机构在机器制造中的应用又进入了一个新的阶段，不过，圆弧齿轮只是用于重型机器的传动中。本章只讨论定传动比的渐开线齿轮机构，即圆齿轮机构。

第二节　渐开线及渐开线齿轮

前已述及，工程上对齿轮机构的基本要求之一是传递运动要准确平稳，即要求齿轮机构在

工作过程中,瞬时传动比要恒定不变,以免产生振动、冲击和噪声。因为当主动齿轮以等角速度回转时,如果从动齿轮的角速度为变速,就会产生惯性力,使机构承受附加动载荷。这种惯性力不仅会降低齿轮的精度和降低工作寿命,而且还将引起机器的振动和噪声。

一、渐开线的形成

如图 17-5 所示,当一直线 $n\text{-}n$ 沿着半径为 r_b 的圆做纯滚动时,该直线上任意一点 K 的轨迹,称为该圆的渐开线(involutes)。该圆称为基圆(base circle),r_b 称为基圆半径,而直线 $n\text{-}n$ 称为渐开线的发生线。线段 $\overline{OK}$ 称为渐开线的向径,以 r_K 表示;角 θ_K 称为渐开线在 K 点的展角;角 α_K 称为渐开线在 K 点的压力角(pressure angle)。

二、渐开线的性质

根据渐开线的形成原理可知,渐开线具有以下性质。

① 发生线滚过的线段之长 $\overline{KB}$,等于基圆上滚过的相应的一段弧长 $\overset{\frown}{AB}$,即

$$\overline{KB} = \overset{\frown}{AB}$$

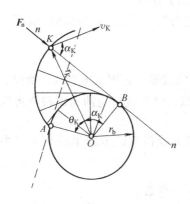

图 17-5 渐开线的形成

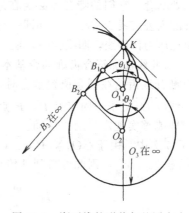

图 17-6 渐开线的形状与基圆大小

② 渐开线上 K 的法线必与基圆相切;基圆的切线必为渐开线上某点的法线。其切点 B 是渐开线上 K 点的曲率中心,线段 $\overline{KB}$ 是渐开线在 K 点的曲率半径。

由此可知,渐开线上,K 点离基圆愈远,其曲率半径愈大,渐开线愈平直;反之,K 点离基圆愈近,其曲率半径愈小,渐开线愈弯曲;当 K 点与基圆上的 A 点重合即 K 点处在基圆上时,其曲率半径为零。

③ 渐开线的形状取决于基圆的大小。显然,同一基圆的渐开线形状是完全相同的,基圆愈小,渐开线愈弯曲;基圆愈大,渐开线愈平直;当基圆为无穷大时,其渐开线变成垂直于 KB 的直线,如图 17-6 所示,齿条的齿廓就是这种直线齿廓。

④ 渐开线上各点的压力角是不同的。渐开线上任意一点 K 的法向线与该点(绝对)速度 v_K 所夹的锐角 α_K,称为渐开线上 K 点的压力角。由图 17-5 可知,在 $\triangle KOB$ 中,$\angle KOB = \alpha_K$,故

$$\cos\alpha_K = \frac{r_b}{r_K} \tag{17-2}$$

⑤ 基圆内无渐开线。

三、渐开线齿轮的啮合特点

以同一基圆上形成的两条反向渐开线作为齿廓的齿轮就是渐开线齿轮。根据以上分析,渐开线齿轮传动具有以下特性。

(一)渐开线齿廓的啮合线是一条定直线

图 17-7 所示为一对在任意点相互啮合的渐开线齿轮,E_1 和 E_2 为一对渐开线齿轮的一对

轮齿齿廓在任意点 K 相啮合，直线 N_1N_2 是两齿轮基圆的内公切线，与两齿轮的连心线 $\overline{O_1O_2}$ 交于一点 P。设在某一瞬时，两齿廓在任意点 K 接触，即在 K 点组成高副，工程上称为啮合（contact）。由渐开线的性质可知，过 K 点的齿廓公法线 n-n 必与两齿轮的基圆相切，切点为 N_1 和 N_2，即在 K 点的公法线与两基圆的内公切线 N_1N_2 相重合。当经过时间 Δt 后，主动轮和从动轮都转过相应的角度，其接触点由 K 点移动到 K' 点。同理，K' 点的公法线也是与两基圆的内公切线相重合的。因此，一对渐开线齿轮啮合时，各接触点（啮合点）始终沿着两基圆的内公切线 N_1N_2 移动，N_1N_2 也就是接触点（啮合点）的轨迹，称啮合线。对于一对相啮合的渐开线齿轮，它们的基圆大小和位置关系都是确定的，在同一方向上其内公切线 N_1N_2 只有一条，所以两齿廓无论在何处啮合，它们的啮合点必定在过两齿廓啮合点的公法线即两基圆的内公切线 N_1N_2 上。亦即一对渐开线齿轮的啮合线、过啮合点的齿廓公法线、基圆内公切线及正压力作用线，四线合一，是一条定直线。

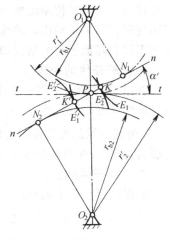

图 17-7　一对渐开线齿廓的啮合

（二）渐开线齿廓符合齿廓啮合基本定律

一对渐开线齿轮在任意位置啮合时，其啮合点的公法线是一条固定的直线，所以它与两齿轮的连心线 $\overline{O_1O_2}$ 交于一固定点 P，P 点即是节点。所以，渐开线齿轮的齿廓符合齿廓啮合基本定律，即能够实现定传动比传动。

在图 17-7 中，由于 $\triangle O_1N_1P \backsim \triangle O_2N_2P$，两个渐开线齿轮的节圆半径和基圆半径分别为 r_1'、r_2' 和 r_{b1}、r_{b2}，因此可得到其传动比为

$$i_{12}=\frac{\omega_1}{\omega_2}=\frac{\overline{O_2P}}{\overline{O_1P}}=\frac{r_2'}{r_1'}=\frac{r_{b2}}{r_{b1}}=\text{常数} \tag{17-3}$$

式(17-3)表明，一对在任意点 K 相啮合的渐开线齿轮的齿廓，其传动比不仅与其节圆半径成反比，而且还与其基圆半径成反比。

（三）渐开线齿轮的中心距可分离性

由于相啮合的两齿轮已经加工成型后，其基圆半径是不变的。所以由式(17-3)可知，一对渐开线齿轮安装时的实际中心距（centre distance）与设计中心距稍有一点偏差时，也不会改变它们的瞬时传动比。这个性质称为渐开线齿轮啮合时的中心距可分离性。这是渐开线齿轮啮合的又一重要优点，对于渐开线齿轮的加工、安装和使用具有很大的实用价值。

（四）渐开线齿轮的啮合角为常数

两渐开线齿轮啮合时，啮合线 N_1N_2 与两齿轮节圆的公切线 t-t 之间所夹的锐角称为啮合角（wdrking pressure angle），以 α' 表示。由图 17-7 可知，渐开线齿轮机构的啮合角恒等于节圆上的压力角。如上所述，由于啮合线与两齿轮的啮合点的公法线重合，且为一条固定的直线，即是说在渐开线齿轮传动过程中，节圆上的压力角为常数。所以，齿廓之间的正压力作用的方向将始终不变。一对渐开线齿廓在啮合传动中，若不考虑齿面之间的摩擦，则正压力始终沿其啮合点的公法线方向作用，这对于齿轮传动的平稳性是极为有利的。

第三节　渐开线齿轮的各部分名称及标准直齿圆柱齿轮的几何尺寸计算

齿轮中最基本的计算就是几何尺寸计算。在进一步研究齿轮的啮合原理之前，必须先将齿

轮各部分的名称、符号以及标准直齿圆柱齿轮的几何尺寸的计算加以介绍。

一、外齿轮各部分的名称和符号

图 17-8 所示为渐开线标准直齿圆柱齿轮（spur gear）的一部分，其各部分的名称与符号如下：

(1) 齿顶圆　过齿轮各齿顶端的圆称为齿顶圆 (tip circle)，其直径和半径分别以 d_a 和 r_a 表示。

(2) 齿根圆　过齿轮各齿齿根底部的圆称为齿根圆 (root circle)，其直径和半径分别以 d_f 和 r_f 表示。

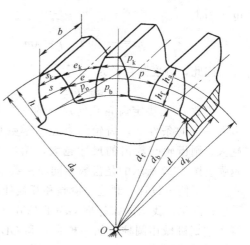

图 17-8　圆柱齿轮各部分的名称

(3) 齿槽宽、齿厚和齿距　齿轮上相邻轮齿之间的空间，称为齿槽 (teeth space)；在半径为 r_k 的任意圆周上，齿槽的两侧齿廓之间的圆弧长，称为该圆周上的齿槽宽 (spacewidth)，以 e_k 表示；一个轮齿的两侧齿廓之间的弧长，称为该圆周上的齿厚 (teeth thickness)，以 s_k 表示；而相邻两轮齿同侧齿廓间的弧长，称为该圆周上的齿距 (pitch)，以 p_k 表示。显然

$$s_k + e_k = p_k \tag{17-4}$$

(4) 分度圆　在齿轮上所选择的作为尺寸计算基准的圆称为分度圆 (reference circle)，其直径和半径分别记为 d 和 r。该圆上的所有尺寸和参数符号都不带下标 k。显然，$s+e=p$，所以

$$s = e = \frac{p}{2} \tag{17-5}$$

(5) 齿顶高、齿根高、全齿高　齿顶圆与分度圆之间的径向距离称为齿顶高 (addendum)，以 h_a 表示；齿根圆与分度圆之间的径向距离称为齿根高 (dedendum)，以 h_f 表示；齿顶圆与齿根圆之间的径向距离称为齿高 (tooth depth)，以 h 表示。显然

$$h_a + h_f = h \tag{17-6}$$

(6) 基圆、法向齿距　形成渐开线齿轮齿廓的圆称为该齿轮的基圆，其直径和半径分别用 d_b 和 r_b 表示；基圆上的齿距称为基圆齿距 (base pitch)，以 p_b 表示。相邻两轮齿同侧齿廓之间的法向距离称为法向齿距 (normal pitch)，即图 17-8 中的 p_n。由渐开线性质可知，渐开线齿轮的基圆齿距和法向齿距相等，但通常法向齿距不用 p_n，而也用基圆齿距 p_b 表示。

(7) 齿宽　齿轮的有齿部位沿分度圆柱面的直母线方向度量的宽度称为齿宽 (facewidth)，以 b 表示。

二、渐开线直齿圆柱齿轮的基本参数

渐开线标准直齿圆柱齿轮的基本参数：齿数、模数、压力角、齿顶高系数和顶隙系数。

(一) 齿数 z

齿轮上的每一个用于啮合的凸起部分均称为轮齿 (gear teeth)。在齿轮整个圆周上轮齿的总数称为齿数 (number of teeth)，以 z 表示。

(二) 模数 m

由上所述可知，分度圆是齿轮尺寸计算的基准，显然，其分度圆周长 $L = \pi d = pz$。于是 $d = z\dfrac{p}{\pi}$。由此可知，一个齿数为 z 的齿轮，只要其齿距 p 一定，就可以求出其分度圆的直径 d。但是，式中的 π 为无理数，将给齿轮计算、制造和检验等带来不便。为此，人为地将比值 $\dfrac{p}{\pi}$ 规定为一些简单的有理数，并把这个比值称为模数 (module)，以 m 表示，其单位为

mm。即

$$m=\frac{p}{\pi} \quad 或 \quad p=\pi m$$

因此，分度圆直径为

$$d=mz \tag{17-7}$$

模数 m 是决定齿轮几何尺寸的一个基本参数，在齿数一定的条件下，齿轮的直径与模数成正比，模数越大，则齿轮与轮齿的尺寸越大，轮齿的抗弯能力也越强。图 17-9 所示的是齿数相同而模数不同的齿形。

为了便于设计、制造、检验和互换使用，齿轮的模数已标准化。我国国家标准 GB/T 1357—2008《通用机械和重型机械用圆柱齿轮 模数》和 GB 9821.6—1988《计时仪器用齿轮 0.05～1.00mm 系列》规定的标准模数的第一系列列于表 17-1。

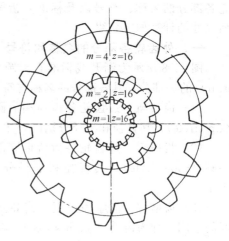

图 17-9 模数对齿轮尺寸的影响

表 17-1 渐开线圆柱齿轮模数（第一系列）   mm

0.05	0.06	0.08	0.10	0.12	0.15	0.20	0.25	0.30	0.40
0.50	0.60	0.80	1.00	1.25	1.5	2	2.5	3	4
5	6	8	10	12	16	20	25	32	40	50

注：本表 $m\geqslant 1$mm 部分摘自 GB/T 1357—2008《通用机械和重型机械用圆柱齿轮 模数》，适用于渐开线圆柱齿轮，对于斜齿圆柱齿轮是指法向模数 m_n，但不适用于汽车齿轮。本表 $m\leqslant 1$mm，部分摘自 GB 9821.6—1988《计时仪器用齿轮 0.05～1.00mm 模数系列》，适用于计时仪器结构设计用传动的圆弧齿轮及渐开线齿轮，也适用于仪器仪表用齿轮。

习惯上把模数系列划分为三段：从 0.1～0.9mm 叫小模数（常用于精密机械和仪器）；从 1～10mm 叫中等模数；10mm 以上的叫大模数。

（三）压力角 α

通常所说的压力角系指分度圆上的压力角，用 α 表示。显然，由式(17-2)可知

$$\cos\alpha=\frac{r_b}{r} \quad 或 \quad r_b=r\cos\alpha \tag{17-8}$$

由式(17-8)可知，即使分度圆大小相同的齿轮，如果压力角 α 不同，其齿廓渐开线的基圆半径大小不相同，故其渐开线齿廓的形状也就不相同。所以，压力角 α 是决定渐开线齿廓形状的一个基本参数。

同样，为了设计、制造检验和齿轮的互换方便，规定分度圆上压力角只能取标准值，称为标准压力角。我国国家标准（GB/T 1356—2001、GB/T 2362—1990）和国际标准化组织标准（ISO 53∶1998）等都规定标准压力角 α 为 20°。其他国家除规定 20°外，还有 $14\frac{1}{2}°$（日本、美国、英国）、15°（瑞士）、$22\frac{1}{2}°$（美国）及 25°（美国）等。

在模数和压力角规定了标准值之后，可以给分度圆下一个确切的定义：分度圆就是齿轮上具有标准模数和标准压力角的圆。

（四）齿顶高系数 h_a^* 和顶隙系数 c^*

齿轮的齿顶高是用模数的倍数表示的，标准齿顶高为

$$h_a=h_a^* m \tag{17-9}$$

一对齿轮相互啮合时，还应使一齿轮的齿顶圆与另一齿轮的齿根圆之间，留有一定的间

---

❶ GB/T 1356—2001《通用机械和重型机械用圆柱齿轮 标准基本齿条齿廓》，适用于模数 $m\geqslant 1$mm 的渐开线圆柱齿轮。本标准技术内容与 ISO 53∶1998 完全相同。

❷ GB 2362—1990《小模数渐开线圆柱齿轮基准齿形》，适用于模数 $m_n<1$mm 的渐开线圆柱齿轮及齿条。

隙，称为顶隙，用 c 表示。顶隙沿径向测量，也用模数的倍数来表示。标准顶隙为

$$c = c^* m \tag{17-10}$$

上述两式中的系数 h_a^* 称为齿顶高系数，c^* 称为顶隙系数，都已经标准化，其值列于表 17-2。表中 A 型齿制为大功率齿轮用；B、C 型齿制为常用齿轮；D 型齿制为高精度大功率用齿轮。

表 17-2 圆柱齿轮基本齿廓几何参数

项目	参数符号	GB/T 1356—2008 基本齿条齿廓类型				GB 2362—1990 基本齿廓
		A	B	C	D	
压力角	α	20°	20°	20°	20°	20°
齿顶高系数	h_a^*	1	1	1	1	1
顶隙系数	c^*	0.25	0.25	0.25	0.4	0.35
齿距	p	πm	πm	πm	πm	πm
齿根圆角半径	ρ	$0.38m$	$0.3m$	$0.25m$	$0.39m$	$\leq 0.2m$

注：1. 表中 m 为齿轮模数，若为斜齿圆柱齿轮，则为法向模数，单位为 mm。
2. 表中 GB/T 1356—2008 基本齿条齿廓中，A 型标准基本齿廓推荐用于传递大转矩的齿轮；B 型和 C 型基本齿条推荐用于通常的使用场合；D 型基本齿条齿廓的齿根圆角为单圆弧齿根圆角，推荐用于高精度、传递大扭矩的齿轮，齿轮精加工用磨齿或剃齿。

标准齿轮齿根高和全齿顶高为

$$h_f = (h_a^* + c^*)m \tag{17-11}$$

$$h = h_a + h_f = (2h_a^* + c^*)m \tag{17-12}$$

综上所述，z、m、α、h_a^* 和 c^* 是直齿圆柱齿轮的五个基本参数，用这五个基本参数便可以计算出直齿圆柱齿轮各部分的几何尺寸来。

三、渐开线标准直齿圆柱齿轮的几何尺寸计算

齿顶高和齿根高均为标准值，并且分度圆上齿厚与槽宽相等的齿轮称为标准齿轮，否则称为非标准齿轮。因此，标准齿轮的分度圆齿厚和槽宽为

$$s = e = \frac{p}{2} = \frac{\pi m}{2} \tag{17-13}$$

渐开线标准外齿轮的齿顶圆和齿根圆直径可由下列公式计算

$$d_a = d + 2h_a = m(z + 2h_a^*) \tag{17-14}$$

$$d_f = d - 2h_f = m[z - 2(h_a^* + c^*)] \tag{17-15}$$

当一对标准直齿圆柱齿轮啮合传动时，如果安装得使两齿轮的分度圆相切，即分度圆与节圆重合，那么这种安装称为标准安装，此时的中心距称为标准中心距，用 a 表示。对于两个标准外齿轮的啮合，其标准中心距为

$$a = r_1' + r_2' = r_1 + r_2 = \frac{m}{2}(z_1 + z_2) \tag{17-16}$$

渐开线标准直齿圆柱齿轮的几何尺寸计算公式列于表 17-3。

在生产实践中，往往需要灵活运用上述几何尺寸计算公式来解决一些实际的工程问题。下面举例说明。

【例 17-1】 某生产装置需配一对标准直齿圆柱齿轮。已知齿轮标准安装时的中心距 $a = 180$ mm，现有一个 B 型齿制的齿轮，齿数为 $z_0 = 65$，$\alpha = 20°$，$d_{a0} = 268$ mm。请问所需配制的齿轮的模数 m、齿数 z 和分度圆直径 d 各为多少？

分析 由于模数是直接影响齿轮几何尺寸大小的参数，所以解决这类问题应首先求出模数来。此外，本题已经告知所配齿轮是 B 型齿制的。

解 1. 求齿轮的模数

由式(17-14) 可得

$$m = \frac{d_{a0}}{z_0 + 2h_a^*} = \frac{268}{65 + 2 \times 1} = 4 \text{ (mm)}$$

2. 求齿轮的齿数

表 17-3　渐开线标准直齿圆柱齿轮的几何尺寸计算公式

参数名称	参数符号	尺寸计算公式
模数	m	由强度计算确定（要按标模数选取）
齿顶高	h_a	$h_a = h_a^* m$
齿根高	h_f	$h_f = h_a + c = (h_a^* + c^*)m$
全齿高	h	$h = (2h_a^* + c^*)m$
顶隙	c	$c = c^* m$
分度圆直径	d	$d = mz$
齿顶圆直径	d_a	$d_a = d + 2h_a = m(z + 2h_a^*)$
齿根圆直径	d_f	$d_f = d - 2h_f = m[z - 2(h_a^* + c^*)]$
基圆直径	d_b	$d_b = d\cos\alpha = mz\cos\alpha$
齿距	p	$p = \pi m$
基圆齿距及法向齿距	p_b	$p_b = p = \pi m \cos\alpha$
齿厚	s	$s = \dfrac{p}{2} = \dfrac{\pi m}{2}$
槽宽	e	$e = \dfrac{p}{2} = \dfrac{\pi m}{2}$
齿宽	b	$b = \varphi_d^{①} d_1$
中心距	a	$a = r_1' + r_2' = r_1 + r_2 = \dfrac{m}{2}(z_1 + z_2)$

① φ_d 为齿宽系数，在软齿面（硬度小于或等于350HBS）组合时，若齿轮相对于支承对称布置，$\varphi_d = 0.8 \sim 1.4$；非对称布置，$\varphi_d = 0.6 \sim 1.2$；悬臂布置，$\varphi_d = 0.3 \sim 0.4$；在硬齿面（硬度大于350HBS）组合时，若齿轮相对于支承对称布置，$\varphi_d = 0.4 \sim 0.9$；非对称布置，$\varphi_d = 0.3 \sim 0.6$；悬臂布置，$\varphi_d = 0.2 \sim 0.25$。

由式(17-16)可得

$$z_1 = \frac{2a}{m} - z_0 = \frac{2 \times 180}{4} - 65 = 25$$

3. 求所配齿轮的分度圆直径

由式(17-7)可得

$$d_1 = mz_1 = 4 \times 25 = 100 \text{ (mm)}$$

因此，所配齿轮的模数为 4mm，齿数为 25，分度圆直径为 100mm。

【例 17-2】 今需要更换一个已破损齿轮，经测绘其全齿高约为 $h = 5.62$mm，确定其压力角 $\alpha = 20°$，与之配对的齿轮的齿数为 $z = 96$，又测得它们标准安装时的中心距为 $a = 150$mm。这个破损齿轮的设计参数各是多少？

分析　这里不知道这对齿轮是何种齿制，由于一个齿轮只能居其一，因此可以分别假设，再通过计算来确定其中的一种而否定另一种齿制。

解　1. 计算齿轮的模数

由式(17-12)可得

$$m = \frac{h}{2h_a^* + c^*}$$

首先假设这对齿轮为 D 型齿制，则

$$m = \frac{5.62}{2 \times 0.8 + 0.4} = 2.342 \text{(mm)}$$

与标准模数值 2.5 相距较大。

假设这对齿轮为非 D 型（即 A、B、C 型）齿制，则

$$m = \frac{5.62}{2 \times 1 + 0.25} = 2.498 \text{ (mm)}$$

接近标准模数值 2.5。

在一般情况下，按这两种齿制计算出的模数中，有一个与标准模数值很接近，而另一个则相距较远，比较容易判断。如果上述两种齿制的模数都很接近标准模数值，就需要进一步分析才能正确判断。

由于该破损齿轮的全齿高测量存在误差（约为），如果该齿轮是正常齿制，即 $m = 2.5\text{mm}$，此时的全齿高为 $h = 5.625\text{mm}$，测量误差仅为 0.005mm。所以测量误差是很小的。因此可以判定该齿轮的模齿数为 $m = 2.5\text{mm}$，即 $c^* = 0.25$（即非 D 型齿制）。

2. 计算破损齿轮的齿数

设破损齿轮的齿数为 z_1，由式(17-16) 可得

$$z_1 = \frac{2a}{m} - z = \frac{2 \times 150}{2.5} - 96 = 24$$

所以，这个破损齿轮的设计参数为：$\alpha = 20°$（已知），$m = 2.5\text{mm}$，$c^* = 0.25$，$z_1 = 24$。

四、齿条和内齿轮简介

前面介绍的是外齿轮的基本参数和几何尺寸。除了外齿轮之外，渐开线圆柱齿轮还包括齿条和内齿轮。这里仅简要介绍。

（一）齿条

如前所述，当齿轮的齿数为无穷大时，其分度圆和基圆（半径均为∞）等都变成了直线，渐开线齿廓也就变成了直线齿廓，从而齿轮就变成了齿条（rack）。所以齿条是渐开线齿轮的一种特例。齿条齿形的基本参数如图 17-10 所示。齿条与齿轮相比，具有以下特点。

① 齿条齿廓是直线，齿廓上各点的法线是平行的，在传动时齿条平动，其上各点的速度大小和方向均相同，故齿廓上各点的压力角都相等，且等于标准压力角 α，α 也称齿形角。

② 因齿条上各齿同侧齿廓是平行直线，故与分度线相平行的各直线上，齿距相等，即 $p_k = p = \pi m$。但是只有在分度线上齿厚 s 和槽宽 e 才相等（即 $s = e$）。

（二）内齿轮

图 17-11 所示为一渐开线内齿圆柱齿轮。由于其轮齿是分布在空心圆柱体的内表面上，空心部分相当于一个外齿轮，所以它与外齿轮相比，具有如下特点：

① 内齿轮的齿廓内凹的渐开线，所以其齿厚相当于外齿轮齿槽，而其齿槽相当于外齿轮的齿厚。

② 内齿轮的齿顶圆在其分度圆之内，齿根圆在其分度圆之外，即齿根圆大于齿顶圆。

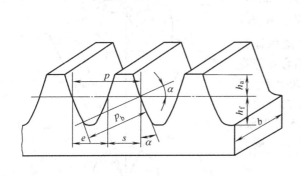

图 17-10　齿条齿形的基本参数

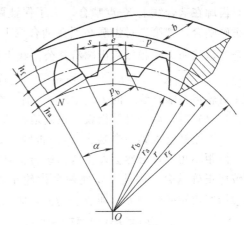

图 17-11　渐开线内齿圆柱齿轮

③ 内齿轮齿顶齿廓全部为渐开线时，其齿顶圆必大于基圆。

第四节　一对渐开线直齿圆柱齿轮的啮合传动

以上所述是单个直齿圆柱齿轮的参数和几何尺寸计算。但是，齿轮总是成对使用的，因此必须研究一对齿轮啮合传动的特性。

一、一对渐开线轮齿的啮合过程

图 17-12 所示为一对渐开线齿轮轮齿的齿廓啮合情况。主动齿轮以角速度 ω_1 顺时针方向

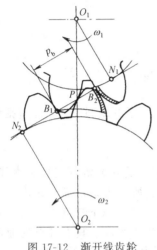

图 17-12　渐开线齿轮
的啮合传动

转动，通过啮合推动从动齿轮以角速度 ω_2 逆时针方向转动。主动齿轮轮齿的齿根与从动齿轮轮齿的齿顶首先接触，即接触点 B_2 是该对轮齿啮合的开始点，啮合点逐渐沿齿廓移动。当啮合终止时，则是主动齿轮的轮齿齿顶与从动齿轮的轮齿齿根接触，即它们的接触点 B_1 是该对轮齿啮合的终止点。一对轮齿的啮合过程，也就是其啮合点的位置这样沿着齿廓不断变化的过程。与此同时，如前节所述，啮合点又沿着啮合线（啮合点的齿廓公法线）N_1N_2 移动。因此，从理论上说，点 N_1 和 N_2 是渐开线齿轮的啮合极限点，而线段 $\overline{N_1N_2}$ 是理论上可能的最长的啮合线段，故称为理论啮合线。而两齿轮齿顶圆与啮合线 N_1N_2 的交点 B_1 和 B_2 之间的线段 $\overline{B_2B_1}$，则是一对轮齿的啮合点走过的轨迹，故称为实际啮合线。

由上所述可知，一对轮齿啮合的过程中，轮齿的齿廓只有齿顶以下的一部分齿廓参加接触，实际参加啮合的这一段齿廓称齿廓工作段，如图 17-12 中轮齿齿廓的阴影部分所示。

二、渐开线直齿圆柱齿轮正确啮合的条件

两个渐开线齿轮必须满足一定的条件才能正确啮合。一对渐开线齿轮的轮齿在啮合过程中，它们的齿廓啮合点都应在啮合线（即齿廓公法线）N_1N_2 上。因此，要使处于啮合线上的各对轮齿都能正确地进入啮合，显然两个齿轮的相邻两轮齿的同侧齿廓之间的法向齿距必须相等。如图 17-13 所示，一对齿轮的第一对齿廓在啮合线上 K 点啮合，为了保证两齿轮能连续地正确啮合，则第二对齿廓必须在啮合线上的另一点 K' 啮合，显然两齿轮相邻两齿廓沿其公法线上的距离 $\overline{K_1K_1'}$（$=p_{b1}$）与 $\overline{K_2K_2'}$（$=p_{b2}$）必须相等。这样才能保证当前一对轮齿在啮合线上的 B_1 点啮合（后一个啮合点即将终止啮合）时，后一对轮齿就能正确地在啮合线上 B_2 点啮合（即刚好进入第一个啮合点）。否则，如果两齿轮的法向齿距不相等，必然会发生两齿廓分离或嵌入的现象，而破坏正确啮合。因此，要使两个齿轮正确啮合，则它们的法向齿距必须相等，即 $p_{b1}=p_{b2}$，而

$$p_b = p\cos\alpha = \pi m\cos\alpha$$

由于模数和压力角都已经标准化了，所以，要满足

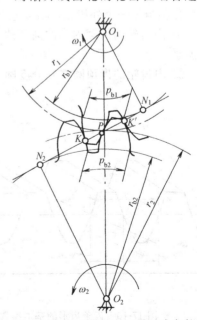

图 17-13　渐开线齿轮正确啮合条件

上式，就必须使

$$m_1 = m_2 = m \brace \alpha_1 = \alpha_2 = \alpha} \quad (17\text{-}17)$$

式中 m_1、m_2 和 α_1、α_2 分别为两个齿轮的模数和压力角。因此，一对渐开线直齿圆柱齿轮正确啮合的条件是：两个齿轮的模数和压力角分别相等，并且都等于标准值。

【例 17-3】 生产急需一对传动比 $i=3$ 的直齿圆柱齿轮。现从仓库里找到两个 B 型齿制的齿轮，其参数如下：$z_1=24$，$d_{a1}=78\text{mm}$；$z_2=72$，$d_{a2}=222\text{mm}$；两个齿轮的压力角均为 $\alpha=20°$。如果它们的强度都足够，问这对齿轮是否可以用？

分析 若要这两个齿轮能用，除了满足强度和传动比的要求之外，还必须满足正确啮合条件。这两个齿轮的基本参数中，压力角已满足要求，模数不难求出。

解 1. 求两齿轮的模数

由式(17-14)可得

$$m = \frac{d_a}{z + 2h_a^*}$$

对于齿轮 1 $\qquad m_1 = \dfrac{78}{24 + 2 \times 1} = 3 \text{ (mm)}$

对于齿轮 2 $\qquad m_2 = \dfrac{222}{72 + 2 \times 1} = 3 \text{ (mm)}$

因此，这对齿轮满足正确啮合条件：

$$m_1 = m_2 = 3\text{mm} \brace \alpha_1 = \alpha_2 = 20°}$$

说明这对齿轮能正确啮合。

2. 计算传动比

$$i = \frac{z_2}{z_1} = \frac{72}{24} = 3$$

传动比符合生产要求。所以，这对齿轮能用。

三、渐开线直齿圆柱齿轮连续传动的条件

由一对轮齿的啮合过程可以看出，为了使一对齿轮能够连续传动，必须在前一对轮齿尚未终止啮合时，后一对轮齿就应当及时地进入啮合。为此，就必须使其实际啮合线段 $\overline{B_2B_1}$ 大于或至少等于它的法向齿距 p_b，即 $\overline{B_2B_1} \geqslant p_b$。通常，把这个条件用 $\overline{B_2B_1}$ 与 p_b 的比值 ε 来表示，ε 称为齿轮机构的重合度（contact ratio and overlap ratio）。于是，一对齿轮连续传动的条件就为

$$\varepsilon = \frac{\overline{B_2B_1}}{p_b} \geqslant 1 \quad (17\text{-}18)$$

重合度 ε 可理解为一对齿轮传动过程中，相啮合的轮齿的平均对数。可以证明一对标准直齿圆柱齿轮重合度的最大值小于 2，一般的齿轮机构要求 $\varepsilon = 1.1 \sim 1.4$ 即可满足使用要求。

第五节 齿轮机构的回差

在精密机械和仪器仪表以及其他机械中，有许多齿轮机构需要正反转。齿轮机构在反向转动时，主动齿轮转过一定的角度后，从动齿轮才开始转动，也即从动齿轮要滞后某个角度，该角度称为齿轮机构的回程误差，简称回差。齿轮机构的回差影响到精密机械和仪器仪表的精度，造成传动不平稳，产生冲击、振动及运动误差等。由于回差而引起的传动误差，在数值上往往超过由于齿轮本身制造不精确而引起的传动误差。因此，必须对回差加以必要的控制或设

法消除其影响,以提高精密机械和仪器仪表的精度。

必须指出,齿轮机构的精度和回差不能混淆,基本上是相互独立的两个概念。齿轮机构的误差,无论有无回差,它总是存在的,而回差并不影响齿轮单向传动的精度。

一、齿轮机构回差产生的原因

在双向传动中,产生回差最主要的原因就是齿轮副的侧隙(backlash)。齿轮副的侧隙分为圆周侧隙和法向侧隙。在一对相啮合的齿轮中,固定其中一个齿轮,另一个齿轮所能转过的节圆弧长的最大值,称为圆周侧隙。两齿轮的工作面接触时,其非工作面之间的最短距离,称为法向侧隙。从理论上讲,一对齿轮的啮合可以是无侧隙的,但侧隙的存在又是保证齿轮机构正常工作的必要条件。例如,侧隙的存在可以避免由于齿轮加工误差而使一对齿轮互相卡住,以及补偿因温度改变时轮齿尺寸的变化,同时还可储存润滑油。产生回差的因素,就齿轮机构本身而言,还有中心距的变化、齿厚偏差、齿形误差等;就齿轮的支承而言,有齿轮与轴联接时的偏心、轴的误差、轴承的误差及安装精度等。当然,后者是次要的。

二、消除或减小回差的方法

既然侧隙是产生回差最主要的原因,因此对于双向传动的齿轮机构就要严格地控制侧隙。减小侧隙当然可以从提高齿轮的制造精度着手,但这就意味着提高齿轮的制造成本。如果从齿轮结构和装配方面采取某些措施,便可以应用一般精度的齿轮来满足高质量传动的要求,以降低制造成本。下面简要介绍工程上常用的消除或减小回差的行之有效的方法。

(一) 选择配对法

选择适当的齿轮,使之装配在一起而得到无侧隙啮合的齿轮机构。这种方法不需增加任何零件,也不用改变任何结构便可实施。但齿轮之间没有互换性,需要对每个齿轮进行检验分级,提高了检测和装配费用,且只能控制侧隙的大小,而不能完全消除侧隙。显然,它只适合于大批量生产。

(二) 调整中心距法

这种方法是在装配时根据啮合情况调整中心距,以达到尽量减小侧隙之目的。在实际操作时一对齿轮中只需一个齿轮的中心位置可调整即可。如图17-14所示,大齿轮安装在偏心距为 e 的偏心轴上,转动偏心轴便可改变齿轮机构的中心距,从而可以微小地改变侧隙。调整中心距法增加了零件数目,提高了装配费用,并且也只能控制侧隙大小而不能完全消除侧隙,但它允许有较大的中心距误差。由于齿轮的支承是悬臂式结构,因此当传动链只有最后一级齿轮的侧隙要调整时,采用此法最为有利,这种情况在减速链中最常遇到,因为此时最后一级齿轮机构的侧隙对总的回差的影响最大。

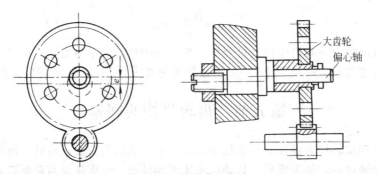

图17-14 调整中心距法

(三) 双片齿轮法

如图17-15所示,双片齿轮是一个特殊的大齿轮,由两片组成,两者之间装有弹簧3,两

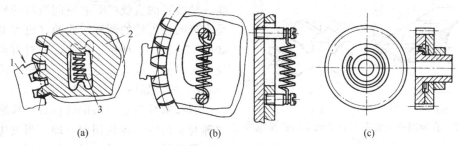

图 17-15 双片齿轮法
1—小齿轮；2—双片齿轮；3—弹簧

片之间可以相对自由转动，但轴向移动被约束。利用弹簧力可迫使齿轮的两片错开，直至充满与之相啮合的小齿轮的全部齿槽，这样就完全消除了侧隙。机构的传动精度取决于与轴固定的那片齿轮（基本齿轮）的精度，可以自由转动的那片齿轮（辅助齿轮）只起压紧作用，其精度并不影响机构的传动精度。

图 17-15（a）所示是采用压缩弹簧，而图 17-15（b）所示是采用拉伸弹簧，图 17-15（c）所示是采用扭簧。双片齿轮法很方便地完全消除了侧隙，而且工作可靠，故在仪器仪表中广泛应用。但其结构较复杂，齿面之间的摩擦力也较大，传递的转矩受弹簧力限制。双片齿轮法中，也可以不用弹簧，而是在调整好侧隙后，用螺钉将两片齿轮紧固起来，如图 17-16 所示。这样便可传递较大的转矩，而且结构简单，但齿面磨损后不能自动调整。

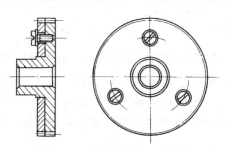

图 17-16 用螺钉固定双片齿轮

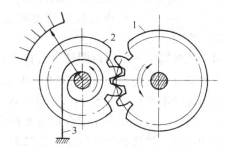

图 17-17 接触游丝法
1—主动齿轮；2—从动齿轮；3—接触游丝

（四）接触游丝法

如图 17-17 所示，接触游丝法是利用接触游丝 3 产生的反抗扭矩迫使从动齿轮 2 在主动齿轮 1 正转或反转过程中，都始终保持单面接触，故也称为单面接触法。接触游丝应安装在传动链的最后一环，这样才能使传动链中所有的齿轮都保持单面压紧，使仪器仪表不致出现测量值已变化而指示却不变的情况。接触游丝法简单、巧妙，但限制了从动齿轮的转角，一般不超过 360°，它常用于压力表、百分表、电工测量仪表等小型仪表的齿轮机构中。

第六节 斜齿圆柱齿轮机构

直齿圆柱齿轮机构的传动平稳性较差，冲击和噪声较大，承载能力差，因而不适用于高速、重载传动。为了克服这些缺点，改善啮合性能，工程上采用斜齿圆柱齿轮机构。

一、斜齿圆柱齿轮齿廓曲面的形成及啮合特点

在研究直齿圆柱齿轮时，是仅就其端面来研究的。但齿轮总是有宽度的，所以直齿圆柱齿轮齿廓的形成应当如下叙述：发生平面 S 在基圆柱上做纯滚动时，其上一条平行于基圆柱母

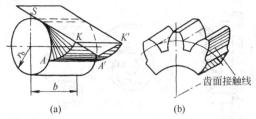

图 17-18　直齿圆柱齿轮齿廓的形成及齿面接触线

线（轴线）的直线 $\overline{KK'}$ 在空间滚过的轨迹，就是直齿圆柱齿轮的渐开线曲面（也称渐开面），如图 17-18（a）所示。因此，一对直齿圆柱齿轮啮合时的接触线总是平行于齿轮基圆柱母线（轴线）的，如图 17-18（b）所示。

斜齿圆柱齿轮（helical gear）齿廓形成的原理与直齿圆柱齿轮相似，即：当发生平面 S 沿基圆柱做纯滚动时，其上与基圆柱母线夹角为 β_b 的倾斜直线 $\overline{KK'}$ 在空间滚过的轨迹，就是斜齿圆柱齿轮的齿廓曲面，如图 17-19（a）所示。由于斜线 $\overline{KK'}$ 上任意一点的轨迹都是同一基圆上的渐开线，只是它们的起点不同，即依次处于 $\overline{AA'}$ 的各点上，所以其齿面为渐开螺旋面（involute helicoid）。由此可见，斜齿圆柱齿轮的端面齿廓仍为渐开线，即从端面上看，一对斜齿圆柱齿轮的啮合就相当于一对渐开线直齿圆柱齿轮的啮合。所以，斜齿圆柱齿轮机构也符合齿廓啮合基本定律。角 β_b 即为螺旋线 $\overline{AA'}$ 的螺旋角，称为基圆柱面的螺旋角（base helix angle）。通常所说的斜齿圆柱齿轮的螺旋角系指分度圆柱面的螺旋角（helix angle）β。显然，当 $\beta_b = 0°$ 时，斜齿圆柱齿轮也就变成了直齿圆柱齿轮。

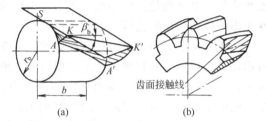

图 17-19　斜齿圆柱齿轮齿廓的形成及齿面接触线

由上述可知，一对斜齿圆柱齿轮在啮合过程中，其啮合面是两齿轮基圆柱的内公切平面。两啮合齿面每一瞬时仍是直线接触。显然，其接触线 $\overline{KK'}$ 也是沿啮合平面平行移动，但各接触线均与轴线不平行，如图 17-19（b）所示，所以接触线的长度是逐渐变化的，说明一对斜齿圆柱齿轮进入啮合和终止啮合都是逐渐的，而不是像直齿圆柱齿轮轮齿那样是突然的，所以传动较为平稳、冲击和噪声较小，但轴向力也较大。

二、斜齿圆柱齿轮的基本参数

斜齿圆柱齿轮在法面（normal plane）与端面（tranverse plane）内的齿形不相同。加工时，是沿螺旋齿槽方向进刀的，故斜齿圆柱齿轮的法面参数应是标准值。在端面上，其齿形为标准的渐开线；啮合原理及几何尺寸计算公式也与直齿圆柱齿轮完全相同。因此，必须建立法面与端面参数间的关系。此外，斜齿圆柱齿轮还多一个基本参数——螺旋角。

（一）螺旋角 β

斜齿圆柱齿轮螺旋线的展开图如图 17-20（a）所示。由图 17-20（b）可得

$$\tan\beta_b = \tan\beta \cos\alpha_t \tag{17-19}$$

式中　α_t——斜齿圆柱齿轮端面压力角。

斜齿圆柱齿轮分度圆柱螺旋角 β 一般取 $8° \sim 20°$。斜齿圆柱齿轮分为左旋齿（left-hand teeth）和右旋齿（right-hand teeth），其判别方法与螺纹相同。

（二）法面模数 m_n

图 17-20（a）所示为斜齿圆柱齿轮沿其分度圆柱面的展开图，螺旋线便展成为一条条直线，图中阴影部分为轮齿，空白部分为齿槽。由图可得 $p_n = p_t \cos\beta$。又因 $p_n = \pi m_n$，$p_t = \pi m_t$，故法面模数（normal module）为

$$m_n = m_t \cos\beta \tag{17-20}$$

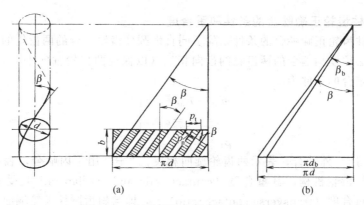

图 17-20 斜齿圆柱齿轮螺旋线的展开图

式中 m_t 为端面模数。斜齿圆柱齿轮的法面模数标准值同直齿圆柱齿轮（GB/T 1357—1987），参见表 17-1。

（三）法面压力角 α_n

在图 17-21 所示的斜齿条中，因为△abc 与△$a'b'c$ 分别为斜齿条端面和法面上的三角形，∠abc 为端面压力角 α_t，∠$a'b'c$ 为法面压力角（normal pressure angle）α_n。由于两三角形的高相等，故

$$\tan\alpha_n = \tan\alpha_t \cos\beta \tag{17-21}$$

我国规定，斜齿圆柱齿轮的法面压力角为标准值，一般为 20°。

（四）法面齿顶高系数 h_{an}^* 和法面顶隙系数 c_n^*

无论从端面还是从法面看，斜齿圆柱齿轮的齿顶高是相同的，齿根高也是相同的。按 GB/T 1356—2001 和 GB/T 2362—90 规定，标准齿形 $h_{an}^*=1$，$c_n^*=0.25$；短齿齿形 $h_{an}^*=0.8$，$c_n^*=0.3$。

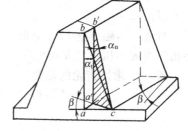

图 17-21 斜齿条

三、斜齿圆柱齿轮的几何尺寸计算

标准斜齿圆柱齿轮机构的几何尺寸计算公式列于表 17-4。

表 17-4 标准斜齿圆柱齿轮机构的几何尺寸计算公式

参数名称		符号	计算公式或说明
基本参数	法面模数	m_n	由强度计算得到，标准值
	法面压力角	α_n	标准值 $\alpha_n=20°$
	齿数	z	根据强度等条件选定
	螺旋角	β	一般取 $8°\sim20°$；分左旋右旋
	法面齿顶高系数	h_{an}^*	基准齿形 $h_{an}^*=1$；短齿齿形 $h_{an}^*=0.8$
	法面顶隙系数	c_n^*	非 D 型齿制基准齿形 $c_n^*=0.25$；D 型齿制基准齿形 $c_n^*=0.4$
几何尺寸	顶隙	c	$c=c_n^* m_n$
	齿顶高	h_a	$h_a=h_{an}^* m_n$
	齿根高	h_f	$h_f=(h_{an}^*+c_n^*)m_n$
	分度圆直径	d	$d=m_n z/\cos\beta$
	齿顶圆直径	d_a	$d_a=d+2h_a$
	齿根圆直径	d_f	$d_f=d-2h_f=d-2(h_a+c)$
啮合尺寸	中心距	a	$a=(d_1+d_2)/2=m_n(z_1+z_2)/2\cos\beta$

四、斜齿圆柱齿轮正确啮合的条件和重合度

一对斜齿圆柱齿轮正确啮合的条件，除了同直齿圆柱齿轮一样的两齿轮的模数及压力角应分别相等外，还必须使相啮合的两齿轮的齿向相反（以保证两齿轮轴向平行）。因此，一对斜齿圆柱齿轮正确啮合的条件为

$$\left. \begin{array}{l} m_{n1}=m_{n2}=m_n \\ \alpha_{n1}=\alpha_{n2}=\alpha_n \\ \beta_1=\mp\beta_2 \end{array} \right\} \tag{17-22}$$

式中，"$-$"用于外啮合，表示两齿轮旋向相反；"$+$"用于内啮合，表示两齿轮旋向相同。对于斜齿圆柱齿轮机构，其重合度（contact ratio and overlap ratio）受到螺旋角 β 的影响，它包括端面重合度（transverse contact ratio）ε_t，即与斜齿圆柱齿轮端面齿廓相同的直齿圆柱齿轮机构的重合度；还包括沿齿宽方向的重合度（axial contact ratio）ε_β，称轴面重合度，它随齿宽 b 和螺旋角 β 的增大而增大。故斜齿圆柱齿轮机构重合度为

$$\varepsilon=\varepsilon_t+\varepsilon_\beta \tag{17-23}$$

由此可见，斜齿圆柱齿轮机构的重合度比直齿圆柱齿轮机构的大很多，所以传动较平稳。

【例 17-4】 现生产急需一对传动比 $i=3$ 的斜齿圆柱齿轮。现从仓库里找到两个正常齿制的齿轮，其参数如下：$z_1=24$，$d_{a1}=79.11\text{mm}$，$\beta_1=10°$，左旋；$z_2=72$，$d_{a2}=225.33\text{mm}$，$\beta_2=10°$，但为右旋；两个齿轮的压力角均为 $\alpha_n=20°$。如果它们的强度都足够，问这对齿轮是否可以用？

分析 本题与例 17-3 类似，但这里要注意的是两个斜齿圆柱齿轮正确啮合的条件中，螺旋角应当大小相等而方向相反。

解 1. 求两齿轮的模数

由表 17-4 中的公式可得

$$m_n=\frac{d_a}{\dfrac{z}{\cos\beta}+2h_{an}^*}$$

对于齿轮 1

$$m_{n1}=\frac{79.11}{\dfrac{24}{\cos10°}+2\times1}=3\text{（mm）}$$

对于齿轮 2

$$m_{n2}=\frac{225.33}{\dfrac{72}{\cos10°}+2\times1}=3\text{（mm）}$$

因此，这对齿轮满足正确啮合条件：

$$\left. \begin{array}{l} \alpha_{n1}=\alpha_{n2}=\alpha_n=20° \\ m_{n1}=m_{n2}=m_n=3\text{mm} \\ \beta_1=-\beta_2=10° \end{array} \right\}$$

说明这对齿轮能正确啮合。

2. 计算传动比

$$i=\frac{z_2}{z_1}=\frac{72}{24}=3$$

传动比符合生产要求。所以，这对齿轮能用。

五、斜齿圆柱齿轮的当量齿数

用仿形法加工斜齿圆柱齿轮时，刀具是沿着轮齿的螺旋线方向进给的，所以应根据斜齿圆柱齿轮的法面齿形来选择铣刀号。图 17-22 所示为一斜齿圆柱齿轮的分度圆柱，其直径为 d，

齿数为 z，过其上一点 P 作该轮齿的法面 n-n，将该分度圆柱截开，得一椭圆形截面。在此截面上，P 点（或其附近）的齿形，可以认为是斜齿圆柱齿轮的法面齿形，其模数为法面模数 m_n。椭圆的长半轴为 $a=\dfrac{d}{2\cos\beta}$，短半轴为 $b=\dfrac{d}{2}$。由高等数学可知，椭圆在 P 点的曲率半径为 $\rho=\dfrac{a^2}{b}=\dfrac{d}{2\cos^2\beta}$。若以 ρ 为分度圆半径，以法面模数 m_n 为模数，以压力角 α_n 为标准压力角作一个直齿圆柱齿轮，则其齿形近似于斜齿圆柱齿轮的法面齿形。这个假想的直齿圆柱齿轮就称为该斜齿圆柱齿轮的当量齿轮

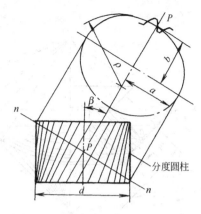

图 17-22　斜齿圆柱齿轮的分度圆柱

(virtual gear)，其齿数称为该斜齿圆柱齿轮的当量齿数（virtual number of teeth）。显然，当量齿轮的齿数 $z_v=\dfrac{2\rho}{m_n}$。很容易得到斜齿圆柱齿轮的当量齿数为

$$z_v=\dfrac{z}{\cos^3\beta} \tag{17-24}$$

第七节　直齿圆锥齿轮机构

圆锥齿轮机构用于传递相交的两轴之间的运动和动力，其轴间角（shaft angle）通常为 $\Sigma=90°$，称为外啮合圆锥齿轮机构；在某些特殊情况下也可采用 $\Sigma\neq90°$，以及内啮合的圆锥齿轮机构。圆锥齿轮的轮齿有直齿［见图 17-2（a）］、斜齿［见图 17-2（b）］和曲齿［见图 17-2（c）］之分，但直齿圆锥齿轮机构应用最广。本节只介绍轴间夹角 $\Sigma=90°$ 的外啮合标准直齿圆锥齿轮机构。

一、直齿圆锥齿轮的齿廓

从理论上讲，圆锥齿轮的理论齿廓是球面渐开线（spherical involute）。但由于球面不能展开成平面，不便于设计和制造。工程上，将球面渐开线齿形投影到背锥面（back cone）。如图 17-23 所示，△OAB 是圆锥齿轮的分度圆锥，过分度圆锥上点 A 作球面的切线 AO_1 与分度圆锥轴线交于点 O_1。以 OO_1 为轴、AO_1 为母线作一圆锥面，其轴截面为△O_1AB，该圆锥称为这个圆锥齿轮的背锥，背锥与圆锥齿轮相切于大端的分度圆。将球面渐开线投影到背锥后，a、b 点的投影为 a'、b' 点，由图可以看出 $ab\approx a'b'$。故可以用背锥上的齿廓近似地代替球面渐开线。

再将背锥展开成平面，则可得到扇形齿轮，若将扇形齿轮补全成完整的圆齿轮，称为该直齿圆锥齿轮的当量齿轮。因此，一对圆锥齿轮的传动可以转化为一对当量齿轮的传动（如图 17-24 所示，图中未画出扇形齿轮的补全部分）。显然，当量齿轮分度圆半径 r_v 等于背锥的锥距（back cone distance）。故

$$r_v=\dfrac{r}{\cos\delta}=\dfrac{mz}{2\cos\delta}$$

当量齿轮的齿数 z_v 称为当量齿数。由于在当量齿轮中 $r_v=mz_v/2$，因此一对直齿圆锥齿轮的当量齿数为

$$z_v=\dfrac{z}{\cos\delta} \tag{17-25}$$

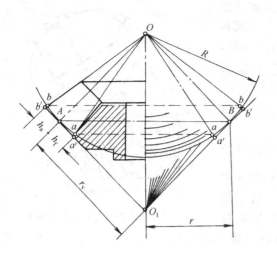
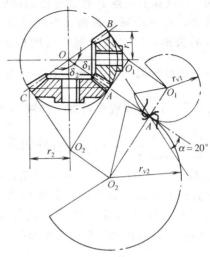

图 17-23　圆锥齿轮的背锥　　　　图 17-24　直齿圆锥齿轮的当量齿轮

二、直齿圆锥齿轮的基本参数

圆锥齿轮轮齿的尺寸是沿齿宽方向变化的，大端的尺寸较大，小端的尺寸较小。为了测量方便，并使测量时的相对误差较小，规定圆锥齿轮以大端参数为标准值。例如，大端模数应选取标准模数（见表 17-5）；压力角 $\alpha=20°$。按 GB 12369—1990《直齿及斜齿锥齿轮基本齿廓》规定，$\alpha=20°$ 为基本齿形角，根据需要允许采用 $\alpha=14.5°$ 及 $\alpha=25°$；齿顶高系数 $h_a^*=1$，顶隙系数 $c^*=0.2$，齿根圆角半 $\rho=0.30m\sim0.35m$。该标准适用于大端模数 $m\geqslant1mm$ 的通用与重型机械用的直齿与斜齿锥齿轮。

表 17-5　圆锥齿轮标准模数　　　　　　　　　　　　　　　mm

…	1	1.125	1.25	1.375	1.5	1.75	2	2.25	2.5
2.75	3	3.25	3.5	3.75	4	4.5	5	5.5	6
6.5	7	8	9	10	11	12	14	16	18
20	22	25	28	30	32	36	40	45	50

注：本表摘自 GB 12368—1990《锥齿轮模数》，圆锥齿轮的模数系指大端模数。

一对直齿圆锥齿轮正确啮合的条件是：两个齿轮大端的模数和压力角分别相等，并等于标准值，即

$$\left.\begin{array}{c}m_1=m_2=m\\ \alpha_1=\alpha_2=\alpha\end{array}\right\} \quad (17\text{-}26)$$

一对圆锥齿轮传动的传动比为

$$i=\frac{\omega_1}{\omega_2}=\frac{z_2}{z_1}=\cot\delta_1=\tan\delta_2 \quad (17\text{-}27)$$

三、直齿圆锥齿轮的几何尺寸计算

按照直齿圆锥齿轮啮合时顶隙不同，分为收缩顶隙直齿圆锥齿轮机构（两齿轮的顶隙从齿轮的大端到小端逐渐缩小）和等顶隙直齿圆锥齿轮机构（两齿轮的顶隙从大端到小端都是相等的，如图 17-25 所示）。由于等顶隙收缩齿增加了小端的顶隙，改善了润滑状况；同时还降低了小端的齿高，提高了小端轮齿的弯曲强

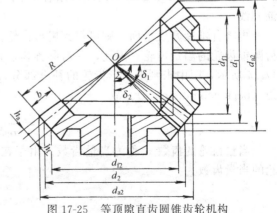

图 17-25　等顶隙直齿圆锥齿轮机构

度,故国家标准 GB 12369—1990 规定,多采用等顶隙圆锥齿轮机构。标准直齿圆锥齿轮机构($\Sigma=90°$)的几何尺寸计算公式列于表 17-6。

表 17-6　标准直齿圆锥齿轮机构($\Sigma=90°$)的几何尺寸计算公式

参数及尺寸名称		符　号	计算公式或说明
基本参数	模数	m	由强度计算得到,标准值
	压力角	α	标准值 $\alpha=20°$
	齿数	z	根据强度等条件选定
	齿顶高系数	h_a^*	标准齿形 $h_a^*=1$
	顶隙系数	c^*	标准齿形 $c^*=0.2$
几何尺寸	顶隙	c	$c=c^* m$
	齿顶高	h_a	$h_a=h_a^* m$
	齿根高	h_f	$h_f=(h_a^*+c^*)m$
	分度圆直径	d	$d=mz$
	齿顶圆直径	d_a	$d_a=d+2h_a=m(z+2h_a^*\cos\delta)$
	齿根圆直径	d_f	$d_f=d-2h_f=m[z-2(h_a^*+c^*)\cos\delta]$
	分度圆锥角	δ	$\delta_1=\arctan(z_1/z_2),\delta_2=\arctan(z_2/z_1);\Sigma=\delta_1+\delta_2=90°$
	齿宽	b	$b\leqslant R/3$,取整数
啮合尺寸	锥距	R	$R=\dfrac{1}{2}\sqrt{d_1^2+d_2^2}=\dfrac{1}{2}\sqrt{z_1^2+z_2^2}$

第八节　蜗杆蜗轮机构

蜗杆蜗轮机构,简称蜗杆机构,由蜗杆(worm)和蜗轮(worm wheel)组成,如图 17-3 (b)所示。它用于传递两交错轴之间的运动和动力,绝大多数都是蜗杆主动(即用作减速装置)。蜗杆与蜗轮两轴交错角 $\Sigma=\beta_1+\beta_2=90°$。

一、蜗杆蜗轮机构的特点和类型

蜗杆蜗轮机构广泛应用于各种机器和仪器中,它能获得很大的传动比,在分度机构中可达 1000,在一般动力传动中,可达 80～90;蜗杆的齿是连续的螺旋线,故传动平稳,噪声小;反行程可以自锁,即蜗轮不能带动蜗杆,条件是蜗杆的分度圆柱导程角(lead angle) γ 小于蜗杆蜗轮材料的当量摩擦角 ρ_v,即 $\gamma<\rho_v$。但是,蜗杆和蜗轮齿面间相对滑动速度很大,机构的传动效率较低,一般 $\eta=0.7～0.9$;传递的功率一般不超过 50kW;同时,为了减小磨损和摩擦,蜗轮齿圈常用青铜制造,成本较高。

蜗杆也有左旋和右旋之分,右旋蜗杆便于制造。大多数蜗杆是圆柱蜗杆(cylindrical worm)。

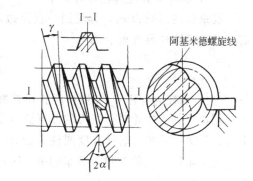

图 17-26　阿基米德蜗杆

圆柱蜗杆按其齿形可分为渐开线蜗杆(ZI 蜗杆,端面齿廓是渐开线)、法面直廓蜗杆(ZN 蜗杆,法面齿廓为直线)和阿基米德蜗杆(ZA 蜗杆,其端面齿廓为阿基米德螺旋线)等。由于阿基米德蜗杆容易制造,故实际应用中大多数的蜗杆蜗轮机构都是阿基米德蜗杆,如图 17-26 所示。本节只介绍阿基米德圆柱蜗杆蜗轮机构。

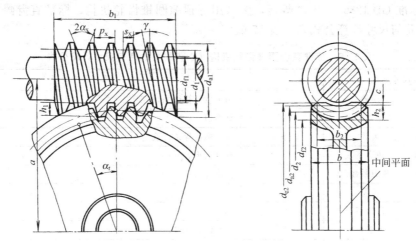

图 17-27 蜗杆蜗轮机构的中间平面及几何尺寸

二、蜗杆与蜗轮的基本参数

在蜗杆蜗轮机构中,把通过蜗杆轴线并垂直于蜗轮轴线的平面,称为蜗杆蜗轮机构的中间平面(mid-plane),如图 17-27 所示。在中间平面内,蜗轮与阿基米德蜗杆的啮合相当于渐开线齿轮与齿条的啮合。

(一) 模数 m、压力角 α、齿顶高系数 h_a^* 及顶隙系数 c^*

国家标准 GB 10087—1988《圆柱蜗杆基本齿廓》规定,蜗杆以轴面的参数为标准参数,蜗轮则以端面的参数为标准参数,即 m、α、h_a^*、c^* 为标准值。由于蜗轮的切制与蜗杆滚刀的尺寸有关,模数标准值比圆柱齿轮的少(参见表 17-7);标准压力角 $\alpha = 20°$,在动力传动中,当 $\gamma > 30°$ 时,允许增大齿形角,推荐采用 25°;在分度机构中,允许减小压力角,推荐采用 $\alpha = 15°$ 或 12°;标准齿形齿顶高系数 $h_a^* = 1$,顶隙系数 $c^* = 0.2$,短齿齿形齿顶高系数 $h_a^* = 0.8$,$c^* = 0.2$,必要时允许减小到 0.15 或增大至 0.35。齿根圆角半径 $\rho_f = 0.3m$,必要时允许减小到 $0.2m$ 或增大至 $0.4m$;允许齿顶倒圆,但圆角半径不大于 $0.2m$。

(二) 蜗杆的分度圆柱导程角 γ

设蜗杆的齿数为 z_1,分度圆柱直径为 d_1,轴向齿距为 p_1,则导程 $s = z_1 p_1 = z_1 \pi m$。因此蜗杆的分度圆柱导程角 γ 为

$$\tan \gamma = \frac{m z_1}{d_1} \tag{17-28}$$

(三) 蜗杆的直径 d_2 和蜗杆的直径系数 q

用滚刀加工蜗轮时,滚刀的分度圆直径和齿形参数必须与相啮合的蜗杆的相应参数相同。由式(17-28)可知,蜗杆分度圆柱直径 d_1 不仅与模数 m 有关,还与其齿数 z_1 和导程角 γ 有关。为了限制刀具的数量,国家标准 GB 10088—1988《圆柱蜗杆模数和直径》规定,将蜗杆的直径标准化,且与模数值相匹配,并令 $q = \dfrac{d_1}{m}$,q 称为蜗杆的直径系数(diametral quotient)。因此可得

$$d_1 = mq \quad \text{或} \quad q = \frac{d_1}{m} = \frac{z_1}{\tan \gamma} \tag{17-29}$$

蜗杆分度圆柱直径 d_1 与模数 m 相匹配的标准值列于表 17-7。

表 17-7　蜗杆分度圆模数 m、直径 d_1 和直径系数标准值系列

m	1	1.25		1.6		2		2.5		3.15		4		5	
d_1	18	20	22.4	20	28	22.4	35.5	28	45	35.5	56	40	71	50	90
q	18.00	16.00	17.92	12.50	17.50	11.200	17.750	11.200	18.000	11.270	17.778	10.000	17.750	10.000	18.000
m	6.3		8		10		12.5		16		20		25		
d_1	63	112	80	140	90	160	112	200	140	250	160	315	200	400	
q	10.000	17.778	10.000	17.500	9.000	16.000	8.960	16.000	8.750	15.625	8.000	15.750	8.000	16.000	

注：本表摘自 GB 10088—1988《圆柱蜗杆模数和直径》，标准中直径带括号的数值（尽可能不用）未列出。表中模数和直径单位为 mm。

（四）蜗杆蜗轮正确啮合的条件

由于蜗杆蜗轮机构在中间平面内相当于渐开线齿轮和齿条的啮合，因此必须满足齿轮和齿条正确啮合的条件，此外还必须保证轴交角 $\Sigma=90°$。此外，前已述及，蜗杆与蜗轮两轴交错角 $\Sigma=90°$，所以必须 $\gamma=\beta$，即只有蜗杆的分度圆柱导程角 γ 与蜗轮的螺旋角 β 大小相等，而且螺旋方向相同。所以，阿基米德蜗杆蜗轮正确啮合的条件为

$$\left.\begin{array}{l} m_{x1}=m_{t2}=m \\ \alpha_{x1}=\alpha_{t2}=\alpha \\ \gamma=\beta \end{array}\right\} \tag{17-30}$$

（五）蜗杆的头数 z_1 和蜗轮的齿数 z_2

蜗杆的头数（number of threads）（即齿数，也称线数）z_1，应从端面去数。它主要是根据机构的传动比和要求的效率来选定的，一般推荐 $z_1=1$、2、4、6。头数少，则传动比大，容易自锁，但导程角 γ 小，效率较低；头数越多，效率越高，但加工也越困难。

蜗轮的齿数 z_2 可由 z_1 和传动比计算得到。为避免根切并使传动平稳，通常 $z_2=28\sim80$（90）。z_2 过大，蜗轮直径增大，与之相啮合的蜗杆长度增加，刚度降低，从而影响传动精度。

（六）蜗杆蜗轮机构的传动比 i

蜗杆蜗轮机构的传动比 i 等于蜗杆与蜗轮的转速之比。通常蜗杆为主动，蜗轮为从动，当蜗杆转动 1 周时，蜗轮转过 z_1 个齿，即转过 z_1/z_2 周，故有

$$i=\frac{n_1}{n_2}=\frac{z_2}{z_1}=\frac{d_2}{d_1\tan\gamma} \tag{17-31}$$

蜗杆与蜗轮的转向可以用左（右）手螺旋法则判定。主动蜗杆（增速时为蜗轮）是右旋用右手，左旋用左手，半握拳，四指弯曲方向与主动蜗杆（或蜗轮）的回转方向一致，则拇指指向（即蜗杆受到的轴向力的方向）的相反方向，即为从动蜗轮（增速时为蜗杆）在啮合处的圆周速度的方向（也即其所受到的圆周力的方向），由此可以判定其回转方向。

三、蜗杆蜗轮机构的几何尺寸计算

由于蜗杆蜗轮机构在中间平面内的啮合相当于渐开线齿轮与齿条的啮合，所以设计参数和几何尺寸是在中间平面内确定的，并沿用渐开线圆柱齿轮机构的计算公式进行计算。阿基米德蜗杆蜗轮机构的几何尺寸计算公式列于表 17-8。

表 17-8　阿基米德蜗杆蜗轮机构的几何尺寸计算公式

参数及尺寸名称		符　号	计算公式或说明	
			蜗　杆	蜗　轮
基本参数	模数	m	由强度计算得到，标准值	
	压力角	α	标准值 $\alpha=20°$	
	齿数	z	根据强度等条件选定	$z_2=i\,z_1=28\sim80(90)$
	齿顶高系数	h_a^*	标准齿形 $h_a^*=1$	
	顶隙系数	c^*	标准齿形 $c^*=0.2$	

续表

参数及尺寸名称		符号	计算公式或说明	
			蜗杆	蜗轮
几何尺寸	顶隙	c	$c=c^*m$	
	齿顶高	h_a	$h_a=h_a^*m$	
	齿根高	h_f	$h_f=(h_a^*+c^*)m$	
	分度圆直径	d	$d_1=mq$	$d_2=mz_2$
	齿顶圆直径	d_a	$d_{a1}=m(q+2h_a^*)$	$d_{a2}=m(z_2+2h_a^*)$
	齿根圆直径	d_f	$d_{f1}=m[q-2(h_a^*+c^*)]$	$d_{f2}=m[z_2-2(h_a^*+c^*)]$
	蜗杆导程角	γ	$\tan\gamma=z_1/q$	
	蜗轮螺旋角	β		$\beta=\gamma$
啮合传动	中心距	a	$a=\dfrac{m}{2}(q+z_2)$	
	传动比	i	$i=\dfrac{n_1}{n_2}=\dfrac{z_2}{z_1}=\dfrac{d_2}{d_1\tan\gamma}$	

本 章 小 结

本章介绍了直齿圆柱齿轮机构、斜齿圆柱齿轮机构、直齿圆锥齿轮机构和蜗杆蜗轮机构，并以标准直齿圆柱齿轮的啮合原理和几何尺寸作为重点进行讨论。

(1) 齿廓啮合基本定律、渐开线的形成及其性质是研究渐开线齿轮的基础。一对渐开线齿轮的啮合线、过啮合点的齿廓公法线、基圆内公切线及正压力作用线，四线合一，是一条定直线；渐开线齿轮符合齿廓啮合基本定律，啮合角为常数；独具中心距的可分离性。

(2) 齿数、模数和压力角是决定齿轮几何尺寸的最基本的参数，模数是齿轮几何尺寸计算的基础。标准直齿圆柱齿轮的几何尺寸计算公式是最基本最重要的公式，清楚了斜齿圆柱齿轮的端面参数与法面参数之间的关系，就可以得到其几何尺寸计算公式；直齿圆锥齿轮的几何尺寸，除了齿顶圆直径和齿根圆直径略有不同之外，其余都与直齿圆柱齿轮相同；对于蜗杆的几何尺寸，除了分度圆柱直径之外，其余也与直齿圆柱齿轮类似；蜗轮的几何尺寸按斜齿圆柱齿轮进行计算，但要注意直齿圆锥齿轮和蜗杆蜗轮顶隙系数的标准值是 0.2。

(3) 两个齿轮的模数、压力角分别相等及附加的相关条件（两斜齿圆柱齿轮的螺旋角的关系、蜗杆导程角与蜗轮螺旋角的关系）是保证正确啮合的必要条件，而重合度大于 1 是保证连续传动的必要条件。

(4) 齿轮机构的回差对精密机械和仪器仪表的精度影响很大，但二者是两个不同的概念。常用减小回差的方法有选择配对法、调整中心距法、双片齿轮法和接触游丝法。

(5) 蜗杆与蜗轮在中间平面内的啮合相当于渐开线齿轮与齿条的啮合。应用左（右）手螺旋法则，根据主动轮的转向、从动轮的转向及其螺旋方向三个条件中的任意两个，可判定第三个方向。蜗轮的几何尺寸计算同斜齿圆柱齿轮。

思 考 题

17-1 要使一对齿轮的传动比为常数，其齿廓应满足什么条件？

17-2 渐开线是怎样形成的？它具有哪些性质？渐开线齿轮有哪些主要特性？

17-3 直齿圆柱齿轮的基本参数有哪些？标准值如何？

17-4 一对渐开线直齿圆柱齿轮正确啮合的条件是什么？

17-5 什么是齿轮机构的回差？产生回差的原因是什么？如何减小齿轮机构的回差？

17-6 斜齿圆柱齿轮以哪个面的参数为标准值？端面参数和法面参数的关系如何？一对斜齿圆柱齿轮正确啮合的条件是什么？什么是斜齿圆柱齿轮的当量齿数？

17-7　斜齿圆柱齿轮机构与直齿圆柱齿轮机构相比较，有哪些优点？

17-8　什么是直齿圆锥齿轮的背锥和当量齿数？圆锥齿轮以哪一端的参数为标准值？

*17-9　为了提高蜗杆蜗轮机构的输出转速，现欲用模数、压力角、直径系数都完全相同的双头蜗杆代替原来的单头蜗杆。这样做是否可以？为什么？

习　题

17-1　一渐开线标准直齿圆柱齿轮的齿数 $z=30$，模数 $m=3\text{mm}$，齿顶高系数 $h_a^*=1$，压力角 $\alpha=20°$。求其齿廓在分度圆及齿顶圆上的压力角和曲率半径。

17-2　已知一对渐开线标准直齿圆柱齿轮的传动比 $i=3$，$m=5\text{mm}$，$z_1=30$，$h_a^*=1$。试求这对齿轮的中心距、分度圆直径、齿顶圆直径、齿根圆直径、基圆直径及另一个齿轮的齿数 z_2。

*17-3　试比较标准直齿圆柱齿轮的基圆和齿根圆，在什么条件下基圆大些？

17-4　有一个破损齿轮，其齿高约为 $h=6.74\text{mm}$，压力角 $\alpha=20°$，又测得这个齿轮与另一个齿数为 $z_1=81$ 的标准直齿圆柱齿轮啮合时的中心距 $a=150\text{mm}$。试求这个破损齿轮的设计参数（模数 m、齿数 z_2、齿顶高系数 h_a^*、顶隙系数 c^*）。

17-5　一对标准直齿圆柱齿轮中的大齿轮已完全损坏，现只知道其参数为：中心距 $a=300\text{mm}$，小齿轮齿数 $z_1=24$，压力角 $\alpha=20°$，齿顶圆直径 $d_{a1}=208\text{mm}$。试确定该大齿轮的设计参数（模数 m、齿数 z_2、齿顶高系数 h_a^*、顶隙系数 c^*）。

17-6　已知一对渐开线标准斜齿圆柱齿轮的齿数 $z_1=27$，$z_2=60$，模数 $m_n=3\text{mm}$，螺旋角 $\beta=15°$。试求两齿轮的分度圆直径、齿顶圆直径和标准中心距。

17-7　已知一对标准齿形的渐开线标准斜齿圆柱齿轮的齿数 $z_1=26$，$z_2=160$，模数 $m_n=4\text{mm}$，$a=380\text{mm}$。试求两齿轮的分度圆直径 d_1 及 d_2 及齿顶圆直径 d_{a1}、d_{a2} 和螺旋角 β。

17-8　已知标准齿形的渐开线标准直齿圆锥齿轮机构的 $\Sigma=90°$，齿数 $z_1=20$，$z_2=40$，模数 $m=5\text{mm}$。试求两齿轮的分度圆直径 d_1 及 d_2、齿顶圆直径 d_{a1} 及 d_{a2}、当量齿数 Z_{v1} 及 Z_{v2} 和锥距 R。

17-9　已知蜗杆蜗轮机构中，蜗杆头数 $z_1=3$，转速 $n_1=970\text{r/min}$，模数 $m=10\text{mm}$，分度圆直径 $d_1=90\text{mm}$，螺线方向为左旋；蜗轮的转速 $n_2=50\text{r/min}$。试计算蜗轮的主要几何尺寸：分度圆直径 d_2、齿顶圆直径 d_{a2}、螺旋角 β 和中心距 a。

第十八章 齿 轮 系

在齿轮机构中，只讨论了一对齿轮（包括蜗杆、蜗轮）的啮合问题，但是在实际机械和仪器中，一对齿轮往往难以满足各种机器的多方面的工作要求。因此，就需要采用一系列齿轮（含蜗杆、蜗轮）才能满足。工程上把这种由一系列齿轮（含蜗杆、蜗轮）所组成的传动装置称为齿轮系（gear train）。本章主要研究工程上常用齿轮系的传动比及功用。

第一节 概 述

齿轮系在各种机械、精密仪器中有着广泛的应用。例如，在各种机床中，需要将电动机的一种转速转变为主轴的多种转速；在钟表中，要使时针、分针和秒针的转速具有一定的比例关系；在轮船上，通过减速器将发动机的高速转动转变成螺旋浆的低速转动；在汽车转弯时，需要将发动机输出的一个运动分解成左右两轮的两个运动等。

一、齿轮系的类型

齿轮系可以由各种类型的齿轮（包括蜗杆、蜗轮）组成。齿轮系可以分为以下三大类。

（一）定轴齿轮系

如果齿轮系运转时各齿轮的轴线都保持固定，这种齿轮系称为定轴齿轮系，或称为普通齿轮系（ordinary gear train），如图 18-1 所示。

（二）行星齿轮系

齿轮系运转时，如果至少有一个齿轮的轴线不固定，而是绕另外齿轮的轴线回转，这种齿轮系称为行星齿轮系（planetary gear train）。在图 18-2 所示的齿轮系中，齿轮 2 除绕自身的轴线 O_2 转动（自转）外，还同时随构件 H 绕固定的几何轴线 O_1 转动（公转），该齿轮系就是行星齿轮系。行星齿轮系又可分为简单行星齿轮系和差动齿轮系。

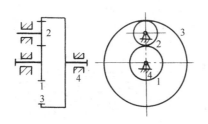

图 18-1 定轴齿轮系
1~3—齿轮；4—机架

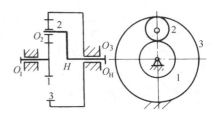

图 18-2 行星齿轮系
1~3—齿轮

（1）简单行星齿轮系　若有一个中心齿轮固定不动，则齿轮系的自由度为 1，这种行星齿轮系称为简单行星齿轮系。图 18-2 所示就是简单行星齿轮系。

（2）差动齿轮系　若两个中心齿轮都能转动，则齿轮系的自由度为 2，这种行星齿轮系称为差动齿轮系。

（三）混合齿轮系

在齿轮系的实际应用中，有时还将定轴齿轮系与行星齿轮系或将几个单一的行星齿轮系组合成一个装置，称为混合齿轮系（compound gear train）。

二、齿轮系的传动比

齿轮系中主动轴和从动轴（对于定轴齿轮系也就是主动齿轮和从动齿轮）的角速度（或转速）之比称为该齿轮系的传动比（transmission ratio of gear train），用 i 表示，即

$$i_{12}=\frac{\omega_1}{\omega_2}=\frac{n_1}{n_2} \tag{18-1}$$

式中　ω_1，ω_2——齿轮系中的主动轴和从动轴的角速度，rad/s；

　　　n_1，n_2——齿轮系中的主动轴和从动轴的转速，r/min。

第二节　定轴齿轮系的传动比

定轴齿轮系按其组成齿轮的类型可分为平面定轴齿轮系和空间定轴齿轮系。平面定轴齿轮系是指全部由平面齿轮（圆柱）组成的齿轮系，否则称为空间定轴齿轮系。计算齿轮系的传动比，不仅要确定它的数值大小，而且还要确定它的转向，这样才能完全表达从动齿轮的转速与主动齿轮转速之间的关系。

一、平面定轴齿轮系的传动比

第十七章讨论了一对齿轮啮合时的传动比。当一对圆柱齿轮啮合时，其传动比为：

$$i_{12}=\frac{n_1}{n_2}=\pm\frac{z_2}{z_1}$$

式中，"＋"表示一对内啮合的齿轮回转方向相同；"－"表示一对外啮合的齿轮回转方向相反。当时由于只研究一对齿轮，其转向是很明显的，故没有强调"±"的问题。

在图 18-3 所示的平面定轴齿轮系中，Ⅰ轴为主动轴，Ⅳ轴为从动轴。设 z_1、z_2、z_3、z_4 及 z_5 分别为各齿轮的齿数；n_1、n_2、$n_3(=n_2)$、n_4 及 n_5 分别为各齿轮的转速。齿轮系中各对齿轮的传动比为

$$i_{12}=\frac{n_1}{n_2}=-\frac{z_2}{z_1}$$

$$i_{34}=\frac{n_3}{n_4}=-\frac{z_4}{z_3}$$

$$i_{45}=\frac{n_4}{n_5}=\frac{z_5}{z_4}$$

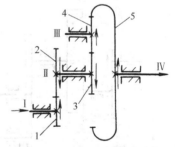

图 18-3　定轴齿轮系的传动比
1～5—齿轮

将以上各式两端分别连乘得

$$i_{15}=i_{12}i_{34}i_{45}=\frac{n_1}{n_2}\times\frac{n_3}{n_4}\times\frac{n_4}{n_5}=\frac{n_1}{n_5}=\left(-\frac{z_2}{z_1}\right)\left(-\frac{z_4}{z_3}\right)\left(\frac{z_5}{z_4}\right)=(-1)^2\frac{z_2 z_4 z_5}{z_1 z_3 z_4}$$

由以上分析可知，该定轴齿轮系的传动比等于组成齿轮系的各对齿轮的传动比的连乘积，也等于各对齿轮中从动轮齿数的连乘积与主动轮齿数的连乘积之比；主动轴与从动轴的转向是相同还是相反，取决于齿轮外啮合的次数。图 18-3 所示的定轴齿轮系中外啮合为 2 次，故为"＋"，表示主动轴与从动轴转向相同。

齿轮系传动比的正负号也可以在图上根据主动轴与从动轴的转向关系依次画箭头来确定，在图 18-3 所示的齿轮系中，轴Ⅳ（即齿轮 5）与轴Ⅰ（即齿轮 1）的转向相同，所以传动比 i_{15} 应为"＋"号。

在图 18-3 所示的定轴齿轮系中，齿轮 4 同时与齿轮 3 和齿轮 5 啮合，它的齿数 z_4 在齿轮

系传动比计算式的分子和分母中同时出现而被约分,所以齿轮 4 的齿数不影响该齿轮系传动比的大小,但改变了从动轴Ⅳ(即齿轮 5)的转向,这样的齿轮称为惰轮或过桥齿轮。

上述结论可以推广到由任意多个圆柱齿轮组成的定轴齿轮系的情况。设 1 与 k 分别代表定轴轮系主动齿轮和最末从动齿轮的标号,则普通定轴齿轮系传动比的计算公式为

$$i_{1k}=\frac{\omega_1}{\omega_k}=\frac{n_1}{n_k}=(-1)^m\frac{z_2 z_4 \cdots z_k}{z_1 z_3 \cdots z_{(k-1)}}=(-1)^m\frac{齿轮系中所有从动轮齿数的连乘积}{齿轮系中所有主动轮齿数的连乘积} \quad (18-2)$$

式中,m 为齿轮系中齿轮外啮合的次数。若 m 为偶数,则 $(-1)^m$ 为正,表示首末两轴的回转方向相同;若 m 为奇数,则 $(-1)^m$ 为负,表示首末两齿轴的回转方向相反。

【例 18-1】 在图 18-4 所示的定轴齿轮系中,已知 $z_1=15$,$z_2=z_5=z_6=20$,$z_3=16$,$z_4=40$,$z_7=24$,$n_1=1450\text{r/min}$。试求 n_7。

解 1. 求齿轮系的传动比

$$i_{17}=\frac{n_1}{n_7}=(-1)^3\frac{z_2 z_4 z_7}{z_1 z_3 z_5}=-\frac{20\times40\times24}{15\times16\times20}=-4$$

2. 求 n_7

因 $i_{17}=\dfrac{n_1}{n_7}=-4$,故

$$n_7=\frac{n_1}{i_{17}}=\frac{1450}{-4}=-362.5 \text{ (r/min)}$$

因为传动比为负号,所以齿轮 7 的转向与齿轮 1 的转向相反。其转向关系也可用画箭头的方法确定,如图 18-4 所示。

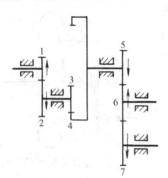
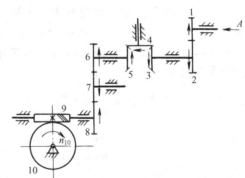

图 18-4 定轴齿轮系　　　　　　　　　图 18-5 空间定轴齿轮系
　1~7—齿轮　　　　　　　　　1~8—齿轮;9—蜗杆;10—蜗轮

二、空间定轴齿轮系的传动比

空间齿轮系传动比的大小仍可用式(18-2)来计算。但一对空间齿轮的轴线不平行,两齿轮之间不存在转动方向相同或相反的问题,也就谈不上齿轮系传动比的正或负,各齿轮的转向必须用画箭头的方法来确定和表示。

用画箭头来确定非平行轴回转方向的方法为:一对外啮合圆锥齿轮的轴线相交,箭头同时指向或同时背离节点;蜗杆蜗轮的回转方向先用左(右)手螺旋法则判定转向后(参见第十七章第八节),再画箭头。

【例 18-2】 在图 18-5 所示的定轴齿轮系中,已知各齿轮的齿数为 $z_1=15$,$z_2=25$,$z_3=z_5=14$,$z_4=z_6=20$,$z_7=30$,$z_8=40$,$z_9=2$(且为右旋蜗杆),$z_{10}=60$。

① 试求传动比 i_{17} 和 $i_{1\,10}$。

② 若 $n_1=200\text{r/min}$,从 A 向看去,齿轮 1 顺时针转动,试求 n_7 和 n_{10}。

解 1. 求传动比 i_{17} 和 $i_{1\,10}$

传动比 i_{17} 的大小可用式（18-2）求得

$$i_{17}=\frac{n_1}{n_7}=\frac{z_2 z_5 z_7}{z_1 z_3 z_6}=\frac{25\times14\times30}{15\times14\times20}=2.5$$

在图 18-5 所示的齿轮系中有圆锥齿轮和蜗杆蜗轮，用画箭头的方法表示各轮的转向，可知齿轮 1 和齿轮 7 的转向相反。由于这两个齿轮的轴线是平行的，故其传动比 i_{17} 也可以用负号表示为 $i_{17}=\frac{n_1}{n_7}=-2.5$，但这个负号不是用式（18-2）计算所得，而是画箭头所得。

传动比 $i_{1\,10}$ 的大小可用式（18-2）求得

$$i_{1\,10}=\frac{n_1}{n_{10}}=\frac{z_2 z_5 z_8 z_{10}}{z_1 z_3 z_6 z_9}=\frac{25\times14\times40\times60}{15\times14\times20\times2}=100$$

其中，齿轮 4 和齿轮 7 同为惰轮。用右手螺旋法则判定蜗轮的转向为顺时针方向，如图 18-5 所示。

2. 求 n_7 和 n_{10}

因 $i_{17}=\frac{n_1}{n_7}=-2.5$，则

$$n_7=\frac{n_1}{i_{17}}=\frac{200}{-2.5}=-80 \text{（r/min）}$$

式中负号说明齿轮 1 与齿轮 7 的转向相反。

又因 $i_{1\,10}=\frac{n_1}{n_{10}}=100$，故

$$n_{10}=\frac{n_1}{n_{10}}=\frac{200}{100}=2 \text{（r/min）}$$

齿轮 10（蜗轮）的转向如图 18-5 中箭头所示。

第三节 行星齿轮系的传动比

如图 18-6 所示，齿轮 2 由构件 H 支承，运转时除绕自身的轴线 O_2 回转（自转）外，还随轴线 O_2 绕固定的轴线 O_H 转动（公转），故该齿轮称为行星齿轮（planet gear）。支承行星

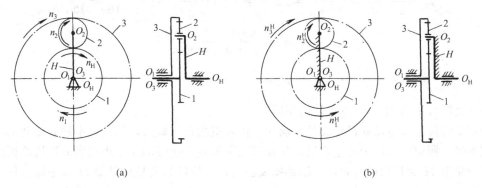

(a)　　　　　　　　　　　(b)

图 18-6　行星齿轮系及其转化机构
1～3—齿轮

齿轮的构件 H 称为行星架或系杆，它绕固定轴线 O_H 转动。与行星齿轮相啮合且绕固定轴线 O_1、O_3 转动的齿轮 1 和 3 称为中心轮（centre gear）或太阳轮（sun gear）。这里 O_1、O_3、O_H 的轴线必须重合，否则行星齿轮系不能转动。

在图 18-6（a）所示的行星齿轮系中，由于行星齿轮的轴线不固定，故其传动比的计算不能直接应用定轴齿轮系的传动比计算公式。但如果能在保证齿轮系各构件之间相对运动不变的前提下，转化为"定轴齿轮系"，就可以应用。最常用的方法是反转法（或称相对速度法）。这种方法是假想给整个齿轮系加上一个与行星架 H 的转速 n_H 大小相等、方向相反的公共转速 "$-n_H$"，则行星架 H 可视为静止不动，而各构件间的相对运动关系不发生改变。这时，原来的行星齿轮系便转化为假想的"定轴齿轮系"，如图 18-6（b）所示。这样的"定轴齿轮系"称为原行星齿轮系的转化机构。现将齿轮系中各构件在转化前后的转速列表如下：

构件名称	原来的转速 (实际转速)	在转化机构 中的转速	构件名称	原来的转速 (实际转速)	在转化机构 中的转速
中心轮 1 行星轮 2	n_1 n_2	$n_1^H = n_1 - n_H$ $n_2^H = n_2 - n_H$	中心轮 3 行星架 H	n_3 n_H	$n_3^H = n_3 - n_H$ $n_H^H = n_H - n_H$

表中 n_1^H、n_2^H、n_3^H、n_H^H 的右上角标 "H"，表示构件 1、2、3 及 H 相对于行星架 H 的相对转速。由于转化机构是"定轴齿轮系"，所以转化机构中任意两齿轮的传动比均可用式 (18-2) 计算。例如，在图 18-6（b）所示的转化机构中，齿轮 1 与齿轮 3 的传动比为

$$i_{13}^H = \frac{n_1^H}{n_3^H} = \frac{n_1 - n_H}{n_3 - n_H} = (-1)\frac{z_2 z_3}{z_1 z_2} = -\frac{z_3}{z_1}$$

式中，z_1、z_2、z_3 为各轮齿数；"—"表示齿轮 1、3 在转化机构中的转向相反（外啮合 1 次）。

应当强调的是，首先，这里介绍的是行星齿轮系传动比的计算方法（即转化机构法），而非计算公式。其次，转化机构法不仅适用于差动齿轮系，同样也适用于简单行星齿轮系（其中一个中心轮转速为零）。第三，在进行转速计算时，要先设某方向为正，并将正负号一并代入计算式，进行代数运算。第四，在转化机构中，选择的主、从动齿轮与计算结果无关。

【例 18-3】 在图 18-7 所示的行星轮系中，已知 $z_1 = z_{2'} = 100$，$z_2 = 101$，$z_3 = 99$，齿轮 3 固定，试求齿轮系传动比 i_{H1}。

解 这是行星齿轮系。给齿轮系一个公共转速 $-n_H$，则

$$i_{13}^H = \frac{n_1 - n_H}{n_3 - n_H} = \frac{n_1 - n_H}{0 - n_H} = 1 - \frac{n_1}{n_H} = (-1)^2 \frac{z_2 z_3}{z_1 z_{2'}} = \frac{101 \times 99}{100 \times 100} = \frac{9999}{10000}$$

所以

$$\frac{n_1}{n_H} = 1 - \frac{9999}{10000} = \frac{1}{10000}$$

故

$$i_{H1} = \frac{n_H}{n_1} = 10000$$

正号表明行星架 H 与齿轮 1 转向相同。

上例中的齿轮系可以获得较大的传动比，但此机构也有缺点，机械效率随着传动比的增加而急剧下降，所以一般用于传递运动，如在仪表中测量高速转动及专用机床的微进给机构。另外，当行星架 H 为从动构件时，一般都要发生自锁，所以只能是行星架 H 为主动构件，称为减速机构。

【例 18-4】 图 18-8 所示为圆锥齿轮组成的差动齿轮系。已知各齿轮齿数 $z_a = z_g = 60$，

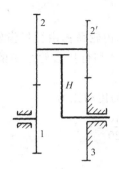
图 18-7 简单行星齿轮系

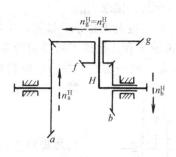
图 18-8 差动齿轮系

$z_f=20$,$z_b=30$,设 $n_a=60\text{r/min}$,$n_H=180\text{r/min}$,n_a、n_H 转向相同,试求 n_b。

解 给齿轮系加上公共转速 $-n_H$,则得

$$i_{ab}^H=\frac{n_a-n_H}{n_b-n_H}=-\frac{z_g z_b}{z_a z_f}=-\frac{60\times 30}{60\times 20}=-\frac{3}{2}$$

这里"一"号是画箭头确定的,表示 n_a^H 与 n_b^H 的转向相反。所以

$$n_b=\frac{1}{3}(5n_H-2n_a)$$

因 n_a、n_H 的转向相同,将 $n_a=60\text{r/min}$、$n_H=180\text{r/min}$ 代入得

$$n_b=\frac{1}{3}\times(5\times 180-2\times 60)=260\ (\text{r/min})$$

第四节 混合齿轮系的传动比

我们在前两节只讨论了单一的定轴齿轮系和单一的行星齿轮系,但是在实际应用中,还会用到定轴齿轮系与行星齿轮系或由几个单一的行星齿轮系组成的混合齿轮系。本节只介绍最简单的混合齿轮系传动比的计算方法。

一、混合齿轮系的传动比

计算混合轮系的传动比时,首先必须正确地将各个单一的定轴齿轮系和行星齿轮系划分开,然后分别列出这些单一齿轮系传动比的计算式,再找出它们内在的关系,最后联立求解未知数。

显然,正确地划分出各个单一的定轴齿轮系和行星齿轮系,是解决混合齿轮系传动比计算的关键。而要正确地划分出各个单一的定轴齿轮系和行星齿轮系,所依据的是它们的定义。

二、如何分离定轴齿轮系

在混合齿轮系中,定轴齿轮系相对简单,容易分离,故应该首先分离出定轴齿轮系。先要找出回转轴线固定的齿轮,并确定在这些齿轮中有哪些齿轮相互啮合,这些相互啮合而其轴线又固定的齿轮就组成了定轴齿轮系。

三、如何分离行星齿轮系

在分离出定轴齿轮系之后,就可来分离行星齿轮系。首先要找出行星齿轮,再找出支持行星齿轮的构件即系杆 H,而与行星齿轮相啮合的齿轮就是中心齿轮(中心齿轮的轴线与系杆的回转轴线相重合)。行星齿轮、系杆、中心齿轮就组成一个单一的行星齿轮系。若混合齿轮系中还有行星齿轮系也按此法继续划分。需要指出的是,一个基本行星齿轮系只能有一个系杆,而一个系杆可能为几个不同的行星齿轮系所共用;系杆的形状不一定呈杆状,要从功能上进行判断;一个基本行星齿轮系最多有两个中心齿轮。

【**例 18-5**】 在如图 18-9 所示的齿轮系中,各齿轮的齿数分别为 $z_1=z_{2'}=20$,$z_2=40$,

$z_3=30$,$z_4=80$,试求 i_{1H}。

分析 这是混合齿轮系。显然,由齿轮 1 和 2 组成的是定轴齿轮系;由行星齿轮 3、系杆 H 及中心齿轮 $2'$ 和 4 组成了行星齿轮系;而定轴齿轮系中齿轮 2 和行星齿轮系中的中心齿轮 $2'$ 是双联齿轮(同一构件上的两个齿轮)。

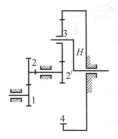

图 18-9 混合齿轮系的传动比

解 由齿轮 1 和 2 组成的定轴齿轮系的传动比为

$$i_{12}=\frac{n_1}{n_2}=-\frac{z_2}{z_1}=-\frac{40}{20}=-2 \tag{a}$$

行星齿轮系的传动比为

$$i_{2'4}^H=\frac{n_{2'}-n_H}{n_4-n_H}=-\frac{z_4}{z_2}=-\frac{80}{20}=-4 \tag{b}$$

由两齿轮系的关系知

$$n_{2'}=n_2 \tag{c}$$

联立式(a)、(b)和(c)解得 $n_1=-10n_H$,故

$$i_{1H}=\frac{n_1}{n_H}=-10$$

第五节 齿轮系的功用

在许多现代的机器和仪器中,齿轮系的应用十分广泛,而定轴齿轮系和行星齿轮系应用在不同的场合。齿轮系主要用于以下几个方面。

一、获得较大的传动比

当主动轴与从动轴之间需要较大的传动比时,如果只用一对齿轮传动,其传动比受到限制。采用多级定轴齿轮系传动,虽然可以获得较大的传动比,但使传动装置趋于复杂。若采用行星齿轮系,就可获得很大的传动比,且结构简单紧凑。例 18-3 的齿轮系就是典型的例子。

二、可实现远距离的传动

当相距较远的两轴间必须应用齿轮传动时,如果采用一对齿轮传动,如图 18-10(a)所示,显然,齿轮的尺寸会很大,这样既浪费了材料,又给制造、安装等增加了难度。若改用齿轮系传动,如图 18-10(b)所示,便能避免上述缺点。

三、实现转速大小和转向的改变

在金属切削机床、汽车等机械中,输出轴应有多种转速,以适应工作条件的变化。图 18-11 所示为汽车变速箱的传动系统图,运动从轴Ⅰ传入,从轴Ⅲ输出。当两半离合器 x、y 接合时,Ⅰ轴直接驱动从动轴Ⅲ,汽车高速前进;两半离合器脱开后,滑移齿轮 4 与齿轮 3 啮

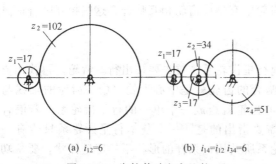

图 18-10 齿轮传动方案比较

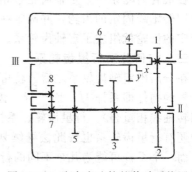

图 18-11 汽车变速箱的传动系统图
1~3,5,7,8—齿轮;4,6—滑移齿轮

合时，汽车中速前进；滑移齿轮 6 与齿轮 5 啮合时，汽车低速前进；滑移齿轮 6 与齿轮 8 啮合时，汽车后退。同样，行星齿轮系也可以用来实现变速传动。

四、实现分路传动

齿轮系还可以实现分路传动，使一根主动轴带动多根从动轴同时转动。机械钟表的传动系统就是典型实例，如图 18-12 所示，图中 E 为操纵轮，N 为发条盘（即主动构件），S、M、H 分别为秒针、分针和时针。

五、实现运动的合成与分解

在差动齿轮系中，三个基本构件（中心轮、行星轮、行星架）都能转动，只有在给定其中任意两个基本构件的运动后，第三个基本构件的运动才能确定。因此第三个构件的转动实际上是另两个基本构件转动的合成。图 18-13 所示的差动齿轮系就常用于运动的合成。因为 $z_1 = z_3$，所以

$$i_{13}^H = \frac{n_1 - n_H}{n_3 - n_H} = -\frac{z_3}{z_1} = -1$$

则 $2n_H = n_1 + n_3$。

当齿轮 1 及齿轮 3 的轴分别输入被加数和加数的相应转角时，转臂 H 转角的 2 倍就是它们的和。这种齿轮系能作为加（减）法机构，广泛应用于滚齿机、计算机构和补偿装置中。

差动齿轮系还可将一个基本构件的转动按所需比例分解为另外两个基本构件的转动（参见例 18-4）。汽车后桥差速器就应用了这一原理，使汽车在转弯时两轮仍与地面保持滚动，减少了轮胎与地面之间的磨损。

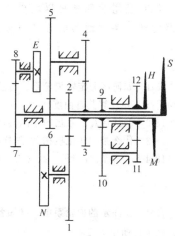

图 18-12　机械钟表的传动系统
1~12—齿轮

六、实现工艺动作和特殊运动轨迹

在行星齿轮系中，行星齿轮既公转又自转，能形成特定的轨迹，可应用于工艺装备中以实现工艺动作或特殊运动轨迹的要求。图 18-14（a）所示为食品加工设备打蛋机搅拌头的传动示意图，输入构件 H 驱动搅拌桨上的齿轮 2 运动，使搅拌桨产生如图 18-14（b）所示的运动轨迹，满足了调和高黏性食品原料的工艺要求。

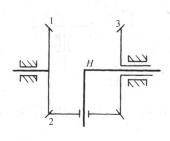

图 18-13　差动齿轮系
1~3—齿轮

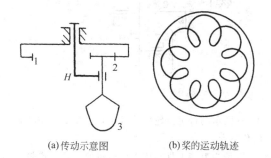

（a）传动示意图　　（b）桨的运动轨迹

图 18-14　打蛋机搅拌头传动系统
1—中心齿轮；2—行星齿轮；3—搅拌桨；H—系杆

本 章 小 结

本章讨论齿轮系的类型、传动比的计算和功用。

(1) 定轴齿轮系传动比的大小等于各级传动比的连乘积；也等于各级传动从动齿轮齿数连乘积和各级传动主动齿轮齿数连乘积的比值。其方向是：圆柱齿轮——内啮合一次，两轮转向相同，为正；外啮合一次，两轮转向相反，为负。圆锥齿轮——只能画箭头判定转向。蜗杆蜗轮——先按照左（右）手螺旋法则判定转向后，再画箭头表示。

(2) 利用"转化机构法"解决行星齿轮系的传动比计算，应注意对齿轮系所加的公共转速必须与系杆实际转速大小相等、转向相反。进行转速运算时，应做代数运算，即同时代入转速的大小和方向。

(3) 求混合齿轮系的传动比，首先要正确区分定轴齿轮系和行星齿轮系，并分别列出它们的传动比计算式，再找出两个齿轮系之间的联系并列出关系式，即可求解。

(4) 利用齿轮系可以获得大传动比，实现远距离传动，获得多种转速或改变转向，能实现分路传动，实现运动的合成与分解，实现工艺动作和特殊运动轨迹等。

思 考 题

18-1 如何区分定轴齿轮系、行星齿轮系、差动齿轮系和混合齿轮系？试举例并绘出前三种机构的机构运动简图。并计算其自由度。

18-2 怎样计算定轴齿轮系的传动比？如何确定从动轮的转向？

18-3 什么是"转化机构"？怎样计算行星齿轮系的传动比？计算中应注意哪些问题？

18-4 i_{ab}^H 和 i_{ab} 各表示什么含义？i_{ab}^H 的正负号是否表示 a、b 齿轮的实际转向？

习 题

18-1 在图示的齿轮系中，已知各轮的齿数 $z_1=20$，$z_2=40$，$z_{2'}=20$，$z_3=30$，$z_{3'}=20$，$z_4=32$，$z_5=40$。试求传动比 i_{15}。

18-2 图示为一蜗杆传动的定轴轮系，已知蜗杆转速 $n_1=750\text{r/min}$，$z_1=3$，$z_2=60$，$z_3=18$，$z_4=27$，$z_5=20$，$z_6=50$，试用画箭头的方法确定 z_6 的转向，并计算其转速。

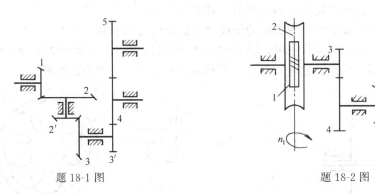

题 18-1 图　　　　　　　题 18-2 图

18-3 在图示的行星齿轮搅拌机中，已知 $z_a=40$，$z_g=20$，当 H 以 $\omega_H=31\text{rad/s}$ 的速度回转时，试求搅拌器 F 的角速度。

18-4 图示为万能工具磨床工作台进给机构，齿轮 4 与固定在工作台上的齿条（未画出）啮合。当转动手柄 H 时，通过行星传动和齿轮 4 驱动齿条，从而使工作台获得进给运动，已知各齿轮齿数，$z_1=z_{2'}=41$，$z_2=z_3=39$，试求 i_{H4}。

18-5 在如图所示齿轮系中，已知 $z_1=60$，$z_2=40$，$z_{2'}=z_3=20$，若 $n_1=n_2=120\text{r/min}$，并设 n_1 与 n_2 方向相反。试求 n_H 的大小和方向。

18-6 如图所示的齿轮系中，已知各轮的齿数 $z_a=20$，$z_g=30$，$z_f=50$，$z_b=80$。试求 $n_a=50\text{r/min}$ 时，n_H 的大小和方向。

18-7 在图示的齿轮系中，已知各齿轮齿数分别为：$z_1=18$，$z_2=20$，$z_{2'}=16$，$z_3=24$，$z_{3'}=25$，z_4

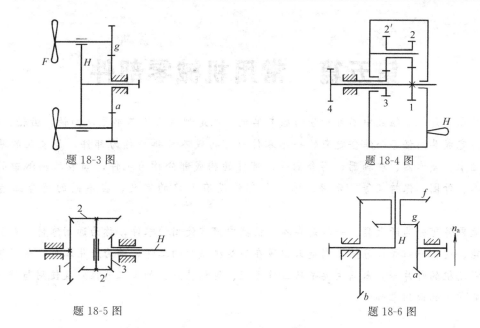

题 18-3 图　　　　　　　题 18-4 图

题 18-5 图　　　　　　　题 18-6 图

15，$z_5 = 45$。若 $n_1 = 280 \text{r/min}$，方向如图所示，求系杆 H 输出的转速 n_H 的大小和方向。

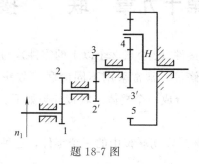

题 18-7 图

18-8　在任课教师指导下，试以《齿轮系的功用》为题写一篇小论文，可以查阅有关资料，不少于 1000 字。

第五篇 常用机械零部件

机械零件是机器组成中不可拆分的基本单元，也是制造的基本单元，如轴、齿轮、螺钉、键等。为完成共同任务而结合起来的一组零件（可拆或不可拆）称为部件，是装配的基本单元，如轴承、减速器、联轴器、离合器等。部件的构成部分称为元件，如滚动轴承中的滚动体、内圈、外圈、保持架等。元件、零件和部件没有严格的定义，在不同的场合三者经常混用。

机械零件可分为两大类：一类是在各种机械中经常使用的零件，称为通用零件，如轴、齿轮、链轮、键、螺钉等；另一类则是只出现在某些机械中的零件，称为专用零件，如压缩机的曲轴、涡轮机的叶片等。本篇主要是从工作原理、结构特点、加工工艺性以及使用与维护等方面来研究常用的通用零部件。

第十九章 联　　接

联接（jointing）是指被联接件（2个或2个以上的零件）与联接件（紧固件）的组合。为了便于机器的制造、安装、维修等，常常采用不同的联接方法将机械零件（Machine part）、部件（Mechanical components）合成一个整体。联接分类如下。

（一）不可拆联接

当拆开联接时，至少要破坏或损伤联接中的一个零件，这种联接称为不可拆联接，如焊联接、铆钉联接、胶接等。

（1）焊联接　焊联接（Welding connection）是用局部加热（有时还要加压）使2个以上金属元件在联接处形成原子或分子间的结合而构成的不可拆联接，简称焊接（welding）。焊接的优点是结构轻、密封性好、强度高、工艺简便、单件生产成本低、周期短，故应用广泛。

（2）铆钉联接　铆钉联接（Combined connection）是将铆钉穿过被联接件上的预制孔，经铆合而成的不可拆联接，简称铆接（viviting）。铆接的优点是工艺设备简单、牢固可靠、耐冲击等；缺点是结构笨重、密封性较差、生产率低，目前已逐渐被焊接取代。

（3）胶接　胶接（bonding）是用胶黏剂将被联接件联成一体的不可拆联接。胶接的优点是耐蚀性、密封性好，缺点是强度低。

（二）可拆联接

当拆开联接时，无需破坏或损伤联接中的任何零件，且允许多次装拆，这种联接称为可拆联接（The datachble connection），如键联接、销联接和螺纹联接等。

（三）过盈配合联接

过盈配合（over-wax fit）联接是利用包容件和被包容件间的过盈量，将两个零件联成一体的结构，是介于可拆联接和不可拆联接之间的一种联接。过盈配合联接的优点是结构简单，缺点是配合表面要求加工精度高、表面质量好。

第一节 键 联 接

键（key）是一种标准件，主要用于轴和轴上零件之间的周向固定，以传递转矩，有的还能实现轴上零件的轴向固定或轴向滑动。

一、键联接的类型和应用

根据键的形式，键联接可分为平键联接、半圆键联接、楔键联接和切向键联接四大类。

（一）平键联接

平键（flat key）的两侧面为工作面，上表面与轮毂槽底之间留有间隙，如图 19-1 所示。平键联接对中性好、装拆方便、结构简单。平键联接分为普通平键联接、导向平键联接和滑键联接。平键的键槽尺寸可查阅 GB/T 1095—2003《平键 键槽的剖面尺寸》。

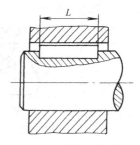

图 19-1 普通平键联接

根据国家标准 GB/T 1096—2003《普通型 平键》规定，普通平键头部的形状，可分为圆头（A 型）、方头（B 型）和单圆头（C 型）三种，如图 19-2 所示。A 型平键键槽用指状铣刀加工，键在槽中轴向固定较好，但键的头部侧面与轮毂上的键槽并不接触，因而键的圆头部分不能充分利用而且轴上键槽端部的应力集中较大；B 型平键键槽用盘状铣刀加工，因而避免了上述缺点，但对于尺寸较大的键，宜用紧定螺钉将键固定在轴上的键槽中，以防松动；C 型平键一般用于轴端。

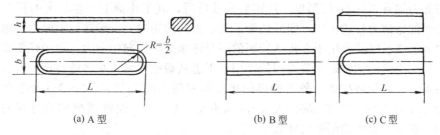

图 19-2 普通平键的形式

当轴上零件需沿轴向滑动时，可采用导向平键联接或滑键联接。导向平键用螺钉固定在轴上，工作时，键对轴上的移动零件起导向作用。为了便于键的拆卸，在键的中部配有起键螺孔，如图 19-3（a）所示，其他特点与普通平键相同。导向平键的尺寸可查阅 GB/T 1097—2003《导向型 平键》。当轴上零件的轴向移动距离较大时，则采用滑键联接，如图 19-3（b）所示，滑键与轮毂装在一起，移动时轮毂与键一起沿轴上的槽滑动，以免采用过长的导向平键，汽车变速箱内的换挡齿轮与轴的联接就是采用滑键联接的。

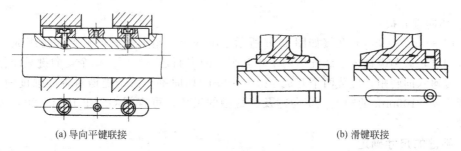

图 19-3 导向平键联接和滑键联接

(二) 半圆键联接

半圆键 (semi-circle key) 联接如图 19-4 所示。半圆键的工作面为两侧面，因此与平键一样有对中性好的优点。键在键槽中能绕其几何中心摆动，以适应轮毂上键槽的斜度，且安装方便，结构紧凑，用于载荷较小的联接，尤其适用于锥形轴端与轮毂的联接。其缺点是由于轴上的键槽较深，对轴的强度削弱较大，故一般只用于轻载或辅助联接。普通半圆键的尺寸可查阅 GB/T 1099.1—2003《普通型　半圆键》，键槽的尺寸可查阅 GB/T 1098—2003《半圆键　键槽的剖面尺寸》。

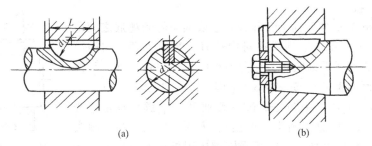

图 19-4　半圆键联接

(三) 楔键联接

楔键 (wedge key) 分为普通楔键 [见图 19-5 (a)] 和钩头楔键 [见图 19-5 (b)]。普通楔键也有圆头 (A 型)、方头 (B 型) 和单圆头 (C 型) 三种，工作面是上、下表面，其上表面与轮毂键槽底面均有 1:100 的斜度。楔键装入键槽后，其工作面上产生很大的预紧力，工作时靠工作表面的摩擦力传递转矩，同时还能承受单方向的轴向力，键在楔紧时迫使轴与轮毂产生偏心。故普通楔键联接多用于在传递转矩的同时还承受单方向轴向力、对中性要求不高且低速的场合。钩头楔键的钩头是为装拆用的，用于不能从毂槽的另一端将键打出的场合。钩头楔键安装在轴端时，应加防护罩。普通楔键的尺寸可查阅 GB/T 1564—2003《普通型　楔键》，钩头楔键的尺寸可查阅 GB/T 1565—2003《钩头型　楔键》，楔键键槽的尺寸可查阅 GB/T 1563—2003《楔键　键槽的剖面尺寸》。

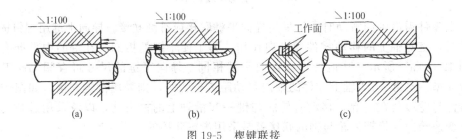

图 19-5　楔键联接

(四) 切向键联接

切向键 (tangent key) 联接如图 19-6 所示，由两个倾斜面接触的普通楔键组成，装配时两个键分别自轮毂两端楔入，装配后两个相互平行的窄面是工作面。单个切向键只能传递单向转矩，若传递双向转矩，应装两个互成 120°~130° 的切向键。由于键槽对轴的强度削弱较大，故主要用于 $d>100$mm 的轴上。切向键及其键槽的尺寸，可查阅 GB/T 1974—2003《切向键及其键槽》。

二、平键的尺寸确定

平键是标准件，常采用强度极限 σ_b 不小于 600MPa 的非合金钢，通常用 45 钢。键的截面

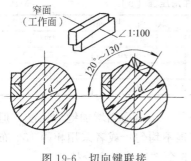

图 19-6 切向键联接

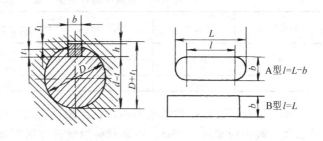

图 19-7 平键联接的尺寸

尺寸（见图 19-7）应根据轴的直径 d 从标准（参见表 19-1）中选取平键的宽度 b 和高度 h，键的长度 L 应略小于轮毂长度，并与标准中规定的长度系列相符。

表 19-1 平键和键槽的尺寸　　　　　　　　　　　mm

轴的公称直径 d	键的公称尺寸 $b×h$	键槽宽度 b	轴上键槽深度 t	毂上键槽深度 t_1	轴的公称直径 d	键的公称尺寸 $b×h$	键槽宽度 b	轴上键槽深度 t	毂上键槽深度 t_1
自 6～8	2×2	2	1.2	1	>44～50	14×9	14	5.5	3.8
>8～10	3×3	3	1.8	1.4	>50～58	16×10	16	6.0	4.3
>10～12	4×4	4	2.5	1.8	>58～65	18×11	18	7.0	4.4
>12～17	5×5	5	3.0	2.3	>65～75	20×12	20	7.5	4.9
>17～22	6×6	6	3.5	2.8	>75～85	22×14	22	9.0	5.4
>22～30	8×7	8	4.0	3.3	>85～95	25×14	25	9.0	5.4
>30～38	10×8	10	5.0	3.3	>95～110	28×16	28	10.0	6.4
>38～44	12×8	12	5.0	3.3					

键的长度系列：6、8、10、12、14、16、18、20、22、25、28、32、36、40、45、50、56、63、70、80、90、100、110、125、140、160、180、200、220、250、280、320、360

注：普通平键的形式与尺寸摘自 GB/T 1096—2003；键和键槽的剖面尺寸摘自 GB/T 1095—2003。

三、平键联接的强度校核

普通平键联接属于静联接，其主要失效形式是联接中强度较弱零件的工作面被压溃。导向平键（GB/T 1097—2003）和滑键联接属于动联接，其主要失效形式是工作面过度磨损。故强度计算时，静联接校核挤压强度，动联接校核压力强度。若取轮毂键槽深 $t_1 \approx h/2$，则

静联接（普通平键联接）的挤压强度条件为

$$\sigma_p = \frac{4T}{hld} \leqslant [\sigma]_p \tag{19-1}$$

动联接（导向平键联接和滑键联接）的压力强度条件为

$$p = \frac{4T}{hld} \leqslant [p] \tag{19-2}$$

式中　　T——键联接所传递的转矩，N·mm；

　　　　d——轴的直径，mm；

　　　　h——键的高度，mm；

　　　　l——键的工作长度，A 型键 $l=L-b$，B 型键 $l=L$，C 型键 $l=L-b/2$，mm；

$[\sigma]_p$，$[p]$——联接最薄弱材料的许用挤压应力和许用压强（参见表 19-2）。

表 19-2　键联接的许用挤压应力 $[\sigma]_p$ 和许用压强 $[p]$　　　　　MPa

许用应力	联接方式	零件材料	载荷性质		
			静载荷	轻微冲击	冲击
$[\sigma]_p$	静联接	钢	120~150	100~120	60~90
		铸铁	70~80	50~60	30~45
$[p]$	动联接	钢	50	40	30

如果校核后键联接的强度不够，在不超过轮毂宽度的条件下，可适当增加键的长度，但键的长度一般不应超过 $2.25d$，否则载荷沿键长方向的分布将很不均匀；或者采用相隔 180°布置 2 个平键，因考虑制造误差引起的载荷分布不均，只能按 1.5 个键进行强度校核。

第二节　销 联 接

销联接主要有三个方面的用途：一是用来固定零件之间的相互位置，此销称为定位销，它是组合加工和装配时的重要辅助零件；二是用于轴与轮毂或其他零件的联接，并传递不大的载荷（见图 19-8），此销称为联接销；三是用作安全装置中的过载剪断元件，此销称为安全销。

大多数销是标准零件，一般用强度极限高于 500~600MPa 的钢（如 35、45 号钢）来制造。

一、联接销

联接销的主要类型有圆柱销（见图 19-8）、圆锥销（见图 19-8 及图 19-9）、槽销［见图 19-10 (a)］和弹性圆柱销［见图 19-10 (b)］，除槽销外均已标准化。此外，还有开口销，其尺寸可查阅 GB/T 91—2000《开口销》。联接销要承受载荷（如承受剪切和挤压等作用），一般先根据使用和结构要求选择其类型和尺寸，然后校核其强度。

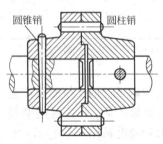

图 19-8　联轴器上的销联接

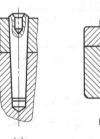 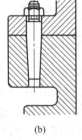 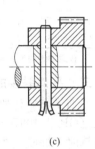
(a)　　　　　(b)　　　　　(c)

图 19-9　圆锥销的类型

（一）圆柱销

圆柱销利用微量过盈固定在铰制的销孔中，如果多次装拆，就会松动，失去定位的精确性和联接的紧固性。因此，圆柱销主要用于传递动力。根据圆柱销的结构不同又分为：普通圆柱销，其尺寸可查阅 GB/T 119.1—2000《圆柱销　不淬火钢和奥氏体不锈钢》和 GB/T 119.2—2000《圆柱销　淬硬钢和马氏体不锈钢》；内螺纹圆柱销，其尺寸可查阅 GB/T 120.1—2000《内螺纹圆柱销　不淬火钢和奥氏体不锈钢》和 GB/T 119.2—2000《内螺纹圆柱销　淬硬钢和马氏体不锈钢》；此外还有销轴（A 型，无开口销孔；B 型，带开口销孔），其尺寸可查阅 GB 880—2007《无头销轴》。

（二）圆锥销

圆锥销具有 1∶50 的锥度，在受横向力时能自锁，靠锥的挤压作用固定在铰制的锥孔中，定位精度比圆柱销高，且多次拆装对定位精度影响较小，故圆锥销比圆柱销应用较广。根据圆锥销的结构不同，又分为普通圆锥销（见图 19-8），其尺寸可查阅 GB/T 117—2000《圆锥销》；内螺纹圆锥销［见图 19-9（a）］，其尺寸可查阅 GB/T 118—2000《内螺纹圆柱销》；螺尾圆锥销［见图 19-9（b）］可用于盲孔或装拆困难的场合，其尺寸可查阅 GB/T 881—2000《螺尾锥销》；开尾圆锥销［见图 19-9（c）］可保证销在冲击、振动或变载荷情况下不松脱，其尺寸可查阅 GB 877—1986《开尾圆锥销》。

（三）槽销

槽销沿其圆柱或圆锥的母线方向开有沟槽，通常开三条沟，用弹簧钢滚压或模锻而成，槽销压入销孔后，其凹槽压缩变形，故可借材料的弹性而固定在销孔中，安装槽销的孔不需精确加工，槽销制造简单，可多次装拆，并适合于受振动载荷的联接。槽销有 9 种型式，可根据需要选择，它们的尺寸可查阅 GB/T 13829.1—2004《槽销 带导杆及全长平行沟槽》、GB/T 13829.2—2004《槽销 带倒角及全长平行沟槽》、GB/T 13829.3—2004《槽销 中部槽长为 1/3 全长》、GB/T 13829.4—2004《槽销 槽长为 1/2 全长》、GB/T 13829.5—2004《槽销 全长锥槽》、GB/T 13829.6—2004《槽销 半长锥槽》、GB/T 13829.7—2004《槽销 半长倒锥槽》、GB/T 13829.8—2004《圆头槽销》、GB/T 13829.9—2004《沉头槽销》。

（四）弹性圆柱销

弹性圆柱销是由弹簧钢带制成的纵向开缝的圆管，借助弹性均匀地挤紧在销孔中。弹性圆柱销有 5 种型式，可根据需要选择，它们的尺寸可查阅 GB/T 879.1—2000《弹性圆柱销 直槽 重型》、GB/T 879.2—2000《弹性圆柱销 直槽 轻型》、GB/T 879.3—2000《弹性圆柱销 卷制 重型》、GB/T 879.4—2000《弹性圆柱销 卷制 标准型》、GB/T 879.5—2000《弹性圆柱销 卷制 轻型》。

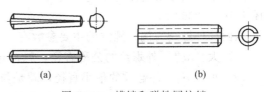

图 19-10 槽销和弹性圆柱销

二、定位销

定位销通常不受载荷或受很小的载荷，其尺寸根据经验从标准中选取类型和尺寸即可，但要注意，同一接合面上的定位销数目不得少于两个，否则不起定位作用。定位销大多用圆锥销，而圆柱销用作联接销时，也兼起定位销作用。

三、安全销

安全销是作安全装置中的重要元件，其尺寸须按过载时被剪断的条件决定。安全销联接的强度计算参见第二篇材料力学的相关内容。安全销大多采用圆柱销，也可采用圆锥销。

第三节 螺纹联接

螺纹联接是各种机械和仪器仪表中最常用的一种联接，是利用阳螺纹（外螺纹）和阴螺纹（内螺纹）相互旋合作用，从而使被联接件联接起来。将直角三角形缠绕到直径为 d 的圆柱上，其斜边在圆柱上形成螺旋线，如图 19-11（a）所示，在该圆柱面上，沿螺旋线所形成的、具有相同剖面的凸起和沟槽称为螺纹。

一、螺纹的分类及螺纹的主要参数

按螺旋线绕行方向，螺纹分为左旋和右旋；按螺纹在圆柱外表面或内表面，分为外螺纹和内螺纹；按螺纹的牙型，可分为矩形螺纹[❶]、锯齿形螺纹、梯形螺纹和三角形螺纹。三角形螺纹常用于螺纹联接，其余三种螺纹常用于螺旋传动。

[❶] 矩形螺纹的牙型角 $\alpha=0°$，强度低，同轴性差，且难于精确切制，故现已很少采用。

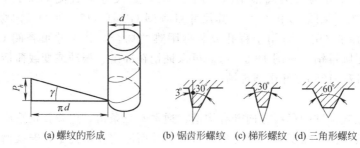

图 19-11　螺纹的形成及牙型角

矩形螺纹的牙型角 $\alpha=0°$，强度低，同轴性差，且难于精确切制，故现已很少采用。锯齿形螺纹常用的牙型角为（3°+30°），其牙型、直径与螺距系列、基本尺寸及公差可分别查阅 GB/T 13576.1～13576.4—2008。梯形螺纹的牙型、直径与螺距系列、基本尺寸及公差可分别查阅 GB/T 5796.1～5796.4—2005。三角形螺纹也称为普通螺纹，它的基本牙型、直径与螺距系列、基本尺寸及公差可分别查阅 GB/T 192—2003、GB/T 193—2003、GB/T 196—2003、GB/T 197—2003。

以圆柱外螺纹为例，螺纹的主要参数有：

（1）大径 d [1]　外螺纹的公称直径，就是与外螺纹牙顶相重合的假想圆柱体的直径。

（2）小径 d_1　外螺纹的最小直径，就是与外螺纹牙底相重合的假想圆柱体的直径。

（3）中径 d_2　是一个假想圆柱体的直径，该圆柱的母线上牙型沟槽和凸起宽度相等。

（4）螺距 P　相邻两牙在中径线上对应两点间的轴向距离，标准规定普通螺纹的每一种大径对应一个粗牙螺距和个数不等的细牙螺距。

（5）线数 n　是指沿螺旋线所形成的螺纹的螺旋线数，也称头数。按线数螺纹分为单线螺纹、双线螺纹和多线螺纹。

（6）导程 P_h　在同一条螺旋线上相邻两牙在中径线上对应两点间的轴向距离，也就是绕螺旋线 1 周，沿轴线方向移动的距离，故导程 $P_h=nP$。

（7）螺纹升角 γ　在中径 d_2 圆柱体上，螺旋线的切线与垂直于螺纹轴线的平面的夹角。

（8）牙型角 α　在螺纹的轴向截面内，螺纹牙相邻两侧边的夹角。锯齿形螺纹、梯形螺纹和三角形螺纹的牙型角如图 19-11（b）～（d）所示。

在 GB/T 197—2003《普通螺纹　公差》中，规定了螺纹的标记方法。普通螺纹的完整标记，由螺纹特征代号（即牙型符号）、螺纹公差带代号和螺纹旋合长度代号三部分组成。具体的标记格式是：

螺纹代号				螺纹公差带代号		
螺纹特征符号	公称直径×螺距	旋向	—中径公差带代号	顶径公差带代号	—旋合长度代号	

关于"螺纹公差带"的内容因超出本书要求，这里不做介绍。普通螺纹的牙型符号用"M"表示。单线螺纹的尺寸代号为"公称直径×螺距"，单位均为 mm，对粗牙螺纹，可以不标注螺距；右旋螺纹为常用螺纹，不标注旋向；左旋螺纹需在尺寸规格之后加"LH"。例如，公称直径为 8mm、螺距为 1mm 的右旋单线细牙螺纹，标记为 M8×1；公称直径为 8mm、螺距为 1.25mm 的右旋单线粗牙螺纹标记为 M8。

多线螺纹的尺寸代号为"公称直径×P_h 导程 P 螺距"，单位均为 mm，如果要进一步表明

---

[1] 在普通螺纹基本牙型中，外螺纹各直径用小写字母表示；内螺纹各直径用大写字母表示。

螺纹的线数，可在后面增加括号说明（用英语进行说明。例如双线为 two starts；三线为 three starts；四线为 four starts）。例如公称直径 16mm、螺距为 1.5mm、导程为 3mm 的双线螺纹标记为 M16×Ph3P1.5 或 M16×Ph3P1.5 (two starts)。

GB/T 197—2003 对普通螺纹的旋合长度，规定为短（S）、中（N）、长（L）三组。螺纹的精度分为精密、中等和粗糙三级。螺纹的旋合长度和精度等级不同，对应的公差带代号也不一样。在一般情况下不标注螺纹的旋合长度，其螺纹公差带按中等旋合长度（N）确定；必要时在螺纹公差带代号之后加注旋合长度代号 S 或 L；特殊需要时，可注明旋合长度的数值。旋合长度按 GB/T 197—2003《普通螺纹　公差》之表 6《螺纹的旋合长度》查得（单位均为 mm）。

二、螺纹联接的类型

螺纹联接（thread jointing）有四种基本类型，即螺栓联接、双头螺柱联接、螺钉联接和紧定螺钉联接，如图 19-12 所示。

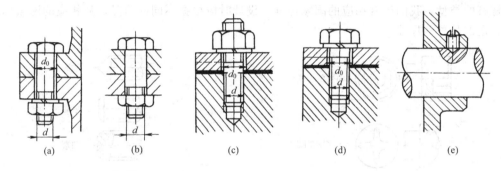

图 19-12　螺栓联接的类型

（一）螺栓联接

螺栓联接（common bolt jointing）的结构特点是，螺栓穿过被联接件的通孔后并配有螺母。它又分为以下两类。

(1) 普通螺栓联接　普通螺栓联接如图 19-12 (a) 所示，螺栓杆与孔之间有间隙，杆与孔的加工精度要求低，使用时需拧紧螺母。普通螺栓联接加工简便，装拆方便，成本低，应用最广泛。如图 19-12 (a) 所示螺栓为普通六角头螺栓，其尺寸可查阅 GB/T 5782—2016《六角头螺栓　A 级和 B 级》；此外还有全螺纹的，其尺寸可查阅 GB/T 5781—2016《六角头螺栓　全螺纹 C 级》。

(2) 铰制孔用螺栓联接　铰制孔用螺栓联接如图 19-12 (b) 所示，其螺杆外径与螺栓孔（需铰制）的内径具有同一基本尺寸，常采用过渡配合，能承受与螺栓轴线方向垂直的横向载荷，并兼起定位的作用。如图 19-12 (b) 所示，螺栓为六角头铰制孔用螺栓，其尺寸可查阅 GB/T 27—2013《六角头铰制孔用螺栓　A 级和 B 级》；此外还有全螺纹的，其尺寸可查阅 GB/T 5781—2016《六角头螺栓　全螺纹 C 级》。

（二）双头螺柱联接

双头螺柱联接，如图 19-12 (c) 所示，螺柱两头都制有螺纹，一头与螺母配合，一头与被联接件配合。这种联接适用于被联接件之一较厚难以穿通孔并经常拆装的场合，拆卸时，只需拧下螺母。

（三）螺钉联接

螺钉联接，如图 19-12 (d) 所示，在螺纹联接中只有螺钉，不需用螺母，直接拧入被联接件体内的螺纹孔中,结构简单,但不宜经常装拆,以免损坏孔内螺纹。

(四) 紧定螺钉联接

紧定螺定联接,如图19-12(e)所示,常用以固定两零件间的位置,并可传递不大的力或转矩,它的末端与被联接件表面顶紧,所以末端要具备一定的硬度。紧定螺钉直径是根据轴的直径来确定的,一般取轴径的0.2~0.3倍。

三、标准螺纹联接件

螺纹联接件的类型很多,如普通螺栓、铰制孔用螺栓、双头螺柱、螺钉、紧定螺钉、螺母、垫圈及防松零件等,这些零件大都已经标准化,它们的公称尺寸均为螺纹的大径,设计时应尽量按标准选用。

螺栓和紧定螺钉的类型很多,螺栓头部的形状也很多,但主要应用的是六角头和小六角头两种,如图19-12(a)、(b)、(d)所示。其他常见的还有内六角圆柱头、十字槽半圆头、一字槽头、沉头等,以适应不同的拧紧程度,如图19-13所示。紧定螺钉尾部形状有锥端、平端、凹端、圆柱端、圆尖端等,如图19-14所示,以适应各种不同的要求。对应繁多的螺栓和紧定螺钉的类型,我国已有相应的国家标准,设计时应根据不同的情况,从相应的国家标准中选用合适的品种和尺寸。

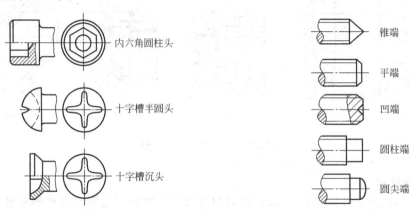

图19-13 螺栓和紧定螺钉的头部　　图19-14 紧定螺钉末端

双头螺柱是螺杆两端均切有螺纹的联接件,其一端与被联接件的螺纹孔相配合,称为座端;另一端与螺母相配合,称为螺母端,如图19-15所示。常用的有等长双头螺柱 GB/T 901—1988《等长双头螺柱　B级》和 GB/T 953—1988《等长双头螺柱　C级》。图19-15(b)、(c)所示分别为不等长双头螺柱A型和B型结构,其螺母端螺纹长度与其直径之比有4种规格,它们的尺寸可分别查阅:GB/T 897—1988《双头螺柱　bm=1d》,一般用于两个钢制被联接件之间的联接;GB/T 898—1988《双头螺柱　bm=1.25d》及 GB/T 899—1988《双头螺柱　bm=1.5d》,一般用于分别为铸铁制和钢制的两个被连接件之间的联接;GB/T 900—1988《双头螺柱　bm=2d》,一般用于分别为铝合金制和钢制的两个被连接件之间的联接和不等长双头螺柱〔见图19-15(b)~(e)〕。图19-15(a)所示等长双头螺柱,其尺寸可查阅〔见图19-15(a)〕。

螺母是带有内螺纹的联接件,如图19-16所示。螺母按形状分为六角螺母、方螺母和圆螺母三类。其中六角螺母应用最为广泛,按其厚薄又分为:标准六角螺母(GB/T 6170—2015《Ⅰ型　六角螺母》),在一般场合使用;六角扁螺母,用于轴向尺寸受到限制的场合;六角厚螺母,用于经常拆装易于磨损处。

垫圈是中间有圆孔或方孔的薄板状零件,如图19-17所示,是螺纹联接中不可缺少的附件,常放置在螺母和被联接件之间。其作用一是增大支承面,以减小接触面上的压强,使螺母受到的

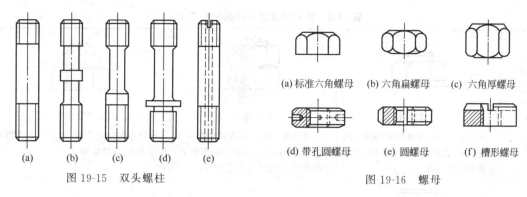

图 19-15　双头螺柱

图 19-16　螺母

压力分布均匀；二是在拧紧螺母时防止被联接件光洁的加工表面受到损伤以及遮盖较大的孔眼。粗制垫圈配粗制螺母；精制垫圈配一般螺母。平垫圈（GB/T 97.1—2002）可以起垫平接触面的作用；弹簧垫圈（GB/T 93—1987）还兼有防松的作用；被联接件表面为斜面时，需要用斜垫圈垫（GB/T 852—1988《工字钢用方斜垫圈》、GB/T 853—1988《槽钢用方斜垫圈》）平接触面，以防止螺栓承受附加弯矩。

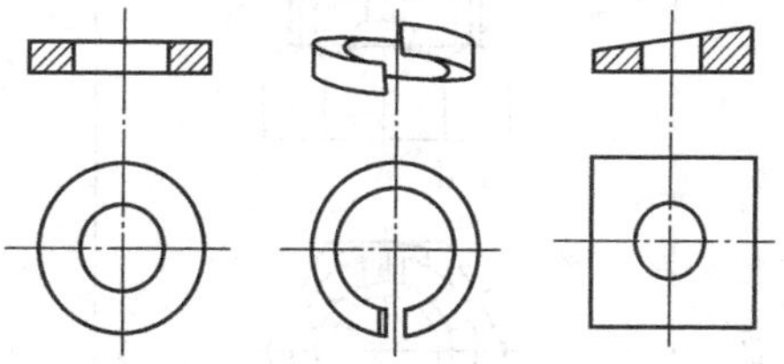

图 19-17　垫圈

四、螺纹联接的预紧和防松

螺纹联接在装配时要拧紧，起到预紧作用，工作时可防止松动。

（一）螺纹联接的预紧

预紧的目的是防止工作时联接出现缝隙和滑移，以保证联接的紧密性和可靠性。拧紧力矩 T（N·mm）和螺栓轴向预紧力 F_0（N）间的关系为

$$T \approx 0.2 F_0 d \tag{19-3}$$

式中，d 为螺纹大径，mm。通常拧紧力矩由操作者手感决定，不易控制，会将直径小的螺栓拧紧，故承载螺栓的直径一般不宜小于 M12。对于重要的螺纹联接，须按式（19-3）计算拧紧力矩，并由测力矩扳手［见图 19-18（a）］或定力矩扳手［见图 19-18（b）］来控制其大小。

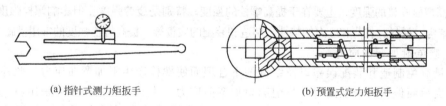

图 19-18　力矩扳手

（二）螺纹联接的防松

在静载和恒温条件下，对于 M10～M64 的普通螺纹联接，螺纹升角 $\gamma = 1.5° \sim 3.5°$，螺旋副的当量摩擦角 $\rho_v \approx 9.8°$，因此满足自锁条件 $\gamma < \rho_v$，自锁可靠，不会松动。但如有冲击、振动、变载或温度变化，会使螺旋副间的预紧力瞬时减小或消失，使联接失去自锁性能而松动。因此，为了确保锁紧，必须采取防松措施。螺纹联接防松的根本问题在于防止螺纹副的相对转动。

常用的螺纹联接的防松方法参见表 19-3。

表 19-3　常用的螺纹联接的防松方法

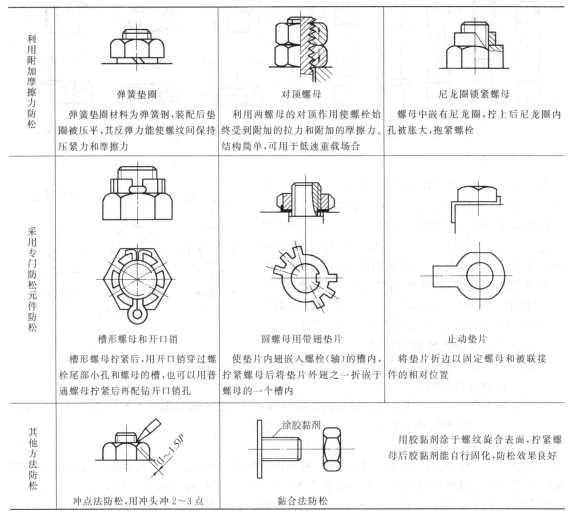

五、提高螺栓联接强度的措施

要提高螺栓联接的强度,主要在于提高螺栓的强度,特别是疲劳强度。但影响螺栓强度的因素很多,例如结构、材料、载荷和应力的特性、制造和装配的质量等。提高螺栓强度的常用措施如下。

(一)避免附加弯曲应力

要尽量避免制造和装配误差以及结构的不合理而使螺栓产生附加弯曲应力。此外,螺母或螺栓头部支承面偏斜或未加工时,将引起附加弯曲应力。为此,在结构上可采用斜垫圈〔见图19-19(a)〕或球面垫圈〔见图19-19(b)〕;在铸件或锻件等未加工表面上安装螺栓时,通常采用凸台〔见图19-19(c)〕或沉头座〔见图19-19(d)〕等结构,经局部加工后可获得平整的支承面以减小附加弯曲的影响。

(二)减小应力集中

螺纹的牙根和收尾、螺栓头部到螺栓杆的过渡处、螺栓杆的截面变化处,都是产生应力集中的部位。因此,在这些部位采用较大的圆角半径以及使螺纹收尾部分平缓过渡,都能减小应力集中。

(三)改进工艺措施

首先,制造螺栓应尽量采用碾压方法,因碾压螺纹是通过材料的塑性变形而形成的,金属

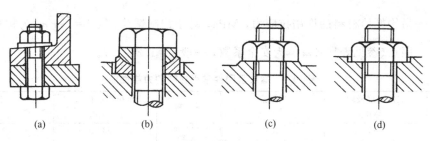

图 19-19 避免附加弯曲应力的结构

纤维不像车削时那样被切断；其次，冷镦头部因冷作硬化而使螺纹表面层留有残余压应力，故螺纹的强度比车削的高。此外螺栓经过氮化、氰化等表面硬化处理，也能提高其强度。

第四节 螺栓联接的强度计算

螺栓联接的强度计算，应首先确定螺栓的受力情况及其失效形式，再按强度条件进行计算。螺栓联接强度计算的方法对双头螺柱联接和螺钉联接也同样适用。

一、螺栓联接的失效形式

螺栓联接可用来传递轴向的或横向的载荷（相对于螺栓的轴线来说）。不论联接的预紧情况和所受载荷的方向如何，螺栓总是受到静的或变的轴向载荷。因此，螺栓的失效形式主要是螺栓螺纹部分的断裂或塑性变形以及螺栓杆的疲劳断裂。如果螺纹的制造精度很低或联接经常装拆时，也可能发生螺纹牙的损坏。实践表明，螺栓受轴向变载荷时各部分损坏的百分比大致如图 19-20 所示。螺栓断裂多发生在螺母支承面上的第 1、2 圈旋合螺纹的牙根处，因其应力集中的影响较大。由此可知，螺栓的螺纹牙根部剖面是危险截面。对于受横向载荷的铰制孔用螺栓联接，其失效形式主要是：螺栓光杆部分的剪断；螺栓光杆部分或被联接件孔接触表面的挤压破坏。

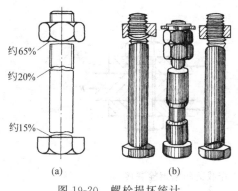

图 19-20 螺栓损坏统计

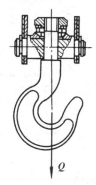

图 19-21 起重吊钩

二、松螺栓联接

松螺栓联接只能承受静载荷，螺栓在工作时才受到拉力 Q 的作用，如图 19-21 所示的起重吊钩的螺栓联接。显然，这是简单的轴向拉伸的问题，其螺纹部分的强度条件为

$$\sigma = \frac{Q}{\frac{\pi d_1^2}{4}} \leqslant [\sigma] \tag{19-4}$$

式中　Q——吊钩的起重量，N；

　　　d_1——吊钩螺纹的小径，mm；

$[\sigma]$——吊钩螺栓材料的许用拉应力,MPa,对于钢制螺栓,$[\sigma]=\dfrac{\sigma_s}{s}$,$\sigma_s$为螺栓材料的屈服点(参见表19-4);$s$为安全系数,一般$s=1.2\sim1.7$。

表 19-4　螺纹紧固件常用材料的力学性能

材　料	抗拉强度极限 σ_b/MPa	屈服点 σ_s/MPa	材　料	抗拉强度极限 σ_b/MPa	屈服点 σ_s/MPa
10	335	205	35	530	315
Q215	335~410	215	45	600	355
Q235	375~460	235	40Cr	980	785

三、受轴向载荷作用的紧螺栓联接

紧螺栓联接在装配时需要拧紧螺母,因此在承受工作载荷前,螺栓已经受到预紧力F_0的作用。此时螺栓危险截面除受到拉应力外,还受到螺纹力矩T_1所引起的切应力τ的作用。对于M10~M68的普通螺纹的钢制螺栓,$\tau\approx0.48\sigma$。钢制螺栓是塑性材料,螺栓受到拉伸与扭转复合应力作用,可按第四强度理论建立强度条件

$$\sigma_v=\sqrt{\sigma^2+3\tau^2}=\sqrt{\sigma^2+3\times(0.48\sigma)^2}=1.3\sigma\leqslant[\sigma]$$

由此可见,紧螺栓联接虽然同时承受拉伸和扭转的联合作用,但在计算时可以将所受到的拉力(不限于预紧力)增大30%来考虑扭转的影响。

(一)承受横向工作载荷的紧螺栓联接

凡是靠摩擦来传递工作载荷的紧螺栓联接(见图19-22),其螺栓只受预紧力F_0的作用。其工作原理是将螺栓均匀预紧后,利用压紧被联接件所产生的摩擦力来平衡外载荷(横向载荷)R。螺栓的最大拉力就是它的预紧力F_0,故螺栓的螺纹强度条件为

$$\sigma_v=\dfrac{1.3F_0}{\dfrac{\pi d_1^2}{4}}\leqslant[\sigma] \tag{19-5}$$

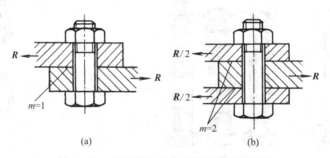

图 19-22　承受横向工作载荷的紧螺栓联接

这类螺栓联接的结构中,螺栓与孔壁之间留有间隙。工作时若接合面之间的摩擦力足够大,则被联接件之间不会发生相对滑动,即螺栓预紧力应满足的条件为

$$zmfF_0\geqslant kR \tag{19-6}$$

因此,螺栓所需的预紧力为

$$F_0\geqslant\dfrac{kR}{zfm} \tag{19-7}$$

上述二式中,z为螺栓的数目;f为接合面之间的摩擦因数;m为被联接件结构中接合面数;k为可靠性系数,一般取$k=1.1\sim1.3$。

图19-23所示的凸缘联轴器的螺栓联接是受横向工作载荷的另一个典型例子。

(二) 承受轴向工作载荷的紧螺栓联接

图 19-24 所示为压力容器的螺栓联接。设容器的内径为 D，容器内流体的压力为 p，其螺栓数目为 z[①]，则凸缘上分布在直径为 D_0 的圆周上的每个螺栓平均承受的轴向工作载荷为

$$F = \frac{\pi D^2 p}{4z}$$

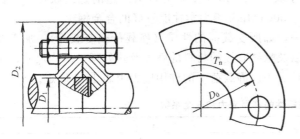
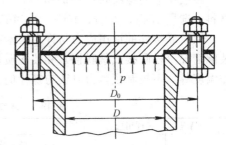

图 19-23　凸缘联轴器中的螺栓联接　　　　图 19-24　压力容器的螺栓联接

在受轴向工作载荷的螺栓联接中，由于螺栓和被联接件的变形，螺栓实际受到的总的轴向拉力 F_Σ 并不等于预紧力 F_0 与工作载荷 F 之和。因为此时螺栓受到的预紧力并非是最初的 F_0，而是减少为 F_0'，称为剩余预紧力或残余预紧力。因此单个螺栓受到的总的轴向载荷为

$$F_\Sigma = F_0' + F = (1+k)F \tag{19-8}$$

为了保证联接的紧密性，以防止联接受载后接合面出现缝隙，应使残余预紧力 $F_0' > 0$。对于有紧密性要求的联接（如压力容器）$k = 1.5 \sim 1.8$；对于一般联接，工作载荷稳定的，$k = 0.2 \sim 0.6$，工作载荷有变化的，$k = 0.6 \sim 1.0$；对于地脚螺栓，一般取 $k > 1$。

因此，螺栓的强度条件为

$$\sigma = \frac{1.3 F_\Sigma}{\frac{\pi d_1^2}{4}} \leqslant [\sigma] \tag{19-9}$$

四、铰制孔用螺栓联接

图 19-25 所示为受横向工作载荷的铰制孔用螺栓联接。铰制孔用螺栓又称精制螺栓，被联接件的孔是经过铰刀铰制过的。其特点是：螺栓光杆与孔壁之间无间隙，

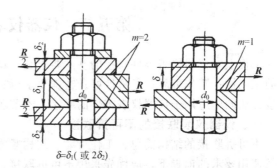

图 19-25　受横向工作载荷的铰制孔用螺栓联接

其接触表面受挤压；在被联接件接合面处，螺栓光杆则受到剪切。其工作原理是依靠挤压和剪切作用来传递横向载荷 R 的，因此应分别按挤压和剪切强度条件进行计算。

螺栓光杆与孔壁的挤压强度条件为

$$\sigma_p = \frac{R}{d_0 \delta_{\min}} \leqslant [\sigma]_p \tag{19-10}$$

螺栓光杆的剪切强度条件为

$$\tau = \frac{R}{m \frac{\pi d_0^2}{4}} \leqslant [\tau] \tag{19-11}$$

[①] 为保证容器接合面密封可靠，允许的螺栓最大间距 $l = \pi D_0 / z$ 为：$l \leqslant 7d$（当 $p \leqslant 1.6\mathrm{MPa}$ 时）；$l \leqslant 4.5d$（当 $p = 1.6 \sim 10\mathrm{MPa}$ 时）；$l \leqslant 4d$（当 $p = 10 \sim 30\mathrm{MPa}$ 时）。式中，d 为螺栓公称直径。确定螺栓数目时应满足上述条件。

上二式中，d_0 为螺栓光杆的直径，mm；δ_{min} 为螺栓光杆与被联接件孔壁之间接触受挤压的最小高度（沿螺栓轴向），mm；m 为螺栓光杆的剪切面数目；$[\sigma]_p$ 为螺栓光杆的许用挤压应力，MPa；$[\tau]$ 为螺栓光杆的许用剪切应力，MPa。

五、螺纹联接件的材料和许用应力

一般用途的螺纹联接件的材料，已列于表 19-4。对于重要的特殊用途的螺纹联接件，其材料可选用 15Cr、20Cr、40Cr、15MnVB、30CrMnSi 等力学性能较好的合金钢。

螺纹联接件的许用应力与许多因素有关，如所受载荷的性质（静载荷或变载荷）、加工及装配情况（松联接或紧联接）和装配质量以及螺纹联接的材料的牌号及热处理、结构尺寸、工作温度等，不控制预紧力时还与螺栓的直径有关。静载荷下的许用应力由表 19-5 确定。

表 19-5　螺纹联接件的许用应力和安全系数

受载情况	许用应力			安全系数 S		
受拉螺栓	$[\sigma]=\sigma_s/s$	松联接		1.2～1.7		
		紧联接	控制预紧力	1.2～1.5		
			不控制预紧力	材料	螺栓直径	
					M6～M16	M16～M30	M30～M60
				非合金钢	4～3	3～2	2～1.3
				合金钢	5～4	4～2.5	2.5
受剪螺栓	$[\tau]=\sigma_s/s$	剪切		2.5		
	$[\sigma]_p=\sigma_s/s$	挤压		2.5（被联接件材料为钢）		
	$[\sigma]_p=\sigma_b/s$			2～2.5（被联接件材料为铸铁）		

第五节　仪器仪表零件的联接

工程上对仪器仪表零件联接的基本要求是：具有一定联接强度；满足要求的位置精度；良好的工艺性；工作可靠；经济性好；特殊要求（如气密性、导电性及绝缘性等）。本章前述各种联接方法同样适用于仪器仪表零件的联接，本节还将简要介绍一些特殊的联接方法。

一、仪器仪表联接的不可拆联接

不可拆联接的结构简单、工作可靠、结构紧凑、成本低廉。在不影响仪表制造、装配、检修及使用要求的前提下，应优先采用不可拆联接。下面介绍几种常用的不可拆联接。

（一）焊接

焊接（welding）是将被联接的金属零件的联接部分加热到熔化温度，冷却后就联接成一体。焊接按加热方法分为气焊和电焊。气焊用乙炔-氧焰加热零件，仪器制造中应用较少。电焊在仪器仪表中应用较为广泛，它又分为电弧焊和电阻焊。

(1) 电弧焊　电弧焊（arc welding）是利用两个相距很近的电极放电产生高温，将被联接零件加热到熔化状态。图 19-26 (a) 所示为用电弧焊焊接铝线；图 19-26 (b) 为用电弧焊焊接铜线和铂线；热电偶也常用电弧焊焊接。

(2) 电阻焊　电阻焊又称接触焊或称压焊，是利用电流在焊接件接触处局部加热、加压，使金属在短时间内局部熔融而达到联接的目的，如图 19-27 所示。这种利用被联接件本身的金属焊接，并不是所有的金属相

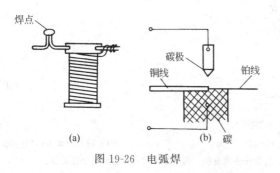

图 19-26　电弧焊

互之间都能实现的，所以在决定是否采用电阻焊之前，应特别注意焊接件材料的可焊性（可查阅有关设计资料）。

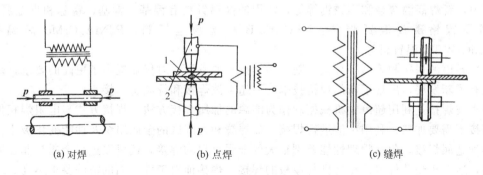

(a) 对焊　　　　　(b) 点焊　　　　　(c) 缝焊

图 19-27　电阻焊
1—工件；2—电极

电阻焊根据焊缝形状的不同，又分为对焊、点焊、缝焊，如图 19-27 所示。对焊常用于对接不同种类金属与合金的各种断面的零件；点焊主要用于薄壁零件的联接；缝焊又称滚焊，可以获得气密性联接。

(3) 钎焊　钎焊（Brazing）是利用比被焊接零件熔点低的金属或合金作为钎料，钎焊时将钎（焊）料和被焊接零件一起加热至稍高于钎料熔点的温度，被焊零件本身并不熔化，液态的钎料充满焊接表面之间的缝隙，液态钎料润湿被焊零件表面、填充接头间隙并与被焊零件相互溶解和渗透，冷却后形成一定强度的焊缝从而将两个零件联接在一起。钎焊接头的强度与接合面大小有关，钎焊接头一般采用搭接接头，设计时还要考虑钎焊接件的装配定位和钎料的安放等，如图 19-28 所示。钎焊前，必须清除焊接表面上的污垢及氧化物。为了防止焊接表面加热时重新氧化，要添加焊剂。常用的焊剂有保护性焊剂（如松香等）和腐蚀性焊剂（如硼砂、氯化锌溶液及焊锡油等）。

钎料的熔点必须低于被焊接材料的熔点。钎料按熔点高低分为软钎料（熔点低于 450℃ 的钎料）、硬钎料（熔点高于 450℃ 的钎料）及高温钎料（熔点高于 950℃ 的钎料）。软钎料有锡基、铅基（熔点低于 150℃，一般用钎焊铜及铜合金，耐热性好，耐腐蚀性较差）、锌基、镉基（是软钎料中耐热性最好的，熔点 250℃）等钎料；硬钎料有铝基、银基、铜基、镍基等钎料；常用的软钎料有：Sn-Pb 焊料，主要用于焊接导电元件（见图 19-29），牌号可查阅 GB/T 8012—2013《铸造锡铅焊料》；Cd（镉）钎料，主要用于钎接弹性元件等。常用的硬焊料有 Cu-Zn 合金焊料、

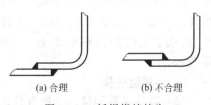

(a) 合理　　(b) 不合理

图 19-28　钎焊搭接接头

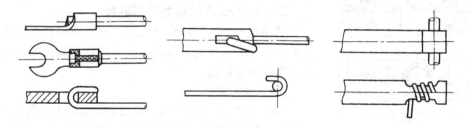

图 19-29　导电元件的焊接

Ag-Cu-Zn 合金焊料,银焊料比铜焊料的强度高(可达到被焊接零件的强度)、塑性好、导电性好,但价格亦贵。高温钎料广泛应用于航空工业、火箭、喷气发动机、原子能工业和民品工业生产中,钎焊高温合金和不锈钢等等,常用的高温钎料有镍基、铜基、锰基和贵金属钎料,如镍磷及镍铬磷高温钎焊料、Ni-Cr-Co-B 高温镍基钎料、PdNiAgCrMo 高温钎料、BCo45NiCrWB 高温钎料等。

(4) 超声波焊接和等离子焊接　随着科学技术的发展,对仪器提出了更高的要求,焊接技术上也有了新发展,出现了新的焊接技术——超声波焊接和等离子焊接。

超声波焊接是利用超声频机械振动作为能源的加压焊接方法。焊接方式与电阻焊相似。超声波焊接不需要加热,利用声能进行焊接,故焊缝和近焊区的金属组织及性能变化极小,可以进行异种金属焊接,包括物理性能差别很大的金属材料的焊接,还可以进行金属与非金属材料的焊接,适合于超薄件以及超薄件与厚板的焊接。焊接前对工件表面的清洗要求不高。

等离子焊接是以等离子束流为能源的焊接新工艺。惰性气体在高热或射线照射下产生电离,而被电离的正离子与负离子又去冲击中性原子使之继续电离。随着温度的升高,气体不断电离,形成一种含有带电离子——正离子与负离子的浓度几乎相等及少量混合气体的物质,称作离子态物质。这种离子态物质需经等离子弧发生器产生高温等离子弧才能用于焊接。等离子弧焊具有良好的导电性、导热性和稳定性,热影响区域小,调节范围广,穿透能力强、熔深很大、机械冲击力很大,目前广泛用于不锈钢、铜、铝及其合金的大厚度切割,各种合金钢及铜合金等中厚度及铝薄板的焊接,各种耐磨损、耐腐蚀、耐高温的特殊合金的堆焊。

(二) 胶接

胶接 (bonding) 是用胶黏剂将零件联接在一起。黏附现象的机理是胶黏剂与被联接零件表面的分子、原子和离子的相互引力作用。

胶黏剂按化学成分分为两类:无机胶黏剂,不适于胶接金属零件;有机胶黏剂,又包括天然胶黏剂与合成胶黏剂。仪器仪表中主要用合成胶黏剂胶接金属零件和非金属零件,常用的结构胶黏剂有:甲醇胶(不适于胶接铜及铜合金)、树脂胶(主要用于塑料等非金属零件的胶接)、有机玻璃用胶(胶接强度与被胶接的有机玻璃的强度相同)、光学零件用胶(主要用于透镜和棱镜的组合)。在选用时要先查阅有关资料,了解胶黏剂的性能及适用范围。

(三) 其他联接

铸合联接又称塑接,是把有特殊性能(如强度高、导电性好等)的嵌件铸在基件中,基件通常是可铸造的金属材料,也可以是非金属材料,如塑料、玻璃、陶瓷等。压合联接是靠零件的过盈配合使零件联接成一体的,它精度高、强度高,结构简单,但轴和孔的加工要求高。铆接是利用铆钉或被联接零件上起铆钉作用的部分的塑性变形将零件联接为一体的。

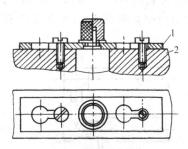

图 19-30　速拆联接
1—孔盖；2—箱体

二、仪器仪表联接的可拆联接

仪器仪表中,要求在装配、调整、使用和维护时反复拆装的零件,应采用可拆联接。除前述各类联接外,还常用速拆联接和夹紧联接。

(一) 速拆联接

速拆联接又称凸块联接,在被联接零件上分别加工成凸块和切口,靠凸块和切口起联接作用,最突出的优点是拆装方便、快捷。图 19-30 所示为孔盖的凸块联接,当需要拆下孔盖 1 时,只需松动螺钉（不必拧下来），将盖右移少许即可取下。再如灯泡与灯座的联接也是凸块联接。

（二）夹紧联接

夹紧联接是靠夹紧零件产生的摩擦力实现被联接零件的联接的，适用于经常拆装、调整的场合。常用的夹紧方法如图 19-31 所示。

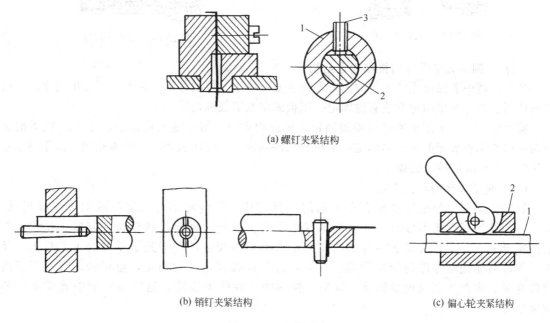

图 19-31　夹紧联接
1，2—工件；3—螺钉

三、光学零件的固定

光学仪器中光学零件的固定，可用机械固定或胶接固定。光学零件的形状有圆形和非圆形，圆形光学零件包括透镜、分划板、滤光镜和圆形保护玻璃等；非圆形光学零件包括各种棱镜、反射镜和非圆形保护玻璃等，它们的固定方法也有所不同。

（一）圆形光学零件的机械固定

圆形光学零件的机械固定方法有辊边法、压圈法、电镀法和特殊固定法。

辊边法主要是利用金属镜框的局部塑性变形达到固定光学零件的目的。此法是先在镜框上加工出很薄的边缘，把透镜装入后，再经辊边把透镜包住，如图 19-32 所示。一般用于直径在 50mm 以下透镜的固定。

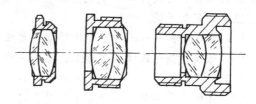

图 19-32　辊边法固定

压圈法用于固定直径较大（多为40mm以上）、厚度也较大的光学零件，如图19-33所示。螺纹压圈有外螺纹压圈与内螺纹压圈两种，外螺纹压圈易于加工，用得较为普遍，由于压圈本身会挡光线，因此小直径光学零件很少用它固定。

电镀法主要用于固定直径极小的透镜（如显微镜的前片）。用电镀法固定透镜时，先把透镜装入相应的镜框内，然后再镀一层金属，如图19-34所示。

圆形光学零件还可采用其他方法固定，如用弹性卡环、片簧等方法固定；小直径的光学零件则可将胶液涂抹在镜片的圆柱形侧面上固定，这里不赘述。

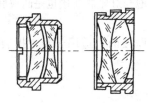
图 19-33 压圈法固定

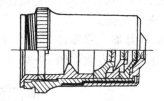
图 19-34 电镀法固定

(二) 非圆形光学零件的机械固定结构

光学仪器中非圆形光学零件的固定方法主要取决于零件的外形、在光学系统中的作用及仪器的使用条件。常用固定方法有键固定、压板固定及平板和角铁固定。

键固定——主要用于道威棱镜的固定；压板固定——用于通光孔直径在 25mm 以下的具有两平行非工作表面的棱镜的固定；平板和角铁固定——与压板法固定基本相同，用于高度不超过20～25mm 的棱镜的固定。

(三) 光学零件的胶接固定

胶接就是利用胶把棱镜黏合在一起的联接方法。胶接时不需要加热或加热温度很低，能保证零件物理性能不致改变，薄壁零件也不产生变形，且能得到气密性联接。光学零件的胶接分为光学零件与光学零件的胶接（生产上称为胶合，属于光学零件的工艺范围）及光学零件与非光学零件的胶接固定。光学零件的胶接固定结构简化，重量轻；有利于提高成像质量；生产工艺及设备简单。但是，胶的物理性能不稳定，这将直接影响光学系统的成像质量。

本 章 小 结

联接是将 2 个或 2 个以上的零件联成一体的结构。联接按可分为不可拆联接、可拆联接和过盈配合联接三大类型。要求了解各种类型的不同零件的联接方法。

(1) 平键联接是最重要的键联接，平键的两侧面为工作面。平键是标准件，一般根据轴的直径从标准中选取平键宽度 b（同时也选定了高度 h），键的长度 L 应略小于轮毂长度，并与其长度系列相符。普通平键的失效形式是键和键槽表面被压溃，所以要进行挤压强度校核。导向平键联接和滑键联接失效形式是工作面磨损，所以要进行压力校核。二者强度计算公式相似，但意义完全不同。

(2) 销联接主要有三个方面的用途：定位、联接、安全装置。

(3) 螺纹联接有四种基本类型：螺栓联接、双头螺柱联接、螺钉联接、紧定螺钉联接，主要了解它们的结构形式、各应用在什么场合。

(4) 螺栓的预紧是为了防止工作时松动，而螺纹联接的防松原理就是阻止内、外螺纹间产生相对运动，防松方法主要有利用摩擦力防松、利用机械元件防松和永久性防松三大类。

(5) 螺栓联接的失效形式主要是：螺栓杆的剪断；螺栓光杆部分或被联接件孔接触表面的挤压破坏。掌握各种螺栓联接的强度计算公式及应用。提高螺栓联接强度可采取三个方面的措施：避免附加弯曲应力、减小应力集中、改进工艺措施。

(6) 精密机械及仪器仪表的联接方法，除了普通机械常用的联接方法外，还常用焊接、钎焊、胶接等不可拆联接以及速拆联接、夹紧联接等可拆联接。

(7) 光学零件根据结构形状的不同，可采用不同的联接方法，圆形零件可采用辊边法、压圈法、电镀法等机械方法固定；非圆形零件常用固定方法有键固定、压板固定及平板和角铁固定。还有就是胶接，胶接就是利用胶把棱镜黏合在一起的联接方法。

思 考 题

19-1 联接可分为哪几类？
19-2 键怎样分类？其工作表面分别有哪些？怎样选择键？
19-3 销有哪些类型？销联接有哪些用途？举例说明。
19-4 螺纹是怎样形成的？怎样进行分类？螺纹的主要参数有哪些？
19-5 螺纹联接包括哪几种类型？各用在什么场合？
19-6 螺纹联接中预紧的目的是什么？预紧力如何确定？螺纹联接的防松措施有哪些？
19-7 螺纹联接的失效形式有哪些？怎样提高螺栓联接的强度？
19-8 精密机械和仪器仪表零件常用的不可拆联接和可拆联接的方法有哪些？
19-9 光学零件常用的联接方法有哪些？

习 题

19-1 某轴轴端安装一个钢制齿轮，已知轮毂宽 $B=1.2d$，轴端直径 $d=60\text{mm}$，轴的材料为 45 钢，工作有轻微冲击，静联接。试确定该普通平键联接的尺寸，并计算能传递的最大转矩。

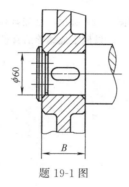

题 19-1 图

19-2 如图所示为一拉杆的螺栓联接。已知拉杆所受的载荷 $F=50\text{kN}$，载荷稳定，拉杆的材料为 Q235。试设计此螺栓联接。

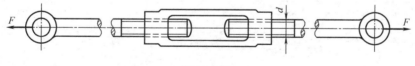

题 19-2 图

19-3 如图所示，3 块钢板采用 2 个 M16 的普通螺栓联接的结构，以传递横向载荷 **R**。联接螺栓材料的许用拉应力 $[\sigma]=120\text{MPa}$，被联接件接合面之间的摩擦因数 $f=0.16$。试求该联接所能传递的最大横向载荷 **R** 是多少？

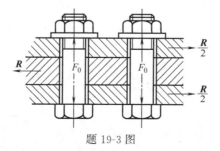

题 19-3 图

*19-4 如图所示的凸缘联轴器，材料为HT300，用4个普通螺栓联接（图中联轴器的上半部所示），不控制预紧力。已知螺栓中心圆直径 $D_0=150\text{mm}$，联轴器传递的转矩 $T=1.5\text{kN}\cdot\text{m}$，螺栓材料为Q235钢。试确定螺栓的直径。

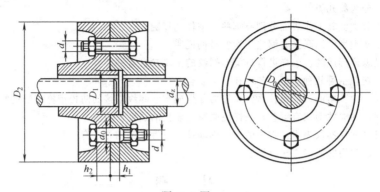

题 19-4 图

*19-5 已知条件同习题19-4。若改用6个铰制孔用螺栓联接（如图联轴器的下半部所示），试确定螺栓的直径。

*19-6 某汽缸盖用普通螺栓联接，如图19-24所示。已知缸体内最大工作压强 $p=1\text{MPa}$，缸体的内径 $D=250\text{mm}$，用12个螺栓联接，控制预紧力。试确定此螺栓的直径。

第二十章　挠性件传动

挠性件传动是指通过中间挠性件（带或链）来传递运动和动力的传动装置，挠性件传动包括带传动和链传动，适用于两轴中心距较大的场合，具有结构简单、成本低廉等优点。本章将主要介绍普通 V 带传动及套筒滚子链传动的基本知识。

第一节　带传动的理论基础

带传动（belt driving）是各种机器中广泛应用的一种传动装置。带传动是靠摩擦力工作的，是一种有中间挠性件的摩擦传动（frication driving）。带传动中，普通 V 带传动是应用最广泛的一种。

一、带传动的类型、特点及应用

带传动由主动带轮 1、从动带轮 2 和挠性传动带 3 所组成，如图 20-1 所示。将传动带紧套在带轮上，使传动带和带轮的接触面间产生压紧力（即正压力）。当驱动力矩使主动带轮转动时，靠主动带轮与传动带接触面之间的摩擦力来驱动传动带，而传动带又靠摩擦力使从动带轮克服摩擦力矩而转动。这样，主动轴上的运动和动力，便经传动带传递给从动轴。

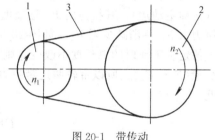

图 20-1　带传动
1—主动带轮；2—从动带轮；3—挠性传动带

（一）带传动的类型

带传动的类型取决于传动带的类型，根据传动带（driving belt）横截面形状可分为如下类型（见图 20-2）。

（1）平带　平带（flat belt）的横截面为矩形，工作面为内表面，工作时带的环形内表面与带的轮缘相接触。常用的平带有胶帆布平带、编织带等，如图 20-2（a）所示。需要时可查阅 GB/T 11358—1999《带传动　平带和带轮　尺寸和公差》。

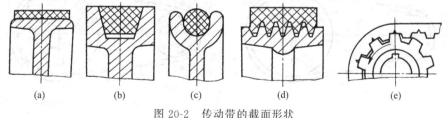

图 20-2　传动带的截面形状

（2）V 带　V 带（V-belt）是横截面为等腰梯形的无接头环形带，工作面为两个侧面，带工作时两个侧面与轮槽侧面相接触，如图 20-2（b）所示。V 带又有普通 V 带和窄 V 带之分。本节只介绍普通 V 带的标准和普通 V 带带轮。

（3）圆带　圆带（round belt）的横截面为圆形或近似圆形，如图 20-2（c）所示。因它传递功率的能力小，所以较多应用于低速轻载传动，如家用缝纫机、精密机械与仪器仪表中。

（4）联组 V 带　联组 V 带是将几根相同的普通 V 带或窄 V 带的顶面用胶帘布等距离粘接而成，如图 20-2（d）所示，有 2 根、3 根、4 根或 5 根联成一组，其结构紧凑、工作寿命长，并适用于高速传动（联组窄V带 $v=35\sim45\text{m/s}$），故常用于传递大功率又要求结构尺寸较紧凑的场合。

（5）同步带　同步带（synchronous belt）是横截面为矩形、内表面具有等距横向齿的环形传动带，如图 20-2（e）所示。它与同步带轮组成啮合传动，其同步运动和动力是通过带齿与轮齿相啮合传递的。因其具有传动比恒定、效率较高等优点，故应用日益广泛。

（二）带传动的特点及应用

带传动和齿轮传动比较，其主要优点是：由于传动带（简称带）具有弹性，故能缓和冲击、吸收振动，传动平稳无噪声；结构简单、制造、维护方便，成本较低；过载时，带在轮缘上会打滑，不致损坏其他零件，可起安全保护作用；适应于两轴中心距较大的场合。

带传动的主要缺点是：由于带工作时有弹性滑动，故传动比不准确；传动效率较低；作用在轴上的力较大；外廓尺寸较大等。

带传动主要用于 70kW 以下的中、小功率，带速为 $5\sim30\text{m/s}$，传动比不要求准确的机械中。带传动中，普通V带传动应用最广泛。本章着重讨论普通V带传动。

二、带传动的受力分析

安装时是将环形带紧套在两个带轮的轮缘上的。静止时，带绕过带轮上下两边的拉力相等，均为初拉力 F_0，如图 20-3（a）所示。工作时，若主动带轮以转速 n_1 转动，由于带和轮缘的接触面上摩擦力［作用在带上的摩擦力方向如图 20-3（b）所示］的作用，使从动带轮以转速 n_2 转动。这时带两边的拉力发生了变化，带绕入主动带轮的一边被进一步拉紧，称为紧边（或称主动边），其拉力由 F_0 逐渐增加到 F_1；另一边则被放松，称为松边（或称从动边），其拉力由 F_0 逐渐减少到 F_2，如图 20-3（b）所示。

假定带工作时的总长度不改变，则紧边拉力的增加量（F_1-F_0）近似地等于松边拉力的减少量（F_0-F_2）。所以带轮两边带拉力之差称为带传动的有效拉力 F，即带所传递的圆周力。因此

$$F=F_1-F_2=\frac{1000P}{v} \tag{20-1}$$

式中　P——带传动所传递的功率，kW；

v——带的速度，m/s。

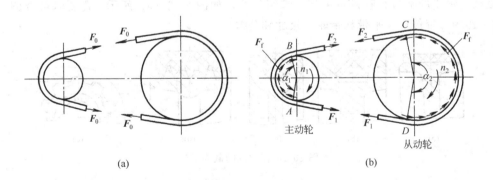

图 20-3　带传动的受力分析

在初拉力 F_0 一定的条件下，如果带所传递的圆周力 F 超过带与带轮接触面间的极限摩擦力时，带会在轮缘上打滑，带传动丧失正常的工作能力，应设法避免。

带在轮缘上即将打滑时紧边拉力 F_1 和松边拉力 F_2 的关系，可用欧拉公式表示，即

$$F_1=F_2\text{e}^{f\alpha} \tag{20-2}$$

式中 e——自然对数的底，$e \approx 2.71818$；

f——带与带轮之间的摩擦因数（对于 V 带传动，用当量摩擦因数 f_v 代替 f）；

α——带轮的包角（即带与带轮接触弧所对的圆心角），这里应为小带轮的包角 α_1，rad。

带的有效拉力 F，即传递的圆周力，也可用欧拉公式表示为

$$F = \frac{2F_0(e^{f\alpha}-1)}{e^{f\alpha}+1} \quad (20\text{-}3)$$

由式（20-3）可知，带的有效拉力 F 的数值与带和带轮接触面之间的摩擦因数 f、包角 α 及初拉力 F_0 的大小有关。显然，f、α、F_0 大，F 也大。在一定的条件下 f 为一定值，若 F_0 一定，则 F 取决于小带轮的包角 α_1。为了提高带传动的工作能力，α_1 不能太小（对于 V 带传动，通常取 $\alpha_1 \geqslant 120°$）。若 f 和 α_1 一定，则 F 取决于 F_0，但 F_0 过大，会使带过分拉伸而降低其使用寿命，同时会使作用在轴上的力过大。

下面对平带传动和 V 带传动的工作能力进行比较（见图 20-4）。当平带传动和 V 带传动在同等条件下工作，即带的张紧力同为 Q，带与带轮之间的摩擦因数同为 f，带与带轮接触弧上产生的极限摩擦力分别为

平带传动 $\qquad F_f = fN = fQ$

V 带传动 $\qquad F_{fV} = 2fN = \dfrac{fQ}{\sin\left(\dfrac{\varphi}{2}\right)} = f_v Q$

式中 φ——普通 V 带带轮轮槽楔角；

f——摩擦因数；

f_v——当量摩擦因数。

当 $\varphi = 32° \sim 38°$ 时，$f_v = (3.63 \sim 3.07)f$，即在同等条件下，V 带传动的承载能力是平带传动的 3 倍。因此，V 带传动广泛用于动力传动。

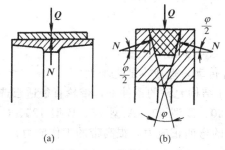

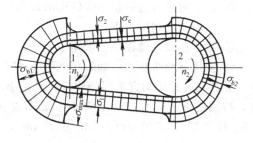

图 20-4 平带传动与 V 带传动的工作能力比较

图 20-5 带工作时的应力分布示意

三、带传动的应力分析

运行时带所受的应力有：工作拉应力 σ_1 或 σ_2、离心拉应力 σ_c、带的弯曲应力 σ_{b1} 或 σ_{b2}。上述三部分应力是叠加的，当带经历带轮各个位置时，带中应力不断循环变化，当应力循环次数超过一定数值时，将导致带疲劳破坏。如图 20-5 可以看出，带受到的最大应力发生在由紧边进入小带轮处，其应力值为

$$\sigma_{\max} = \sigma_1 + \sigma_c + \sigma_{b1} \quad (20\text{-}4)$$

四、带传动的弹性滑动和打滑

前已述及，带传动是摩擦传动。由于带具有弹性（elasticity），受到拉力后要产生弹性变

形,由第七章可知,在弹性范围内,构件受到的拉力与变形量成正比,从而导致带传动产生弹性滑动,甚至可能产生弹性打滑。

(一) 弹性滑动

带传动工作时,由于带紧边拉力 F_1 大于松边拉力 F_2,因此紧边的弹性变形量比松边的大。如图 20-3 (b) 所示,当带在主动轮上自 A 点转到 B 点的过程中,带所受的拉力由 F_1 逐渐减小到 F_2,带的弹性变形量也随之逐渐减小,即带随之逐渐后缩,因而其线速度 v 落后于主动带轮轮缘的圆周速度 v_1,此时带与主动轮轮缘之间发生 (向后) 微量相对滑动。同理,在从动带轮上也发生上述现象,只不过情形相反,带的线速度 v 大于从动带轮轮缘的圆周速度 v_2。这种由于带的弹性变形而引起的相对滑动,称为弹性滑动 (elastic slide)。显然弹性滑动是摩擦传动中不可避免的一种物理现象。

由于带传动的弹性滑动,使从动带轮的圆周速度低于主动带轮的圆周速度,从而使带传动的传动比不准确;使传动效率降低,并引起带的磨损。

(二) 弹性打滑

当外载荷过大,要求传递的圆周力大于带与带轮接触弧上的极限摩擦力时,带将沿带轮表面产生全面滑动,这种滑动称为弹性打滑,简称打滑 (skid)。打滑将造成带的严重磨损,并使带的运动处于不稳定状态,导致带传动失效。打滑首先发生在小带轮上。

弹性滑动和打滑是两个不同的概念。弹性滑动是由于摩擦传动的性质决定的,带受力必然产生弹性变形,只要传递圆周力,必然会发生弹性滑动,所以它是不可避免的;而打滑是由过载引起的,是可以避免的。

五、提高带传动工作能力的措施

带传动的失效形式主要是:带在轮缘上打滑而丧失工作能力;带在变应力作用下,由于疲劳而产生脱层和断裂。据此,并结合式 (20-3) 等可知,在工作条件不改变的情况下,可以采取以下措施提高带传动的工作能力。

① 增大带与带轮之间的摩擦因数,如采用铸铁带轮,以 V 带代替平带。
② 增大包角 (指带在小带轮上的包角)。
③ 适当增大初拉力 F_0。
④ 尽量使带传动在最佳带速下工作,一般带速 $v=5\sim30\mathrm{m/s}$。
⑤ 采用新型带传动,如采用联组 V 带、同步带等传动,但成本随之增大。

此外,高速传动宜采用轻质带,以减小离心力;在结构允许的条件下,带轮直径适当选大些,特别是小带轮直径,不应小于最小直径 (Y 型 20、Z 型 50、A 型 75、B 型 125、C 型 200、D 型 355、E 型 500,单位均为 mm),以降低带的弯曲正应力,提高带的工作能力。

第二节 普通 V 带标准和普通 V 带轮

V 带和 V 带轮有两种宽度制,即基准宽度制 [见图 20-6 (a)] 和有效宽度制 [见图 20-6 (b)]。基准宽度制是以基准线的位置和基准宽度 b_d 来定义带轮的槽型和尺寸的,当 V 带的节面与带轮的基准直径重合时,带轮的基准宽度即为 V 带节面在轮槽内相应位置的槽宽,用以表示轮槽截面的特征值。它不受公差影响,是 V 带与 V 带轮标准化的基本尺寸。

V 带分为普通 V 带 (采用基准宽度制)、窄 V 带 (采用基准宽度制和有效宽度制)。本书只简单介绍普通 V 带的标准和普通 V 带带轮。窄 V 带传动可查阅 GB/T 13575.1—2008《普通和窄 V 带传动 第 1 部分:基准宽度制》和 GB/T 13575.2—2008《普通和窄 V 带传动 第 2 部分:有效宽度制》。

一、V 带的结构和普通 V 带标准

我国的 V 带结构、型号和尺寸都早已标准化［GB/T 11544—2012《带传动 普通 V 带和窄 V 带尺寸（基准宽度制）》］，并按国家标准组织专业工厂大批量生产。

（一）V 带的结构

V 带的结构如图 20-7 所示，它是由顶胶层 1、抗拉层 2、底胶层 3 和包布层 4 组成。包布层由胶帆布制成，形成 V 带外壳，起保护作用；顶胶层和底胶层主要由橡胶构成，顶胶层在带弯曲时被拉伸，底胶层在带弯曲时被压缩；抗拉层则由几层胶帆布或一排粗线绳构成，分别称为帘布芯 V 带［见图 20-7（a）］和绳芯 V 带［见图 20-7（b）］。前者制造方便，抗拉强度较高，型号齐全，应用较广；后者带体较柔软易弯曲，适用于带轮直径较小、载荷不大和转速较高的场合。

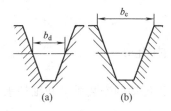

图 20-6 V 带的两种宽度制

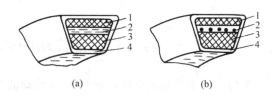

图 20-7 V 带的结构
1—顶胶层；2—抗拉层；3—底胶层；4—包布层

（二）普通 V 带标准

普通 V 带按其截面尺寸由小到大分为 Y、Z、A、B、C、D、E 七种，其承载能力也逐渐增大。普通 V 带的楔角 θ 均为 40°。

普通 V 带在规定的张紧力下，位于测量带轮基准直径上的周线长度，称为基准长度，以 L_d 表示。普通 V 带的基准长度：Y 型带为 200～500mm，Z 型带为 406～1540mm，A 型带为 630～2700mm，B 型带为 930～6070mm，C 型带为 1565～10700mm，D 型带为 2740～15200mm，E 型带为 4660～16800mm。各种型号普通 V 带的截面尺寸和基准长度可查国家标准 GB/T 11544—2012《带传动 普通 V 带和窄 V 带尺寸（基准宽度制）》。

型号为 A 型、基准长度 L_d=1430mm 的普通 V 带，标记为：

A1430 GB/T 11544—2012

二、带轮材料

带轮常用铸铁制造，有时也采用钢或非金属材料（塑料、木材）制造。铸铁带轮（HT150、HT200）允许的最大圆周速度为 25m/s。如果速度更高时，可采用铸钢或铝合金。而在功率较小、转速较低的场合可采用塑料或铸铝带轮，但带传动的带与带轮之间的摩擦因数有所降低。

三、普通 V 带轮的结构

带轮由三部分组成：轮缘（用以安装带）、轮毂（用以安装轴）、轮辐或辐板（联接轮缘与轮毂）。带轮的直径较小时，可采用实心式，如图 20-8（a）所示；中等直径的带轮可采用辐板式［见图 20-8（b）］或孔板式［见图 20-8（c）］；直径大于 350mm 时，可采用轮辐式，如图 20-8（d）所示。

由于普通 V 带的楔角为 40°，为保证带与带轮工作面接触良好，带轮轮槽槽角规定为 32°、34°、36°和 38°。设计时根据普通 V 带的型号和带轮基准直径 d_d 来确定带轮轮槽槽角。普通 V 带带轮轮缘尺寸（基准宽度制）可查阅国家标准 GB/T 10412—2002。《普通 V 带和窄 V 带带轮（基准宽度制）》。

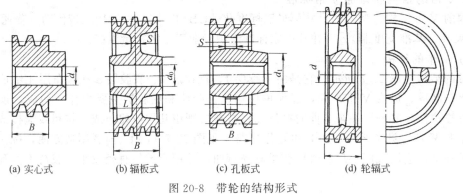

(a) 实心式　　(b) 辐板式　　(c) 孔板式　　(d) 轮辐式

图 20-8　带轮的结构形式

第三节　带传动的张紧、安装和维护

V带传动的张紧程度直接影响到V带传动的工作质量，V带传动的安装质量和维护水平，既影响V带传动的工作质量，还影响带的工作寿命。

一、V带传动的张紧

为了使带与带轮接触面间产生足够的摩擦力，带在安装时，必须以一定的拉力张紧在带轮上；带使用一段时间后，因永久伸长而松弛，使带的张紧力降低，传动能力下降，所以要设法重新张紧。常见的张紧方法见表20-1。

表 20-1　带传动的张紧方法

张紧	中心距可调		中心距不可调
定期张紧	适用于两轴水平或倾斜不大的传动	适用于垂直或接近垂直的传动	张紧轮装于松边内侧以免反向弯曲降低带寿命
自动张紧	常用于中小功率传动		张紧轮装于松边外侧靠近小轮，以增大包角

二、V 带传动的安装

为便于装拆，带轮宜悬臂装于轴端；在水平或接近水平的同向传动中，一般使带的紧边布置在下、松边布置在上，以增大带在小带轮上的包角；安装时两轴必须平行，两个带轮的轮槽必须对准，以避免带的扭曲导致磨损加剧、寿命缩短。

三、V 带传动的维护

多根 V 带传动时，若其中一根带松弛或损坏，必须成组更换，不能新旧带并用，以免长短不一而受力不均。带应避免与酸、碱、油类等接触，也不宜在阳光下暴晒以免老化。带传动应加防护罩，以保安全。

第四节 套筒滚子链传动

链传动（chain driving）是由装在平行轴上的主动链轮 1、从动链轮 2 和环形链条 3 组成，如图 20-9 所示，链条是中间挠性件。依靠链条与链轮轮齿的啮合来传递运动和动力。传动链分为套筒滚子链（如图 20-9 所示中的 3）和齿形链（见图 20-10）。

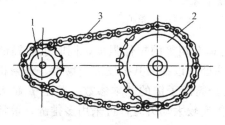

图 20-9 套筒滚子链传动
1—主动链轮；2—从动链轮；3—环形链条

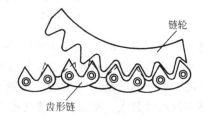

图 20-10 齿形链传动

一、链传动的特点和应用

与带传动相比，链传动没有弹性滑动和打滑，能保持准确的平均传动比；需要的张紧力小，作用在轴上的压力也小；因多齿啮合，故能传递较大功率且效率较高；与齿轮传动相比，链传动的制造与安装精度要求较低；中心距较大时其传动结构简单。

链传动的主要缺点是：瞬时链速和瞬时传动比不是常数，因此传动平稳性较差，工作中有一定的冲击和噪声。

由于上述特点，链传动适用于要求工作可靠，且两轴中心距较大、平均传动比准确或工作温度较高、有油污等恶劣环境。广泛应用于矿山机械、石油化工机械、农业机械及摩托车中。

通常，套筒滚子链传动的传动比 $i \leqslant 6$，常用 $i \leqslant 3.5$，传递功率 $P < 100$kW，链速 $v < 15$ m/s，传动效率 η 约为 $0.95 \sim 0.98$，是生产中应用较广泛的传动之一。齿形链又称无声链（需要时可查阅 GB/T 10855—2003《齿形链和链轮》），它运转平稳，速度高（可达 40m/s 以上），噪声小，承受冲击载荷能力高，但结构复杂、价格贵，主要用于高速或运动精度和可靠性要求较高的传动中。

二、套筒滚子链的结构和标准

我国套筒滚子链早已实行标准化（GB/T 1243—2006《传动用短节距精密滚子链、套筒链、附件和链轮》、GB/T 5269—2008《传动与输送用双节距精密滚子链、附件和链轮》），并由专业工厂按国家标准组织大批量生产。

（一）套筒滚子链的结构

如图 20-11 所示，套筒滚子链由内链板 1、外链板 2、销轴 3、套筒 4 和滚子 5 组成。内链板与套筒、外链板与销轴为过盈配合,而滚子与套筒、套筒与销轴均为间隙配合,这样,链条与链轮啮合传动时,滚子与链轮轮齿之间为滚动摩擦,因而磨损较小。

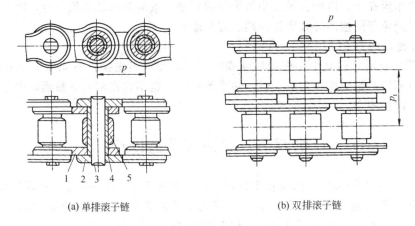

(a) 单排滚子链　　　　　　　　(b) 双排滚子链

图 20-11　套筒滚子链
1—内链板；2—外链板；3—销轴；4—套筒；5—滚子

链板一般制成"8"字形,以使它的各个横截面具有相等的拉伸强度,同时也减轻链条的重量。链条的各零件由碳素钢或合金钢制成,并经热处理以提高其强度和耐磨性。链条相邻两滚子外圆中心之间的距离 p 称为链条的节距,它是套筒滚子链的基本参数,节距 p 越大,链条各零件的尺寸越大,所能传递的功率也越大。当传递较大动力时,可采用多排链,最常用的是双排滚子链,如图 20-11 (b) 所示,图中 p_t 为排距。

(二) 套筒滚子链的标准

套筒滚子链已标准化,分为 A、B 两个系列,A 系列起源于美国流行于全世界,B 系列起源于英国流行于欧洲,两种系列相互补充。两种系列除了节距相同,其余参数都不一样,当然与其相啮合的链轮也是不一样的。A 系列各元件主要尺与节距有一定的比例,如销轴直径＝$(5/16)p$,滚子直径＝$(5/8)p$,链板厚度＝$(1/8)p$（p 为链条节距）等；而 B 系列元件的主要尺寸与节距不存在明显比例。在我国,常用的是 A 系列。以 A 系列为主体,供设计和出口用；B 系列主要供维修用,也供出口。常用的 A 系列滚子链的主要参数及极限拉伸载荷等可查阅 GB/T 1243—2006《传动用短节距精密滚子链、套筒链、附件和链轮》。

国家标准 GB/T 1243—2006 对套筒滚子链的标记规定如下：

 链号 -排数×整链链节数　国标编号

例如,A 系列、节距 12.70mm、单排、74 节的套筒滚子链,标记为

08A-1×74　GB/T 1243—2006

但是,链条 081、083、084 和 085 不遵循这一规则,因为这些链条通常仅以单排形式使用。我国国家标准中,链号与链条节距的关系是：链号乘以 25.4/16 即为节距 p 值,单位为 mm。例如,最小的滚子链链号为 04C,其节距 $p=4×25.4/16=6.35$mm；链号为 08A、08B、081、083、084 和 085 的滚子链,其节距均为 $p=8×25.4/16=12.70$mm。

链条长度以链节数表示,组装成封闭链条时,如链节数为偶数,正好内、外链板相接,接头处可用弹簧夹锁紧,如图 20-12 (a) 所示,也可用开口销锁紧,如图 20-12 (b) 所示；若链节数为奇数,则应采用过渡链节,如图 20-12 (c) 所示。由于过渡链节受载后承受附加弯曲载荷,大大降低了链条的承载能力（降低约 20%）,故应尽量避免采用,所以一般链节数最好选取偶数。

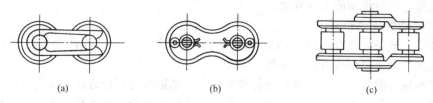

(a)   (b)   (c)

图 20-12 套筒滚子链的接头形式

三、链传动的速度分析

链条就整体而言是挠性件，但就每一个链节而言却是一个刚体。因此链条进入链轮后形成折线，成为多边形的一部分分布在链轮上，正多边形的边长为链条节距 p，如图 20-13 所示。设 z_1、z_2 和 n_1、n_2 分别为主、从动链轮的齿数和转速（r/min），则链条的平均线速度为

$$v(\text{m/s}) = \frac{z_1 p n_1}{60 \times 1000} = \frac{z_2 p n_2}{60 \times 1000} \tag{20-5}$$

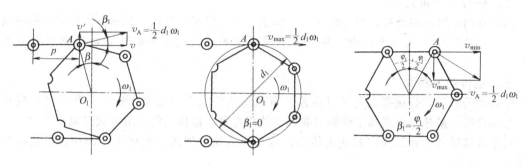

图 20-13 链传动的速度分析

由上式可得链传动的平均传动比为

$$i = \frac{\omega_1}{\omega_2} = \frac{n_1}{n_2} = \frac{z_2}{z_1} \tag{20-6}$$

显然，在链传动中即使主动链轮以等角速度 ω_1 转动，链条每一瞬间的速度 v 和从动链轮的角速度 ω_2 也都是变化的。图 20-13 所示为链传动的主动轮，假设链的紧边（主动边）在传动中总是处于水平位置，则绕在链轮上的链条只有销轴 A 的圆周速度 $v_A = \dfrac{d_1 \omega_1}{2}$，其水平方向的链速 $v = v_A \cos\beta_1$，β_1 是啮合过程中销轴 A 在主动链轮上的相位角，角 β_1 在 $-\dfrac{\varphi_1}{2} \sim +\dfrac{\varphi_1}{2}$ 之间变化，故链速 v 是变化的，$v_{\min} = \dfrac{d_1 \omega_1}{2} \cos \dfrac{180°}{z_1}$，$v_{\max} = \dfrac{d_1 \omega_1}{2}$。因而，从动链轮瞬时角速度 ω_2 随之变化，链传动的瞬时传动比 i 也就随之变化。

链传动的链速和瞬时传动比的周期性波动，称为链传动的运动不均匀性，也称多边形效应。主动链轮转速 ω_1 越高、链节距 p 越大、链轮齿数 z_1、z_2 越少，多边形效应越严重，动载荷也就越大。因此，为了获得较平稳的链传动，在设计时应选择适宜的主动链轮转速 n_1、较小的链条节距 p，且主动链轮齿数 z_1 不宜太少，并在多级传动中将链传动布置在低速级。

第五节 链传动的失效形式、布置和润滑

链传动布置是否合理，润滑是否合适，不仅直接影响链传动的工作质量，还影响到链传动

是否过早失效,即链传动的工作寿命。

一、链传动的失效形式

实践证明,链条的强度比链轮的低,使用寿命也较短,故链传动的失效主要是链条的失效。链传动失效的主要形式有以下五种。

(1) 链板疲劳破坏　正常润滑的链传动工作时,紧边拉力和松边拉力反复循环,链节的各个元件在交变应力作用下,经过一定的循环次数,链板因疲劳强度不足而产生疲劳破坏。

(2) 滚子套筒的冲击疲劳破坏　经常启动、制动、反转或承受反复冲击载荷的链传动,易产生冲击疲劳断裂。

(3) 链条铰链的磨损　链条的磨损主要发生在销轴与套筒的接触面。链条磨损后链节变长,易引起跳齿和脱链。

(4) 销轴与套筒的胶合　润滑不良或高速传动时,销轴和套筒的工作面会发生胶合而失效。

(5) 过载拉断　在低速重载或严重过载的传动中,链条因强度不足而被拉断。

二、链传动的布置

链传动的布置是否合理,对链传动的工作能力及使用寿命有较大影响。链传动中的两轴应平行,两链轮应位于同一平面内,并尽可能采用水平或接近水平的布置,布置原则参见表20-2。

三、链传动的润滑

链传动的润滑十分重要,尤其对高速及重载的链传动更为重要。良好的润滑可以减小磨损、缓和冲击、散热以及提高工作能力和延长使用寿命。链传动的润滑方式参见表20-3。

对于开式链传动和低速重载的链传动,可在润滑油中加入二硫化钼等添加剂以提高润滑效果。

表 20-2　链传动的布置

传动参数	正确布置	不正确布置	说　明
$i>2$ $a=(30\sim 50)p$			两轮轴线在同一水平面,紧边在上、在下均不影响工作,但紧边在上较好
$i>2$ $a<30p$			两轮轴线不在同一水平面,松边应在下面,否则松边下垂量增大后,链条易与链轮卡死
$i<1.5$ $a>60p$			两轮轴线在同一水平面,松边应在下面,否则松边下垂量增大后,松边会与紧边相碰,需经常调整中心距
i、a 为任意值			两轮轴线在同一铅垂面内,下垂量增大,会减少下链轮有效啮合齿数,降低传动能力,为此应采用:中心距可调;张紧装置;上、下两轮错开,使其不在同一铅垂面内

表 20-3　套筒滚子链的润滑方式和供油量

方式	润滑方法	供油量
人工润滑	用刷子或油壶定期在链条松边内、外链板间隙中注油	每班注油 1 次
滴油润滑	装有简单外壳，用油杯滴油	单排链，每分钟供油 5～20 滴，速度高时取大值
油浴供油	采用不漏油的外壳，使链条从油槽中通过	链条浸入油面过深，搅油损失大，油易发热变质，一般浸油深度为 6～12mm
飞溅润滑	采用不漏油的外壳，在链轮侧边安装甩油盘，飞溅润滑。甩油盘圆周速度 $v>3\text{m/s}$。当链条宽度大于 125mm 时，链轮两侧各装一个甩油盘	甩油盘浸油深度为 12～35mm
压力供油	采用不漏油的外壳，液压泵强制供油，喷油管口设在链条啮入处，循环油可起冷却作用	每个喷油口供油量可根据链节距及链速大小查阅有关手册

本 章 小 结

带传动和链传动都是利用中间挠性件来传动的装置。带传动的中间挠性件是带，依靠带与带轮接触面间的摩擦力来传递运动和动力；链传动的中间挠性件是链条，通过链轮轮齿与链条的啮合来传递运动和动力。

在相同的工作条件下，普通 V 带传动的承载能力是平带传动的 3 倍。普通 V 带和 V 带轮都已标准化。带传动不工作时，带轮两边带的拉力相等，工作时带轮两边拉力之差就是所传递的圆周力。即将发生打滑时紧边与松边拉力的关系用欧拉公式表示。带传动的工作能力与带和带轮接触面之间的摩擦因数 f、包角 α 及初拉力 F_0 等有关。由于带是弹性体，所以工作时不可避免地要产生弹性滑动，而打滑是可以避免的（不过载）。带受到的最大应力发生在紧边进入小带轮处。

运动不均匀性是链传动的重要特点，是指链速和瞬时传动比不是常数。这是由于链条整体是挠性件，而单个链节是刚体所致。链传动的失效主要是链的失效，常见有五种失效形式。链传动的布置原则中，最重要的是要保证两轴平行，两链轮位于同一平面内，并尽可能采用水平或接近水平的布置，否则应采取相应措施。

思 考 题

20-1　什么是弹性滑动和打滑？对传动有什么影响？说明欧拉公式的意义。
20-2　带传动中带受到的最大应力发生在何处？如何提高带传动的承载能力？
20-3　什么是链传动的运动不均匀性？如何减轻其对传动的影响？
20-4　链传动的布置原则是什么？

习　　题

20-1　试以《普通 V 带传动与套筒滚子链传动之比较》为题写一篇小论文，字数不少于 1200 字，内容至少涉及它们在工作原理、特点、应用场合、失效的主要形式、布置及安装等方面的相同与不同之处。

第二十一章 轴、轴承、联轴器和离合器

任何机器都要使用轴,而轴承往往是与轴一起使用的,所以轴和轴承是机械中最重要的零(部)件之一。轴承属于精密的机械零件,它与一个国家的科学技术及工业化的水平,特别是机械制造业的水平有着密切的关系。我国目前能够制造出直径有两层楼高度(约6米)的滚动轴承,是用于海上巨型风机 SL5000 上最大的轴承。联轴器和离合器也是机械中常用的部件之一。

第一节 轴

轴(Shafts)是在机器中用来支承回转零件(例如带轮、链轮、齿轮等)并传递运动和转矩的零件。轴的设计一般主要解决两个方面的问题:一是具有足够的承载能力,即要求轴具有足够的强度和刚度,以保证轴能正常地工作;二是具有合理的结构形状,轴上的零件要固定可靠并便于装拆,同时加工成本低廉,维护方便。

一、轴的功用及类型

按所受载荷不同,轴可分为转轴、传动轴和心轴三种类型。

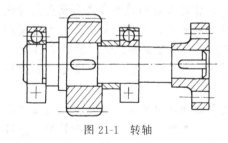

图 21-1 转轴

(1) 转轴 同时承受转矩和弯矩的轴称为转轴。如齿轮减速器中的轴,如图 21-1 所示。机器中的多数轴都是转轴。

(2) 传动轴 只承受转矩而不承受弯矩或只承受很小弯矩的轴称为传动轴。如汽车变速箱与后桥之间的轴就是传动轴。

(3) 心轴 只承受弯矩而不承受转矩的轴称为心轴。心轴按其是否转动又分为:固定心轴,如图 21-2 (a) 所示的自行车前轴;转动心轴,如图 21-2 (b) 所示的铁路机车轮轴。

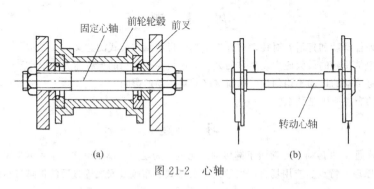

图 21-2 心轴

按轴的轴线几何形状,轴可分为直轴(见图 21-1、图 21-2)、曲轴(见图 21-3)和钢丝挠性轴(见图 21-4)。曲轴常用于往复式机械中,挠性轴可将转矩和回转运动灵活地传到所需要的任何位置,常用于振捣器及医疗设备中。

由于直转轴应用最为普遍,又具典型代表性,故本节主要介绍直转轴的有关问题。

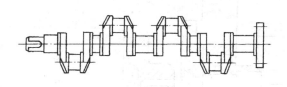
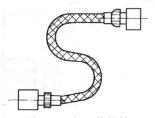

图 21-3　曲轴　　　　　　　　　　　图 21-4　钢丝挠性轴

二、轴的常用材料及热处理

转轴工作时承受的是交变应力，失效的主要形式是疲劳破坏，因此轴的材料要求有一定的疲劳强度，且对应力集中的敏感性低；轴与滑动轴承发生相对运动的表面应具有足够的耐磨性；同时还应考虑加工工艺性能和经济性等。轴的材料主要是非合金钢和合金钢，球墨铸铁适用于形状复杂的轴。

非合金钢对应力集中的敏感性低，经热处理可改善其综合力学性能，价格低廉，故应用广泛。常用的非合金钢有 35、45、50 钢等优质非合金结构钢，其中 45 钢应用最普遍，为保证其力学性能，应进行调质或正火处理。而对于不重要或受力较小的轴以及一般的传动轴，可采用 Q235、Q255 或 Q275 等普通非合金结构钢。

合金钢具有更高的力学性能，但对应力集中比较敏感，且价格较贵，故多用于要求减轻重量、提高轴颈耐磨性以及在高温或低温条件下工作的轴。由于在常温下合金钢与非合金钢的弹性模量相差很小，因此用合金钢代替非合金钢并不能提高轴的刚度。

轴的毛坯一般采用轧制的圆钢或锻件。锻件的内部组织较紧密均匀，强度较好，故重要的轴以及大尺寸的阶梯轴应采用锻制毛坯。轴的常用材料及其力学性能参见表 21-1。

表 21-1　轴的常用材料及其力学性能

材料及热处理	毛坯直径/mm	硬度（HBS）	抗拉强度 σ_b/MPa	屈服点 σ_s/MPa
Q235 热轧或锻后空冷	≤100		375～460	235
45 正火	≤100	170～217	600	355
45 调质	≤200	217～255	650	360
40Cr 调质	≤100	241～286	980	785
40MnB 调质	≤200	241～286	980	785
35CrMo 调质	≤100	207～269	980	835
20Cr 渗碳淬火回火	≤60	表面 56～62HRC	650	400

三、轴的结构设计

一般轴的设计包括结构设计和强度设计，重要的轴还有刚度设计和稳定性设计。轴的结构设计是轴的强度设计等的基础，结构设计是否合理直接影响轴和轴上零件的安装、工作质量及工作寿命。

（一）轴的组成

转轴的典型结构如图 21-5 所示，轴与轴承配合的部分称为轴颈，其直径应符合轴承内径系列标准；轴上安装轮毂的部分称为轴头，其直径应与相配零件的轮毂内径一致，并采用标准直径（参见表 21-2）；联接轴颈和轴头的部分称为轴身；用作零件轴向固定的台阶部分称为轴肩，环形部分称为轴环。为便于轮毂固定，一般尺寸轴的轴头长度应比轮毂宽度短 2～3mm；为了便于装配和安全，轴颈和轴头的端部均应有倒角；轴上螺纹或花键部分尺寸应符合螺纹或花键的标准。轴上各段长度应视配合零件的宽度、整体结构及装拆工艺而定。

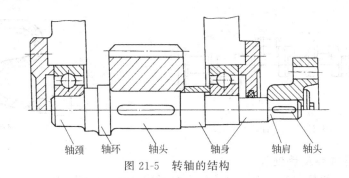

图 21-5 转轴的结构

表 21-2 标准尺寸（摘自 GB/T 2822—2005） mm

R10	1.00		1.25		1.60		2.00		2.50		3.15		4.00		5.00		6.30
R20	1.00	1.12	1.25	1.40	1.60	1.80	2.00	224	2.50	2.80	3.15	3.55	4.00	4.50	5.00	5.60	6.30
R10		8.00		10.00		12.5				16.0				20.0			31.5
R20	7.10	8.00	9.00	10.00	11.2	12.5		14.0		16.0		18.0		20.0		22.4		31.5
R40					12.5	13.2	14.0	15.0	16.0	17.0	18.0	19.0	20.0	21.2	224			31.5
R10			40.0			50.0				63.0				80.0			100	
R20	35.5		40.0		45.0	50.0		56.0		63.0		71.0		80.0		90.0	100	
R40	35.5	37.5	40.0	42.5	45.0	50.0	53.0	56.0	60.0	63.0	67.0	71.0	80.0	85.0	90.0	100	106
R10			125			160				200				250			315	
R20	112		125		140		160		180	200		224	224		250		280	315
R40	112	118	125	132	140	150	160	170	180	200	212	224	236	250	265	280	315

注：1. 标准规定 0.001～20000mm 范围内机械制造业中常用的标准尺寸（直径、长度、高度等）系列，适用于有互换性或系列化要求的主要尺寸。其他结构尺寸也应尽量采用。对已有专用标准规定的尺寸，可按专用标准选用。本表摘录的是 R 系列，另有 R′系列属备用系列。

2. 选择标准尺寸系列时，应首先在优先数 R 系列中选用。并按 R10、R20、R40 的顺序优先选用公比较大的基本系列及其单值。

（二）轴上零件的轴向定位及固定

轴上零件的轴向固定是为了防止零件受轴向力作用而沿轴向窜动。常用的固定方式有轴肩、套筒、圆锥面、轴端挡圈等。如图 21-6 所示为轴肩（轴环）定位，结构简单可靠，能承受较大的轴向力；如图 21-7 所示为套筒定位，用于轴上两零件轴向间距 l 不大时，可减少轴的阶梯数；如图 21-8 所示为圆锥形轴端定位，用于零件与轴的同轴度要求较高或受冲击载荷的轴；如图 21-9 所示为圆柱形轴端挡板定位，用于轴端零件的固定，可承受较大的轴向力；如图 21-10 所示为弹性挡圈定位，结构简单紧凑，装拆方便，适合于较小的轴向力，而当传递的转矩较小时，也可以采用销钉联接或紧定螺钉联接，它们同时起到轴向和周向固定的作用。

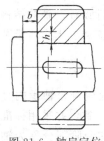

图 21-6 轴肩定位

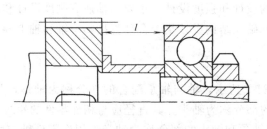

图 21-7 套筒定位

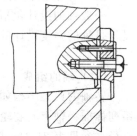

图 21-8 圆锥形轴端定位

（三）轴上零件的周向固定

轴上零件的周向固定是为了防止零件与轴产生相对转动。常用的固定方式有键联接、花键

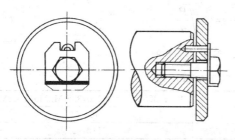
图 21-9 圆柱形轴端挡板定位

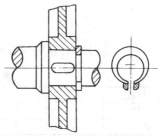
图 21-10 弹性挡圈定位

联接和过盈配合联接等。同样,当传递的转矩较小时,也可采用销钉联接或紧定螺钉联接。

(四)轴的结构工艺性

轴的形状应力求简单,阶梯数尽可能少。为了便于切削加工,一根轴上的圆角应尽可能取相同的半径。为了便于轴上零件装配以及不划伤手和零件,轴端应加工出 45°(30°或 60°)倒角(按轴端直径查阅 GB/T 6403.4—2008《零件倒圆与倒角》)。当零件与轴为过盈配合时,轴的零件装入端常需加工出锥度为 10°~30°的导向锥面,如图 21-11 所示。同一轴不同轴段上的键槽应开在同一母线上,键槽宽度尽量一致。轴段若需磨削时,须留出砂轮越程槽,如图 21-12(a)所示(按被磨削轴段直径查阅 GB/T 6403.5—2008《砂轮越程槽》);若需切制螺纹时,须留出螺纹的收尾 X、肩距 a、退刀槽和倒角,如图 21-12(b)所示(按螺距 p 查阅 GB/T 3—1997《普通螺纹收尾、肩距、退刀槽和倒角》)。

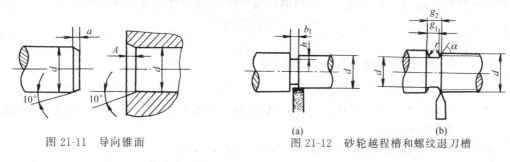

图 21-11 导向锥面

图 21-12 砂轮越程槽和螺纹退刀槽

四、轴的强度计算

工程上对轴的基本要求之一,就是具有足够的强度。为此应当根据轴所受到的载荷及所选择的材料等,来确定轴的直径。

(一)概略计算轴最小直径

对于只传递转矩的圆截面传动轴,其强度条件为

$$\tau = \frac{T}{W_T} = \frac{9.55 \times 10^6 P}{0.2 d^3 n} \leqslant [\tau]$$

式中　τ——切应力,MPa;
　　　T——轴传递的转矩,N·mm;
　　　P——轴传递的功率,kW;
　　　n——轴的转速,r/min;
　　　W_T——轴的抗扭截面模量,$W_T \approx 0.2d^3$,mm³;
　　　d——轴的直径,mm;
　　　$[\tau]$——许用剪切应力,MPa。

由上式可概略计算轴的直径

$$d \geqslant \sqrt[3]{\frac{9.55\times10^6 P}{0.2[\tau]n}} = C\sqrt[3]{\frac{P}{n}} \qquad (21\text{-}1)$$

式中 C——由轴的材料和受载情况所决定的常数，参见表21-3。

表21-3 轴常用材料的[τ]值和C值

轴的材料	Q235-A,20	35	45	40Cr,35SiMn,42SiMo,38SiMnMo,20CrMnTi
[τ]/MPa	15～25	20～30	30～10	40～52
C	149～126	135～112	126～103	112～97

注：当作用在轴上的弯矩比转矩小或只受转矩时，C取较小值，否则取较大值。

对于转轴，可用式（21-1）估算轴的截面最小处的直径。若该处开有1个键槽，直径应增大3%～4%，若开2个键槽，直径应增大7%，然后圆整为标准直径。

此外，也可按传递的功率和转速查图或查表（图或表均为45钢之值，再换算成其他材料），还可采用经验公式估算轴的直径。例如在一般减速器中，高速轴的直径可按与其相联的电动机轴的直径D估算，$d=(0.8\sim1.2)D$；各级低速轴的轴径可按同级齿轮中心距a估算，$d=(0.3\sim0.4)a$。

* （二）按弯曲-扭转复合强度校核

转轴的强度计算，是在按估算直径进行轴系结构设计后，再按弯曲-扭转组合进行强度校核。

轴的结构拟定后，外载荷和支座力反力的作用位置便可确定，顺序求出支反力，画出轴的弯矩图、扭矩图和当量弯矩图，按弯曲-扭转组合核算轴的危险截面的强度。

对于一般钢制的轴，可由第三强度理论得知弯曲-扭转组合强度条件为

$$\sigma_v = \frac{M_v}{W} = \frac{\sqrt{M^2+(\alpha T)^2}}{0.1d^3} \leqslant [\sigma] \qquad (21\text{-}2)$$

式中 σ_v——轴危险截面的当量弯曲应力，MPa；

M_v——轴危险截面的当量弯矩，$M_v=\sqrt{M^2+(\alpha T)^2}$，MPa；

M——合成弯矩，$M=\sqrt{M_H^2+M_V^2}$，其中M_H为水平面的弯矩，M_V为垂直平面的弯矩，N·mm；

W——轴危险截面的抗弯截面模量，$W\approx0.1d^3$，mm³；

α——应力折算系数，一般由弯矩产生的弯曲应力是对称循环的变应力，$\alpha=1$；而扭矩所产生的切应力则随其扭矩的变化情况而异，因而在计算当量弯矩时应考虑这种应力循环特性的差异，当切应力为静应力时，$\alpha=0.3$；对于脉动循环变化的扭矩，$\alpha=0.6$；

[σ]——轴材料的许用弯曲应力，MPa，对于转轴和转动心轴，$[\sigma]=[\sigma]_{-1}$，对于固定心轴，考虑启动和停止的影响，$[\sigma]=[\sigma]_0$。

若需计算轴的危险截面直径时，式（21-2）可写成

$$d \geqslant \sqrt[3]{\frac{M_v}{0.1[\sigma]}} \qquad (21\text{-}3)$$

同样，对于开有键槽的危险截面，则按前述要求增大轴的直径。若大轴的强度不够，需要对轴的结构进行修改或改用更好的材料；若轴的强度足够，除非相差很大，一般就以结构设计的轴直径为准。

第二节 滑动轴承

轴承是支承轴（包括轴上的零件）的部件。按轴与轴承间摩擦的性质，轴承可分为滑动轴

承和滚动轴承。滑动轴承（plain bearing）工作时，轴与轴承间存在着滑动摩擦。为减少摩擦与磨损，在轴承内常加有润滑剂。

一、滑动轴承中的摩擦状态

滑动轴承工作时与轴的表面间可能出现干摩擦、非液体摩擦和液体摩擦三种摩擦状态。

(1) 干摩擦状态　处于干摩擦状态下的两摩擦表面直接接触，其间无润滑剂，会产生大量的摩擦功损耗和严重的磨损，在滑动轴承中表现为很高的温度，甚至将表面烧毁，所以不允许出现干摩擦。

(2) 非液体摩擦状态　处于非液体摩擦状态下的两摩擦表面间存在有润滑油，形成极薄的油膜（厚度约为 $0.02\mu m$），无法将轴颈与轴承表面完全隔开，相对运动时两金属表面微观凸峰相遇，局部金属表面直接接触，摩擦因数一般为 $0.01\sim 0.1$。

(3) 液体摩擦状态　处于液体摩擦状态下的两摩擦表面间在一定的条件下，形成几十微米厚的压力油膜，将两金属表面完全隔开，两金属表面间摩擦因数极小，一般为 $0.001\sim 0.008$。

二、向心滑动轴承的结构型式

向心滑动轴承是只能承受径向载荷的滑动轴承，主要有整体式、剖分式和自动调心式三种。

（一）整体式

图 21-13 所示为整体式向心滑动轴承，它由轴承座 1 和轴套 2 组成，用骑缝螺钉 3 将轴套固定在轴承座上，顶部设有润滑油杯 4。这种轴承结构简单，易于制造。但要求轴颈沿轴向装入；轴套磨损后，轴承间隙无法调整，只有更换。整体式向心滑动轴承多用在间歇工作或低速轻载的简单机械上。

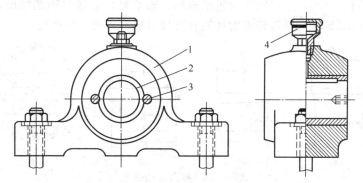

图 21-13　整体式向心滑动轴承
1—轴承座；2—轴套；3—骑缝螺钉；4—润滑油杯

（二）剖分式

剖分式滑动轴承如图 21-14（a）所示，是由轴承座 1、轴承盖 3、剖分的上下轴瓦 2 组成，上下两部分由螺栓 4 联接，轴承盖上装有润滑油杯 5。当载荷方向有较大偏斜时，轴承的剖分面应相应偏斜，如图 21-14（b）所示。当轴瓦磨损后，可用更换剖分面垫片来调整轴承间隙。剖分式轴承装拆方便，应用较广。

（三）自动调心式

对于轴颈较长（$L/d>1.5$）的滑动轴承，为避免因轴的挠曲或轴承孔的同轴度较低而造成轴与轴瓦端部边缘产生局部接触而磨损，可采用自动调心式滑动轴承，如图 21-15 所示，其轴瓦外表面制成球面，当轴颈倾斜时，轴瓦自动调心。

三、推力滑动轴承的结构型式

推力滑动轴承用来承受轴向载荷，且能防止轴的轴向移动，按支承面的结构可分为实心

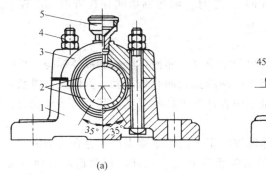 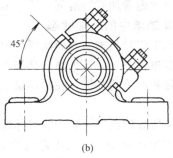

图 21-14　剖分式滑动轴承
1—轴承座；2—轴瓦；3—轴承盖；4—螺栓；5—润滑油杯

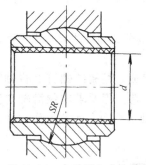

图 21-15　自动调心式轴承

式、空心式、单环式和多环式四种。图 21-16（a）所示为实心式，当轴回转时，端面边缘磨损很大，而中心磨损很轻，使轴颈与轴瓦相互之间压力分布不均，故很少用，而多采用如图 21-16（b）所示的空心式；图 21-16（c）所示为单环式，只能承受较小的轴向载荷，但端面压力分布明显改善；图 21-16（d）所示为多环式，可用来承受较大轴向载荷。

四、轴瓦

轴瓦（包括轴套、轴承衬）直接与轴颈接触，它的结构和材料对轴承的性能有直接影响，必须十分重视。

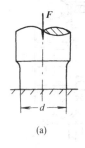 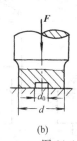 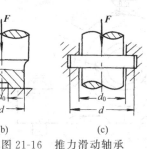 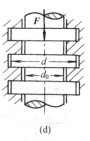

图 21-16　推力滑动轴承

（一）轴瓦的结构

轴瓦有整体式和剖分式两种。整体式轴瓦又称轴套，剖分式轴瓦应用广泛，其结构如图 21-17 所示。轴瓦与轴颈直接接触，一般需要用耐磨性、减摩性都好的材料制造。为了提高轴瓦的承载能力，节省贵重金属，常在轴瓦的工作表面上浇铸一层耐磨性、减摩性等更好的金属材料，称为轴承衬。为了使润滑油能流到轴承的整个工作表面上，轴瓦的内表面需开出油孔和油沟。油孔用于注入润滑油，油沟用来输送、分布润滑油。常用的油沟形式如图 21-18 所示。

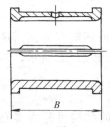 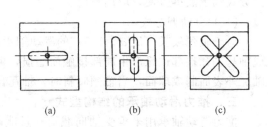

图 21-17　剖分式轴瓦结构　　　　　　　　图 21-18　常用的油沟形式

(二) 轴瓦材料

轴瓦材料应满足下述要求：摩擦因数小；耐磨、耐蚀、抗胶合能力强；有足够的强度和塑性；导热性好，线胀系数小。常用的轴瓦材料有：

(1) 轴承合金　轴承合金又称白合金、巴氏合金，常用的有锡基和铅基两种。锡基轴承合金（铸锡锑轴承合金）以锡为软基体，体内悬浮着锑和铜的硬晶粒；铅基轴承合金（铸铅锑轴承合金）以铅为软基体，体内悬浮着锡和锑的硬晶粒。这两种轴承合金中的硬晶粒抗磨能力强，软基体塑性好，与轴的接触面积大，抗胶合能力强，是较理想的轴承材料。轴承合金的牌号及其性能可查阅 GB/T 1174—1992《铸造轴承合金》。

(2) 青铜　青铜轴瓦的强度高，承载能力大，耐磨性与导热性比轴承合金好，可在较高的温度（可达 250℃）下工作，但它的塑性差，不易磨合，与其相配的轴颈必须淬硬磨光。青铜合金的牌号及其性能可查阅 GB/T 1176—2013《铸造铜及铜合金》。

(3) 粉末冶金材料　粉末冶金减摩材料制造的轴承是用金属粉末与固体润滑剂（如石墨和硫化物等）烧结而成的有较高孔隙率的轴承。孔隙能储存润滑油，又称含油轴承。粉末冶金材料轴瓦的牌号、化学成分及力学成分等可查阅 GB/T 2688—2012《滑动轴承　粉末冶金轴承技术条件》。

(4) 非金属材料　非金属轴瓦材料有石墨、橡胶、塑料、硬木等，其中以塑料应用最广。塑料摩擦因数小、塑性好、耐磨性、耐蚀能力强，可用水及化学溶液润滑，但线胀系数大，容易变形。

第三节　滚动轴承

滚动轴承（rolling bearing）是各类机器中广泛应用的重要部件，它是依靠主要元件间的滚动接触来支承转动零件的，具有摩擦阻力小、易启动、对转速及工作温度的适用范围宽广、轴向尺寸小、润滑及维修保养方便等优点。滚动轴承已标准化，设计时只需按标准正确选用。

一、滚动轴承的结构

滚动轴承的基本结构如图 21-19 所示，它由内圈（inner ring）1、外圈（outer ring）2、滚动体（rolling element）3 和保持架（cage）4 四部分组成。内圈常与轴一起旋转，外圈装在轴承座中起支承作用。也有外圈旋转、内圈固定或内、外圈都旋转的。常用的滚动体如图 21-20 所示，有球、短圆柱滚子、长圆柱滚子、空心螺旋滚子、圆锥滚子、鼓形滚子、滚针七种。当内、外圈相对回转时，滚动体沿着内、外圈上的滚道滚动，滚道可限制滚动体的轴向位移，能使轴承承受一定的轴向载荷。

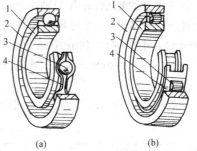

图 21-19　滚动轴承的基本结构
1—内圈；2—外圈；3—滚动体；4—保持架

保持架的作用是使滚动体均匀分布，避免其相互接触，以改善轴承内部的负荷分配。为减小径向尺寸，实施密封或易于装配等特殊情况下，有些滚动轴承也可以没有内圈或外圈或者是既无内圈又无外圈（如非标准滚动轴承）；无保持架（如滚针轴承）；有些特殊滚动轴承也可以附设密封装置、防尘盖等元件。

滚动轴承的内外圈和滚动体应具有高的硬度和接触疲劳强度、良好的耐磨性和冲击韧性，一般采用含铬合金钢制造，淬火硬度达到 61~65HRC，工作表面经过磨削和抛光。

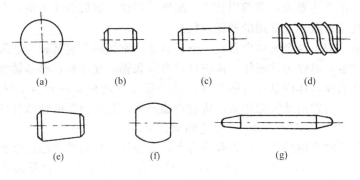

图 21-20 滚动体

二、滚动轴承的类型

GB/T 271—2008《滚动轴承 分类》规定了滚动轴承的多种分类方法。按滚动体的形状,轴承可分为球轴承和滚子轴承两种类型。球轴承的滚动体与内外圈滚道为点接触,负荷能力低、耐冲击差,但摩擦阻力小,极限转速高,价格低廉。滚子轴承的滚动体与内外圈滚道为线接触,负荷能力高、耐冲击,但摩擦阻力大,价格较高。滚子轴承按滚动体的种类又分为:圆柱滚子轴承——滚动体是圆柱滚子的轴承;滚针轴承——滚动体是滚针的轴承;圆锥滚子轴承——滚动体是圆锥滚子的轴承;调心滚子轴承——滚动体是球面滚子的轴承。按滚动体的列数,可以分为单列、双列及多列轴承。按工作时能否自动调心,可分为调心轴承和非调心轴承。按滚动轴承所能承受负荷的方向或接触角的不同,可以把轴承分为向心轴承(主要用于承受径向载荷的轴承,其公称接触角从 0°～45°)和推力轴承(主要用于承受轴向载荷的滚动轴承,其公称接触角从 45°～90°);按公称接触角不同,前者又分为径向接触轴承(公称接触角为 0°的向心轴承,如深沟球轴承)和角接触向心轴承(公称接触角为大于 0°到 45°的向心轴承);后者又分为轴向接触轴承(公称接触角为 90°的推力轴承)和角接触推力轴承(公称接触角大于 45°但小于 90°的推力轴承)。按其他分类方法还可分为:通用轴承(用于通用机械或一般用途的轴承)和专用轴承(专用于或主要用于特定主机或特定工况的轴承);标准轴承(外形尺寸符合标准尺寸系列规定的轴承)和非标准轴承(外形尺寸中任一尺寸不符合标准尺寸系列规定的轴承);开型轴承(无防尘盖及密封圈的轴承)和闭型轴承(带有一个或两个防尘盖、一个或两个密封圈、一个防尘盖和一个密封圈的轴承);微型轴承(公称外径 $D \leqslant 26mm$)、小型轴承($26mm < D < 60mm$)、中小型轴承($60mm \leqslant D < 120mm$)、中大型轴承($120mm \leqslant D < 200mm$)、大型轴承($200mm \leqslant D \leqslant 440mm$)、特大型轴承($D > 440mm$);等等。

常用滚动轴承的类型、主要性能和特点见表 21-4。

表 21-4 常用滚动轴承的类型、主要性能和特点

轴承类型	类型代号	简 图	承载方向	允许角偏差	主要性能及应用	标准代号
双列角接触球轴承	0		F_r F_a F_a		具有相当于一对角接触球轴承背靠背安装的特性	GB/T 296—2015

续表

轴承类型	类型代号	简图	承载方向	允许角偏差	主要性能及应用	标准代号
调心球轴承	1		F_r ↑, F_a ← →	2°～3°	主要承受径向载荷，也可以承受不大的轴向载荷；能自动调心；适用于多支点传动轴、刚性较小的轴以及难以对中的轴	GB/T 281—2013
调心滚子轴承	2		F_r ↑, F_a ← →	1°～2.5°	与调心球轴承特性基本相同，承载能力比前者大，常用于其他种类轴承不能胜任的重载情况，如轧钢机、大功率减速器、吊车车轮等	GB/T 288—2013
推力调心滚子轴承	2		F_r ←, F_a ↓	2°～3°	主要承受轴向载荷；承载能力比推力球轴承大得多，并能承受一定的径向载荷；能自动调心；极限转速较推力球轴承高；适用于重型机床、大型立式电动机轴的支承等	GB/T 5859—2008
圆锥滚子轴承	3		F_r ↑, F_a ←	2′	可同时承受径向载荷和单向轴向载荷，承载能力高，内、外圈可以分离，轴向和径向间隙容易调整；常用于斜齿轮轴、锥齿轮轴和蜗杆减速器轴以及机床主轴的支承等；一般成对使用	GB/T 297—2015
双列深沟球轴承	4		F_r ↑, F_a ← →		除了具有深沟球轴承的特性，还具有承受双向载荷更大，刚性更大的特性，可用于比深沟球轴承要求更高的场合	GB/T 296—2015
推力球轴承	5		F_a ↓		只能承受轴向载荷，51000用于承受单向轴向载荷，52000用于承受双向轴向载荷；不宜在高速下工作，常用于起重机吊钩、蜗杆轴和立式车床主轴的支承等	GB/T 301—2015
双向推力球轴承	5		F_a ↑, F_a ↓			
深沟球轴承	6		F_r ↑, F_a ← →	2′～10′	主要承受径向载荷，也能承受一定的轴向载荷；极限转速较高，当量摩擦因数最小；高转速时可用来承受不大的纯轴向载荷；承受冲击能力差；适用于刚性较大的轴上，常用于机床齿轮箱、小功率电机等	GB/T 276—2013
角接触球轴承	7		F_r ↑, F_a ←	2′～10′	可承受径向和单向轴向载荷；接触角α越大，承受轴向载荷的能力也越大，通常应成对使用；高速时用它代替推力球轴承较好；适用于刚性较大、跨距较小的轴，如斜齿轮减速器和蜗杆减速器中轴的支承等	GB/T 292—2007

续表

轴承类型	类型代号	简图	承载方向	允许角偏差	主要性能及应用	标准代号
推力圆柱滚子轴承	8		F_a	不允许有角偏差	只能承受单向轴向载荷,承载能力比推力球轴承大得多,不允许有角偏差,常用于承受轴向载荷大而又不需调心的场合	GB/T 4663—1994
圆柱滚子轴承(外圈无挡边)	N		F_r	$2'\sim4'$	内、外圈可以分离,内、外圈允许少量轴向移动;能承受较大的冲击载荷;承载能力比深沟球轴承大;适用于刚性较大、对中良好的轴,常用于大功率电机、人字齿轮减速器	GB/T 283—2007

三、滚动轴承的代号

滚动轴承的类型很多,每种类型又有不同的结构、尺寸、精度和技术要求,为了便于组织生产、设计和选用,GB/T 272—1993《滚动轴承代号 方法》规定了滚动轴承代号的结构及表示方法。滚动轴承代号由前置代号、基本代号和后置代号构成,其代表内容和排列见表21-5。

表21-5 滚动轴承的代号

前置代号	基本代号				后置代号
字母	类型代号	宽度代号	直径系列代号	内径代号	字母符号

（一）基本代号

基本代号表示轴承的基本类型、结构和尺寸,是轴承代号的基础。除滚针轴承外,基本代号由轴承类型代号、尺寸系列代号及内径代号构成。

(1) 滚动轴承的类型代号　滚动轴承的类型代号由基本代号右起第五位数字或字母表示,见表21-6。

表21-6 滚动轴承的类型代号

代号	轴承类型	国家标准编号	代号	轴承类型	国家标准编号
0	双列角接触球轴承	GB/T 296—2015	6	深沟球轴承	GB/T 276—2013
1	调心球轴承	GB/T 281—2013	7	角接触球轴承	GB/T 292—2007
2	调心滚子轴承	GB/T 288—2013	8	推力圆柱滚子轴承	GB/T 4663—1994
	推力调心滚子轴承	GB/T 5859—2008	N	圆柱滚子轴承	GB/T 283—2007
3	圆锥滚子轴承	GB/T 297—2015	NN	双列圆柱滚子	GB/T 385—2013
4	双列深沟球轴承	GB/T 296—2015	U	外球面球轴承	GB/T 3882—1995
5	推力球轴承	GB/T 301—2015	QJ	四点接触球轴承	GB/T 294—2015

(2) 滚动轴承的尺寸系列代号　滚动轴承的尺寸系列代号由滚动轴承的直径系列代号(基本代号右起第三位数字)和宽（高）度系列代号(右起第四位数字)组合而成,见表21-7。

表21-7 轴承宽（高）度系列和直径系列代号

直径系列代号	向心轴承								推力轴承			
	宽度系列代号								高度系列代号			
	8	0	1	2	3	4	5	6	7	9	1	2
	尺寸系列代号											
7	—	—	17	—	37	—	—	—	—	—	—	—
8	—	08	18	28	38	48	58	68	—	—	—	—

续表

直径系列代号	向心轴承								推力轴承			
	宽度系列代号								高度系列代号			
	8	0	1	2	3	4	5	6	7	9	1	2
	尺寸系列代号											
9	—	09	19	29	39	49	59	69	—	—	—	—
0	—	00	10	20	30	40	50	60	70	90	10	—
1	—	01	11	21	31	41	51	61	71	91	11	—
2	82	02	12	22	32	42	52	62	72	92	12	22
3	83	03	13	23	33	—	—	—	73	93	13	23
4	—	04	—	24	—	—	—	—	74	94	14	24
5	—	—	—	—	—	—	—	—	—	95	—	—

(3) 滚动轴承的内径代号 对于常用的内径 $d \geqslant 10 \sim 495$mm 的滚动轴承，用两位数字来表示轴承的内径，其中内径为 10mm、12mm、15mm、17mm 时，分别用 00、01、02、03 表示；内径为 20～480mm（22mm、28mm、32mm 除外）时，用内径除以 5 的商数表示，如商数个位数，则在商数左边加"0"，如"04"（内径为 20mm）；内径为 22mm、28mm、32mm 时，以及内径大于和等于 500mm 的大型轴，用公称直径毫米数直接表示，但在与尺寸系列之间用"/"隔开；参见表 21-8。

表 21-8 滚动轴承的内径代号

内径代号	00	01	02	03	04～96	/22、/28、/32、/500
轴承内径/mm	10	12	15	17	代号数×5	22、28、32、500

(二) 前置代号

前置代号用字母表示，是用以说明成套轴承的分部件特点的补充代号。例如 K 表示滚子和保持架组件，L 表示可分离轴承的内圈或外圈。一般轴承无前置代号。需要时请查阅 GB/T 272—1993。

(三) 后置代号

后置代号是用字母或字母加数字的组合表示轴承的结构、公差以及材料特殊要求等，后置代号的内容很多，下面介绍几种常用的代号。

(1) 内部结构代号 滚动轴承的内部结构代号表示同一类型轴承的不同内部结构，用字母在后置代号左起第一位表示。例如，角接触球轴承的公称接触角 α 有 15°、25°和 40°，分别用 C、CA 和 B 表示；同一类型轴承的加强型用 E 表示。

(2) 公差等级代号 滚动轴承的公差等级为 2 级、4 级、5 级、6 级、6x 级（仅适用于圆锥滚子轴承）和 0 级，其代号分别为 /P2、/P4、/P5、/P6、/P6x、/P0，其精度等级依次降低，0 级为普通级，在轴承代号中不标注。

(3) 游隙代号 常用滚动轴承之径向游隙系列分为 1 组、2 组、0 组、3 组、4 组、5 组，径向游隙依次增大，其中 0 组为基本游隙组，在轴承代号中不标注，其余组别的代号分别为 /C1、/C2、/C3、/C4、/C5。

后置代号中的其他内容不再介绍，可参见 GB/T 272—1993。

【例 21-1】 试说明代号为 6203、30310/P6x 的滚动轴承的意义。

解

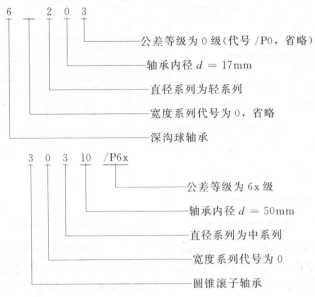

四、滚动轴承类型的选择

滚动轴承的选用,包括轴承的类型选择和尺寸选择(即由轴承寿命计算或静强度计算决定滚动轴承的尺寸大小,本节不介绍)。滚动轴承类型的正确选择,是在了解各类轴承特点的基础上,综合考虑轴承的具体工作条件和使用要求进行的。

(一) 滚动轴承类型的选择原则

选择滚动轴承类型时必须考虑以下基本原则。

(1) 轴承所受的载荷 轴承所受载荷的大小、方向和性质是选择轴承类型的主要依据。轻载和中等载荷时应选用球轴承;重载或有冲击载荷时,应选用滚子轴承。纯径向负荷时,可选用深沟球轴承、圆柱滚子轴承或滚针轴承;纯轴向载荷时,可选用推力轴承;既有径向载荷又有轴向载荷时,若轴向载荷不太大时,可选用深沟球轴承或接触角较小的角接触球轴承、圆锥滚子轴承;若轴向载荷较大时,可选用接触角较大的这两类轴承;若轴向载荷很大,而径向载荷较小时,可选用推力角接触轴承,也可以采用向心轴承和推力轴承一起的支承结构。

(2) 轴承的转速 高速时应优先选用球轴承。内径相同时,外径愈小,离心力也愈小。故在高速时,宜选取用超轻、特轻系列的球轴承。推力轴承的极限转速都很低,高速运转或轴向载荷不十分大时,可采用角接触球轴承或深沟球轴承来承受纯轴向力。

(3) 对轴承调心性能的要求 当由于制造和安装误差等因素致使轴的中心线与轴承中心线不重合时,或当轴受力弯曲造成轴承内外圈轴线发生偏斜时,宜选用调心球轴承或调心滚子轴承。

(4) 对轴承尺寸的要求 当径向尺寸受到限制时,可选用滚针轴承或特轻、超轻直径系列的轴承。轴向尺寸受限制时,可选用宽度尺寸较小的,如窄或特窄宽度系列的轴承。

(5) 对轴承刚性的要求 滚子轴承的刚性较好,而球轴承刚性较差。在轴承座不是剖分而必须沿轴向装拆轴承以及需要频繁装拆轴承的机械中,应优先选用外圈可分离的轴承(如 3 类,N 类等);当轴承在长轴上安装时,为便于装拆可选用内圈为圆锥孔的轴承(后置代号第 2 项为 K)。

(6) 经济性 选择滚动轴承的类型时,在满足使用要求的条件下,还必须考虑其经济性,为了降低成本,应尽量选用球轴承和普通级(0 级公差)的轴承。对于大多数机械而言,0 级公差的轴承足以满足要求，但对于旋转精度有严格要求的机床主轴、精密机械、仪表以及高速旋转的轴，应选用高精度的轴承。

(二) 选择滚动轴承类型时要注意的问题

选择轴承类型时，除了考虑前述的原则外，还应当注意以下三个问题。

① 圆锥滚子轴承（30000 型）和角接触球轴承（70000 型）应成对使用。这两类轴承成对使用的目的是抵消轴承的部分内部轴向力。它们可布置在轴的两个支点上，如图 21-21（a）所示，也可以布置在轴的同一个支点上，如图 21-21（b）所示。在图 21-21 所示的结构中，轴的上半图为角接触球轴承，下半图为圆锥滚子轴承。

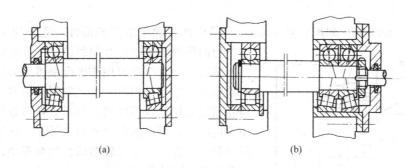

图 21-21　圆锥滚子轴承和角接触球轴承的布置

② 自动调心轴承（10000 型、20000 型）要成对使用。在轴的一个支点采用自动调心轴承，则在轴的另一个支点上也采用自动调心轴承，否则轴承就不能起调心作用。

③ 对于多支点上的细长轴，各支点都应采用自动调心轴承。这主要是考虑轴的各支点上的轴承孔与轴的同轴度不易保证，否则轴容易被卡住。

五、滚动轴承的失效形式

如图 21-22 所示，向心球轴承在径向载荷 F_r 作用下，由于各接触点上产生弹性变形，使轴承内圈沿 F_r 方向下沉一距离 δ。显然，上半圈滚动体不受载荷，下半圈滚动体各接触点所承受的载荷是不同的，处于 F_r 作用线最下方的滚动体受载最大（Q_{max}），而邻近的各滚动体受载逐渐减小。

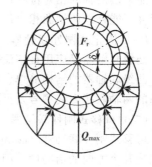

轴承工作时，由于轴承承载区内各位置上滚动体承受的载荷大小是不同的，因而各位置的滚动体与内、外圈之间的接触应力也是不同的。又由于轴承在运转时，滚动体与内、外圈的相对位置不断变化，滚动轴承各元件受载后所产生的应力都是脉动循环变化的接触应力。

图 21-22　滚动轴承的受力分析

因此，根据滚动轴承工作情况的不同，其失效的主要形式有以下三种。

（一）疲劳点蚀

轴承以 $n>10r/min$ 的转速运转时，在载荷作用下，经过长时间周期性脉动循环接触应力的作用，就会在内、外圈滚道表面上或滚动体表面上产生疲劳点蚀。轴承出现疲劳点蚀后，将引起噪声和振动，旋转精度明显降低，从而使轴承不能正常工作。

（二）塑性变形

对于转速很低（$n<10r/min$）或间歇摇摆的轴承，通常不会发生疲劳点蚀。但在很大的静载荷或冲击载荷作用下，会使轴承的滚动体和滚道接触处的局部应力超过材料的屈服点，使

轴承元件表面出现塑性变形（凹坑），导致轴承丧失工作能力。

（三）磨损

润滑不良或杂物和灰尘的进入都会引起轴承早期磨损，从而使轴承旋转精度降低、噪声增大、温度升高，最终导致轴承失效。

此外，由于设计、安装、使用中某些非正常的原因，可能导致轴承的破裂、保持架损坏及回火、腐蚀等现象，使轴承失效。

第四节 联轴器和离合器

联轴器（coupling）和离合器（clutch）是机械传动中常用的部件，主要用来联接不同部件之间的两根轴或轴与其他回转零件，使它们一起回转并传递转矩，有时也可用作安全装置。如图 21-23 所示的卷扬机，电动机与减速器之间用联轴器联接，减速器与卷筒之间用离合器联接，当需要卷筒暂停转动时，不用关电动机，可操纵离合器使之脱开。联轴器和离合器的主要区别在于：用联轴器联接的两根轴，必须在机器停车的状态下才能通过拆装而使两轴分离或联接。而离合器则在机器运转过程中，随时都可以通过操纵机构使两轴分离或联接。

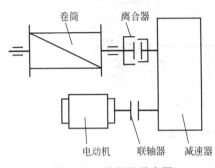

图 21-23 卷扬机示意图

联轴器和离合器大都已标准化，一般可先依据机器的工作条件选定合适的类型，然后按照计算转矩、轴的转速和轴端直径从标准中选择所需的型号和尺寸，必要时还应对其中的某些零件进行验算。

一、常用联轴器

联轴器分为刚性和弹性两大类。刚性联轴器又分为固定式和可移式两类。固定式刚性联轴器不能补偿两轴的相对位移；可移式刚性联轴器能补偿两轴的相对位移。弹性联轴器包含有弹性元件，能补偿两轴的相对位移，并具有吸收振动和缓和冲击的能力。

（一）固定式刚性联轴器

凸缘联轴器是应用最广泛的固定式刚性联轴器（fixed type rigid coupling），如图 21-24 所示。凸缘联轴器的结构简单、使用方便、可传递的转矩较大，但不能缓冲减振。常用于载荷较平稳的两轴联接，其型号及尺寸等参数可查阅 GB/T 5843—2003《凸缘联轴器》。

（二）可移式刚性联轴器

可移式刚性联轴器（compensated rigid coupling）的组成零件间构成的动联接具有某一个方向或几个方向的活动度，因此能补偿两轴的相对位移。

(1) 齿式联轴器　齿式联轴器（gear coupling）是由两个有内齿的外壳 3 和两个有外齿的套筒 4 所组成，如图 21-25 (a) 所示。联轴器的内齿轮齿数和外齿轮齿数相等，通常采用压力角为 20°的渐开线齿廓。工作时靠啮合的轮齿传递转矩。由于轮齿间留有较大的间隙并且外齿轮的齿顶制成球形，如图 21-25 (b) 所示，所以能补偿两轴的不同心和偏斜。齿式联轴器能传递很大的转矩和补偿适量的综合位移，因此常用于重型机械中。齿式联轴器的型号及尺寸等参数可查阅 GB/T 26103—2010《鼓形齿式联轴器》及 GB/T 29027—2012《大型鼓形齿式联轴器》。

(2) 滑块联轴器　滑块联轴器（oldham coupling）是由两个端面开有径向凹槽的半联轴器 1、3 和两端各具凸榫的中间滑块 2 所组成，如图 21-26 所示。滑块联轴器允许的径向位移

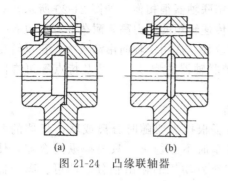

图 21-24 凸缘联轴器

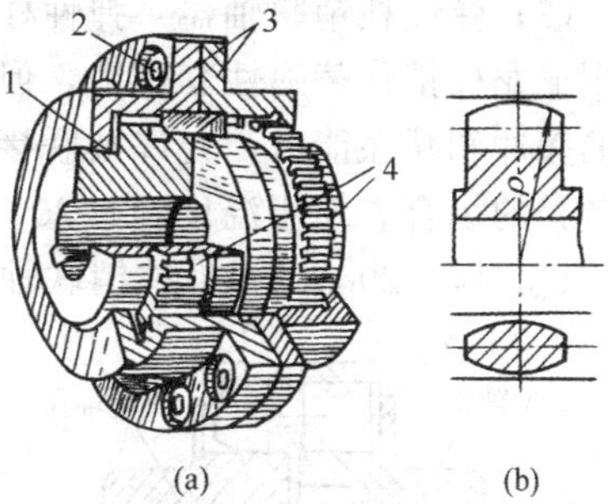

图 21-25 齿式联轴器
1—密封圈；2—螺栓；3—外壳；4—套筒

（即偏心距）$y \leqslant 0.04d$（d 为轴的直径），轴的转速一般不超过 300r/min。

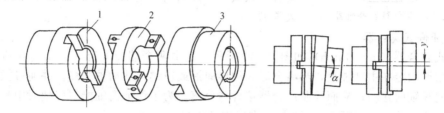

图 21-26 滑块联轴器
1,3—半联轴器；2—中间滑块

（3）万向联轴器 万向联轴器（universal coupling）结构如图 21-27 所示，十字形零件的四端用铰链分别与轴 1 和轴 2 上的柱形接头相联接。因此，当轴的位置固定后，另一轴可以在任意方向偏斜 α 角，角位移 α 可达 40°～50°。十字轴式万向联轴器的型号、尺寸和特点等可查阅国家标准 GB/T 29028—2012《SWZ 型大型整体轴承座十字轴式万向联轴器》及机械行业标准 JB/T 5513—2006《SWC 型整体叉头十字轴式联轴器》。

（三）弹性联轴器

弹性联轴器（resilent shaft coupling）是利用联轴器中弹性元件的变形来补偿两轴间的相对位移并缓和冲击和吸收振动的。

（1）弹性套柱销联轴器 弹性套柱销联轴器的结构类似凸缘联轴器，只是不用螺栓，而用 4～12 个带有橡胶（或皮革）套 2 的柱销 1 将两半联轴器联接起来，如图 21-28 所示。它适用于载荷平衡、正反转变化频繁和传递中、小转矩的场合。使用温度在 -20～50℃ 的范围内。弹性套柱销联轴器的型号、尺寸及特点等可查阅 GB/T 4323—2002《弹性套柱销联轴器》。

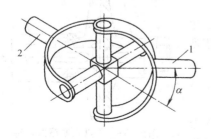

图 21-27 万向联轴器
1,2—轴

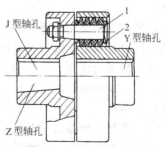

图 21-28 弹性套柱销联轴器
1—柱销；2—橡胶（或皮革）套

（2）弹性柱销联轴器　弹性柱销联轴器与弹性套柱销联轴器很相似，如图 21-29 所示，只是用尼龙柱销代替弹性套柱销，但较弹性套柱销联轴器传递转矩的能力高，耐久性好，也有一定的缓冲和减振能力，允许被联接的两轴有一定的轴向位移。适用于轴向窜动较大、正反转变动频繁的场合。使用温度在 -20~70℃ 之间。弹性柱销联轴器的型号、尺寸及特点等可查阅 GB/T 5014—2003《弹性柱销联轴器》。

二、常用离合器

使用离合器是为了根据需要随时分离或联接机器的两轴，如汽车需临时停车时不必熄火，只要操纵离合器，使变速箱的输入轴与汽车发动机的输出轴分离即可。离合器除应可靠地联接机器的两轴传递转矩或分离两轴外，还要求分离或联接两轴迅速、平稳、可靠，操作方便、灵活等。离合器按其工作原理分为牙嵌式离合器和摩擦式离合器两大类型。

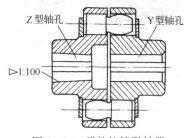

图 21-29　弹性柱销联轴器

（一）牙嵌式离合器

牙嵌式离合器（jaw clutch）如图 21-30 所示，是由两个端面上有牙的半离合器组成，半离合器 1 用键固定在主动轴上，半离合器 3 用导向键或花键与从动轴联接，并通过操纵系统拨动滑环 4 使其轴向移动，从而控制离合器接合与分离。为了保证两轴能很好地对中，在主动轴上的半离合器内装有对中环 2，从动轴可在对中环内自由转动。

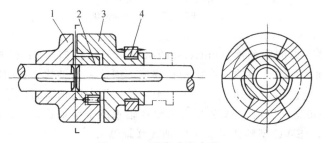

图 21-30　牙嵌式离合器
1,3—半离合器；2—对中环；4—滑环

（二）摩擦式离合器

摩擦式离合器（friction clutch）靠接触面的摩擦力来传递转矩，它有以下主要优点：一是可以在任何转速下进行接合；二是可以用改变摩擦面间压力的方法来调节从动轴的加速时间，保证启动平衡没有冲击；三是过载时摩擦面发生打滑，可以防止损坏其他零件。其缺点是在接合过程中，相对滑动会引起摩擦面的发热与磨损，并损耗能量。

摩擦式离合器的类型很多，它的操纵方法有机械的、电磁的、气动的和液压的等。机械式操纵多用杠杆机构，当所需轴向力较大时，也可采用其他机构（如螺旋机构等）。常用的机械式摩擦离合器是圆盘摩擦离合器，它又分为单盘式和多盘式两种。

（1）单盘式摩擦离合器　单盘式摩擦离合器的摩擦圆盘 2 固定在主动轴 1 上，摩擦圆盘 3 安装在从动轴 5 上，如图 21-31 所示。通过操纵系统拨动滑环 4 使两摩擦盘在轴向力

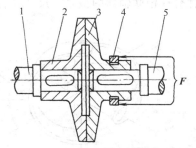

图 21-31　单盘式摩擦离合器
1—主动轴；2,3—摩擦圆盘；
4—滑环；5—从动轴

的作用下压紧,利用产生的摩擦力将转矩和运动传递给从动轴。这种装置结构最简单,但摩擦力受到限制,一般很少使用。

(2) 多盘式摩擦离合器　多盘式摩擦离合器如图 21-32 所示,图 (a) 所示的是多盘式摩擦离合器的结构,图 (b) 所示的是外摩擦盘,图 (c) 所示的是内摩擦盘,其中一组外摩擦片 4 和外套 2 为花键联接,另一组内摩擦片 5 和内套 9 也为花键联接。外套 2、内套 9 则分别固

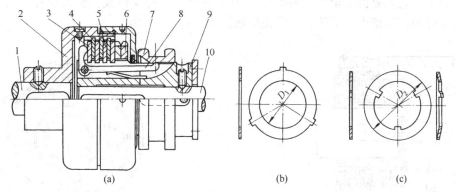

图 21-32　多盘式摩擦离合器
1—主动轴；2—外套；3~5—摩擦片；6—螺母；7—滑环；8—曲柄压杆；9—内套；10—从动轴

定在主动轴 1 及从动轴 10 上。两组摩擦片交错排列。图示为离合器处于接合状态的情况,此时摩擦片相互紧压在一起,随同主动轴和外套一起旋转的外摩擦片通过摩擦力将转矩和运动传递给内摩擦片,使内套和从动轴旋转。将滑环 7 向右拨动,曲柄压杆 8 在弹簧的作用下将摩擦片放松,则可分离两轴。螺母 6 用来调节摩擦片间的压力。

(3) 电磁式多盘摩擦离合器　电磁式多盘摩擦离合器如图 21-33 所示,当直流电经接触环 1 导入电磁线圈 2 后,产生磁通量 φ 使线圈吸引衔铁 5,于是衔铁 5 将两组摩擦片 3、4 压紧,离合器处于接合状态。当电流切断时,依靠复位弹簧 6 将衔铁推开,使两组摩擦片松开,离合器处于分离状态。电磁式摩擦离合器可实现远距离操纵,动作迅速,没有不平衡的轴向力,因而在数控机床等机械中获得了广泛的应用。

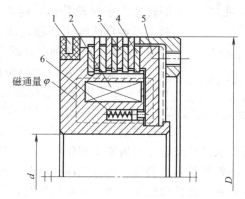

图 21-33　电磁式多盘摩擦离合器
1—接触环；2—电磁线圈；3,4—摩擦片；5—衔铁；6—复位弹簧

(三) 特殊功能离合器

随着生产和技术的发展,又出现了一些具有某种特殊功能的离合器。

(1) 安全离合器　安全离合器 (safe clutch) 用来防止因机器过载而损坏机件。当传递的

转矩超过设计值时，离合器自行脱开或产生滑动，使联接中断。图 21-34 所示为摩擦式安全离合器，其结构类似多盘式摩擦离合器，但没有操纵机构，摩擦面间的轴向压力靠弹簧及调节螺母调整到规定的载荷。当过载时，摩擦片打滑以限制离合器传递的最大转矩，在弹簧力的作用下又重新接合。

（2）定向离合器　定向离合器（overrunning clutch）如图 21-35 所示，为应用较广的滚柱式定向离合器。它主要由星轮 1、外圈 2、滚柱 3 和弹簧顶杆 4 组成。弹簧顶杆 4 的作用是将滚柱压向星轮的楔形槽内与星轮、外圈相接触。

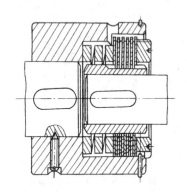

图 21-34　摩擦式安全离合器

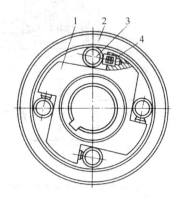

图 21-35　滚柱式定向离合器
1—星轮；2—外圈；3—滚柱；4—弹簧顶杆

星轮和外圈均可作为主动件。当星轮为主动件并按顺时针方向旋转时，滚柱受摩擦力的作用被楔紧在槽内，因而带动外圈一起转动，这时离合器处于接合状态。当星轮反转时，滚柱受摩擦力的作用，被推到楔槽较宽的部分，这时离合器处于分离状态，故可在机械中用来防止逆转并完成单向传动。当星轮和外圈按顺时针方向同向旋转时，若外圈转速不大于星轮转速，则离合器处于接合状态；反之，若外圈转速大于星轮转速，则离合器处于分离状态，此时两者以各自的转速旋转，即从动件的转速超越主动件转速。因此，称这种离合器为超越离合器。

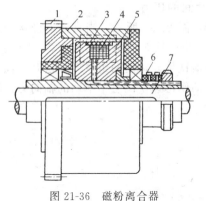

图 21-36　磁粉离合器
1—齿轮；2—从动外鼓轮；3—填充物；4—环形励磁线圈；5—磁铁轮芯；6—接触环；7—主动轴

（3）磁粉离合器　磁粉离合器（magnetic powder clutch）是利用磁粉来传递转矩的操纵式离合器，如图 21-36 所示。主动轴 7 与磁铁轮芯 5 相固接，在磁铁轮芯外缘的凹槽内绕有环形励磁线圈 4，线圈与接触环 6 相联接，接触环与电源相通，从动外鼓轮 2 与齿轮 1 相联接，并与磁铁轮芯间约有 0.5～2mm 的间隙，其中填充磁导率高的铁粉和石墨的混合物。线圈通电时，形成一个经过磁铁轮芯、从动外鼓轮又回到轮芯的闭合磁通，使铁粉磁化。当主动轴旋转时，由于磁粉的作用，带动从动外鼓轮一起旋转来传递转矩。断电时，铁粉恢复为松散状态，离合器即行分离。磁粉离合器的型号及基本性能参数等可查阅 JB/T 5988—1992《磁粉离合器》。

本章小结

本章主要研究轴、轴承、联轴器和离合器的有关内容。

（1）机器中，轴是用来支承回转零件并传递运动和载荷的重要零件。

轴按受载荷的性质分为三类：传动轴、心轴（固定心轴和转动心轴）及转轴。常用材料主要是优质非合金钢及优质合金钢，常用的热处理方法是调质处理。

轴由轴头、轴颈、轴肩、轴环和轴身五个基本结构根据需要组合而成。轴上零件固定分为轴向固定和周向固定。了解各种常用的固定方法，在此基础上重点掌握确定轴的各段直径和长度的方法及轴的结构工艺性。

轴的最小直径是按轴所受转矩进行概略计算而得。

（2）向心滑动轴承分为整体式、剖分式、间隙可调式、自动调心式结构。推力滑动轴承分为实心式、单环式和多环式结构。轴瓦上有油孔和油沟。轴瓦材料有轴承合金、青铜、粉末冶金材料和非金属材料。

（3）滚动轴承有10种基本类型。要熟记滚动轴承的代号。选择滚动轴承时要考虑其受载荷情况、转速、调心性能、尺寸、刚性及经济性等；并注意圆锥滚子轴承和角接触球轴承要成对使用，自动调心轴承要成对使用，多支点的细长轴的各个支点都应采用自动调心轴承。

（4）联轴器和离合器都是用作轴与轴之间的联接，并传递两轴之间的运动和动力。前者需停机后才能联接或分离，而后者不必。常用联轴器分为固定式刚性联轴器、可移式刚性联轴器和弹性联轴器。常用的离合器有牙嵌式离合器和摩擦式离合器。

为了便于理解，现将本章所介绍的联轴器和离合器归纳如下：

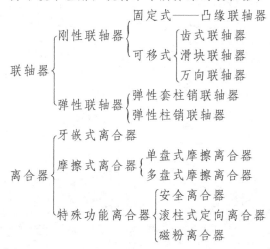

思 考 题

21-1 轴的结构设计应满足哪些基本要求？

21-2 自行车的前轴、后轴、中轴分别属于什么类型的轴？

21-3 转轴是由哪些部分组成的？转轴的结构设计时，如何确定轴的最小直径？

21-4 干摩擦、边界摩擦和液体摩擦的状态有什么不同？

21-5 滑动轴承有哪些基本结构形式？对轴瓦的材料有哪些基本要求？有哪些常用材料？

21-6 如何选择滚动轴承的类型？

习 题

21-1 试述轴设计要解决哪些基本问题？如何设计转轴？

21-2 标准滚动轴承由哪些元件组成？各元件的功用是什么？

*21-3 如图所示为齿轮减速器的输出轴，试说明轴的结构不合理处，并加以改正。

*21-4 在如图所示的行车机构中，试选择电动机Ⅰ与减速器Ⅱ、减速器Ⅱ与轮轴Ⅲ、两轮轴与中间传动

轴Ⅳ所需联轴器 A、B、C、D 的类型。

21-5 试说明联轴器和离合器的功用及区别。常用联轴器和离合器各有哪些类型？

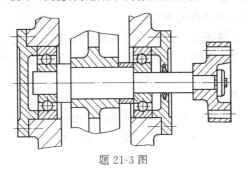

题 21-3 图

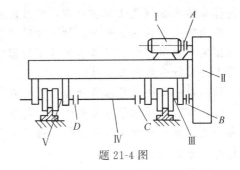

题 21-4 图

第六篇 精密机械和仪器中常用零部件

随着生产和科学技术的飞速发展，精密机械和仪器仪表的应用和研究已经渗透到许多重要的科学技术领域和国民经济各个部门。精密机械和仪器仪表工业，已经发展成为技术密集型的产业。它要求综合应用精密元件、新型材料、表面技术、电测技术、光测技术、自动控制和计算机等多方面的先进技术，以达到充分利用信息流、精确控制物质流与能流的转换。现代精密机械和仪器仪表的特点之一是光学系统、电路系统和精密机械结构三者的密切结合，共同保证其各种技术性能的实现。因此，精密机械零部件对保证各种精密机械和仪器仪表技术性能的实现，有着极为重要的作用。在精密机械和仪器仪表中，除了广泛地、大量地应用通用零、部件（第五篇所述内容）外，还大量应用一些专用的零、部件。本篇主要介绍在各种精密机械和仪器仪表中广泛应用的支承（导轨）、弹性元件和示数装置。

第二十二章 支承和导轨

精密机械和仪器仪表工作时，其构件有的作转动，有的作移动，有的做复杂运动。为保持机构按照确定的规律运动，各相邻部件之间必须用支承和导轨相联接。

为了保证轴及轴上零件能准确地绕固定轴线转动，轴必须要置于支承（holderup）之中。前已述及，轴上被支承的部分称为轴颈，而支承并约束轴颈的部分称为轴承（仪器中也称为承导件），它是固定部分，通常安装在仪器的支板或基座上。轴承和轴颈统称为支承，支承的两个组成部分在工作时必定产生相对运动，因此在支承中就会产生阻碍相对运动的摩擦阻力。

第一节 概 述

支承是精密机械和仪器仪表中的关键部件之一，其质量的好坏，结构是否合理，对其工作精度、传动效率、工作寿命、成本、装配和调节等都有很大影响。

一、工程上对支承提出的基本要求

为了保证精密机械和仪器仪表的正常工作，选用支承时，应根据它们对支承的工作要求来确定。工程上对支承的质量提出的基本要求，可以归纳为以下几个方面。

（一）运动精度要高

所谓运动精度是指支承在工作中，其运动部分（轴颈）的回转轴线与固定部分（轴承）轴线相重合而不产生倾斜和偏移的程度。

（二）运转的灵敏度要高

精密机械和仪器仪表中，支承在工作中产生的摩擦阻力矩是一项重要的质量指标。精密机械和仪器仪表的支承中的摩擦阻力矩应当很小，使运转灵活。

（三）工作表面有足够的耐磨性

由于精密机械和仪器仪表中各部分之间有较频繁的相对运动，因此要求零件的工作表面必须有足够的耐磨性。

（四）对温度的变化不敏感

精密机械和仪器仪表大多经常在不同的温度下工作，因此要求制造支承的材料对温度的变化不敏感，以保证使用性能和工作精度的稳定性。

（五）有足够的承载能力

精密机械和仪器仪表中的零件，也受到一定的工作载荷的作用（一般都很小），为了保证正常工作，其零件也必须有足够的承载能力。

（六）成本低廉

成本低廉包括制造成本和使用、维护成本都很低廉。

二、支承的类型

精密机械和仪器仪表中，按照支承与回转轴颈工作表面的摩擦性质，支承可分类如下。

（一）滑动摩擦支承

滑动摩擦支承按其结构不同又可以分为：圆柱支承、圆锥支承、轴尖支承、顶针支承和球支承。

（二）滚动摩擦支承

滚动摩擦支承按其结构不同也可以分为：标准滚动轴承、非标准滚动轴承和刀支承。

（三）弹性摩擦支承

弹性摩擦支承是利用弹性元件的变形来保证转运零件绕规定的轴线转动的。弹性摩擦非常小，经常忽略不计，反应灵敏；结构简单，制造成本低，不需要润滑和维护；没有间隙，对仪表不会产生回差；没有磨损，使用寿命长。但它运动构件只允许在一定角度（一般不超过 2π rad）的摆动，支承端部的固定要牢固，不允许产生滑动，且具有恢复力矩。

（四）流体摩擦支承

流体摩擦支承是在支承中充以一定的流体，在运动件和承导件之间形成一层流体膜，当运动件转动时，流体将被支承构件浮起来，使之与固定构件不直接接触，在流体膜的各层之间产生摩擦阻力。流体摩擦支承分为液体静压支承和气体静压支承。液体静压支承的摩擦阻力小，效率高；工作寿命长；抗振能力好，承载能力较高；在转速较高（可达几十万 r/min）情况下长期工作而不产生磨损，不降低精度，故回转精度高；但需要一套供油的专门设备，结构较复杂，成本较高。而气体静压支承因气体黏度较小，具有较小的摩擦力矩和较高的工作转速〔有的可高达 $(4\sim5)\times10^5$ r/min〕；气体的物理性能稳定，因此支承可在高温或低温条件下工作；气体（空气）可直接排入大气，故不需要复杂的回路，对环境也不会污染；但因空气压缩机的供气压力较低，因此气体静压支承的承载能力较低。

（五）电磁支承

电磁支承是利用磁场力实现物体稳定悬浮的新型支承，它是集机械学、控制工程、电磁学等于一体的最具代表性的机电一体化产品之一。根据磁场力是否可控将电磁支承分为主动式和被动式两类。由于主动式电磁支承具有无接触、无磨损、阻尼小及寿命长等优点，因而具有传统支承无法比拟的优越性，它是目前唯一投入使用的可以实施主动控制的支承。

（六）宝石支承

宝石支承是指组成支承的轴颈和支承，或者两者之一是用宝石材料（包括刚玉、玛瑙和微晶玻璃等）制造的，称为宝石支承。通常轴颈为金属材料，轴承为宝石材料。宝石支承包括滑动支承和滚动支承，多数为滑动支承。宝石轴承的摩擦阻力矩小，耐磨性好；抗压强度高，热膨胀因数小；耐腐蚀性好；回转精度可按需要制造。但宝石材料较脆，不宜在强烈的振动和冲击条件下工作；加工困难，玛瑙质地不均匀，性能差异比较大。

在精密机械和仪器仪表中，应用最广泛的是滑动摩擦支承、滚动摩擦支承和宝石支承。其他三类支承的摩擦性质不同于前两类支承，它们是以分子内摩擦的形式出现的。本章将主要介绍滑动摩擦支承和滚动摩擦支承，也简单介绍宝石支承。

第二节 圆柱支承

圆柱支承（box bearing）是滑动摩擦支承中应用最广泛、最典型的一种支承。如图22-1所示，圆柱支承是由圆柱形轴颈1和圆柱形轴承2组成的，二者的工作表面是内、外圆柱面，轴颈只能绕轴承的轴线转动，工作表面之间为滑动摩擦。

一、圆柱支承的结构

按照支承所承受的作用力的方向，圆柱支承还可分为圆柱径向支承和圆柱轴向支承，分别用来承受轴的径向力和轴向力。

（一）圆柱径向支承的结构

如图22-1所示，轴颈外圆柱面和轴承内圆柱面组成圆柱径向支承，它只能承受径向力。圆柱径向支承中轴颈的结构与其尺寸有关，直径大于1mm的轴颈一般制成整体式，如图22-2（a）所示；当轴颈直径较小（例如小于

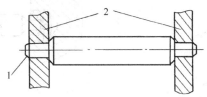

图22-1 圆柱支承
1—轴颈；2—轴承

1mm）时，有时为了提高其强度，避免应力集中，可采用如图22-2（b）所示的直径根部圆弧过渡的结构；如果轴颈的直径很小（小于0.5mm），或者轴颈需要用贵金属及其合金制造时，可采用如图22-2（c）所示的装配式轴颈；在有较大振动的情况下，可采用如图22-2（d）所示的抛物线过渡的结构，即等强度结构。

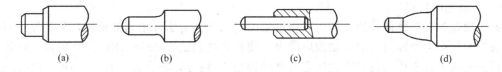

图22-2 圆柱支承轴颈的结构

圆柱径向支承中轴承的典型结构如图22-3所示。最简单的结构是直接在支板（或基座）上加工出轴承孔，如图22-3（a）、（b）所示，轴承孔外侧的一个宽度为t的凹坑可以储存润滑油，一般取t为宽度B的1/3；如果支板材料的性能不能满足要求时，可在支板上镶上用其他材料制成的轴承，如图22-3（c）所示；如果支板的宽度不够时，则可以在支板上铆（或镶）上轴承，如图22-3（d）所示；如果需要调整支承的轴向间隙时，可采用如图22-3（e）所示的结构。

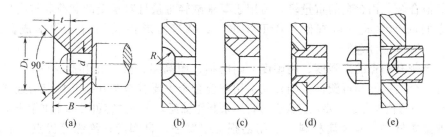

图22-3 圆柱径向支承中轴承的典型结构

（二）圆柱轴向支承的结构

图22-4所示的是圆柱宝石轴向支承的典型结构。在精密仪器仪表中，一般采用冲铆金属

件的方法将宝石轴承固定在仪器仪表的支板上或专用的宝石轴承套中，如图22-4（a）、（b）所示。轴向力可由止推宝石垫座来承受，也可由轴肩来承受。在某些仪器仪表中，如果需要调节轴肩与轴承的轴向间隙，可将宝石轴承收铆在特制的螺钉中，如图22-4（c）所示。需要调整间隙时，松开紧固的螺母，拧动螺钉，就可以很方便地调整轴承的轴向位置，获得所需要的轴向间隙，调整好后再拧紧螺母锁紧即可。

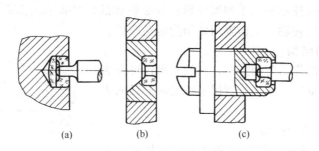

图22-4 圆柱轴向支承的结构

二、圆柱支承的特点

由上所述可知，圆柱支承的轴颈和轴承的接触面积较大，承载能力强，耐磨性好，抗振能力强；形状简单，容易加工制造。但是圆柱支承的摩擦力矩较大，零件运动灵活性稍差；轴颈与轴承之间有一定的间隙，故运动精度较低，而且随着磨损其间隙增大，运动精度更低。

三、圆柱支承的材料和技术条件

实践证明，轴颈和轴承采用不同材料制造，能减少摩擦和磨损。

（一）轴颈的材料

如果轴颈和轴是整体式的，其材料应按轴的要求选。对于要求高的轴颈，为了保证有足够的耐磨性和较小的摩擦阻力矩，轴颈应淬火，使其硬度达到50～55HRC甚至更高，轴颈淬火后进行磨削加工。常用的材料有优质非合金结构钢45钢等；非合金工具钢T8A、T10A钢等。

（二）轴承的材料

对轴承材料的基本要求是：与轴颈配合时的摩擦因数要小，耐磨损、耐腐蚀，有较高的抗压强度和良好的机械加工性能。为了减小轴承和轴颈之间的摩擦和磨损，轴承一般选择硬度较轴颈低的材料，常用的有以下几种。

(1) Cu合金 具有良好的减摩性和耐磨性，适用于比压大、转速高的场合。常用的有黄铜H59，青铜QSn10-1、QSn6-6-3、QPb10-10、QAl9-4等；它们的化学成分可查阅GB/T 5231—2012《加工铜及铜合金牌号和化学成分》。

(2) 其他合金 铝合金的重量轻，适用于要求减轻重量且对承受的载荷和抗磨性要求较低的场合。它们的化学成分可查阅GB/T 3190—2008《变形铝及铝合金化学成分》、GB/T 1173—2013《铸造铝合金》。

陶瓷合金兼有陶瓷的高强度、高硬度、耐磨损、耐高温、抗氧化和高化学稳定性等特性，又具有较好的金属韧性和可塑性。圆柱支承用陶瓷合金主要有铁基和铜基粉末冶金减摩材料。

圆柱支承用的轴承合金主要是巴氏合金，用来制作轴瓦，详细内容可参阅本书第十章第四节。

(3) 非金属材料 非金属材料具有耐磨损、耐腐蚀、自润滑、绝缘等优点，适用于载荷小、速度低、工作温度不高的场合。用作轴承的非金属材料有工程塑料和石墨。常用的工程塑料有尼龙、聚四氟乙烯、聚砜、聚碳酸酯等；石墨具有很好的自润滑性能，摩擦系数小，耐磨损，热膨胀系数小［在$(2～10)\times10^{-6}$1/℃］，化学稳定性好，常用于涡轮流量计一类的仪表中，轴承直接与介质接触亦能正常工作。

此外，某些测量仪器为了减少支承中的摩擦和磨损，轴承也可采用比淬火轴颈更硬的宝石制造。宝石具有摩擦因数小、耐腐蚀、热膨胀因数小（约 6.7×10^{-6} 1/℃）、抗压强度高（约 2100MPa）等优点，但加工困难，主要用于精密小型仪表中，如钟表、航空仪表、电工测量仪表等。常用的有人造红宝石、天然玛瑙、刚玉，宝石轴承都由专门工厂按标准系列生产，设计时只需按标准系列选用。机械行业标准 JB/T 6792—2010《仪器仪表用通孔宝石轴承》规定，通孔宝石轴承分 9 个品种：平面直孔刚玉轴承（代号 PZG）、平面直孔玛瑙轴承（代号 PZM）、平面弧孔刚玉轴承（代号 PHG）、球面直孔刚玉轴承（代号 QZG）、球面弧孔刚玉轴承（代号 QHG）、单油槽平面直孔刚玉轴承（代号 DPZG）、单油槽平面弧孔刚玉轴承（代号 DPHG）、双油槽平面直孔刚玉轴承（代号 SPZG）、双油槽平面弧孔刚玉轴承（代号 SPHG）；标准还规定了通孔宝石轴承的型式、标记方法、基本尺寸及极限偏差、硬度等技术要求。JB/T 6791—2010《仪器仪表用端面宝石轴承》规定，端面宝石轴承分为 4 个品种：平顶端面刚玉轴承（代号 PDG）、平顶端面玛瑙轴承（代号 PDM）、球顶端面刚玉轴承（代号 QDG）、球顶端面玛瑙轴承（代号 QDM）；标准还规定了通孔宝石轴承的标记方法、基本尺寸及极限偏差、硬度等技术要求。

（三）圆柱支承的技术条件

圆柱支承的技术条件主要包括配合种类、精度等级、表面粗糙度、形位公差等。确定技术条件时应考虑零件的材料、转速、载荷大小及性质、精度要求和装拆维护等情况。

圆柱支承的间隙是靠选择适当的基孔制间隙配合来保证的。轻载、低转速、高精度的支承，如地面测距、观察仪器中的支承间隙可稍大，而轻载、转速较高、精度也较高的支承间隙应小。轴颈表面粗糙度参数值一般为 $0.8\sim0.2\mu m$；轴承孔或轴承衬的表面粗糙度参数值一般为 $1.6\sim0.4\mu m$。

刚玉轴承（代号 PDG）、平顶端面玛瑙轴承（PDM）、球顶端面刚玉轴承（代号 QDG）、球顶端面玛瑙轴承（代号 QDM）；标准还规定了通孔宝石轴承的标记方法、基本尺寸等。

第三节 圆锥支承

圆锥支承（taper bearing）也是比较常用的一种滑动支承。在仪器仪表制造中，圆锥支承一般都是在垂直状态下工作的，承受的是轴向载荷。

一、圆锥支承的结构

圆锥支承是由圆锥形轴颈和具有圆锥孔的轴承组成，如图 22-5 所示。其基本结构要素有：圆锥半角 α、轴颈长 l、大端直径 d_1 和小端直径 d_2，如图 22-6 所示。其中圆锥半角 α 对工作性能影响最大，α 角愈小，支承的对心精度愈高，工作稳定性愈好；但正压力和摩擦力矩也随之增大，转动不灵活。α 角主要是根据仪器仪表的运动精度和灵敏度来确定，一般取为 $2°\sim8°$。

当精度较高且 α 角较小时，为避免因摩擦力矩过大而使转动不灵活，通常要加上附加的结构来承受一部分轴向载荷。图 22-5（a）所示结构为靠下面的止推调整螺钉来承受一部分轴向力；在如图 22-5（b）所示的结构中，轴颈有两个圆锥度不同的部分，上面锥角较大的轴颈用来承受一部分轴向载荷，下面锥角小的轴颈用来对中，而由最下面的钢球来承受大部分轴向载荷，以减小对轴承的压力，这样不仅可以减小摩擦，还能保证必需的对中精度。

为了便于制造和装配，并减小轴承中的摩擦阻力矩，常常将轴颈或轴承的中间部分（即轴颈两锥面之间）切深，这样可使互相接触的摩擦面积减小，如图 22-5（b）所示。

二、圆锥支承的特点及应用

圆锥支承与圆柱支承相比，其优点是：间隙较小且容易调整，精度较高；磨损后可借助轴向移动调整间隙从而保持原来的精度，耐磨性好。其缺点是：因为配合间隙极小，对温度变化

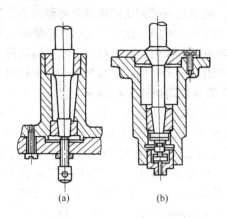 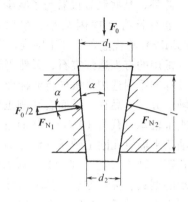

图 22-5　圆锥支承的结构　　　　　　　图 22-6　圆锥支承受力分析

敏感；锥形轴颈和轴套加工较复杂，没有互换性，成本较高；摩擦力矩比圆柱支承要大。

圆锥支承主要用于转速较低的光学测量仪器，如经纬仪、测角仪等大地测量仪器、天文仪器和室内高精度测量仪器的竖轴上。

三、圆锥支承的材料和技术条件

圆锥支承中，轴颈的材料一般采用 T10A、T12A、轴承钢 GCr15 和合金钢 CrMn 等，并淬火到 55～60HRC；在小型仪器中，轴颈有时采用磷青铜或黄铜制造。对于配合间隙不能调整的圆锥支承，轴承和轴颈的材料应具有相近的线胀因数，并且摩擦因数应小。宝石也是制造圆锥支承的极好材料，但是因为在宝石上不容易加工出圆锥孔，所以其应用受到限制。

为使轴颈与轴承接触良好，一般在装配时需经研配，因此没有互换性。轴颈的表面粗糙度参数值为 $0.2\sim0.1\mu m$，轴承的表面粗糙度可比轴颈低一级。

第四节　轴尖支承

轴尖支承也是滑动支承中常用的一种类型，近于点接触，轴在垂直状态下工作时的摩擦力矩较小，灵敏度较高，是较为理想的一种垂直状态下工作的支承。

一、轴尖支承的结构

轴尖支承的结构如图 22-7 (a) 所示，由轴尖 1 和轴承 2 组成。轴尖支承的运动件是轴尖，其轴颈呈圆锥形，轴尖圆锥角通常取为 60°，轴颈的端部是一个半径很小（$r_1=0.025\sim0.200\mathrm{mm}$）的球面；轴承是垫座，它是一个带有内圆锥孔的轴承，内圆锥角通常取为 90°，其底部为一个较轴尖半径稍大（$r_2=0.075\sim1.000\mathrm{mm}$）的内球面。应当注意，轴承的内球面半径 r_2 与轴尖端部的球面的半径 r_1 之比不小于 3，即 $\dfrac{r_2}{r_1}\geqslant 3$，若比值过小会使轴尖的接触面积增大，从而使摩擦阻力矩增大。轴尖支承的典型结构如图 22-7 (b)、(c) 所示。

轴尖一般都用比较好的材料制造，其结构如图 22-8 所示。轴尖可以与轴制成一体，如图 22-8 (a) 所示；也可以单独制造成零件后再固定在轴上，即装配式结构，如图 22-8 (b)、(c) 所示；在电工测量仪表和某些自动化仪表中还常用如图 22-8 (d) 所示的轴尖结构，轴尖装配在支座中，然后用胶粘接在有测量线圈的框架上（框架上下都有轴尖，图中只画出一部分）。

轴尖支承中的垫座（轴承）的结构如图 22-9 所示。其中，图 22-9 (a) 所示的是垫座刚性地固定在轴承体上；图 22-9 (b) 所示的是垫座直接在轴承体上制造出来，在振动和冲击载荷

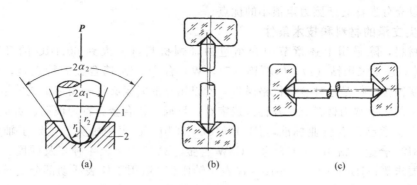

图 22-7　轴尖支承
1—轴尖；2—轴承

作用下很容易损坏；图 22-9（c）所示的是在很多精密机械和携带式精密仪器仪表中广泛采用的弹簧式垫座，它不但能提高抗振能力，而且还可以减小支承中的轴向间隙。

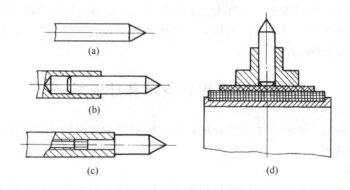

图 22-8　轴尖的固定方法

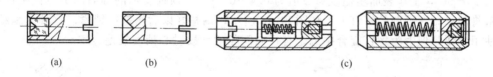

图 22-9　轴尖支承垫座（轴承）的结构

二、轴尖支承的特点

轴尖支承的特点是：运转灵敏，摩擦力矩极小，但水平使用时精度不高，因为只要存在轴向间隙，轴就会产生倾斜；由于是近于点接触，所以耐磨性能不好。它只适用于支承重量很小、转速很低的场合。在电工测量仪器中得到广泛的应用，但不适用于作齿轮等传动机构的支承。

轴尖支承既可以用于垂直轴的支承，如图 22-7（b）所示；也可以用于水平轴的支承，如图 22-7（c）所示。但是，实际工作和理论研究都表明，在结构尺寸和载荷相同的条件下，轴尖支承在垂直状态工作时所产生的摩擦力矩比水平状态工作时产生的摩擦力矩要小得多。这是因为垂直状态工作的轴尖，其接触半径非常小，通常只有轴尖球半径 r_1 的 0.01～0.10。因此，应使轴尖支承尽可能在垂直状态下工作，特别是对于活动系统要求灵敏度很高的精密测量仪器仪表，以充分发挥其摩擦力矩很小的优点。

三、轴尖支承的材料和技术条件

轴尖的材料，除采用上述章节中介绍过的轴颈材料（淬火到60HRC的T8A、T10A、T12A等）外，还常采用钴（27，Co）-钨（74，W）合金。钴-钨合金的特点是，具有较高的耐磨性和抗腐蚀性。但是这种合金价格昂贵，所以用它的时候必须采用装配式的结构。

轴尖支承的轴承常用材料有：各种人造宝石、玛瑙、铝合金、特种玻璃、黄铜、青铜等。

我国轴尖支承已经有行业标准，JB/T 9487—2010《仪表用轴尖》规定了轴尖的结构型式、材料（3J22合金、钴40稀土合金、CoW合金、3YC15合金4种）及硬度、标记、基本尺寸、技术要求等；JB/T 9488—2010《仪表用轴座》（适用于仪表活动部分支承轴尖用的轴座）规定了轴座的结构型式（A、B、C、D四种型式共32个型号）、材料（2A102、2A11、2B11、2A12、2B12铝合金棒）、标记、基本尺寸、技术要求等。

此外，轴尖支承的轴承（轴座）也可采用锥形槽宝石轴承，JB/T 6790—2010《仪器仪表用槽形宝石轴承》规定了锥形宝石轴承的材料为锥形刚玉轴承（代号ZG）和锥形玛瑙轴承（代号ZM），还规定了轴承的型式、标记、基本尺寸、极限偏差、硬度等技术要求。

为了保证轴尖支承具有极小的摩擦力矩和提高抗腐蚀能力，轴尖和轴承具有较小的表面粗糙度参数值也是很重要的。通常，轴尖球面部分粗糙度参数值应达到 $0.025 \sim 0.012 \mu m$，轴承球面应达到 $0.05 \sim 0.025 \mu m$。

第五节 顶针支承和球支承

除前面介绍的滑动支承外，本节还介绍两种在精密机械和仪器仪表中也普遍应用的滑动支承：顶针支承和球支承。

一、顶针支承

顶针支承也叫顶尖支承，是由圆锥形的轴颈，即顶针（也叫顶尖）和具有沉头圆柱孔的轴承所组成，如图22-10所示。顶针支承的顶针，其圆锥角一般为 $2\alpha = 60°$，而沉头孔的圆锥角一般为 $2\beta = 90°$，工作表面粗糙度参数值为 $0.4 \sim 0.2 \mu m$。顶针支承的轴向间隙应该是可调的，因而常将轴承做在可调的螺钉上，如图22-11所示，调整好以后用螺母锁紧。这种支承结构简单、使用方便，但因为螺钉旋合中总是有径向间隙的，故对心精度较差。

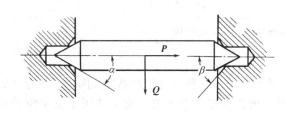

图22-10 顶针支承

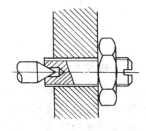

图22-11 顶针支承的调节结构

图22-12所示的是顶针支承的另一种典型结构形式。这种支承结构中顶针不是制造在轴上，因而顶针不会因为轴做轴向位移而改变其径向位置，所以它适用于要求对中精度较高的仪器仪表中。

顶针支承的结构简单，加工制造容易。顶针支承中轴颈和轴承的接触面积很小，摩擦力矩就很小。当轴线稍有倾斜时，运动件仍能正常工作。由于是圆锥面定位，间隙又可调节，故对中精度较高。但是单位接触面积上的压力较大，磨损较快，使仪器精度降低。通常，顶针支承只适用于转速较低、载荷不大的场合。

用来制作顶针支承的材料应具有足够高的硬度和耐蚀性能。轴颈常用 T10、T12 等非合金工具钢制造，并将其淬火到 50～60HRC。轴承材料常用锡青铜和黄铜，有时为了减少摩擦和磨损，轴承也可选用较轴颈更硬的人造宝石制造。

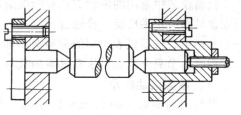

图 22-12　顶针支承的典型结构

二、球支承

球支承是由球形轴颈和具有内锥面或内球面的轴承所组成的一种支承，如图 22-13（a）所示。轴颈的结构形式如图 22-13（b）所示，由于轴颈为球形，所以它除能绕其本身轴线转动外，还可以在通过轴线的锥面内摆动一定角度。因此，它常被用来制作各种调节螺钉的支承，如图 22-14（a）所示，以及仪器的支架、天线等结构，如图 22-14（b）所示。由于球支承多用于一些不重要场合，所以一般不需计算摩擦力矩。

机械行业标准 JB/T 6790—2010《仪器仪表用槽形宝石轴承》规定，适用于仪器仪表球面支承用的槽形宝石轴承有 5 个品种：锥形刚玉轴承（代号 ZG）、锥形玛瑙轴承（代号 ZM）、球形刚玉轴承（代号 QG）、球形玛瑙轴承（代号 QM）、双球形刚玉轴承（代号 SQG）；还规定了轴承的型式、标记方法、基本尺寸及极限偏差、硬度等技术要求。

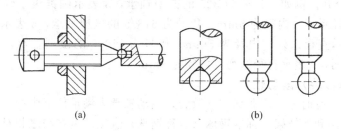

图 22-13　球支承的结构

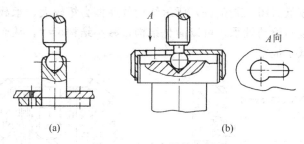

图 22-14　球支承的应用

第六节　滚动摩擦支承

滚动摩擦是与滑动摩擦不同的另外一种摩擦。两个相互接触的物体相对纯滚动时，所产生的阻力称为滚动摩擦。由于滚动摩擦比滑动摩擦小得多，所以用滚动摩擦代替滑动摩擦——用滚动支承代替滑动支承就成为减少机械中摩擦阻力的重要途径之一。

仪器仪表中常用的滚动支承有标准滚动轴承、非标准（散装）滚动轴承及刀支承等，尤其以滚动轴承应用最广泛。普通直径（10mm≤d≤480mm）的滚动轴承的有关内容已在第二十一章介绍了，仪器仪表中用的微型滚动轴承除了代号略有不同外，其余均与普通直径的滚动轴承相同。本节只介绍微型滚动轴承的代号、非标准（散装）滚动轴承及刀支承。

一、微型滚动轴承

微型滚动轴承（miniature bearing）是指内径 d 小于 10mm 的滚动轴承。按照国家标准 GB/T 272—1993《滚动轴承 代号方法》规定，微型滚动轴承与普通滚动轴承相比，在其基本代号中，仅仅是右起第一、二位（内径系列代号）的表示方法略有不同，而右起第三、四位（尺寸系列代号）及第五位（类型代号）都与普通直径滚动轴承的表示方法相同。

国家标准 GB/T 5800.1—2012《滚动轴承 仪器用精密轴承 第1部分：公制系列轴承的外形尺寸、公差和特性》规定，仪器仪表和精密机械中常用的微型滚动轴承的内径系列是：0.6、1、1.5、2、2.5、3、4、5、6、7、8、9（单位均为 mm）。（d<10mm）GB/T 272—1993 对于微型滚动轴承的内径系列表示规定如下：对于非整数的公称内径的微型轴承，用公称内径毫米数直接表示，但在其与尺寸系列代号之间用"/"分开。例如，132/0.6 的微型轴承，1 表示调心球轴承，3 表示宽度系列，2 表示直径系列，内径为 0.6mm；618/2.5 的微型轴承，6 表示深沟球轴承，1 表示宽度系列，8 表示直径系列，内径为 2.5mm。

对于从 1～9 的整数的公称内径的微型轴承，用公称内径毫米数直接表示，而对深沟球轴承（6 类轴承）及角接触球轴承（7 类轴承）的 7、8、9 直径系列，内径系列代号与尺寸系列代号之间用"/"分开。例如，代号为 325 的微型轴承，3 表示圆锥滚子轴承，宽度系列是 0（不写），2 表示直径系列，内径为 5mm；代号为 618/5 的微型轴承，6 表示深沟球轴承，1 表示宽度系列，8 表示直径系列，内径为 5mm；代号为 719/3 的微型轴承，7 表示角接触球轴承，1 表示宽度系列，9 表示直径系列，内径为 3mm。

二、非标准（散装）滚动轴承

在仪器制造中，有时还采用非标准（散装）滚动轴承来满足仪器中的一些特殊要求。这种轴承没有内圈、外圈和保持架，标准钢球（也称钢珠）直接散装在与之相对转动的零件的滚道内，如图 22-15 所示。

图 22-16 所示的是非标准（散装）滚动轴承的典型结构。图 22-16（a）所示结构的摩擦力矩最小，承载能力也较低；图 22-16（c）所示结构的摩擦力矩较大，承载能力也较大。

采用非标准（散装）滚动轴承，可以简化结构，减小结构尺寸，从而减轻仪器的重量，同时装配也较方便，降低了成本。

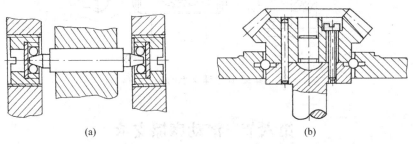

图 22-15 非标准（散装）滚动轴承

构成滚道面的零件材料通常用 T8、T10 或 GCr15 等，并淬火到 55～60HRC。工作面的表面粗糙度参数值为 0.40～0.050μm，这样可以减小摩擦，降低磨损，还可提高耐蚀性能。

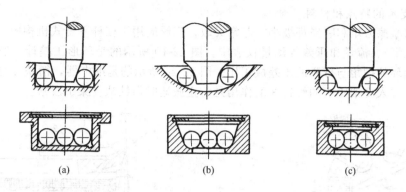

图 22-16　非标准（散装）滚动轴承的典型结构

三、刀支承

仪表中有的构件仅做摆角不大的摆动，常采用刀口支承结构，简称刀支承。

（一）刀支承的结构

刀支承（knife edge bearing）是由起轴颈作用的刀刃和托住刀刃的垫座所组成，垫座固定，刀以刀刃与垫座的接触点为中心摆动，如图 22-17 所示。刀的刃部实际上是半径很小的圆柱面，在精密仪器中，一般取 $r = 0.0005 \sim 0.005$ mm；垫座则制成棱柱面形 [见图 22-17 (a)]、圆柱面形 [见图 22-17 (b)] 和平面形 [见图 22-17 (c)]。其中，棱柱面垫座与刀刃的接触处实际上仍是圆柱面，摆动时，刃口的小圆柱面在垫座表面上滚动。刀支承的摆角很小，一般不超过 $8° \sim 10°$。

刀支承中刀的截面形状有四种，即正方形、五角形、梨形和三角形，如图 22-18 所示。刀的顶角 α 一般随材料不同而异，当用淬火钢制造时，常取 $\alpha = 45° \sim 90°$；用玛瑙制造时，取 $\alpha = 60° \sim 120°$。

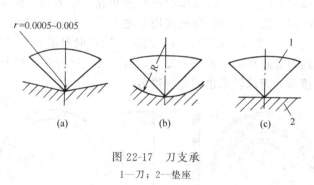

图 22-17　刀支承
1—刀；2—垫座

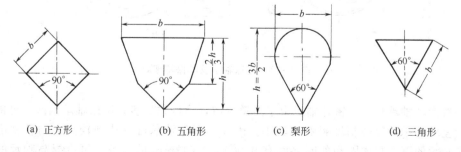

图 22-18　刀支承中刀的截面形状

(二) 刀支承的特点和材料

刀支承的摩擦力矩和磨损都极小，非常灵敏，广泛应用于杠杆平衡式机构中，例如各种称量仪器（如天平）、流量和压差等测量仪表中。图 22-19 所示的是环形压差计，摆动的圆环采用刀支承，圆环的摆角与待测的压差成正比。图 22-20 所示的是继电器，衔铁 2 与支架 1 之间采用刀支承，拧入支架 1 中的螺钉 3 的作用是防止搬运时衔铁从支架上脱落。

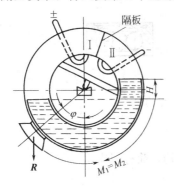

图 22-19　环形压差计中的刀支承

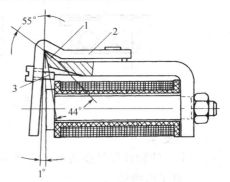

图 22-20　继电器中的刀支承
1—支架；2—衔铁；3—螺钉

刀支承的刀刃与垫座接触面积极小，因此要求材料硬度高和耐磨性好。刀刃和垫座常用很硬的材料制造，如优质高碳钢（淬火工具钢），顶角取 $45°\sim 90°$；宝石、玛瑙等，顶角取 $60°\sim 120°$。对支承垫座材料的要求既要坚硬又要耐磨，一般垫座的硬度最好高于刀刃的硬度。

四、密珠轴承

图 22-21 所示为密珠轴承，它是一种新型的滚动支承。密珠轴承也有向心轴承和推力轴承两种，向心轴承的内圈和外圈都是形状简单的圆柱轴和孔；推力轴承的座圈就是两个圆平面。在内、外圈（或两个座圈）之间，滚珠排列在用尼龙 1010 制造的保持架中，并按多头螺旋线分布，如图 22-21（a）、(b) 所示。因此，每粒滚珠在回转时都沿着自己的滚道滚动，而不互相重复，各滚珠滚道均匀分布在轴承的整个面上，由于滚珠比较多，相当于在轴承工作面上密密地不间断地布满了滚珠，密珠轴承也因此而得名。

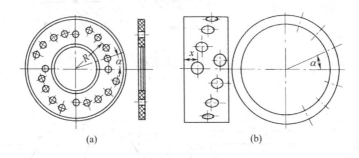

图 22-21　密珠轴承及其保持架

与一般滚动轴承相比，密珠轴承由于滚道分散，滚珠数量多，所以轴承内圈、外圈和滚珠的局部误差对轴承的旋转精度影响比较小。因此，密珠轴承可以达到较高的回转精度而且稳定。密珠轴承的滚珠与内圈和外圈之间有 $0.005\sim 0.012\text{mm}$ 的过盈，可以提高轴承的刚度和精度。此外，密珠轴承结构简单，制造、装配、调整方便。

第七节 导 轨

导轨是稳定和灵活传递直线运动的部件，起着确保运动精度及部件之间相互位置精度的作用。导轨主要由支承导轨（简称导轨）和运动导轨（也称为滑座）两部分组成，工作时支承导轨是固定不动的，故也称静导轨，起支承和约束运动导轨的作用；而运动导轨则相对于支承导轨做直线或回转运动，故也称动导轨。支承导轨一般与仪器的基座、立柱、横梁等支承件连接在一起或者制作成一个整体；而运动导轨上有工作台或拖板（滑板）、头架、尾座及其他夹持部件、测量装置等。

一、工程上对导轨支承的基本要求

导轨在精密机械和精密仪器中起着重要作用，它直接影响精密机械和精密仪器的精度。因此，工程上对导轨的基本要求是：导向精度（主要是指动导轨沿支承导轨运动的直线度或圆度）；耐磨性（是指导轨支承在长期的使用中能否保持一定的导向精度）；疲劳和压溃（是滚动导轨失效的主要形式）；刚度（导轨的刚度直接影响导轨的导向精度及部件之间的相对位置）；低速运动平稳性和结构工艺性。

二、导轨的类型

按照导轨副之间的摩擦情况，导轨分为滑动摩擦导轨、滚动摩擦导轨、弹性摩擦导轨以及液体和气体静压导轨。这里主要介绍最常用的滑动摩擦导轨和滚动摩擦导轨。

（一）滑动摩擦导轨

滑动摩擦导轨简称滑动导轨，两导轨工作面之间的摩擦性质为滑动摩擦。其结构如图 22-22 所示，其中，图 22-22（a）所示为普通导轨，图 22-22（b）所示为液体静压导轨。滑动导轨的结构简单，制造方便，刚性好，抗振性好，是精密机械和仪器中使用最广泛的导轨形式。为减小工作面之间的磨损，提高定位精度，通常选用优质铸铁、合金耐磨铸铁或镶淬火钢，采用导轨表面滚轧强化、表面淬火硬化、涂铬、涂钼等工艺，提高导轨工作面的耐磨性。也可采用新型工程塑料导轨，可满足其工作面低摩擦、耐磨及无爬行的要求。

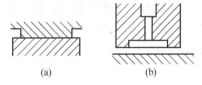

图 22-22 滑动导轨的结构

（二）滚动摩擦导轨

滚动摩擦导轨支承的两导轨工作面之间的摩擦性质为滚动摩擦，导轨工作面之间布置滚珠、滚柱或滚针来实现两导轨之间无滑动的相对运动。圆柱滚动直线导轨的结构如图 22-23 所示，滚动直线导轨的截面如图 22-24 所示。滚动导轨磨损小，定位精度高，灵敏度高，承载能力大，刚性好，传动平稳可靠，寿命长，装配调整容易。但结构复杂，抗振性差，防护要求高，制

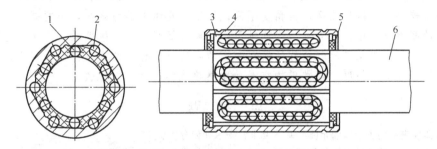

图 22-23 圆柱滚动直线导轨的结构
1—负荷滚珠；2—返回滚珠；3—保持架；4—外套筒；5—挡圈；6—导轨轴

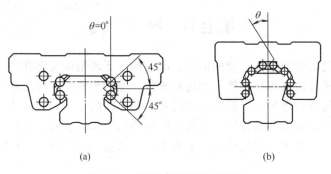

图 22-24 滚动直线导轨的截面

造困难。滚动导轨支承主要用于工作部件要求移动均匀、动作灵敏以及定位精度较高的场合。

(三) 静压导轨

静压导轨的两个导轨面之间压力油或压缩空气由静压力使动导轨浮起形成液体或气体摩擦。液体静压导轨在导轨上有油腔，当压力油引入后，动导轨和工作台浮起，在导轨面之间形成一层极薄的油膜，且油膜厚度基本上保持恒定不变，是导轨具有高的运动精度。

空气静压导轨在导轨上有气垫，当压缩空气引入后，由于压缩空气的静压力而使动导轨及工作台浮起。气体静压导轨因其工作平稳、可靠、运动精度高、无磨损、无爬行，因而在精密机械和精密仪器中得到广泛应用，但气体静压导轨承载能力较低，导轨刚度较差，又需要一套清洁稳定的压缩空气源是其不足之处。

(四) 弹性摩擦导轨

弹性摩擦导轨是利用导轨材料的弹性变形，使运动导轨做精密微小的位移。这种导轨仅有弹性材料内分子之间的内摩擦。弹性摩擦导轨的优点是：摩擦力极小；没有磨损，不需要润滑；运动灵活性高；导轨没有间隙，当运动件的位移足够小时，精度高。但是运动件只能做很小的位移。

本 章 小 结

本章主要介绍各类支承中轴颈与轴承和导轨的结构、特点与应用、材料、技术条件。

(1) 工程上对支承提出了六个方面的基本要求：运动精度要高、运转的灵敏度要高、工作表面有足够的耐磨性、对温度的变化不敏感、有足够的承载能力、成本低廉。支承可分为滑动摩擦支承、滚动摩擦支承、弹性摩擦支承、流体摩擦支承、电磁支承等。

(2) 支承的摩擦力矩与其精度有关，各类滑动摩擦支承中的摩擦力矩较大，其中圆柱支承承载能力大但精度低；圆锥支承的对中性好，精度较高；轴尖支承的轴颈与轴承接触面积较小，摩擦力矩较小，灵敏度较高，但精度不高；而顶针支承摩擦力矩小，精度高。

(3) 滚动摩擦支承中，刀支承、密珠轴承的摩擦力矩很小，灵敏度最高，精度也高。

(4) 导轨主要由支承导轨（简称导轨）和运动导轨（也称为滑座）两部分组成，直接影响精密机械和精密仪器的精度。最常用的有滑动摩擦导轨和滚动摩擦导轨。

思 考 题

22-1 仪器仪表中的支承应满足哪些基本要求？支承如何分类？

22-2 圆柱支承有哪些特点？如何选择轴颈和轴承材料？常用的材料有哪些？

22-3 圆锥支承的基本结构要素有哪些？如何选用？圆锥支承的特点有哪些？

22-4　轴尖支承的特点是什么？为什么应使轴尖支承在垂直状态下工作？轴尖材料除常用材料外，还用哪些特殊材料？

22-5　顶针支承和球支承的特点如何？其轴承材料如何选择？

22-6　试说明下列微型滚动轴承代号的意义：213/2.5，618/5，729。

22-7　刀支承的垫座和刀刃有哪些形式？常用的材料有哪些？

22-8　导轨由哪两部分组成？工程上对导轨提出了哪些基本要求？

习　题

22-1　试以《滑动摩擦支承之比较》为题，在授课教师指导下写一篇小论文，综述所学各类滑动摩擦支承的结构、特点、材料、应用等。要求字数不少于1200字。

第二十三章 弹 性 元 件

材料在外力的作用下产生变形，当去除外力后能够恢复其原来形状的性能，称为弹性（spring）。在多数情况下，零件的变形是没有用的，甚至影响到机构的工作质量。但在精密机械和仪器仪表中，常常正是利用某些零件的弹性变形来进行工作的，例如压力表就是利用弹簧管受流体压强的作用来测量流体压力的。利用材料的弹性来完成各种功能的零件，称为弹性元件（spring element）。

第一节 概 述

弹性元件是精密机械和仪器仪表中非常重要的元件。弹性元件受力与变形之间有确定的规律，而与弹性元件的空间位置无关，弹性元件能储存机械能，所占据的空间尺寸小。

一、弹性元件的用途和分类

弹性元件的形状和功能各不相同，按其用途可分为以下几种类型。

（一）测量弹性元件

测量弹性元件是测量仪器仪表中的弹性敏感元件，常用于将压力、力矩、温度、振动及其他物理量转换成位移、应变等，以便测量或控制这些物理量。仪器仪表中常用的测量弹性元件如图23-1所示。其中，图23-1（a）所示为圆柱螺旋弹簧；图23-1（b）所示为弹簧管；图23-1（c）所示为波纹管；图23-1（d）所示为膜片，它们都是用于测量流体压差的弹性元件。

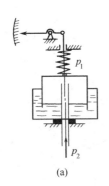
(a)
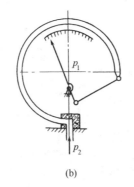
(b)
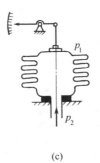
(c)
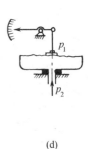
(d)

图 23-1 测量弹性元件的应用实例

（二）力弹性元件

力弹性元件是利用弹性元件弹性变形时所产生的力或力矩来工作的。力弹性元件受力时变形，储存机械能；恢复弹性变形时，释放机械能，驱使机构运动。仪器中常用力弹性元件作为机构运动系统的储能元件；也可用作压紧零件使其保持一定的工作状态，以使机构实现力封闭。图23-2所示为力弹性元件在定位器中的应用。梅花状的转轮是被定位的零件，上边的螺旋弹簧通过钢珠给转轮施加力，使其停止在确定的位置。属于这类弹性元件的还有片簧、发条、游丝等。

图 23-2 力弹性元件

(三) 联接用弹性元件

联接用弹性元件可将需要联接的两个构件联接成整体。如图 23-3 所示的联接两根管子的波纹管，以及减振器的弹簧等，都是联接用弹性元件应用的实例。

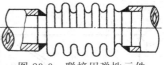

图 23-3 联接用弹性元件

(四) 其他用途的弹性元件

在仪器仪表中，常用波纹管作为密封用弹性元件，把两种不同的介质隔离开；在测量仪器中，常用片簧作为弹性导轨和支承。

本章主要介绍测量弹性元件。

二、弹性元件的特性

弹性元件受力与弹性变形之间的规律，称为弹性元件的特性。弹性元件的特性可用方程式表示，也可用如图 23-4 所示的曲线表示，称为弹性元件的特性曲线。位移和力（力矩、压力等）成线性关系的弹性元件称为线性弹性元件，成曲线关系的弹性元件称为非线性弹性元件。

弹性元件特性曲线上某一点的斜率，定义为弹性元件的刚度，它是表示弹性元件特性的基本参数，用 K（N/mm）表示，即

$$K = \lim \frac{\Delta F}{\Delta s} = \frac{dF}{ds} = \tan\theta \tag{23-1}$$

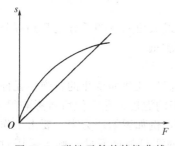

图 23-4 弹性元件的特性曲线

则弹性元件的刚度可理解为：弹性元件产生单位弹性变形所需要的力或力矩。刚度标志着弹性元件抵抗变形的能力，也表示其软硬程度，刚度越大，弹性元件抵抗变形的能力越强，也越硬；反之则越软。仪器仪表中弹性元件通常都很软，刚度很小，所以常用刚度的倒数——弹性元件的灵敏度（sensitivity）来表征弹性元件的特性，以 λ（mm/N）表示，即

$$\lambda = \frac{1}{K} = \frac{s}{F} \tag{23-2}$$

弹性元件的灵敏度可理解为：弹性元件在单位力或力矩作用下产生的变形量。灵敏度越大，表示弹性元件越软，越灵敏。同样，线性弹性元件的灵敏度为常数，而非线性弹性元件的灵敏度为变数。

三、弹性误差

弹性元件的弹性并不是理想的，工作时其实际特性曲线与理论特性曲线不完全一致，这是因为存在弹性误差。对于一般用途的弹性元件，不必考虑弹性误差的影响。而对于测量弹性元件，弹性误差直接影响仪器仪表精度，因而它是衡量测量弹性元件的重要质量指标。

产生弹性误差主要有以下三个方面的因素。

(一) 材料的弹性滞后

如图 23-5 所示，弹性元件加载特性曲线和减载特性曲线不一致的现象，称为弹性滞后（spring ysteresis）。它说明外力对弹性元件做的功，在它恢复原状时，并未全部释放出来，有一小部分被材料的内摩擦消耗掉了，其数值就等于加载和减载特性曲线所围成的面积。

(二) 材料的弹性后效

弹性元件的变形落后于作用力的现象，称为弹性后效（spring back）。如图 23-6 所示，弹性元件受力 F 作用，不能立即产生相应的变形量 λ_1（即 BD），而是先产生变形量 λ'_1（即 AD），经过一段时间后继续产生变形量 $\lambda_1 - \lambda'_1$（即 AB）；减载时也存在同样现象。AB 及 CO 代表弹性后效误差。弹性后效现象说明，材料受力后产生相应的弹性变形需要一定的时间（不同的弹性元件可从几分钟到几十小时），它使弹性元件在载荷大小快速变化时，变形对载荷不

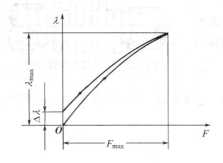 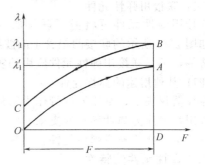

图 23-5　弹性元件的弹性滞后　　　　　图 23-6　弹性元件的弹性后效

能及时响应，影响了弹性元件的动态特性。

弹性滞后和弹性后效所对应的位移量，一般只占弹性元件最大位移量的千分之几到百分之几，但这是精密弹性元件的一个缺陷，降低了弹性元件的工作质量。

（三）温度对材料弹性的影响

温度对弹性元件工作的影响表现在：材料的弹性模量是随温度变化而变化的；弹性元件的尺寸也随温度变化而变化（伸长或缩短），由此引起了仪器仪表的温度误差。但后者影响很小，可忽略不计。各种仪器仪表对弹性元件的温度误差均有所限制，例如弹簧压力表，要求工作温度变化±10℃，产生的误差不得超过±0.4％，对于要求严格的测量弹性元件，则应采用对温度变化不敏感（即材料弹性模量的温度系数小）的恒弹性合金制造。

通常采用选择适当的材料、合理的制造工艺、减小弹性元件的工作应力等措施，将弹性误差控制在允许的范围之内。一般测量弹性元件的弹性误差在 0.5％～1.5％ 范围内。

第二节　弹性元件常用材料

弹性元件的材料对其性能和工艺性能有很大影响。制造弹性元件的材料，有金属材料和非金属材料两大类，目前应用最多的是金属材料。

一、工程上对弹性元件材料的基本要求

工程上，对精密机械和仪器仪表中的弹性元件的材料，提出了以下基本要求。

（1）具有良好的力学性能　为了保证弹性元件工作可靠，其材料应具有较高的弹性极限和强度极限，耐疲劳，有足够的韧性。

（2）具有良好的物理性能　为了保证弹性元件性能稳定，其材料的弹性模量的温度系数要小，弹性滞后和弹性后效要小。

（3）具有良好的工艺性能　这是指材料要能容易成型，以获得较复杂的形状，热处理性能和焊接性能要好。

（4）具有良好的稳定性和耐蚀性　系指材料的物理性能和化学性能稳定，能在各种条件下工作，例如，对于某些直接与被测介质接触的弹性元件，有时特别强调耐蚀性能等。

二、弹性元件常用金属材料

按获得弹性的方法，金属材料可分为加工硬化型、淬火硬化型和弥散硬化型三种类型。

（一）加工硬化型材料

加工硬化型材料在退火状态具有良好的塑性；加工过程中经冷作硬化可以获得良好的弹性；制造工艺简单；但弹性较低，弹性滞后、弹性后效较大。属于这类型的材料有：黄铜、锡磷青铜、锡锌青铜 QSn4-3、镍铬不锈钢等。

（二）淬火硬化型材料

淬火硬化型材料是通过淬火后再回火而获得弹性的，具有较高的弹性和较高的强度，但热处理时变形也较大，不适用于制造形状复杂的弹性元件。属于这类材料的是弹簧钢，如优质高碳非合金钢、锰钢、硅锰钢、铬钒钢等。

（三）弥散硬化型材料

弥散硬化型材料在淬火后具有良好的塑性，容易成型，经时效回火处理而获得弹性，弹性较高，弹性滞后、弹性后效较小。可用于制造形状复杂的较精密的弹性元件，常用的有：铍青铜、恒弹性合金、高弹性合金。

恒弹性合金是在一定温度范围内其弹性模量变化极微小，弹性滞后、弹性后效小，耐蚀、抗磁或无磁。我国从 1960 年开始研制，Ni42CrTi 就是性能良好的恒弹性合金，广泛用于制造高精度小型仪器中的谐振弹性元件、钟表游丝、标准压力表中的精密弹簧管以及航空仪表中的膜片、膜盒等。

三、弹性元件常用非金属材料

精密机械和仪器仪表中，制造弹性元件常用的非金属材料有橡胶、石英、塑料、陶瓷和硅等。其中橡胶的弹性模量小，灵敏度高，但弹性受温度影响较大，易老化，常用的有丁腈橡胶、氯丁橡胶，用于制造膜片。石英具有高的弹性模量（$E=7\times10^5$ MPa），耐高温，线胀系数很小，良好的弹性，其弹性模量的温度系数、弹性滞后、弹性后效均极小，仅为最好的恒弹性合金的百分之一，具有很高的弹性特性线性度，但很脆，加工困难，目前还仅用于制造超精密测量仪表中的敏感元件，且成本高。此外，还常用具有特殊物理性能的精密合金。

四、弹性元件常用精密合金

精密合金（Precision alloy）也就是具有特殊物理性能的钢，是指在钢的定义范围内具有特殊磁性、电性、弹性、膨胀性等物理特性的合金钢，包括软磁钢、永磁钢、无磁钢以及特殊弹性钢、特殊膨胀钢、高电阻钢及高电阻合金。

（一）弹性合金

弹性合金（elastic alloys）是指在钢的定义范围内具有特殊弹性性能的合金，但不包括一般常用的碳素弹簧钢和合金弹簧钢。特殊弹性合金如 2Cr19Ni9Mo（3J09），具有较高弹性。

（二）膨胀合金

膨胀合金（expansion alloys）是指具有特殊膨胀性能的合金，如含 Cr 量为 28% 的合金钢在一定的温度范围内，与玻璃的膨胀因数相近。

（三）热双金属

热双金属（Thermal bimetal）是由 2 层或多层具有不同线热胀因数的金属或合金构成的复合材料。

（四）精密电阻合金

精密高电阻合金（Precise resistance alloy）是指具有高的电阻值的合金钢，如 Fe-Cr 系合金钢和 Ni-Cr 系高电阻合金钢。

按照 GB/T 15018—1994《精密合金牌号》规定，按合金的主要物理性能可将其分为软磁合金、变形永磁合金、弹性合金、膨胀合金、热双金属和精密电阻合金六类；上述精密合金的牌号依次分别采用 1J～6J 表示，J 为汉语拼音"jing"（精）的首字母；"J"后第一、二位数字表示不同合金牌号的序号（热双金属 5J 例外）。GB/T 15018—1994 还列出了上述 5 类合金各个牌号的化学成分和热双金属各个牌号及其组元层牌号。

第三节　圆柱螺旋弹簧

弹簧（spring）是普通机械、精密机械和仪器中广泛使用的弹性元件。它在外载荷的作用下产生弹性变形，当外载荷卸除时，其变形就随之消失，恢复原来形状。

一、螺旋弹簧的类型

螺旋弹簧（helical spring）是弹性元件中应用最广泛的一种，它用钢丝绕制成螺旋状，如图 23-7 所示。按外形可分为：圆柱螺旋弹簧（cylindrical helical spring），如图 23-7（a）～（c）所示；圆锥螺旋弹簧，如图 23-7（d）所示，其中又以圆柱螺旋弹簧应用最广泛。按受力变形，圆柱螺旋弹簧又可分为拉伸弹簧［见图 23-7（a）］、压缩弹簧［见图 23-7（b）、（d）］和扭转弹簧［见图 23-7（c）］。

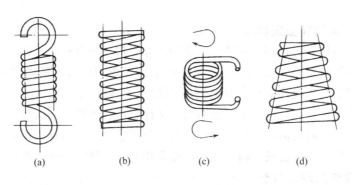

图 23-7　螺旋弹簧的类型

二、圆柱螺旋弹簧的基本参数

圆柱螺旋弹簧的基本参数和几何尺寸有：簧丝直径 d、弹簧中径 D_2、弹簧自由高度 H_0、弹簧指数 C、弹簧工作圈数 n 等。

圆柱螺旋弹簧的弹簧指数也称旋绕比，$C=\dfrac{D_2}{d}$。弹簧指数过大，弹簧软，容易颤动，不稳定，且绕制后会有明显的回弹现象；弹簧指数过小，钢丝受到的弯曲应力增大，容易断裂。一般 $C=4\sim16$。

圆柱螺旋弹簧的工作圈数 n 是由弹簧的刚度条件确定的。但压缩弹簧的末端只起支承作用而不参与变形，称为支承圈。支承圈数通常为 $\dfrac{3}{4}\sim1\dfrac{3}{4}$ 圈。因此压缩弹簧的总圈数为 $n_\Sigma=n+2\times(\dfrac{3}{4}\sim1\dfrac{3}{4})$。通常，弹簧的工作圈数 $n\geqslant2$ 才能保证弹簧具有稳定性能。弹簧的总圈数，对于拉伸弹簧，$n_\Sigma=n$，当 $n_\Sigma>20$ 时，圆整为整圈数，当 $n_\Sigma<20$ 时，圆整为 $\dfrac{1}{2}$ 圈；对于压缩弹簧，n_Σ 的尾数宜取为 $\dfrac{1}{4}$ 圈、$\dfrac{1}{2}$ 圈或整数圈，常取 $\dfrac{1}{2}$ 圈。

精密机械和仪器仪表中的小型圆柱拉伸及压缩弹簧我国早已标准化，其尺寸和参数等可分别查阅 GB/T 1973.2—2005《小型圆柱螺旋拉伸弹簧尺寸及参数》、GB/T 1973.3—2005《小型圆柱螺旋压缩弹簧尺寸及参数》以及 GB/T 2088—2009《普通圆柱螺旋拉伸弹簧尺寸及参数》、GB/T 2089—2009《普通圆柱螺旋压缩弹簧尺寸及参数》。

三、圆柱螺旋弹簧的材料

为了保证工作可靠，螺旋弹簧应选用强度极限高、耐疲劳、有足够韧性的材料；测量弹簧还要求材料的弹性误差要小。制造螺旋弹簧的常用材料有非合金弹簧钢丝、合金弹簧钢丝和Cu合金。

根据GB 4357—2009《冷拉碳素弹簧钢丝》规定，按力学性能（抗拉强度从低至高）分为L、M、H三级，L级制造低强度弹簧，M级制造中等强度弹簧，M级制造高强度弹簧；按照强簧载荷性质分为静载荷和动载荷，分别以S和D表示。标准规定了5个型号，即SL型（静载荷低抗拉强度）、SM型（静载荷中等抗拉强度、SH型）（静载荷高抗拉强度）、DM型（动载荷中等抗拉强度）及DH型（动载荷高抗拉强度）。常用的弹簧材料有：非合金弹簧钢丝，如65、70钢等宜用于制造一般用途的弹簧；合金弹簧钢，如65Mn、Si-Mn钢、Cr-V钢等用于制造承受变载荷、冲击载荷的弹簧；50CrVA用于制造工作温度不超过300℃的耐热弹簧。Cu合金主要用于制造在潮湿、酸性或其他腐蚀性介质中工作的弹簧，如Si青铜、Sn青铜等。

第四节　片簧和热双金属片簧

片簧和热双金属片簧都是精密机械和仪器仪表中常用的弹性元件。片簧的结构很简单，工作时一端固定，另一自由端在载荷作用平面内产生变形。热双金属片簧属于热敏感弹性元件，工作时将热能转换为机械能，在自动控制装置及仪器仪表中常用作温度敏感元件。

一、片簧

片簧（plate spring）是由金属薄板制成的直的或其他形状的弹性元件。片簧又分为曲片簧和直片簧，曲片簧通常用于变形较大而空间又受到限制的场合。图23-8（a）所示为用于电子元件的电触头的曲片簧；图23-8（b）所示为压紧棘爪实现力封闭的半圆形片簧；图23-8（c）所示为用作继电器电触头的直片簧；图23-8（d）为用作压力计敏感元件的直片簧。片簧的固定端通常是用两个螺钉或铆钉固定于基体上；若用一个螺钉或铆钉固定，则必须有防转结构，例如将固定端尾部弯入基体的孔中。对于有电流通过的片簧，固定端应绝缘。

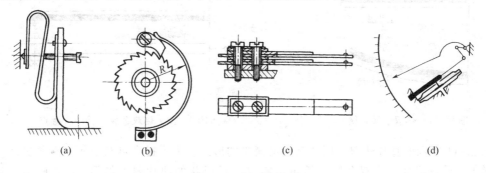

图23-8　片簧的应用实例

仪器仪表中常采用有预紧力的片簧，如图23-9所示。片簧以预紧力F_0压在支板上，当外力F大于F_0时，片簧才开始变形。这种结构的优点是片簧自由端移开支点距离很小时便给出较大的力，抗振性好，结构紧凑。电器中的常闭触点就是有预紧力的片簧，预紧力可以保证在有振动时触点也能可靠地接触，同时还可减小接触电阻。

图23-10所示为变刚度片簧的一种结构，片簧在外力F作用下向下弯曲，当片簧与螺钉接触时，片簧的工作长度减小，刚度变大。调节螺钉端部的位置可以改变刚度变化的规律。

要求强度高、承受载荷大的片簧常用T7A、T8A、T9A、T10A等弹簧钢制造；要求灵敏度高、耐蚀性好的片簧可用锡青铜 QSn6.5-0.1、QSn6.5-0.4 等制造；铍青铜 QBe2 等制造的片簧具有良好的弹性和高的强度，但价格较贵，多用于重要仪器中；石英片簧弹性良好，弹性误差极小，在测量振动、加速度的仪器中可作为弹性支承，并兼作弹性敏感元件。

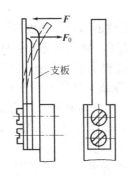 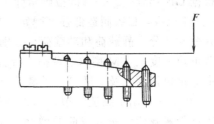

图 23-9　有预紧力的片簧　　　　　　　　图 23-10　变刚度片簧

二、热双金属片簧

热双金属片簧是由两层线胀因数相差很大的金属或合金薄板沿整个接触面牢固地结合在一起而构成的复合材料制成的弹性敏感元件。线胀因数大的一层称为主动层，线胀因数小的一层称为被动层。当温度变化时，由于两层金属的线胀因数不同，导致双金属片向被动层一面弯曲。如果热双金属片簧的一端固定，温度变化时，自由端就产生位移，如图 23-11 所示。

热双金属片簧是将热能转换为机械能的热敏元件，在自动控制装置及仪器仪表中常用作温度敏感元件。图 23-12 所示为热双金属片簧闭合触点装置。当温度升高时，热双金属片向下弯曲，使端部触点闭合。调节螺钉位置，即改变闭合时的温度。其在温度计、电流计、过流继电器、热保护自动开关、恒温器及温度补偿装置中都大量应用。

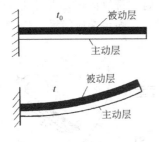 

图 23-11　热双金属片簧　　　　　　　　图 23-12　热双金属片簧闭合触点

图 23-11 所示的直片热双金属片簧是最简单的形式。为了提高热双金属片簧的灵敏度，而且不增大其外形尺寸，热双金属片簧也常制成各种形状的曲片簧，如图 23-13 所示。其中图 23-13（a）所示为 U 形；图 23-13（b）所示为双 U 形；图 23-13（c）所示为平面螺旋形；图 23-13（d）所示为圆柱螺旋形。

在选择热双金属片簧的材料时，应考虑以下几个因素。

(1) 主动层与被动层材料的线胀系数之差应尽可能大，以提高热双金属片簧的灵敏度；
(2) 主动层与被动层材料弹性模量、强度极限应接近，以扩大热双金属片簧的工作温度范围；
(3) 容易将两种材料用焊接或热轧等方法牢固地贴合在一起，具有良好的机械加工性能；
(4) 价格低廉。

工程上，热双金属片簧的被动层一般采用含 Ni 36%、Fe 64% 的 Fe-Ni 合金制造，它的线

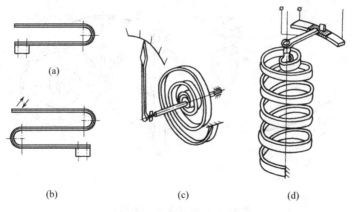

图 23-13 热双金属片簧

胀系数几乎为零，$\alpha=(0.5\sim1.2)\times10^{-6}/℃$，又称不变钢（invar），但温度超过 150℃时，其线胀系数增加较快，此时可采用含 Ni 40%～46%的 Fe-Ni 合金制造。

主动层材料有黄铜 H62、QBe2、铝青铜（含 Al 50%）、锰铜（含 Ni 68%、Mn 2.5%、Fe 1.5%）、Fe-Ni-Mo 合金（含 Ni 27.25%、Mo 5.95%）、Fe-Ni-Cr 合金（含 Ni 23.5%、Cr 2.5%）、Mn-Ni-Cu 合金（含 Ni 9.5%、Cu 18%）等。

国家标准 GB/T 15018—1994《精密合金牌号》规定，热双金属的牌号为在"5J"的字母 J 后第一、二位数表示比弯曲公比值的整倍数（单位为 $10^{-6}/℃$），第三位及其后数字表示电阻率公称值，数字后以字母 A、B 分别表示被动层相同而主动层不同的两种热双金属的牌号。GB/T 4461—2007《热双金属带》规定了 39 个热双金属牌号及其组元层合金（高膨胀层、中间层、低膨胀层）牌号、组元层合金的化学成分、热双金属的性能、表面质量等。

第五节 游丝和张丝

游丝和张丝也是精密仪器仪表中最常用的微小的弹性元件。游丝是用金属薄带绕制成阿基米德螺旋线形状，而张丝是用矩形（少数为圆形）截面的金属丝制成的。

一、游丝

游丝（spring control）是用金属薄带绕制成具有阿基米德螺旋线形状的弹性元件，如图 23-14 所示。根据游丝在仪器仪表中的用途不同，可分为测量游丝和接触游丝。

测量游丝是仪器仪表中常用的测量元件。图 23-15（a）所示的是动圈式电工仪表中的测量游丝，当游丝下面方框上的线圈通以电流后，在磁场作用下受到电磁力矩作用，此力矩与游丝的弹性反力矩相平衡，线圈的转角大小与被测定的物理量有关，可通过指针指示的刻度来表示。在机械计时仪表中，游丝和摆轮组成机械振荡系统，利用共振荡的恒周期来计量时间。接触游丝主要用于百分表、压力表等仪表中。在这些仪表的指针轴上施加单方向的游丝弹性力矩，使齿轮系、杠杆等传动机构始终保持单方向接触，以消除回差（参见第十七章第五节，接触游丝法），如图 23-15（b）所示。这类游丝对弹性特性要求不高。

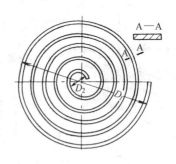

图 23-14 游丝

测量游丝对弹性特性要求较高，以保证仪器仪表的测量精度。用作测量元件的有较高精度的游丝，应当有良好的线性特性、稳定的弹性；残余变形量要小；有良好的防磁性和耐蚀性；

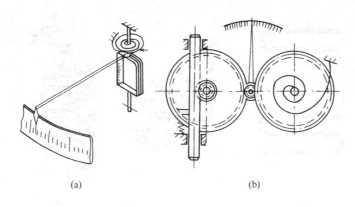

图 23-15 游丝在仪器中的应用

对导电游丝，比电阻要小。常用的游丝材料有：

（1）锡锌青铜 QSn4-3　具有良好的加工工艺性能及导电性，易熔炼，成本低，是制造电表游丝和机械仪表游丝的主要材料。

（2）铍青铜 QBe2、QBe2.5　具有良好的加工工艺性、导电性和耐蚀性；弹性滞后、弹性后效较小，强度高，重量轻，抗轴向振动的能力强；但其价格昂贵。用于制造尺寸小、性能优良的游丝。

（3）恒弹性合金 Ni42CrTi　主要用于钟表游丝，以减小环境温度对游丝刚度的影响。

（4）中国银 BZn15-20　呈漂亮的银白色，用于制造耐蚀的游丝。

此外还有黄铜和不锈钢等，用于制造耐蚀的游丝。

按照 JB/T 8206—2013《机械仪表用游丝》规定，游丝分为无座游丝和有座游丝，前者分为 A 类无座游丝（代号 AW）和 B 类无座游丝（代号 BW）；后者又分为 A 类有座顺向游丝（代号 AS）、A 类有座逆向游丝（代号 AN）、B 类有座顺向游丝（代号 BS）和 B 类有座逆向游丝（代号 BN）。标准还规定了各类游丝的结构、标记、尺寸、游丝及游丝座材料等质量要求。

二、张丝

在仪器仪表中，张丝（又称拉丝）主要作为弹性支承，在灵敏仪器中又兼作弹性敏感元件。图 23-16（a）所示为动圈式电表中的张丝。动圈固定在张丝上，张丝的两端再固定在仪表的基体上，使张丝中保持一定的张紧力。通电以后，线圈将产生电磁力矩，它由张丝产生的反力矩来平衡，把电磁力矩转换成张丝的转角，从而指示电流的大小。如图 23-16（b）所示，张丝上端悬挂在基体上，下端固定着动圈，为保证仪表正常工作，必须保持张丝沿垂直线方向。

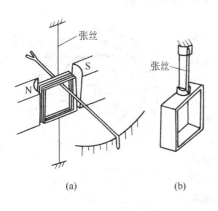

图 23-16 张丝

张丝未工作时，应有一定的张紧力，以保护张丝在受冲击、振动时不致破坏。张丝中的张紧力，根据具体情况而定，在携带式仪表中，一般为 0.1～0.3N；在水平轴的固定式仪表中，可达 2～3N。张丝是由细金属丝制成的，在弹性力矩相同的条件下，矩形截面比圆形截面有更大的面积，允许悬挂较重的运动部分，而动圈的匝数较多，有助于提高仪表的灵敏度，因此多数仪表都采用矩形截面的张丝，少数情况是圆形的。搬运采用张丝的仪表时，应先将其运动部分固定，以保护张丝不损坏。

机械行业标准 JB/T 8223.1—1999《电工仪表用零部件 张丝和吊丝》规定了电工测量仪表用张丝的品种规格、技术要求等。标准规定，张丝（和吊丝）按使用的材料分为 4 类：QSn、QBe、Pt-Ag、Pt-Ni。张丝对材料的要求和常用的材料与游丝基本相同，但张丝的材料具有更高的机械强度（$\sigma_b = 900 \sim 2000 \mathrm{MPa}$）。常用材料 QSn、QBe、Pt-Ag 合金和 Pt-Ni 合金中，后两种合金是较好的张丝材料，用于重要的场合。此外，张丝还可用石英制造。

第六节 膜片和膜盒

在精密仪器仪表中，膜片和膜盒常常用作弹性敏感元件，工作时将压力（压差）转换为膜片和膜盒中心的位移或中心的集中力，根据这个位移或集中力，便可测量出所承受的压力。

一、膜片和膜盒的类型

膜片（iris）是由金属或非金属薄膜片制成的弹性元件，一般为圆形，也有的为矩形，其边缘固定（夹紧、焊接等），受压力 p 作用时，产生弹性变形，中心发生位移 λ，如图 23-17 所示。

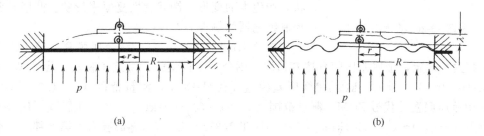

图 23-17 膜片

金属膜片一般用金属薄板模压成型，为了提高弹性元件的灵敏度，增大位移量，常将两个膜片的边缘焊接，即成为膜盒（bellows capsule），如图 23-18（a）所示；再把几个膜盒联接起来，即成为膜盒组，如图 23-18（b）所示。

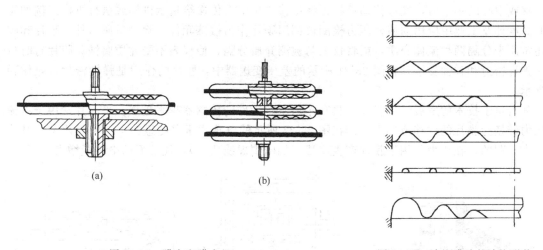

图 23-18 膜盒和膜盒组　　　　图 23-19 波纹膜片的波纹形状

变形量与压力成线性关系的膜片和膜盒分别称为线性膜片和线性膜盒；变形量与压力成非线性关系的膜片和膜盒分别称为非线性膜片和非线性膜盒。膜片测量压力的范围很宽，可从几毫米水柱到几百个大气压；膜片的直径一般为 $10 \sim 300 \mathrm{mm}$；金属膜片厚度一般为 0.06～

1.5mm，非金属膜片为 0.1~5mm。

按照机械行业标准 JB/T 7485—2007《金属膜片》规定，膜片的型式按膜片工作面的形状分为平膜片和波纹膜片；波纹膜片按其波纹形状又可分为：三角形波纹膜片（代号 S）、梯形波纹膜片（代号 T）、正弦形波纹膜片（代号 Z）、圆弧形波纹膜片（代号 Y）和混合形波纹膜片（代号 H）。该标准规定了膜片的标记、基本参数及尺寸、材料、级别（分为 1、2、3、4 级）等。

平膜片灵敏度低，有边缘波纹的膜片灵敏度最高。平膜片的截面是平的，如图 23-17 (a) 所示。平膜片具有较高的抗振动、抗冲击的能力。波纹膜片具有环状波，如图 23-17 (b) 所示。波纹膜片较软、灵敏度较高，改变波纹形状及尺寸能调节膜片的特性。波纹膜片比平膜片应用更广泛，常用的波纹形状如图 23-19 所示。凸膜片又称跳跃膜片，如图 23-20 所示。当沿凸面分布的压力超过临界值时，膜片失去稳定性，突然改变形状，产生大的变形；卸载后恢复原来形状。凸膜片常用于控制继电器的触点等。

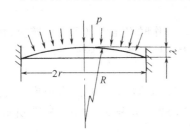

图 23-20 凸膜片

按照 JB/T 7487.1—2007《金属膜盒 第 1 部分：金属差压膜盒》规定，金属差压膜盒按其适用范围分为 4 种型式：微差压膜盒 [代号 WCM，测量范围 (0—0.4)~(0—4)kPa]；低压差膜盒 [代号 DCM，测量范围 (0—1.6)~(0—10)kPa]；中差压膜盒 [代号 ZCM，测量范围 (0—6)~(0—60)kPa]；高差压膜盒 [代号 GCM，测量范围 (0—40)~(0—250)kPa]。按照 JB/T 7487.2—2007《金属膜盒 第 2 部分：金属压力膜盒》规定，金属压力膜盒的工作压力按 GB/T 321—2005《优先数和优先数系》规定的 R5 系列选用，即：1.00、1.60、2.50、4.00、6.30、10.00（单位 kPa）。两项机械行业标准还规定了膜盒的标记方法、结构及尺寸、技术要求等。

二、膜片和膜盒的应用

膜片和膜盒主要用于仪表中作为弹性敏感元件，它可将压力（压差）转换为膜片膜盒中心的位移或中心的集中力，经过传动机构再将位移或集中力传递给指示机构或执行机构。例如飞机的高度计及工业中应用的精密压力检测仪都用膜片作为敏感元件。除测量压力外，膜片和膜盒还常用来分隔两种流体介质，或将仪表与被测介质分隔，使仪表不受介质腐蚀。膜片有时也用作弹性密封和弹性支承，在图 23-21 所示的差压变送器中，膜片的作用是弹性密封，兼作弹性支承。

随着电子技术的发展，用膜片、膜盒作为敏感元件的传感器越来越多。平膜片常用于将流体压力转换为膜片的位移或集中力。在图 23-22 所示的电感式压力传感器中，平膜片是与基体加工在一起的，在压力作用下膜片产生位移（如图中虚线所示），使下面的电感量增大，而上

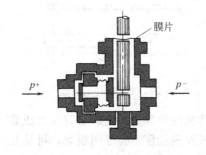

图 23-21 差压变送器

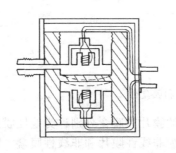

图 23-22 电感式压力传感器

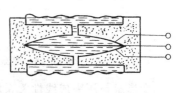

图 23-23 电容式压力传感器

面的电感量减小（空气隙变大所致），通过适当的电子线路处理，差动变压器的磁阻改变，使输出的信号发生相应的变化。在图 23-23 所示的电容式压力传感器中，中间用粗实线画出来的为平膜片，它可以是金属的，也可以是非金属的，但表面要镀上金属层。其上、下弧形腔壁是两个极板（也可以是金属镀层）。平膜片和两个极板是相互绝缘的，分别与导线相接，这就形成了两个电容。当膜片在压力作用下产生位移时，电容值发生变化，一个变大，一个变小（差动电容）。经过电子线路处理，输出与压力成一定关系的电信号。

三、膜片和膜盒的材料

制造膜片、膜盒的材料分为金属材料和非金属材料两大类。

按照 JB/T 7485—2007《金属膜片》规定，制造膜片的金属材料有锡磷青铜 QSn6.5-0.1、QSn6.5-0.4，在成型后不再热处理，因热处理将降低弹性，所以加工时的残余应力将使膜片的弹性滞后增大；铍青铜 QBe1.9、QBe2 及锡青铜 QSn4-3 具有良好的塑性，能制造形状复杂的波纹膜片，加工后尺寸稳定，成型后经退火能提高弹性并消除内应力；不锈钢 Ni36CrTiAl 及耐蚀弹性合金 0Cr15Ni40MoCuTiAlB、00Cr15Ni60Mo16W4、00Ni70Mo28V、0Cr18Ni12Mo2Ti，主要用于有腐蚀性介质的场合；精密弹性合金 Ni36CrTiAl、Ni42CrTi，主要用于制造精准较高的膜片。此外，当载荷较大时，也可选用非合金钢 T10A、T8A 等。

常用的非金属材料有橡胶、塑料、石英、由玻璃纤维或金属丝加强的布等。橡胶膜片能产生较大的位移，灵敏度高，但易老化，对温度敏感；塑料膜片耐腐蚀，使用温度范围较广（-180~+260℃），但热稳定性较差；涤纶膜片工艺简单、平整性好，较金属膜片刚度小，长期使用也易老化；石英膜片弹性模量大，弹性滞后小、耐高温，但加工困难，应用较少。

第七节 波纹管和弹簧管

波纹管和弹簧管都是用中空的金属薄壁管制成的压力敏感弹性元件，将开口端固定，另一端密封且处于自由状态，当工作时，管壁受压后，另一封闭的自由端则将产生一定位移。

一、波纹管

波纹管（bellows）是具有波纹的金属薄壁管，如图 23-24 所示。波纹管一端开口，另一端或开口或密封，将波纹管的开口端固定，另一端密封且处于自由状态，在通入一定压力的气体或液体后，波纹管封闭的自由端就产生轴向位移。同样，波纹管在沿其轴线方向的轴向集中力的作用下，也可以伸长或缩短。如果在其自由端沿垂直其轴线方向加集中力，波纹管就会弯曲。作为仪器仪表及自动化装置中的敏感弹性元件，正是利用这一特性来测量和控制压力，将被测流体的压力转化为自由端的位移。波纹管还常用作减振元件、补偿元件、密封元件及伸缩弹性接头等。图 23-25 所示为用作分隔两种介质的波纹管，被测流体不宜与压力表弹簧管内壁直接接触，可在弹簧管中充满化学性质稳定的液体作为传递压力的中间介质，用波纹管将二者分隔开。

由于波纹管的刚度小，在测量、控制压力时，常常与螺旋弹簧组合起来使用，图 23-26 所示的就是这种组合弹性元件用于气动调节阀的实例，由于选用的弹簧的刚度比波纹管大，组合弹性元件的总刚度主要由弹簧的刚度决定，波纹管起密封作用，并把压力转换成集中力加给弹簧。选择不同的弹簧与波纹管组合，可以得到具有不同特性的组合弹性元件，以扩大一种波纹管的量程。

一般的波纹管是单层的，也有双层和多层的。双层、多层波纹管比单层波纹管的疲劳强度高，在受力大小一样、位移大小一样时，双层和多层波纹管内产生的应力比单层波纹管小得多。

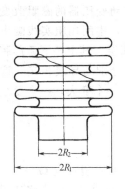

图 23-24 波纹管

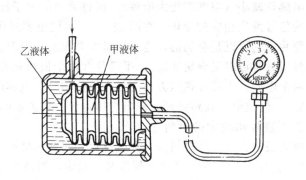

图 23-25 利用波纹管分隔介质

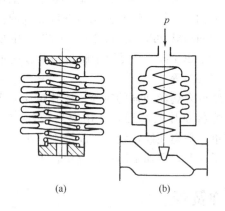

图 23-26 波纹管与弹簧组合

波纹管也已标准化，按照 JB/T 6169—2006《金属波纹管》规定，常用的波纹管形状有 U 型、C 型、S 型、Ω 型、尖角型、方型、阶梯型 7 种。波纹管端口形式有：内配合（用 N 表示）、外配合（用 W 表示）、封闭底（用 D 表示）、没有直壁段在波谷处切断（用 Q_d 表示）及没有直壁段在波峰处切断或没有直壁段在波谷处切断并将端波挤扁用于焊接（用 Q_o 表示）5 种；以上 5 种端口形式组合成 6 种接口型式：NN、WW、ND、WD、WN、$Q_d Q_o$，通用类波纹管多采用 WW 接口型式，但实际使用时，亦可作为内配合使用。波纹管的使用性能与波纹管的制造材料有很大关系，同一种材料由于各批次之间化学成分的差异会使产品的使用性能有很大不同。由于对波纹管使用性能不断提出新的要求，如高弹性、高强度、大的耐压能力、耐高温环境、耐介质腐蚀能力等，因而不断有新的材料被用来制造波纹管。JB/T 6169—2006《金属波纹管》还规定了波纹管的常用材料。常用的材料有：黄铜 H80，有一定的强度，工艺性好，但弹性较差，弹性滞后和弹性后效较大，用于要求不高的仪器；锡磷青铜 QSn6.5-0.1，弹性滞后和弹性后效较小，疲劳极限很高，耐腐蚀，应用较广；铍青铜 QBe1.7、QBe2，工艺性好，有较高的弹性与塑性，弹性滞后、弹性后效小，疲劳极限很高，耐蚀性好，弹性温度系数小，用于要求较高的仪器；不锈耐蚀钢 1Cr18Ni9Ti，用于要求耐腐蚀的仪器中。

二、弹簧管

弹簧管是具有椭圆或其他扁平形状截面，其一端开口且固定，另一端自由且封闭的薄壁金属弯管状的弹性元件，如图 23-27 所示。弹簧管常用作压力敏感元件，管内受流体压力时，其

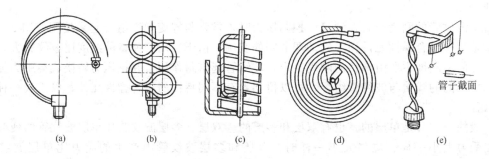

图 23-27 弹簧管的形状

曲率改变，流体的压力转化为弹簧管自由端的位移，位移的大小与管内流体的压力的大小成正比。与膜盒、波纹管相比较，弹簧管灵敏度及有效面积都较小，因此弹簧管常用作测量较大压力的灵敏元件。弹簧管应用最多的形式是C形，如图 23-27（a）所示，结构简单，灵敏度较小，常用于测量较高压力的仪器仪表。此外，还有S形［见图 23-27（b）］、圆柱螺旋线形［见图 23-27（c）］、平面螺旋线形［见图 23-27（d）］和麻花形［见图 23-27（e）］，它们的灵敏度高，但制造工艺复杂；两种螺旋线形弹簧管的自由端都能获得较大的转角，麻花形弹簧管体积小，适用于测量较高的压力。麻花型弹簧管可测量几十个兆帕的高压，其原理是在压力作用下，横截面内产生弯矩，即是以压力作用下横截面的变形为基础的。应用这种弹簧管，可以使仪表传动机构结构简单、紧凑。弹簧管的截面形状，如图 23-28 所示。

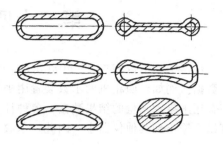

图 23-28　弹簧管的截面形状

一般很少用弹簧管测量压力差或绝对压力，这是由于弹簧管的壳体不便于密封。

制造弹簧管的材料主要有：测量压力不大，迟滞要求不高时可用黄铜、锡磷青铜 QSn4-0.3 等；要求较高时用铍青铜 QBe2、合金弹簧钢 50CrVA 等；恒弹性合金 Ni42CrTi 用于制造精密弹簧管；高温或腐蚀介质中工作时可用镍铬不锈钢 1Cr18Ni9Ti 等。

本 章 小 结

利用材料的弹性来实现各种功能的零件，称为弹性元件。弹性元件受力与变形之间有确定的规律，是精密机械和仪器仪表中的重要元件。

（1）弹性元件受力与弹性变形之间的规律，称为弹性元件的弹性特性，表示弹性元件特性的曲线称为弹性元件的特性曲线。表示弹性元件特性的基本参数是刚度或灵敏度，刚度标志着弹性元件抵抗变形的能力，也表示软硬的程度。弹性元件产生弹性误差的因素是材料的弹性滞后、弹性后效以及温度对材料弹性模量的影响。

（2）弹性元件材料应当具有良好的物理性能、力学性能、加工工艺性能、耐蚀性能及良好的物理、化学稳定性。常用的材料包括金属材料和非金属材料。

（3）介绍了各种测量弹性元件的工作原理和常用材料。

黄铜、锡青铜——制造测量压力不大，迟滞要求不高的弹簧管；合金弹簧钢——制造测量压力较高的弹簧管；铁青铜和精密恒弹性合金——制造要求强度高，迟滞小且特性稳定的弹簧管；镍铬不锈钢——制造高温或腐蚀介质中工作的弹簧管。

思 考 题

23-1　弹性元件的主要用途有哪些？什么是弹性元件的刚度和灵敏度？引起弹性误差的因素有哪些？怎样减少弹性元件的弹性误差？

23-2　什么是圆柱螺旋弹簧的弹簧指数？其选取的范围如何？

23-3　游丝和张丝的工作原理是什么？各有什么用途？

23-4　膜片和膜盒的工作原理是什么？有哪些应用？

23-5　波纹管和弹簧管的工作原理有什么不同？

习 题

23-1　对弹性元件的材料有哪些基本要求？按获得弹性的方法，弹性元件的金属材料分哪三种？

23-2　片簧和热双金属片簧有什么不同？它们对材料的要求又有什么不同？

第二十四章 示 数 装 置

仪器中的示数装置（digital display）主要是用来反映仪器工作的结果或显示仪器引入的给定数据。例如，照相机的示数装置用来指示引入的曝光时间和光圈大小；各种测量仪器的示数装置用来指示测量的结果数据；各种计算仪器的示数装置用来指示计算的结果数据，或者将计算结果输出到其他仪器中。因此，示数装置是绝大多数仪器中都不可缺少的重要组成部分。

第一节 概 述

示数装置的读数方法是观察标尺与指针的相对位置，或在记录纸上自动记录测量的结果，一些更先进的示数装置则将仪器的工作结果直接用数字显示出来。

一、工程上对示数装置的基本要求

工程上对仪器仪表中的示数装置提出了相应的基本要求。

（1）有足够的精度　示数装置必须真实地反映仪器的工作状态和工作结果，必须保证读取或引入的数据有与仪器工作总精度相适应的示数精度，尽量减小回差和视差，使所指示的量的误差小于所允许的示数误差，否则将影响到示数的可靠性。

（2）具有较高的灵敏度　能灵敏地反映出被测量或引入量的微小变化，应尽量减小运动部分的摩擦阻力。

（3）操作简单，读数方便、快捷　要求能迅速地直接读出被测量或引入量的数值，而无需任何换算，读取方法简单、便捷。

（4）结构简单，便于制造和安装，有零点位置调整装置　由于各种原因，示数装置的示数往往会发生某些变化，因此在仪器中应有零点位置调整装置，能迅速、准确地调整零点位置，保证消除系统误差，使仪器长期保持原始精度。

二、示数装置的分类

示数装置按其示数性质可分为：指针标尺示数装置，可指示被测量的瞬时变化；自动记录式示数装置，可反映被测量的连续变化；指示被测量的累积值的数字显示装置。按其工作原理通常可以分为机械式、光学机械式、电子式和光电式四类。由于电子技术和光电技术的迅速发展，光、机、电相结合的数字显示型的示数装置被广泛应用于一些自动化仪器和精密仪器中，这就大大提高了仪器的工作效率和示数精度。但由于机械式和光学机械式示数装置的原理和结构比较简单，在一般精密机械、精密仪器中仍然被广泛应用。本章主要讨论机械式、光学机械式的指针标尺示数装置。按示数装置的示数方式不同，示数装置分为标尺指针（指标）示数装置、自动记录装置和计数装置三类。

（一）标尺指针示数装置

标尺指针示数装置是用标尺（Ruler）与指针（Pingter）的相对运动来完成示数工作的，读数方法是直接观察指针与标尺的相对位置，如图 24-1 所示。这种示数装置结构简单，使用方便；但是精度较低，反应速度慢，主要用于慢速的一般指示仪表中。

按照标尺和指针的相对运动性质，标尺指针示数装置可分为三种类型：直线运动示数装置；回转运动示数装置；螺旋运动示数装置。

按照标尺和指针的相对运动情况，又可分为三种类型：标尺运动而指针固定不动，如图

24-1（a）所示；标尺不动而指针运动，如图 24-1（b）所示，这种类型较多，它可使仪器的结构较为紧凑；以及标尺和指针均可运动，仅在某些特殊的仪器中应用。

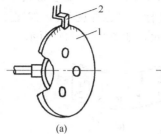
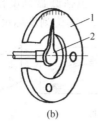
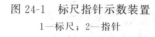
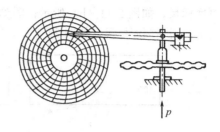

图 24-1　标尺指针示数装置
1—标尺；2—指针

图 24-2　圆图压力记录仪

（二）自动记录装置

在实际工作中，有时需要将被测量值在一定时间内的变化情况记录下来，以便进行分析研究，因此在仪器中就需要记录装置。自动记录装置还可用于不能直接观察仪器示数的测量条件下工作，例如在高空、辐射等对人体不安全的部位某些参数的测量和快速变化的测量等。

图 24-2 所示为一压力记录仪，它能连续记录一个气体容器一天内压力变化过程的曲线，图中的敏感元件膜盒用一根导管与气体容器相联接。当压力变化时，膜盒产生变形经由杠杆带动记录机构，由记录笔在钟表机构驱动的圆盘纸上将曲线画出来。被测量（压力）用圆弧坐标表示，圆周方向为时间坐标。通常，记录纸每 24h 转 1 周，更换 1 次。

（三）数字显示装置

数字显示装置是把被测量用累积记数的形式直接显示出来的示数装置，通常叫计数器。数字显示装置可分为机械式和电子式两大类。图 24-3 所示的是典型的机械式计数器，其工作原理将在本章第四节介绍。

目前，机械式计数装置仅限于用来指示被测量在一定过程中的总数。计数器的最大示数，叫该计数器的计数容量。在计数器已达到计数容量后，再继续输入被测量时，示数则自动回到零位，并重新示数。计数器已作为标准件生产。

数字显示装置的种类很多，按照其结构可分为三类：指针式数字显示装置，利用指针与标尺相对位移来示数，例如水表

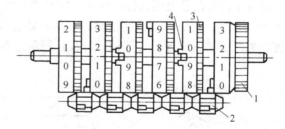

图 24-3　齿轮传动滚轮式计数器结构简图
1—始轮；2—介轮；3—20 齿齿轮；4—2 齿齿轮

的记数；滚轮式数字显示装置，利用轮面上刻有数字的滚轮的转动来示数；圆盘式数字显示装置，利用盘面上刻有数字的圆盘的转动来示数。

第二节　标尺指针示数装置

标尺指针示数装置由标尺（也称刻度尺或度盘）、指针（或指标）和传动部分组成，如图 24-1 所示。标尺指针示数装置的传动部分带动指针和标尺做相对运动。一般常用的传动机构有齿轮机构、连杆机构等，远距离传递示数时，也可采用挠性件传动等。

一、标尺的类型

标尺是指针标尺示数装置的基本零件之一,也是它的基准件。标尺上有与被测量数值相对应的一系列刻线或标记。常用的标尺类型有:直线刻度标尺,如图 24-4(a)所示;圆弧刻度标尺;扇形刻度标尺,如图 24-4(b)所示;圆刻度标尺,包括圆盘刻度标尺(也称度盘),如图 24-4(d)所示;圆柱刻度标尺,如图 24-4(c)、(e)所示;螺旋刻度标尺,如图 24-4(f)所示。

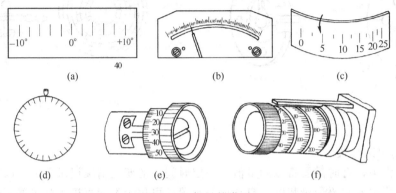

图 24-4 标尺的类型

二、标尺的基本参数

标尺的基本参数有:标线、标度角(标度长度)、分度值、分度尺寸。

(一)标线

标线是与被测量数值相对应的点或线等记号。标尺的开始标线对应于仪器的最小被测量 A_{min}(测量下限),在大多数仪器中 $A_{min}=0$,但也有一些仪器的最小被测量不等于零,这种仪器的标尺叫无零标尺。标尺的最后标线应对应于仪器的最大被测量 A_{max}(测量上限)。显然,仪器只能测定在 $A_{min} \sim A_{max}$ 之间变动的量,这个变动的范围称为仪器的测量范围。

(二)标度角(标度长度)

对应于仪器测量范围指针的转角,即开始标线与最后标线的夹角 φ_{max},称为标度角,如图 24-5(a)所示。指针末端的线位移,也即开始标线与最后标线间的距离或弧长 l_{max},叫标度长度,如图 24-5(b)所示。图 24-5(c)所示为不等分分度标尺。

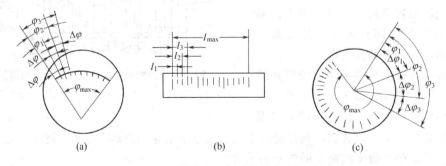

图 24-5 等分分度与不等分分度标尺

(三)分度值

标尺上相邻两条标线之间的间隔叫标尺的分度,也称为刻度或分划,标线也称为刻线、分划线或格线。标尺上每一个分度(即 1 格)所代表的数值称为分度值。

(四)分度尺寸

标尺上相邻两条标线之间的夹角或距离叫分度尺寸,也即划分间隔。标尺分度可以是等分分度,也可以是不等分分度。等分分度是指在标尺中所有的分度尺寸相等,如图 24-5 (a)、(b) 所示,不等分分度是指在标尺中的分度尺寸不相等,如图 24-5 (c) 所示。

三、示数装置标尺参数选择

在标尺指针示数装置中,标尺(度盘)和指针是两个最主要的元件,它们的结构、参数的选择是否合理,对仪表的精度有很大的影响。就标尺(度盘)来说,就是要正确选定分度尺寸、标线尺寸和分度值。

(一) 分度尺寸的选定

分度尺寸的大小是影响读数误差和标尺几何尺寸的重要因素,分度尺寸太小时读数非常困难,并且读数的相对误差显著增大。当分度尺寸小于 1mm 时,读数误差增加得最快,因此分度尺寸最好不要小于 0.6~1mm。但分度尺寸也不应过大,否则将使标尺的尺寸过大。一般情况可采用 1~2.5mm,而经常采用的为 1mm。在精密仪器中,分度尺寸很小,为了便于读数并保证读数有足够的精度,可采用光学放大装置将标尺的分度尺寸放大,放大后的分度尺寸的影像亦根据上述原则考虑。例如在光学比较仪中,标尺的分度尺寸为 0.08mm,而标尺的影像则被目镜放大 12 倍,因此见到的分度尺寸是 $0.08 \times 12 \approx 1$mm。

(二) 标线尺寸的选定

标线的宽度应根据分度尺寸来选取。当指针(或指标)在相邻的两条标线之间时,则读数需要用眼睛来估计。此时,读数误差将取决于标线宽度与分度尺寸的关系。经试验发现,当标线宽度为分度尺寸的 10% 时,平均读数误差最小。因此标线的宽度最好取为分度尺寸的 10% 左右。但是,如需在距离仪器较远的位置读数时,则应适当地增大标线的宽度。

为了读数方便,标线常常取不同的长度。例如逢"5"时标线可比一般的标线稍长,而逢"10"的标线则更长一些,如图 24-6 所示。一般情况下,短、中、长三种标线的长度之比可按 1:1.5:2 或 1:1.3:1.7;若只有两种标线,则可以按 1:1.5 或 1:1.2。其中最短标线的长度可以取为分度尺寸的 2 倍。

(三) 分度值的确定

标尺的分度值可根据仪器的允许误差来确定。分度值不应比仪器允许误差大太多,否则不能足够准确地读取示数。反之,分度值也不宜取得比仪器允许误差小,因为分度值很小,只是在读数时可读得精确一些,但仪器的误差并未改变。故应将分度值 ΔA 取为等于或略大于仪器的允许误差 ΔY,一般取为 $\Delta A = (1 \sim 2)\Delta Y$,当标线较密时可取为 $\Delta A = \Delta Y$。

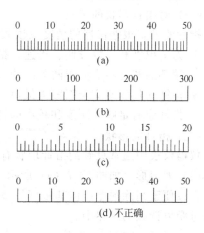

图 24-6 标尺的分度值

此外,为了能够迅速、准确地读取示数,分度值最好从下列数值中选取:

$$1 \times 10^n;\ 2 \times 10^n;\ 5 \times 10^n$$

式中 n——任意的正、负整数或零。

图 24-6 所示为具有不同分度值的几种标尺,其中,图 24-6 (a) 所示的分度值为 $1 \times 10^0 = 1$;图 24-6 (b) 所示的为 $2 \times 10^1 = 20$;图 24-6 (c) 所示的为 $5 \times 10^{-1} = 0.5$;图 24-6 (d) 所示的为不正确的标尺。为了方便读数,在标尺上每隔若干分度,应有一条附有数字的标线。

四、标尺的材料和精饰

为了保证仪器仪表的正常工作,对标尺材料提出的基本要求是:具有良好的耐蚀性能和加工工艺性能，较好的抗变形能力。此外，在有抗磁性要求的仪器仪表中，标尺应采用具有抗磁性能的材料。

常用的标尺材料有 Al 及 Al 合金、黄铜、青铜、锌白铜、Ag、结构钢、不锈钢、玻璃、纸等。其中 Ag（含 Cu 6% 左右）、锌白铜（含 Ni 约 15%、Zn 约 20%、其余为 Cu）和光学玻璃，均可作为制造高精度标尺的材料。特别是光学玻璃（K7、K10、BaK7、BaF1 等）制造的度盘，与金属度盘相比较，由于可获得更细的标线和达到更高的精度，照明条件也较好，在中等以上精度的仪器仪表中被广泛采用。

标尺的表面精饰不仅是为了防腐和美化外观，更主要的是为了便于读数。标尺表面不应反光，标线记号要明显。根据材料的不同，表面精饰常用的方法有喷砂、涂漆、氧化、镀 Cr、镀 Ni 和镀 Ag 等。标尺的颜色不应太鲜艳，并要与标线的颜色形成强烈的对比，常见的有黑色、白色、灰色、褐色和乳黄色等，特殊记号和标线可以用红色或黄色。在照明条件良好的情况下，可用白底黑字；照明条件不好，可用黑底白字；夜间使用而又不能照明的仪器，标线应涂以发光材料，标线截面最好是矩形，其宽度和深度都不应小于 0.5mm。

圆盘标尺（度盘），是在平面上按圆周或圆弧分度的标尺，有时在同一度盘上有若干排标尺，以表示不同的量程或用来测定不同的参数。度盘的形状基本分为两种：圆形（包括圆盘和圆柱形）及矩形。度盘的材料应具有耐蚀性能及良好的加工工艺性能，常用的有硬铝、黄铜、玻璃、有机玻璃、钢、照相纸等。

五、指针的结构及材料

除标尺（度盘）外，指针是标尺指针示数装置中又一个主要的元件。指针的结构和材料对于仪器的精度都有直接影响。

（一）对指针形状的要求

指针的形状根据仪器的精度及读数时的距离远近选定。指针外形应满足以下要求：

① 为了识别和读数方便、迅速，指针的端部要明显。
② 端部的宽度不应大于两刻线的间隔。
③ 指针的长度不应全部覆盖最短标线、数字和记号。
④ 指针应有足够的刚度和较小的转动惯量。

（二）指针的形状

仪器仪表中通常见到的指针形状有下列几种：

（1）刀刃形　如图 24-7（a）所示。这种指针常用管形材料制造，它的末端是将管压扁而制成，以便于消除视差，但其刚度较差，适用于工作条件较好、刻线细而密、读数精度要求较高且近距离读数的仪器中。

（2）矛形　如图 24-7（b）、(c)、(e) 所示。这种指针的端部较宽且明显，常用于仪表。

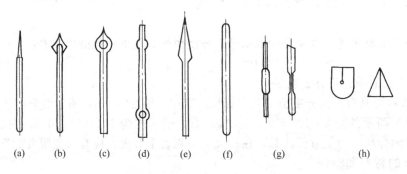

图 24-7　指针形状

(3) 杆形 如图 24-7（d）、（f）所示。这种指针端部较宽，用在标线及标线间隔均很宽而且远距离读数或不允许仔细读数的仪表中。

(4) 其他形状 有的仪器除远距离读数外，有时还要求近距离精读，应采用如图 24-7 (g) 所示的指针形状。仪表中有时还采用标线形或尖三角形，如图 24-7 (h) 所示。

指针不仅应具有足够的强度和刚度，还应使其转动惯量尽可能小，以减小示数装置的阻尼时间。为了满足上述要求，设计指针时应注意以下几点：

① 应合理地选择指针断面。图 24-8 所示为常用的一些指针截面形状。

② 限动销应富有弹性，使指针在与限动销碰撞时大部分能量能被吸收。

③ 在选择指针材料时应尽量用密度小的材料。最常用的材料是各种铝合金，也有采用非金属材料如塑料、有机玻璃等。

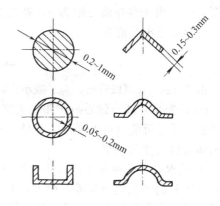

图 24-8　指针的截面形状

第三节　示数装置的误差和精读

示数装置的误差是仪器仪表的主要误差之一。误差的大小既取决于示数装置的精度和操作者的经验，还与示数装置的结构及参数有关。了解示数装置产生误差的原因，有利于提高仪表读数的精确度。

一、示数装置的误差

示数装置的误差是根据仪器的精度等级来确定的，一般仪器示数装置的误差不超过仪器总误差的 1/3。标尺指针示数装置的误差，根据产生的原因可分为结构误差、视差和传动误差。

（一）示数装置的结构误差

示数装置的结构误差是指由于示数装置的零件制造不准确和装配不准确所产生的，它包括刻线不准确、指针几何形状的偏差、度盘与指针装配不准确引起的误差。

(1) 刻线误差 在加工中由于各种因素的影响，所刻标线之间的距离不可能与计算要求完全一致。

(2) 指针形状的误差 仪器在使用过程中由于碰撞等因素的影响，使指针产生变形，如图 24-9 所示。因此设计指针时，应使指针有足够的刚度。

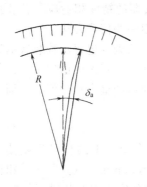

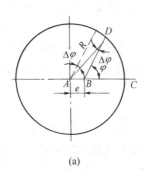

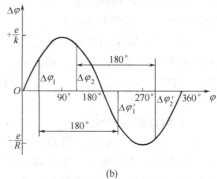

(a)　　　　　　　　(b)

图 24-9　指针弯曲引起的误差　　　图 24-10　指针与度盘不同心引起的误差

(3) 制造和安装误差　由于制造和安装误差，因而使得指针的回转中心与度盘的中心不能完全重合。指针与度盘（标尺）不同心对于圆弧刻度标尺和圆刻度标尺亦将引起示数装置的误差。如图 24-10（a）所示，设度盘的半径为 R、中心为 A，指针的回转中心为 B。当指针转过角度 φ 时，由于存在偏心距 e，在度盘上指示的角度为 $\angle DAC$，两者之差 $\Delta \varphi$ 即为示数误差。很容易导出其值为

$$\Delta\varphi \approx \sin\Delta\varphi = \frac{e}{R}\sin\varphi \tag{24-1}$$

由式（24-1）可以看出，为了减小指针与度盘（标尺）不同心所引起的误差，可采取两种方法：

① 首先是要减小偏心距 e 和增大度盘的半径 R。这就需要在结构设计时使盘有定位对中装置，并尽可能地增大度盘的半径，要提高指针与度盘的制造和装配精度。但这种方法受到工艺和结构尺寸的限制。

② 其次是可采取双边读数法。如图 24-10（b）所示，指针与度盘不同心所引起的示数误差在 180°处的数值大小相等，而方向相反。因此，如果在度盘上相隔 180°的两处读数，并取其算术平均值作为最后的读数，就可以消除偏心所引起的误差。在一些精密仪器，如经纬仪、光学分度头、测角仪等中，就常用这种方法。

（二）视差

视差是操作者在读数时的错觉所引起的误差。标尺指针示数装置产生视差的主要原因是指针与标尺不在同一平面，操作者与示数装置之间有一定距离，读数时视线与度盘表面不垂直而引起。如图 24-11 所示，观察者的眼睛位于位置 1 时，视线与度盘垂直，这是理想情况；观察者的眼睛位于位置 2 时会引起视差 Δx。

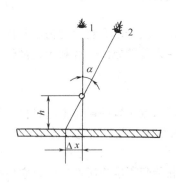

图 24-11　视差

由上所述可知，为减小或消除视差，在设计示数装置时，应尽可能使指针靠近标尺；而观察者在读数时则应尽可能使视线沿着标尺的法线方向。

（三）传动误差

传动误差是指传递给指针（或度盘）的运动误差，这部分误差主要是传动机构所产生的，其分析方法与传动机构的运动误差分析相同，这里不再重复。

二、示数装置的精读

在一般的指针标尺示数装置中，精度要求和结构尺寸要求往往是互相矛盾的。例如，当测量范围较大而读数精度要求又较高时，会使标尺尺寸过大，而且当指针（指标）处于两刻线之间时一般只能估读到刻度值的 1/5。这种读数精度有时远远不能与仪器的精度相适应。若要提高读数的精度，如要求读出 1/10、1/100，甚至 1/1000，则必须采用一些精读方法。

精读就是同时采用粗读、精读两个（甚至多个）标尺，粗读标尺的刻度包含示数装置的整个示值范围，但刻度值较大，精读标尺只表示整个示值范围中的一部分，其刻度值较小。读数时先读粗读标尺的整数部分，再加上精读标尺所表示的小数部分，即得到整个示数值。下面介绍几种常用的精度方法。

（一）测微螺旋读数法

图 24-12 所示为螺旋测微器（也称百分尺）的示数部分。固定套筒 2 上的标尺为粗读标尺，旋转套筒 1 上的标尺为精读标尺，两者之间用螺旋副（螺距 $p=0.5\text{mm}$）联接起来。粗读标尺轴向标线的两侧刻有分度尺寸为 1mm 的两排分度，并且将两排分度之间互相错开 0.5mm（1 个螺距 p）。精度标尺共有 50 个分度，由于旋转套筒 1 每转动 1 周，相应地轴向移动 1 个螺

距 p，即 0.5mm，所以精度标尺的分度值应为 0.5mm/50＝0.01mm。

读数时，只要把粗读标尺的轴向标线作为精读指标，把精读标尺的端面作为粗读指标，先在粗读标尺上读整数部分，再在精读标尺上读小数部分，即可读取整个数据，图 24-12（a）所示的读数为 8.27mm；图 24-12（b）所示的读数为 8.77mm。

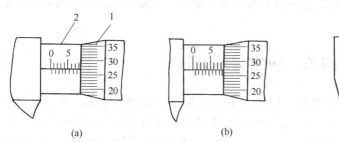
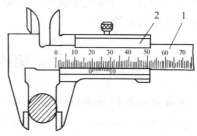

图 24-12　百分尺
1—旋转套筒；2—固定套筒

图 24-13　游标卡尺
1—主尺；2—游标（尺框）

（二）游标读数法

游标卡尺（caliper vernir）的示数方法是游标读数法的典型实例。游标卡尺由主尺 1 和游标（尺框）2 组成，如图 24-13 所示，当活动量爪与固定量爪贴合时，游标零线对准主尺零线。测量时，尺框移动，量爪卡住工件，固定量爪与活动量爪之间的距离就是被测工件的尺寸。尺寸的整数部分在主尺上读出，小数部分在游标上读出，并由游标上与主尺分度线重合的那根刻线决定。

按用途不同，游标可分为直尺游标［见图 24-14（a）］和角度游标［见图 24-14（b）］两种。直尺游标用来测量长度，而角度游标用来测量角度。

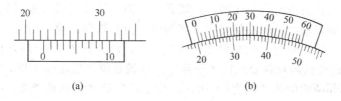

图 24-14　游标的类型

（三）精粗标尺读数法

对于圆形标尺，为了提高读数精度，可采用螺杆读数盘。两者之间用齿轮传动相联系，按照传动比将粗读刻度盘的转角放大为精读刻度盘的转角，故又称齿轮传动放大装置，如图 24-15（a）所示的示数旋钮。粗读刻度盘包含整个量测的范围，分度值较大；精读刻度盘的总分度值只相当于粗读刻度盘的 1～2 个分度值，故分度值较小，并由此决定整个示数装置的示数精度。读数时，整数部分由粗读刻度盘读取，小数部分由精读刻度盘读取，螺杆读数之和即为最后要求取的数值。示数旋钮的工作原理如图 24-15（b）所示，相当于一个简单的差动齿

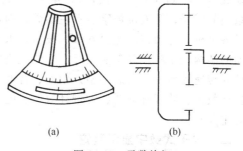

图 24-15　示数旋钮

轮系。

（四）光学读数法

光学读数法是由于光学显微镜将主尺的分度尺寸放大，然后用一个分度值较小的分尺进行细分，得到较为精确的读数。如果分尺采用精度更高的特殊分度方法，则可以使读数精度进一步提高。目前常用的光学机械式读数装置有直分尺读数显微镜、螺旋测微读数显微镜、阿基米德螺旋线读数显微镜等。

第四节　数字显示装置

随着对仪器仪表测量精度要求的提高，以及对测量结果反应速度的要求，数字显示装置（Digital display device）的应用日益广泛。这是因为数字显示装置具有相对独特的优点，没有读数的主观误差；在距离远、视角大的情况下也能方便正确地读数；读数时眼睛不容易疲劳；减少了精确读数需要的时间；可自动记录测量的结果。

数字显示装置可分为机械式、电子式和电磁式三大类。

一、机械式数字显示装置

机械式数字显示装置（Mechanical digital display device）以滚轮式数字显示装置应用最为广泛。图24-3所示的是外啮合齿轮传动滚轮式数字显示装置的结构。这种计数装置包含6个在轮面上刻有0~9共十个数字的数码轮，这些数码轮活动地套装在同一根轴上。整个机构装在一个外壳中，外壳的面上有一个长方形切口，在这里可以看到轮面上的数字。最右边的数码轮叫始轮，其右侧固联有齿轮1，与仪器传动系统中的齿轮相啮合，其左侧是2齿的齿轮（均称为齿轮4）；而最末的数码轮右侧为20齿的齿轮（均称为齿轮3），其左侧无齿；其余数码轮都是右侧为20齿的齿轮3，左侧为2齿的齿轮4。在每一对数码轮之间装有直径很小、齿数为偶数的介轮（均称为介轮2），其齿数一般为6，也有为8的，而每个介轮与其左边的齿轮3相啮合，并周期性地与其右边的齿轮4啮合。装置使用前，从外壳切口处看到的数字都是0。开始使用后，始轮开始转动，这时在切口中看到的数字由0顺序变换，当由9变为0时，轮上的齿轮4与其相邻的介轮2啮合，使介轮2转过2个齿，而介轮2又使与其相啮合的齿轮3转过2个齿，这样，左边的数码轮就要变换一个数字。这就是说，始轮转1周，其左边的数码轮则转动2个齿，即相邻两轮的传动比为1∶10，也称十进制计数。依此类推，计数装置便可进行十进制计数。

机械式数字显示装置我国早就已经标准化，GB/T 14482—1993《机械计数器》规定了机械式计数器型号由四部分组成：J-字母-2位数字-1位数字。左起第一位汉语拼音字母J为主称（机械式计数器）；第二位汉语拼音字母为小类——Z（转动计数器）、L（拉动计数器）、C（测长计数器）和Q（揿动计数器）；第三、四位——用2位数（从01~21）表示标准所分的21个系列的序号；第五位数字表示主参数，即计数器所显示数字的位数，从3位到8位。标准列出了各种机械计数器的主要参数、技术要求等。机械行业标准《机械计数器系列型谱》根据计数器的结构、主参数并参照国际上工业先进国家的文献资料将计数器分为10类：揿动计数器；手持式转速计数器；普通小型计数器、普通大型计数器、特殊计数器、小型预置计数器、大型预置计数器、纬线计数器、磁带计数器、电度表计数器，并规定了各类计数器的品种规格、尺寸等主要参数。

二、电子式数字显示装置

电子式数字显示装置即电子式数字显示器（Electronic digital display），是接收、处理数字信号并显示的电子器件，作为一种先进的数字显示器件，电子数字显示器正在呈现加速发展的态势。

电子式数字显示装置有辉光发电数字管、荧光数字管、液晶、发光三极管等。

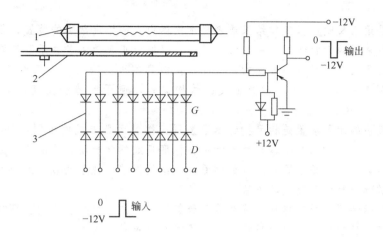

图 24-16 编码器
1—光源；2—码盘；3—光电二极管

使用电子式数字显示装置时，必须通过转换器（编码器）将连续变化的模拟量（例如指针标尺指示的被测量）转换成非连续的阶梯变化量。

常用的编码器有接触式（电刷式）、光电式、感应式及电子射线式等。如图 24-16 所示，在码盘 2 的一侧装有光源 1，另一侧装有 8 个光电二极管 3。当码盘随指针转动至一定位置时，光线透过码盘的弧形孔照射在与弧形孔对应的光电二极管上；不与弧形孔对应的光电二极管则被挡住，接收不到光信号。这样，通过光电二极管组成的门电路将连续的模拟信号转换成数字脉冲信号 "0" 或 "1"，即转换成 8 位二进制数码，传至数字显示装置中显示出来。编码器的详细情况这里不做介绍，读者可查阅有关资料。

三、电磁式数字显示装置

电磁式数字显示装置即电磁式计数器（Electromagnetic eounter），是指通过电磁铁励磁、消磁使数字轮动作而进行计数的计数器。电磁式计数器主要用于记录电脉冲信号次数的累计。可与二次仪表组成数字显示仪器，电信号输入计数器后，在电磁铁中产生吸力，使衔铁带动擒纵机构，驱使数字轮转动进行十进制计数。

电磁式数字显示装置我国早就已经标准化，机械行业标准 JB/T 6181—2008《电磁计数器》规定，电磁式计数器分为累计计数器（Accumulativic eounter）和预置计数器（Preset eounter）两类；累计计数器是指由于电磁铁励磁、消磁使数字轮转动而进行累计计数的计数器，用汉语拼音字母 "L"（累）表示；预置计数器是指计数到预置的数值（即预先设定控制微动开关动作的数值）时，内装的微动开关触点即产生动作的计数器，用汉语拼音 "Y"（预）表示。

GB/T 6181—2008《电磁计数器》规定，电磁式计数器型号由四部分组成：D-字母-2 位数字-1 位数字。左起第一位汉语拼音字母 D 表示主称（电磁式计数器）；第二位汉语拼音字母表示分类——L［累计计数器（加或减）］、Y［预置计数器（加或减）］；第三、四位表示复位方式——×1 为无复位，×2 为手动复位，×3 为电磁复位，×4 为手动/电磁复位，×5 为自动复位，×6 为手动/自动复位；第五位数字表示主参数，即计数器所显示数字的位数，从 3 位到 8 位。标准列出了各种电磁计数器的主要参数、技术要求等。

本 章 小 结

示数装置是用来反映仪器工作结果或者显示仪器引入的给定数据的装置，是生产中不可缺少的。必须了解常用的示数装置的一般工作原理，以便于正确使用各种示数装置。

（1）示数装置必须满足四个方面的基本要求：能真实地反映仪器的工作状态和工作结果；具有较高的灵敏度；操作简单，读数方便；结构简单，便于制造和安装，有零点位置调整装置。

（2）应用最多的示数装置是标尺指针示数装置，按其示数方式的不同，分为标尺指针式、记录式、数字显示式三种。其基本参数有标线、标度角或标度长度、分度值、分度尺寸等。

（3）造成示数装置误差主要有三方面的原因：结构误差、视差及装置的传动误差。要熟练掌握百分表、游标卡尺的正确读数方法。

（4）数字显示装置是最直接反映读数的示数装置，方便、快捷、准确、可自动记录是它最独特的优点，应用日益广泛，分为机械式、电子式和电磁式三大类。

思 考 题

24-1　标尺的主要参数有哪些？如何选用？
24-2　指针的形状设计时应注意哪些问题？如何既保证指针有足够的刚度，同时又有较小的转动惯量？
24-3　示数装置的误差是如何产生的？
24-4　数字显示装置有哪些类型？各有什么特点？

习 题

24-1　如何正确读取百分尺、游标卡尺等所显示的数据？

参 考 文 献

[1] 朱熙然主编. 工程力学 [M]. 上海：上海交通大学出版社，1999
[2] 中国机械工业教育协会组编. 工程力学 [M]. 北京：机械工业出版社，2001
[3] 刘思俊主编. 工程力学 [M]. 北京：机械工业出版社，2001
[4] 朱炳麒主编. 理论力学 [M]. 北京：机械工业出版社，2001
[5] 《有色金属及其热处理》编写组. 有色金属及其热处理 [M]. 北京：国防工业出版社，1981
[6] 王晓敏主编. 工程材料学 [M]. 北京：机械工业出版社，1999
[7] 戈晓岚，王特典主编. 工程材料 [M]. 南京：东南大学出版社，2000
[8] 张继世主编. 机械工程材料基础 [M]. 北京：高等教育出版社，2000
[9] 吴承建，陈国良，强文江编. 金属材料学 [M]. 北京：冶金工业出版社，2000
[10] 刘天模，徐幸梓主编. 工程材料 [M]. 北京：机械工业出版社，2001
[11] 贡长生，张克立主编. 新型功能材料 [M]. 北京：化学工业出版社，2001
[12] 王章忠主编. 机械工程材料 [M]. 北京：机械工业出版社，2001
[13] 曾宗福主编. 工程材料及其成型 [M]. 北京：化学工业出版社，2004
[14] 董玉萍主编. 机械设计基础 [M]. 北京：机械工业出版社，1999
[15] 丁洪生主编. 机械设计基础 [M]. 北京：机械工业出版社，2000
[16] 王春燕，陆凤仪主编. 机械原理 [M]. 北京：机械工业出版社，2001
[17] 黄劲枝主编. 机械设计基础 [M]. 北京：机械工业出版社，2001
[18] 费鸿荣，李玉梅主编. 机械设计基础 [M]. 北京：高等教育出版社，2001
[19] 张萍主编. 机械设计基础 [M]. 北京：化学工业出版社，2004
[20] 曾宗福主编. 机械设计基础 [M]. 南京：江苏科学技术出版社，2006
[21] 竺培国主编. 精密仪器结构设计基础（下册）[M]. 哈尔滨：哈尔滨工业大学出版社，1988
[22] 叶松林主编. 精密机械仪器零件 [M]. 杭州：浙江大学出版社，1989
[23] 庞振基，黄其圣主编. 精密机械设计. 北京：机械工业出版社，2006
[24] 吴宗泽主编. 机械零件设计手册 [M]. 北京：化学工业出版社，2004
[25] 王箴主编. 化工辞典 [M]. 北京：化学工业出版社，2000
[26] 郑国柱主编. 世界钢铁技术发展三大新趋势及我国钢铁技术十大方向 [OL].［2015-01-11］(2014-11-19). 中国钢铁新闻网
[27] 国务院. 中国制造2025 [OL].［2015-05-20］(2015-05-19). 中国新闻网
[28] 工业和信息化部规划司.《中国制造2025》全文解读 [OL].［2015-05-20］(2015-05-19). 就业指导网